高等学校“十三五”规划教材

# 粉体科学与工程

# Powder Science and Engineering

赵家林 主编
王超会 王玉慧 副主编

化学工业出版社
·北京·

《粉体科学与工程》为高等学校“十三五”规划教材。书中综合了近年来最新理论和技术成果，分别从粉粒体、超细粉体和纳米粉体的特性、制备技术及其相关的应用角度进行了比较系统的阐述。全书共分为10章，包括概述、颗粒表征、粉碎、粉体分散、颗粒流体力学、分离、粉体贮存、混合、纳米粉体、粉体包装。

本书可作为高等院校材料科学与工程及材料类各专业的学生用书，亦可供科研、设计部门和生产工厂的相关工程技术人员参考使用。

**图书在版编目（CIP）数据**

粉体科学与工程/赵家林主编．—北京：化学工业出版社，2017.9（2024.9重印）

高等学校“十三五”规划教材

ISBN 978-7-122-30133-8

Ⅰ.①粉… Ⅱ.①赵… Ⅲ.①粉末法-高等学校-教材 Ⅳ.①TB44

中国版本图书馆CIP数据核字（2017）第161849号

---

责任编辑：陶艳玲　　　文字编辑：李　玥

责任校对：王素芹　　　装帧设计：史利平

---

出版发行：化学工业出版社（北京市东城区青年湖南街13号　邮政编码100011）

印　　装：北京机工印刷厂有限公司

787mm×1092mm　1/16　印张16¾　字数413千字　2024年9月北京第1版第3次印刷

---

购书咨询：010-64518888　　　售后服务：010-64518899

网　　址：http：//www.cip.com.cn

凡购买本书，如有缺损质量问题，本社销售中心负责调换。

---

**定　　价：39.00元**

粉体科学与工程作为一门跨行业、跨学科的综合性学科，与材料科学与工程、化工工程、环境工程等的发展密切相关。掌握粉体工程的基本理论、粉体工程相关的单元操作（机械设备的构造、工作原理、特点和性能）及粉体工程的应用，对于材料专业的学生及从事粉体工程技术的相关人员至关重要。

本书是无机非金属材料工程专业本科学生的专业教材。编写中综合了近年来各种版本的粉体工程教材以及最新理论和技术成果，分别从粉粒体、超细粉体和纳米粉体的特性、制备技术及其相关的应用角度进行了系统的阐述，本书适合作为高等院校材料科学与工程及材料类各专业的学生学习用书，亦可供科研、设计部门和生产工厂的相关工程技术人员参考使用。

本书按照厚基础、宽专业的指导思想，本着力求理论的系统性和完整性，深入浅出并且适用的原则，以粉体科学理论为基础，指导粉体加工实践（技术），进而带动和发展其应用。采用以理论线索带动具体实际的单元操作，这样既保持学科内在联系，又照顾读者的认识规律，做到理论联系实际，以利于培养学生分析问题和解决问题的能力，使其具有从事一般科学研究的水平和进行技术革新的技能，以适应现代技术发展的需要。即按由理论到实践、由实践到应用的思路，以粉体工程单元操作为主线，粉体科学为基础，粉体加工技术为实践，兼顾粉体在各领域的应用。

本教材分别由齐齐哈尔大学赵家林编写第 1、3、9 章，王超会编写第 5、6 章，王玉慧编写第 2、8 章，张永编写第 4、10 章，齐齐哈尔工程学院郝丽娜编写第 7 章。

本教材中的粉体工程基础部分可作为教学的重点，以课堂授课为主；粉体加工技术部分可以作为选择性内容讲授，也可以指导学生自学，以培养学生的自学能力和创新精神，提高创新意识和能力；粉体应用部分以学生阅读为主。

在编写过程中，本书参考了部分书籍和文献资料，在此向这些书籍和文献的作者表示谢意。本书由齐齐哈尔大学教材建设基金资助出版，在此致谢！

由于编者水平有限，书中难免有不当之处，敬请读者批评指正。

**编者**

**2017 年 3 月**

# 目录

CONTENTS

# 第1章 概　述

## 1.1 粉体概述

### 1.1.1 粉体概念

在日常生活中，提及粉体，人们自然会想到滑石粉、面粉、淀粉、药粉、奶粉等等，那么粉体究竟是什么？可能每个人的想法不太相同，都有自己的想象和描述，这是由于每个人关心的对象和具体经历不同。粉或粉体是人类的伟大发明，它与火一样，成了创建人类文明的基本因素。粉原意是粉末、极细的颗粒，属于颗粒的范畴，它的本质价值，诸如表面积大、流动性好、溶解迅速等，可以说自古以来一点没有变，将来也不会变。从这个意义上说，粉体是由固体颗粒堆积而成的物质。故从本质上讲，粉、粉末、颗粒、粉体或称粉粒体具有相同的含义和意义。

须指出的是，粉体和粉粒体是没有特殊区别的两种说法：一般说来，粉粒体流动性好，凝聚性差；而粉体流动性不好，附着性和团聚性强。从表面来看，粉粒体细化至粉体，细到什么程度？有人提出粒径 $100\mu m$ 可作为两者的区别界限，或根据肉眼能否分清一个一个颗粒来进行区别。大于者为粉粒体，小于者为粉体。

就此而言，所谓粉体是大量固体颗粒（$<100\mu m$）的集合体，各颗粒间有适当的作用力。适当的作用力是指人们稍许触动即能流动、变形这样大小的力。如相互作用力过大，则粉体将成为形成体或烧结体。而烟尘之类相互作用力可忽略不计，不称其为粉体。之所以称为粉体，并不是按金属、高分子、无机非金属材料等各种材料进行分类，而是对应于气体、液体、固体，称为粉体，是为了把粉体作为物质的一种状态特别加以强调。

因为粉体颗粒间有一定的相互作用力，所以可以从颗粒的黏性力测定中对颗粒和粉体进行人为的区别。从广义上说，粉粒体不能只限于固体颗粒，气体中分散的液滴颗粒（雾或云）、流体中的分散液滴（乳浊液等）、液体中分散的气泡等都可以看作粉粒体。难怪有人提出整个宇宙都可看成粉粒体，因为天空中的星球只不过是一个一个的“颗粒”。

科学技术发展至近代，几乎各工业部门均涉及粉粒体的处理过程，约翰·艾特肯士在他的论文中这样写道：“漂浮在大气中的尘埃引起人们越来越多的关注。随着对这些看不见的粉尘认识的加深，我们的兴趣也浓厚了。当我们认识到这些尘埃对我们的生命至关重要时，我们几乎可以说，人们对它的担忧是不无道理的。无论是小到经过多倍显微镜放大后也看不见的无机尘埃，还是漂浮在大气层内不可见的更大的有机粒子；尽管这些粒子看不见，但它们可是传播人类疾病和死亡的瘟神——这些瘟神远比诗人或画家曾表现出来的要真实得多……”这主要指卫生、环保领域，而颜料、填料、染料、医药、农药、聚合物粉末、涂料、化工、冶金、建材、火箭发动机推进剂、半导体材料、磨料、化妆品、食品等行业中，几乎每一种产品都和粉体有着直接或间接的联系。但在粉体工程这一名词出现以前，工业部门的划分一般是以产品的类别为基础的，各行业只能独立地处理各自遇到的粉体技术问题，由于缺少交流，大家认识不到各行业之间在粉体技术研究方面的共性。因此，在某种程度上阻碍了科学技术的发展，这样导致了某种新技术的重复研究。随着知识的积累，在综合边缘学科迅猛发展的大趋势下，人们对粉粒体的认识也产生了升华。这就是将粉粒体看作物质的一种特殊存在形式，把各行业在粉体研究中的共性聚合在一起作为一门单独的学科来进行研究，以指导各行业的产品开发和技术进步，一门新的学科——粉体工程学就此诞生了。

粉体科学与工程是研究粉体状态下物质的特性、加工及其应用的学科。或者进行粉体基现象的研究，用来解释各种粉体现象产生的原因，所遵循的理论根据、计算和测定的方法及解决粉体加工、处理及应用过程中的问题。

粉体科学与工程包括粉体科学与粉体工程两大方面。

粉体科学系指粉体基现象的研究，粉体基现象的研究必须进行其特性的研究，谈及特性必然涉及有关产生特性的基础研究：例如粉碎特性，为什么有的物料易粉碎，有的物料难粉碎？其他诸如形状特性、粒度特性（图 1-1）等。

粉体工程是指用较大而复杂的设备来进行的各项单元操作，即粉体在工程应用中的各项单元操作，如粉碎、分级、混合、造粒、成型、贮存、输送、收尘等，图 1-2 所示为碳素粉磨分级单元。

图 1-1 粒度特性

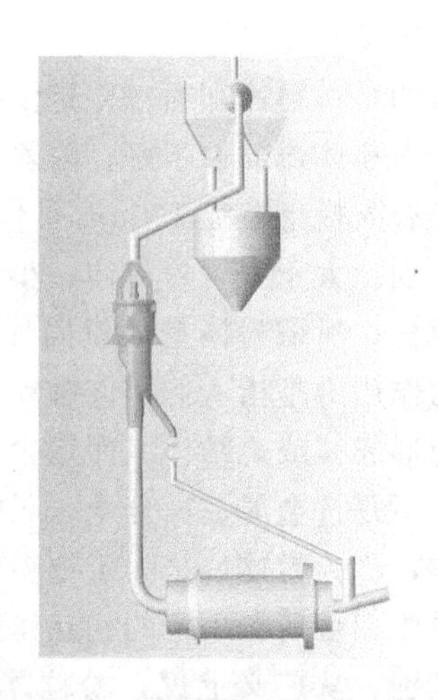

图 1-2 碳素粉磨分级单元

由此可知，粉体科学与工程的前者是后者的重要基础，用来解释各种粉体现象产生的原因，所遵循的理论依据、计算和测定的方法等。由于其跨学科、跨技术的交叉性和基础理论的概括性，因此，它既与若干基础学科相毗邻，例如数学、物理、化学、流体力学、材料力学，还涉及材料科学、电子学等等，又与工程应用相联系，是一门新兴的研究近代材料科学的综合性技术科学，已经形成一个独立的学科体系。

### 1.1.2 粉体科学与工程的发展

实际上，我国对于粉体的研究早在新石器时代就开始了，粉体从古至今一直与人类的生产和生活有着十分密切的关系。众所周知，陶器——第一种人造材料，早在新石器时代就问世了，而它的生产除与火的发现具有必然的联系外，与粉体也是分不开的。随着生产的发展，人们对细粉末状态的物质有了逐步的认识。明代宋应星所著《天工开物》一书就对一些原始的粉粒体加工工艺过程进行了详细的总结和描述，只是由于各种限制，没能提出粉体的概念。20世纪60年代初期，粉体工程这个名词首先出现在战后的日本。

粉末工业是一个重要的基础原料工业，粉末制备技术在化学工业及材料工业中占有相当重要的地位，从其发展的历史上看，人类对于粉末的认识和应用很久以前就已经开始了，粉末技术从古代由陶瓷制备逐渐发展起来，并刺激了工业革命和化学工业的产生。

作为专门体系的学科——粉体科学与工程（或粉体工学、颗粒学、粉体工程学），还只有短短几十年的历史。但因为颗粒同人类有着极其广泛的联系，并具有重要的作用，所以，国外从20世纪30年代便逐渐开始颗粒学的研究，自20世纪60年代以来，有关粉体科学与工程的研究日渐活跃，如最先从事这一研究的是美国学者J. M. Dallavalle（1943），他出版了世界上第一部颗粒学专著《粉体学·微粒子技术》（《Micromeritics》），首次把粉末制备和应用等归纳在一起。随后德国的Hans Rumpf等人对粉末制备技术进行了分类，并将物理化学和化学热力学引入粉末制备过程，奠定了粉末技术发展的基础。其后，德国学者I. R. Meldau编写了《颗粒体手册》（1960），J. M. Dallavalle的学生Orr又出版了《颗粒学》（1966），1979年日本学者久保、水渡、中川、早川合编了《粉体——理论与应用》等，这些论著对于粉体科学与工程学科的发展起到了很大作用，大大促进了其学术水平的提高。

前面提到粉体工程学首先由日本提出，日本的各工科大学及产业界的研究者在此项研究中投入了大量的人力物力，并且取得了很大的成绩。目前我国粉体方面的教科书，大都以日本的教科书为基础编译整理加工而成。为了促进该学科的发展，日本成立了该学科的交流机构——日本粉体工程学会。几乎与此同时，欧美等国家和地区也相继成立了类似的粉体学会和颗粒学会。自20世纪80年代以后，我国也开始重视该学科的发展，1986年在中国科学院郭慕孙的倡导下，我国正式成立了中国颗粒学会。1988年在北京举行了首届中、日、美颗粒学术报告会，它是我国加入国际粉粒体研究行列的标志。随着科学技术的发展，粉体科学与工程学科也必将得到飞速的发展。

20世纪80年代以来，随着世界范围内新技术、高新技术的突飞猛进，新型材料层出不穷。例如，现在人们创造的超硬、超强、超导、超纯、超塑等材料，使科学发展到了利用极端参数的阶段。要使材料达到极端状态，则往往要改变材料原有属性，而改变属性的方法之一就是使材料粒度细化至微细或超微细状态后再进行组合，因此，近年来，在颗粒学中超细颗粒成为最引人入胜的研究课题。显然，材料科学与工程领域高新技术的开发大大推动了颗粒学的发展，丰富了颗粒学的内容。有关颗粒学中许多课题的研究日益表明，它已成为新兴产业和高新技术发展的关键。

同时，粉体科学与工程科学的发展也推动了其他学科及行业的技术进步、创新和发展，如食品业、冶金工业、制药工业、日用化学、化学工业等。

## 1.2 粉体分类

粉体是由大量颗粒组成的，只不过颗粒很细，故而在本质上也可以把粉体叫作颗粒，但在实际中这两者在我们的习惯看法上是有区别的，例如我们一般叫小麦粉，而没有人称小麦颗粒的。但不论习惯上的看法有何不同，粉体是由颗粒组合而成确是真理，为了制备、加工、应用及研究的方便，需要对粉体进行分类。

粉体类别理所应当要根据颗粒的大小来划分。由于各个国家所使用的标准及对粉体研究的侧重点不同，对粉体的分类上有争议，以下粒径可作参考：

粒体　100μm 以上

粉粒体　100μm 左右

粉体　100μm 以下

细粉　44μm 以下

超细粉　5μm 以下

微米粉　5～1μm

亚微米粉　1.0μm～100nm

纳米粉（超细粉末或超微颗粒）　100～1nm

对于粉体的分类，至今尚无定论，是一个值得探讨的问题。

## 1.3 粉体基本性质

对于物质三态的气体、液体及固体来说，粉体有其不同的特点和性质，可以把粉体看作0维材料，它的空间自由度很大，能以3维、2维、1维自由配置，所以有人将粉体列为第四态物质，把粉体与物质三态并列作为第四态物质的看法固然不正确，但其具有多变的性质和能力却毋庸置疑，俗称“魔物”。例如，粉体弥散于气体中，则形成气溶胶，呈现气体性质；而较大的粉体颗粒具有固体性质；较细的颗粒充以气体形成流态化时，可具有流体性质。这些特性是由其本身所具有的性质所决定的。一般说来粉体有三个方面的性质：粉体的静特性、粉体的动特性、粉体的化学性质。

### 1.3.1 粉体静特性

粉体的物理性质是由颗粒性质和颗粒集合体性质复合而成的，是一种复杂的和。

粉体的静特性包括两种情况：一是与颗粒集合形态无关的基本特性；二是与颗粒集合形态有关的特性。前者包括颗粒的粒度、颗粒的密度、颗粒的形状、颗粒的硬度、颗粒的熔点、颗粒的化学组成、颗粒的表面化学性质（包括粉体的表面结构和表面能、吸附、润湿）等；后者包括颗粒的充填性和凝聚性，粉体压现象，颗粒间的摩擦性质，颗粒的粒级组成，粉体的团结强度，粉体的热、光、电特性等。

### 1.3.2 粉体动特性

粉体的动特性可分为四方面情况。

(1) 颗粒体系的流动　如重力流动、机械强制流动、振动流动和压缩流动。实际中我们常见到的贮仓内物料流动、螺旋式振动输送机、压缩成型等均属于这一类流动。

(2) 颗粒与流体的两相流动系统　如重力或离心力的沉降现象、气力输送、流态化、喷流、气体中的分散搅拌等。实际中见到的旋风分离器、沉降室、料仓的喷流、水泥生料的均化、流态化干燥等均属于这一类。

(3) 流体流动系　如透过流动、干燥、吸附等，我们在实际中见到的颗粒层收尘器、回转式干燥机、活性炭吸附等均属于这一类。

(4) 颗粒变形与破坏　如破碎与粉磨（粒度、表面颗粒间关系的变化）磨耗等。在实际中我们见到的石灰石、铁矿石的破碎（颚式、锤式、反击式破碎机等），水泥的粉磨及研磨剂等均属于这一类。

### 1.3.3 粉体化学性质

粉体反应特性（化学性质）现象中引起了物质变化，如有以下各种现象：化合（氧化、燃烧和粉尘爆炸等）、溶解、析晶、分解、升华等，催化现象自然也属于这一类，但粉体催化剂本身没有变化。

富有挑战性的21世纪将人类带进了又一个新的关键历史时期，纳米技术作为21世纪的主导科学技术，将会像20世纪70年代微米技术在世纪之交的信息革命中起的关键作用一样，给人类带来一场前所未有的新的工业革命。近年来，纳米技术与传统学科相结合形成的新的学科包括纳米电子学、纳米生物学和纳米医学、纳米材料学、纳米机械学、纳米物理学和纳米化学、纳米力学和纳米测量学等学科。这些新兴学科的发展趋势和潜力使我们完全有理由相信，21世纪会是一个纳米技术的世纪。这个由纳米技术主导的世纪会在不久的将来带给人类：新的信息时代、新的生命科学时代、新的医学时代、新的材料科学时代、新的制造技术时代。

纳米颗粒是指尺度介于分子、原子与块状材料之间，通常泛指1～100nm范围内的微小固体颗粒。包括金属、非金属（有机、无机）和生物等多种颗粒材料。

随着物质的超细化，其表面电子结构和晶体结构发生变化，产生了块状材料所不具有的表面效应、小尺寸效应（体积效应）、量子尺寸效应和量子隧道效应，从而使超细粉末与常规颗粒材料相比具有一系列优异的物理、化学性质。

## 1.4 粉体化意义

粉体化的意义究其实质即是物料粒度由大变小所产生的一系列作用。粉体物料的粒度小到“超细”以后，与相对较粗的粉体物料的性质（性能）发生了变化：例如，比表面积、表面原子数以及表面能等急剧增大；化学反应速率明显提高；光学性能（散射系数、吸收系数、折射率和反射率）显著变化；烧成温度显著下降，烧结时间缩短；磁性及电性、堆积性、吸附性、均化性显著变化；在液相介质中的分散性以及所形成的胶体分散体的流变性发生显著变化；溶解性和熔化性发生显著变化；粉体混合的偏析现象有所改善；颗粒在介质中的沉降速度减小等等。

### 1.4.1 化学反应速率

粉体细度越高，固-固或固-液、固-气反应速率越快，系统原料的热效率越高。例如窑外分解炉中生料粉的分解反应过程、煤粉燃烧反应过程等，其反应时间均以秒计算。

### 1.4.2 光学性能

所谓光学性能，就是指含有粉体的涂层在入射光（特别是可见光）照射下所产生的各种光学效应，如光的散射（漫反射）、吸收、折射、反射和透射等，它们可分别用散射系数、吸收系数、折射率、反射率和透射率等参数表示。

光学性能是颜料粉体和涂层（特别是装饰性涂层）的重要性能，主要包括彩色颜料的着色力、白色颜料的消色力、颜色色光及明度、透明度和光泽度等。

着色力和消色力的强弱与多种因素有关，例如与颜料的折射率、粒度、粒度分布、颗粒形状、在涂料基料中的分散均匀程度、颜料与基料的配合形式、涂料的颜料体积浓度、颜料自身的杂质含量等因素有关。许多学者的研究结果表明，在这些众多的影响因素中，颜料粒度占据第二位，而占首位的是颜料的折射率。例如，在一定的粒度范围内，普通合成氧化铁红颜色的着色力，随其原级粒径变小而增大：当原级粒径处于0.09～0.22μm时，其着色力是相当高的，被称为高着色力氧化铁红；当原级粒径处于0.3～0.7μm时，其着色力相对变弱，被称为低着色力氧化铁红。

颜料粒度对遮盖力的影响很大。对白色颜料而言，一般地说，当颜料颗粒尺寸处于可见光波长（380～760nm）的0.4～0.5倍大小时，颗粒对于入射光的散射能力最大，这时颜料便能使涂层具有较高的遮盖力。例如，当二氧化钛颜料的原级粒径处于0.15～0.50μm时，其遮盖力较高。在这一粒径范围内，粒径小者遮盖力相对较低，而粒径大者遮盖力相对较高。

含有颜料的涂层的透明度与颜料的原级粒径关系极大。能使涂层透明的颜料，称为透明颜料。显然，这种颜料是没有遮盖力的。

当颜料的原级粒径远远小于可见光波长的0.4～0.5倍时，因入射光发生衍射和透射，遮盖力大大下降，涂层的透明度增大。从理论上讲，当具有遮盖力的颜料粒径小于100nm，即处于纳米范围（1～100nm）时，颜料便不存在遮盖力。但实际上，由于颜料颗粒不可能100%地分散成单个存在的原级颗粒，总有一部分颗粒发生聚集，所以透明颜料的最佳粒径都远小于100nm，一般只有10～50nm，属于纳米粉体。

涂料用粉体的粒度对粉体本身和涂层的颜色色光和明度等都有很大影响。

彩色颜料如氧化铁颜料，在一定的粒径范围内，粒径越细，其颜色越浅；反之，则颜色越深。合成氧化铁红彩色颜料的原级粒径由0.70μm逐渐变化到0.09μm，其颜色渐次由深向浅变化。

白色颜料和填料的明度即白度是一项很重要的技术质量指标，现代许多高档次的浅色涂料，要求非金属矿物填料必须具有很高（90%以上）的透明度，这就要求它们必须具有微细化的粒径，一般要求粒径约为2μm的颗粒数在90%以上，其平均粒径为亚微米。

涂层的光泽度与涂层表面的平整度即光洁度有关。而这种平整度又与涂层中分散的颜料和填料等粉体的粒度有关。对于高光泽度涂层，即使表面含有极个别的粗大颗粒，也会影响对入射光的定向反射，从而影响光泽度。高光泽面漆，要求颜（填）料等粉体粒径必须在0.3μm以下。

影响涂层表面光泽度的其他因素也很多，如涂料的颜料体积浓度、分散程度、流变性（流平性）以及涂装技术等。

### 1.4.3 分散性和分散体的流变性

粉体研磨分散性的影响因素很多。例如：粉体的质地及密度，颗粒的大小及其分布，颗粒的表面活性和表面亲液性，液相介质的极性，颗粒在介质中形成双电层的能力，颗粒吸附层界面与扩散层界面之间的电位（即动电位，简称 $\zeta$ 电位），能控制 $\zeta$ 电位的分散剂的种类和效能，以及研磨分散设备所能产生的剪切力的大小等。

粉体粒度对研磨分散性的影响很大，一般地说，原级粒度合适、粒径分布狭窄、粉体的附聚体或絮凝体质地松软的粉体，是比较容易分散的，所形成的分散体也是比较稳定的。

以质地比较坚硬的天然氧化铁颜料为例，若采用传统的设备粉碎，即使粒径 44μm（325 目）的颗粒能够达到99.9%，也存在许多不易分散的极端大颗粒。例如，一个典型的分析结果为：小于 10μm 者占 73.7%，10～34μm 者占 20.0%，大于 34μm 者占 5.7%，在5.7%的这一粗颗粒级别中，个别颗粒可达到 40μm，甚至还有 60μm 者，分散极为困难，这样的天然氧化铁颜料只可能用于非装饰性的厚涂层中，而且只能用湿法球磨这样的高能耗研磨分散设备。

粉体含量相对较高的液相分散体最重要的性能之一，便是它的流变学性能，简称流变性。所谓流变性，就是分散体在外力作用下发生流动和变形的性能。

流变性包括许多参数，其中分散体的黏度极为重要，它是分散体黏滞性大小的量度，对分散体的流动性影响颇大。

分散体的黏度与它所含有的粉体粒径有关。例如，一种氧化锌颜料在油中形成的非牛顿型分散体的塑性黏度和屈服值就与氧化锌的平均粒径有关。此外，高固相的分散体，其表观流动性能随粉体粒径变小而下降。液相分散体的贮存稳定性大受粉体粒径的影响。涂料的临界颜料体积浓度以及颜料和填料的吸油量（或吸水量）等指标，也受粉体粒径大小的影响。

### 1.4.4 纳米粒度的影响

当粉体粒径处于接近微观粒径的纳米范围（1～100nm）时，它的许多性能会发生质的改变。粒径越细，其改变程度越大。

这是因为，由于颗粒极其微细，每个颗粒的表面积与其体积的比值非常大，晶体结构极易发生变化，颗粒表面乃至本体的活性因而大增，故纳米粉体具有一般微米级甚至亚微米级粉体所不具备的许多特异性质，如本体效应、表面效应、量子尺寸效应、宏观量子隧道效应、介电域效应等，从而使纳米粉体等纳米材料具有微波吸收性能、高表面活性、强氧化性、超顺磁性以及吸收光谱表现为明显的向紫外线或红外方向扩展等性能。此外，纳米粉体还具有特殊的光学性质、导电性质、催化性质、光催化性质、光电化学性质、化学反应活性、化学反应动力学性质和机械力学性质等。

纳米粉体由于具有这些特殊的光、电、磁、热、声、力、化学和生物学等性能，已经或正在被应用于各种工业领域中，其中包括涂料工业。例如，上面所述及的纳米二氧化钛（7～15nm）、透明氧化铁（7～15nm）、纳米氧化锌（50～60nm）以及炭黑（30nm 左右）、各种纳米级的透明度高且色彩鲜艳的有机颜料等，已作为纳米颜料应用于各种涂料中，产生各种特异的效果。纳米级合成填料如硅铝酸钠（15～25nm）和透明补强剂级的沉淀碳酸钙（10～100nm）等，在涂料中可作为优质填料替代部分二氧化钛并能改善涂层的光学性能。而水合二氧化硅（白炭黑）因具有纳米尺寸的粒度（沉淀法产品粒径 20～40nm；气相法产品粒径 10～25nm，著名的 Aerosil 牌平均粒径 7～12nm）和表面分子状态的三维网状结构以及极强的紫外线吸收能力，已在涂料工业中作为功能性添加剂广泛应用，如用以改进涂料的触变性和分散稳定性，提高涂层的抗老化性能，以及用作高级平光涂层的消光剂等。

### 1.4.5 新材料的开发与研究

随着科学技术的发展，越来越需要具有超硬、超纯、超强、超塑和超导等特性的新材料。这些材料均需极端参数，要使用极端参数达到极端状态，即要改变原材料原有属性，改变属性的方法之一，是材料粒度细化至微细或超微细状态后再进行组合。

随着粉体粒度的不断减小，由化学方法制备的超细粉，现在已达到纳米级。粉体一旦达到这样的细度，那么它的很多特性都发生了质的变化，由此可以开发出许多新型的材料如超导体陶瓷材料、陶瓷发动机、陶瓷刀具、电子陶瓷、表面改性材料、磁性记忆材料、超大规模集成电路等。随着对超细粉体研究的不断深入，工业产品及技术正经历着巨大的革命。

# 第2章 颗粒表征

所谓颗粒的表征是指用某种规定的、科学的方法来表示它的特性。颗粒的表征有三个方面的内容：颗粒的大小、粒度分布和颗粒形状的描述。其定性和定量描述是粉体科学与工程研究的基本内容之一，同时，是评价粉碎工艺和设备的重要参数，也是选择分级工艺和设备的基本依据之一。

从宏观和实际角度出发，颗粒是粉体的最小构成单元，颗粒的大小、分布、形状、表面状态、本体（内部）结构和晶粒组织以及颗粒的各种机械强度，对粉体自身特别是对其二次加工产品的性能影响颇大，其中，最具影响力的是粉体的粒度和粒度分布，因为不同大小的颗粒有不同的特点和性能，例如，$1cm^3$ 的颗粒分裂成 $1\mu m^3$ 大小的颗粒约 $10^{12}$ 个，其表面能、光、电、磁等性能发生了很大变化。对于粉体物料的应用来说，粒度的大小及粒度分布是重要的物理性能指标之一。它直接影响粉体的堆积、分散、沉降和流变性质。对陶瓷粉体来说，既可以通过干压的方法得到成型素坯，也可以制成糊状进行挤压成型，或者分散在溶剂中形成稳定浆料进行湿化学成型。无论采用哪一种方法，颗粒尺寸及其分布都会影响工艺参数及制品的最终性质。受颗粒尺寸影响的过程参数包括：达到一定的素坯密度所需施加的压力；为了控制气孔分布和密度所需的流动和堆积特征；影响流变性的分散行为等。为了避免烧结过程中产生气孔和裂纹，严格控制粉体的颗粒尺寸及其分布是非常必要的。另外，粉体颗粒的尺寸及其分布还大大影响制品最终的烧结性能。单一颗粒尺寸分布的粉体可以使烧结温度大大降低。所以颗粒粒度又是粉体诸物性中最重要的特性值。

## 2.1 粒径

人们常常习惯于用粒子直径来表示颗粒的大小，但是，粒子直径这个术语是不够明确的，例如，如果颗粒是规则的球体，那么球体的直径可以认为是粒子的直径；如颗粒是规则的立方体，粒子的直径可以是立方体的棱边、主对角线和一个侧面的对角线，利用这些尺寸中的任何一个，同样可以确定出立方体颗粒的体积、表面积和比表面积，然而，棱边、主对角线和一个侧面的对角线的尺寸是不相等的，所以，计算结果也不相同。若是形状不规则的颗粒，问题就更为复杂。如果是一群大小和形状不一的颗粒，粒子直径这一概念就更不准确。因此，用粒径一词来表示颗粒的大小比较准确，颗粒粒径习惯上也称为粒度。所谓粒度是指颗粒在空间范围内所占大小的线性尺度。

为了正确表示这一最基本的几何特征值，需要规定其测定方法和表示方法。

由于工业生产中遇到的粉体，都是一群粒度分散、大小不连续的颗粒群，而颗粒群又是由单个颗粒组成的，所以，对颗粒群粒度特性的表征需要建立在单个粒径统计值的基础上，因此，必须先了解单个颗粒特性的粒径表征。

## 2.1.1 单颗粒粒径的表征

单个颗粒粒径的表示方法与测定方法有关，由于所采用的测定方法不同，表示方法有以下几种。

### 2.1.1.1 二轴、三轴径

二轴、三轴径是利用外接长方体的长、宽、高定义的粒子尺寸。

将一颗粒置于与其相切的长方体中，如图 2-1 所示，长方体的三条边表示该颗粒在迪卡尔坐标中的大小。

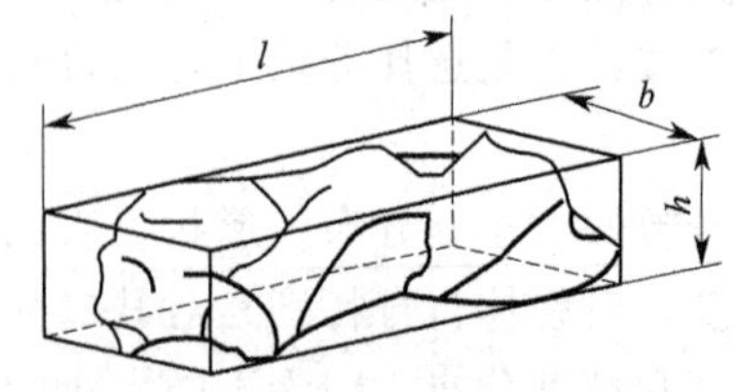

图 2-1 颗粒的外接长方体

设长方体长为 $l$、宽为 $b$、高为 $h$，颗粒平均径为 $D$，则有以下几种平均径的表示方法。

(1) 二轴平均径 平面图形上的算术平均值。

$$D=\frac{l+h}{2} \tag{2-1}$$

(2) 三轴平均径 颗粒外接长方体尺寸的算术平均值。

$$D=\frac{l+b+h}{3} \tag{2-2}$$

(3) 三轴调和平均径 设一球体的比表面积与外接长方体的比表面积相同，且二者具有相同的密度 $\rho_p$，则可用球体的直径 $D$ 表示颗粒的平均径。

$$\frac{2(lb+bh+lh)}{lbh\rho_p}=\frac{\pi D^2}{\frac{\pi D^3}{6}\rho_p} \tag{2-3}$$

$$D=\frac{3}{\frac{1}{l}+\frac{1}{b}+\frac{1}{h}} \tag{2-4}$$

(4) 二轴几何平均径 设一立方体与外接长方体平面图形的面积相同，则可用立方体的一边长 $D$ 表示颗粒的平均径。

$$D^2=lh \tag{2-5}$$

$$D=\sqrt{lh} \tag{2-6}$$

(5) 三轴几何平均径 设一立方体与外接长方体的体积相同，则可用立方体的一边长 $D$ 表示颗粒的平均径。

$$D^3=lbh \tag{2-7}$$

$$D=\sqrt[3]{lbh} \tag{2-8}$$

(6) 三轴等表面积平均径 设一立方体与外接长方体的表面积相同，则可用立方体的一

边长 $D$ 表示颗粒的平均径。

$$2(lb+bh+lh)=6D^2 \tag{2-9}$$

$$D=\sqrt{\frac{lb+bh+lh}{3}} \tag{2-10}$$

由二轴、三轴径计算的各种平均径及其物理意义见表 2-1。

**表 2-1　二轴、三轴径的平均径计算公式**

| 序号 | 名称 | 计算公式 | 物理意义 |
|---|---|---|---|
| 1 | 二轴平均径 | $D=\frac{l+h}{2}$ | 平面图形上的算术平均径 |
| 2 | 三轴平均径 | $D=\frac{l+b+h}{2}$ | 算术平均 |
| 3 | 三轴调和平均径 | $D=\frac{3}{\frac{1}{l}+\frac{1}{b}+\frac{1}{h}}$ | 与外接长方体比表面积相同的球体直径 |
| 4 | 二轴几何平均径 | $D=\sqrt{lh}$ | 平面图形上的几何平均 |
| 5 | 三轴几何平均径 | $D=\sqrt[3]{lbh}$ | 与外接长方体体积相同的立方体的一条边长 |
| 6 | 三轴等比表面积平均径 | $D=\sqrt{\frac{lb+bh+lh}{3}}$ | 与外接长方体表面积相同的立方体的一条边长 |

这种测定方法，对于必须强调长方形颗粒存在的情况比较适用。

上述测定方法：①对于大颗粒容易测定；②对于小颗粒而言则无法测定。为了统一测定方法，用同一种方法测定粒径，以利于比较；同时，也可以通过采用同一种方法进行多颗粒的统计计算和归纳，所以，出现了投影径。

#### 2.1.1.2　投影径

按颗粒平面投影的图形确定的粒子尺寸称为投影径。测定的方法可以用光学显微镜、电子显微镜、图像分析仪等。根据颗粒平面投影图形的不同取向，又有不同的表示方法。

(1) 费特径（Fett 径）　沿一定方向与粒子相切的两平行面间的距离称为费特径，记作 $D_F$，如图 2-2(a) 所示。因为是格林提出的，故也称格林径（Green 径）。

(2) 定向最大径　沿一定方向测定颗粒投影的最大长度称为定向最大径，记作 $D_K$，如图 2-2(b) 所示。

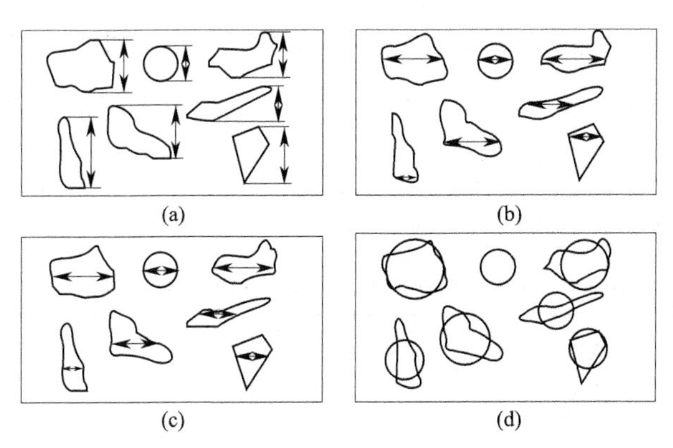


图 2-2　颗粒投影径的种类

(a) Fett 径；(b) 定向最大径；(c) Martin 径；(d) 投影面积圆当量径

(3) 马丁径（Martin 径） 沿一定方向将粒子投影面积二等分的等分线的长度称为马丁径，记作 $D_M$，如图 2-2(c) 所示。

(4) 投影面积圆当量径 与颗粒投影面积相当的圆的直径称为投影面积圆当量径，记作 $D_H$，如图 2-2(d) 所示，又称海伍德（Heywood）径。

设颗粒的投影面积为 $S$，则投影面积圆当量径 $D_H$ 为

$$S=\pi\left(\frac{D_H}{2}\right)^2 \tag{2-11}$$

$$D_H=2\sqrt{\frac{S}{\pi}} \tag{2-12}$$

(5) 投影周长圆当量径 与颗粒投影周长相等的圆的直径称为投影周长圆当量径，记作 $D_c$。

设颗粒的投影周长为 $L$，则投影周长圆当量径 $D_c$ 为

$$L=\pi D_c \tag{2-13}$$

$$D_c=\frac{L}{\pi} \tag{2-14}$$

此当量径经常用于考察颗粒的形状。

2.1.1.3 球当量径

只有对球形颗粒，可以用单一的数字即球体直径来表征颗粒尺寸。对三维的火柴盒（20mm×10mm×5mm），我们无法说火柴盒的尺寸为 20mm。也就是说不能仅仅用一个一维数字来描述三维形状的物体。很显然，对不规则形状的粉体颗粒，如何来定义它的颗粒尺寸显得更为困难。

对非球形物体如火柴盒，它也具有一些单一数字可以描述的性质，如它的质量、体积和比表面积等。因此，我们可以用这样的方法：先测量出火柴盒的质量，将这个质量用式 $W=\frac{4}{3}\pi r^3\rho$ 转换成相同质量的球形，得出球形的直径（$2r$），这就是等球体理论。通过测定颗粒的某些性质（例如颗粒体积），然后将其转换成具有相同性质的球体，得出唯一的数字来代表颗粒尺寸。这种方法可以使我们不必用三个或更多的数字来描述三维颗粒的形状，尽管那样会更精确，但很不实用，很不方便。

对一个高为 100μm、直径为 20μm 的长柱状颗粒，可以通过相同体积计算出它相应的等球体直径，即长柱体体积 $V_e=\pi r^2 h=10000\pi$（$\mu m^3$），球体体积 $V_s=\frac{4}{3}\pi R^3$，$R$ 为等体积球的半径，$R=\sqrt[3]{3V_s/4\pi}=0.62\sqrt[3]{V_s}=\sqrt[3]{30000\pi/4\pi}=19.5\mu m$，$D=39.0\mu m$。

表 2-2 给出了一些长柱状粉体所对应的等体积球形颗粒的直径。

**表 2-2 长柱状粉体所对应的等体积球形颗粒的直径**

| 长柱状尺寸/μm | | 长宽比 | 等球体直径/μm | 长柱状尺寸/μm | | 长宽比 | 等球体直径/μm |
|---|---|---|---|---|---|---|---|
| 高 | 直径 | | | 高 | 直径 | | |
| 20 | 20 | 1∶1 | 22.9 | 400 | 20 | 20∶1 | 62.1 |
| 40 | 20 | 2∶1 | 28.8 | 10 | 20 | 0.5∶1 | 18.2 |
| 100 | 20 | 5∶1 | 39.1 | 4 | 20 | 0.2∶1 | 13.4 |
| 200 | 20 | 10∶1 | 49.3 | 2 | 20 | 0.1∶1 | 10.6 |

无论从几何学还是物理学的角度来看，球是最容易处理的。因此，往往以球为基础，把颗粒看作相当的球。用此法测定的颗粒粒径称球当量径。球当量径有下列几种。

(1) 等体积球当量径　与颗粒同体积的球的直径称等体积球当量径。

例如，规则的长方体粒子长、宽、高分别为 $a$、$b$、$c$，则其体积为 $V=abc$。若与它相同体积的球体直径为 $D_V$，则

$$V=\frac{\pi D_V^3}{6} \tag{2-15}$$

$$D_V=\sqrt[3]{\frac{6V}{\pi}} \tag{2-16}$$

式中　$V$——颗粒体积；

$D_V$——等体积球当量径。

(2) 等表面积球当量径　与颗粒等表面积的球的直径称等表面积球当量径。

$$S=\pi D_S^2 \tag{2-17}$$

$$D_S=\sqrt{\frac{S}{\pi}} \tag{2-18}$$

式中　$S$——颗粒表面积；

$D_S$——等表面积球当量径。

(3) 等比表面积球当量径　与颗粒等比表面积的球的直径称等比表面积球当量径。

$$\frac{S}{V}=\frac{\pi D_{SV}^2}{\frac{\pi}{6}D_{SV}^3} \tag{2-19}$$

$$D_{SV}=\frac{6V}{S} \tag{2-20}$$

将式(2-15) 和式(2-17) 代入式(2-20)

$$D_{SV}=\frac{D_V^3}{D_S^2} \tag{2-21}$$

式中　$D_{SV}$——等比表面积球当量径。

作为粒径表示方法，还有根据上述几何量规定以外的测定方法原理所得到的球的直径。例如，与颗粒沉降速度相同的球的直径称为等沉降速度球当量径。在电镜下观察粉体的形状，我们看到的是它的二维投影。如果我们取颗粒的最大长度作为颗粒尺寸，意味着颗粒相当于这个最大尺寸的球形。然而，如果我们取颗粒的最小长度作为颗粒尺寸，我们将得到另外一个表征量值。需要注意的是每一种表征手段描述的是颗粒某特定的性质（如最大长度、最小长度、体积、比表面积等）所对应的颗粒尺寸。对一个不规则形状的颗粒，不同的描述方式给出不同的颗粒尺寸。每种表述方法都是正确的，只是描述了颗粒的不同性质。我们只能用同一种描述方式来对不同颗粒进行比较。利用粉体颗粒所具有的不同的物理性质，可以得出不同的等球体直径。

在实际应用中，同一种颗粒，由于采用不同的测量方法，得到的粒径值不尽相同，应根据测定值的目的需要、使用仪器的性能、试样的特性确定使用何种粒径计算，否则将会产生很大的误差。

### 2.1.2 颗粒群平均粒径的表征

在实际应用粉体过程中，所涉及的不只是单个颗粒，绝大多数是包含各种不同粒径颗粒的集合体，即颗粒群。颗粒群的平均粒径通常以统计数学的方法来描述，也可由函数方法求得。

#### 2.1.2.1 加权法

加权法是分别以颗粒群的某一个物理量为权。例如，以粒子的个数、粒径、表面积、体积为权，对其他物理量进行均分得到的平均径计算公式。

颗粒群可以认为是由许多个粒度间隔不大的粒级构成。设由 $d_i$ 至 $d_j$ 粒级内的颗粒个数为 $n$，取 $d_i$ 至 $d_j$ 的平均值 $d$ 代表 $n$ 个颗粒的平均粒度，就 $d$ 的测量而言，它可以是 $D_F$、$D_M$ 或 $D_H$ 等，当然，按一定方向测量 $D_F$ 或 $D_M$ 时，测量颗粒的个数必须足够多。

设颗粒的总个数为 $\sum n$，则

以个数为权：$\sum\left(\dfrac{n}{\sum n}\right)$

以长度为权：$\sum\left[\dfrac{nd}{\sum(nd)}\right]$

以表面积为权：$\sum\left[\dfrac{nd^2}{\sum(nd^2)}\right]$

以体积为权：$\sum\left[\dfrac{nd^3}{\sum(nd^3)}\right]$

则有如下三种平均粒径的求法。

（1）长度表面积平均径　以颗粒群的各粒级中的颗粒粒径之和为权，以颗粒群的颗粒粒径之和对 $d$ 进行均分。

$$D_{LS}=\frac{d_1}{n_1d_1+n_2d_2+\cdots+n_nd_n}n_1d_1+\frac{d_2}{n_1d_1+n_2d_2+\cdots+n_nd_n}n_2d_2+\cdots+\frac{d_n}{n_1d_1+n_2d_2+\cdots+n_nd_n}n_nd_n \tag{2-22}$$

$$D_{LS}=\frac{\sum nd^2}{\sum nd} \tag{2-23}$$

（2）表面积体积平均径　以颗粒群的各粒级中的颗粒表面积之和为权，以颗粒群的颗粒表面积之和对 $d$ 进行均分。

$$D_{SV}=\frac{d_1}{n_1d_1^2+n_2d_2^2+\cdots+n_nd_n^2}n_1d_1^2+\frac{d_2}{n_1d_1^2+n_2d_1^2+\cdots+n_nd_n^2}n_2d_2^2+\cdots+\frac{d_n}{n_1d_1^2+n_2d_2^2+\cdots+n_nd_n^2}n_nd_n^2 \tag{2-24}$$

$$D_{SV}=\frac{\sum nd^3}{\sum nd^2} \tag{2-25}$$

（3）体积四次矩平均径　以颗粒群的各粒级中的颗粒体积之和为权，以颗粒群的颗粒体积之和对 $d$ 进行均分。

$$D_{VM}=\frac{d_1}{n_1d_1^3+n_2d_2^3+\cdots+n_nd_n^3}n_1d_1^3+\frac{d_2}{n_1d_1^3+n_2d_1^3+\cdots+n_nd_n^3}n_2d_2^3$$
$$+\cdots+\frac{d_n}{n_1d_1^3+n_2d_2^3+\cdots+n_nd_n^3}n_nd_n^3 \tag{2-26}$$

$$D_{VM}=\frac{\sum nd^4}{\sum nd^3} \tag{2-27}$$

#### 2.1.2.2 函数法

如果颗粒粒径遵循某种规律并可用定义函数表示，则可由定义函数求平均粒径。

设颗粒群是由不同的粒级颗粒组成，各粒级分别由平均粒径为 $d_1$、$d_2$、$d_3$、…、$d_n$ 的各粒级颗粒所组成，相应各粒级的颗粒个数为 $n_1$、$n_2$、$n_3$、…、$n_n$，以粒径为 $D$ 的等径球形颗粒所组成的假想颗粒群与其相对应，如图 2-3 所示。该颗粒群有以粒径函数表示的某物理特性 $f(d)$，则粒径函数具有加和性质，即

$$f(d)=f(d_1)+f(d_2)+f(d_3)+\cdots+f(d_n) \tag{2-28}$$

$f(d)$ 即称为定义函数。

对于式(2-28)，若以粒径为 $D$ 的规则颗粒所组成的假想颗粒群与其相对应。

即

$$f(D)=n_1D+n_2D+n_3D+\cdots+n_nD \tag{2-29}$$

如双方颗粒群的有关物理特性完全相等，则下式成立

$$f(d)=f(D) \tag{2-30}$$

如 $D$ 可求解，则它就是求平均粒径的公式。

| 实际颗粒群 | 假想颗粒群 |
|---|---|
| $d_1$ | $D$ |
| $d_2$ | $D$ |
| $d_3$ | $D$ |
| $d_4$ | $D$ |
| $d_5$ | $D$ |
| $d_6$ | $D$ |
| $d_7$ | $D$ |
| $d_8$ | $D$ |

定义特性

$f(d)=f(D)$

图 2-3 平均粒径的定义

**例题 2-1** 由粒径 $d_1$ 的颗粒 $n_1$ 个、$d_2$ 的颗粒 $n_2$ 个、$d_3$ 的颗粒 $n_3$ 个……组成的颗粒群，颗粒一个紧接一个地排成一列。如将该颗粒群的全长看作一个物理性质，确定平均径。

**解：** 取颗粒群的全长 $n_1d_1+n_2d_2+\cdots+n_nd_n=\sum(nd)=f(d)$ 为定义函数。与此相应，设有总颗粒数为$\sum n$，全长与其相同，等径球形颗粒（$D$）组成的同一假想颗粒群（图 2-4），可将上式的 $d$ 置换成 $D$，则

$$n_1d_1+n_2d_2+n_3d_3+\cdots+n_nd_n=\sum(nd)=f(d)$$
$$n_1D+n_2D+n_3D+\cdots+n_nD=\sum(nD)=D\sum n=f(D)$$

因为全长相等。所以

$$f(d)=f(D)$$
$$D\sum n=\sum(nd)$$

$$D_{nL}=\frac{\sum(nd)}{\sum n}$$

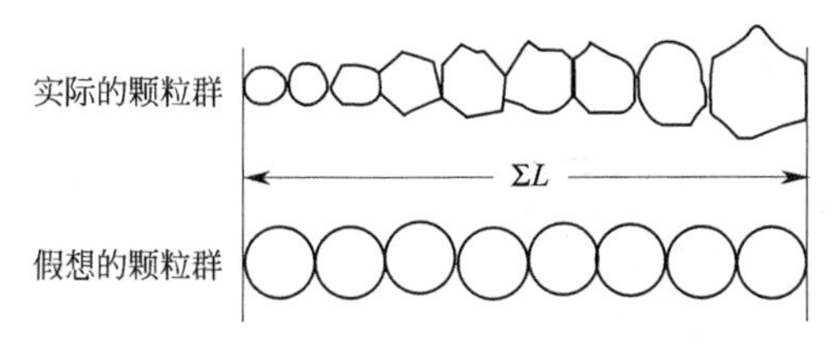


图 2-4 颗粒群的全长相对应

所求即为个数长度平均径 $D_{nL}$。

由此可知，如果颗粒物理特性遵循某种规律并可用函数表示，平均粒径可由函数表达式计算，称为函数法。

一般地说，颗粒群平均粒径的计算只有两个基准——个数基准和质量基准，其两者的平均粒径可由下式换算。

$$\left(\frac{\sum nd^{p}}{\sum nd^{q}}\right)^{\frac{1}{p-q}}=\left[\frac{\sum md^{(p-3)}}{\sum md^{(q-3)}}\right]^{\frac{1}{p-q}} \tag{2-31}$$

以个数为基准和质量为基准的平均径计算公式可归纳于表 2-3。

**表 2-3　平均径计算公式**

| 序号 | | 平均径名称 | 记号 | 个数基准 | 质量基准 |
|---|---|---|---|---|---|
| 加权平均径 | 1 | 个数长度平均径 | $D_{nL}$ | $\frac{\sum(nd)}{\sum n}$ | $\frac{\sum(W/d^2)}{\sum(W/d^3)}$ |
| | 2 | 长度表面积平均径 | $D_{LS}$ | $\frac{\sum(nd^2)}{\sum(nd)}$ | $\frac{\sum(W/d)}{\sum(W/d^2)}$ |
| | 3 | 表面积体积平均径 | $D_{SV}$ | $\frac{\sum(nd^3)}{\sum(nd^2)}$ | $\frac{\sum W}{\sum(W/d)}$ |
| | 4 | 体积四次矩平均径 | $D_{VM}$ | $\frac{\sum(nd^3)}{\sum(nd^3)}$ | $\frac{\sum(Wd)}{\sum W}$ |
| 5 | | 个数表面积平均径 | $D_{nS}$ | $\sqrt{\frac{\sum(nd^2)}{\sum n}}$ | $\sqrt{\frac{\sum(W/d)}{\sum(W/d^3)}}$ |
| 6 | | 个数体积平均径 | $D_{nV}$ | $\sqrt[3]{\frac{\sum(nd^3)}{\sum n}}$ | $\sqrt[3]{\frac{\sum W}{\sum(\sum/d^3)}}$ |
| 7 | | 长度体积平均径 | $D_{LV}$ | $\sqrt{\frac{\sum(nd^3)}{\sum(nd)}}$ | $\sqrt{\frac{\sum W}{\sum(W/d^2)}}$ |
| 8 | | 重量矩个数平均径 | $D_W$ | $\sqrt[4]{\frac{\sum(nd^4)}{\sum n}}$ | $\sqrt[4]{\frac{\sum(Wd)}{\sum(W/d^3)}}$ |
| 9 | | 调和平均径 | $D_S$ | $\frac{\sum n}{\sum(n/d)}$ | $\frac{\sum(W/d^3)}{\sum(W/d^4)}$ |

注：$D_{nL}D_{LS}=D_{nS}^2$，$D_{nL}D_{LS}D_{SV}=D_{nV}^3$，$D_{SV}=D_{nV}^3D_{nS}^2$，$D_{nM}=D_W^4/D_{nV}^3$，$D_{LS}D_{SV}=D_{LV}^2$，$D_{VM}>D_{SV}>D_{nS}>D_{nL}$。

## 2.1.3 计算颗粒群平均粒径方法的选择

综上所述，尽管计算颗粒群平均粒径方法很多，但是，对于同一颗粒群，用不同方法计算出的平均粒径都不同。

平均粒径的计算是为某一生产操作过程服务的，在计算平均粒径时，由于测定方法不同，所得原始数据也不同，用这些原始数据计算平均粒径当然会得出不同结果；即使同一原始数据，采用不同的计算方法，所得结果也不一样。因此，各平均粒径的具体计算，要根据物料进行的机械和物理化学处理及操作过程，选择最恰当的粒径测定和计算方法，否则会得出不正确的结果。

一些颗粒群平均粒径所使用的有关物理化学过程见表 2-4。

**表 2-4　不同物理化学过程所采用的平均粒径**

| 符号 | 平均粒径名称 | 使用的机械、物理、化学过程 |
|---|---|---|
| $D_{nL}$ | 个数长度平均径 | 蒸发、各种尺寸的比较(筛分析) |
| $D_{SV}$ | 表面积体积平均径 | 传质、反应、颗粒充填层的流体阻力 |
| $D_{VM}$ | 体积四次矩平均径 | 气力输送、质量效率、燃烧、物料平衡 |

续表

| 符 号 | 平均粒径名称 | 使用的机械、物理、化学过程 |
|---|---|---|
| $D_{nS}$ | 个数表面积平均径 | 吸收、粉磨 |
| $D_{nV}$ | 个数体积平均径 | 光的散射、喷射的质量、分布比较、破碎 |
| | 比表面积平均粒径 | 蒸发、分子扩散 |
| $D_{50}$ | 中位径 | 分离、分级装置性能表示 |
| $D$ | 等效径 | 气力输送、沉降分析 |

## 2.2 粒度分布

所谓粒度分布是表示颗粒群粒径的分布状态。颗粒群的粒径分布状态不仅对粉体产品及相应的制品质量有很大影响，也是衡量粉体加工工艺优劣的重要指标之一。粒径分布通常可以用简单的表格、绘图和函数形式表示。

### 2.2.1 表格法

用某种颗粒粒度分析方法，如显微镜法、筛析法，分别计算各粒级的产率（频率分布）和累计产率（累计分布），将各粒级的颗粒分数（质量分数）和颗粒频率（个数百分数）及各粒级的平均粒径数据列成表格，如表 2-5 所示。

表 2-5 颗粒的频率分布和累计分布

| 粒径/μm | 频率分布/% | | 累计分布/% | | | |
|---|---|---|---|---|---|---|
| | | | 质量分数 | | 个数百分数 | |
| | 质量分数 | 个数百分数 | 大于该粒径范围 | 小于该粒径范围 | 大于该粒径范围 | 小于该粒径范围 |
| 0 | 6.5 | 19.5 | 100 | 0 | 100 | 0 |
| <20 | 6.5 | 19.5 | 93.5 | 6.5 | 100 | 19.5 |
| 20～25 | 15.8 | 25.6 | 77.7 | 22.3 | 80.5 | 45.1 |
| 25～30 | 23.2 | 24.1 | 54.5 | 45.5 | 54.9 | 69.2 |
| 30～35 | 23.9 | 17.2 | 30.6 | 69.4 | 30.8 | 86.4 |
| 35～40 | 14.3 | 7.6 | 16.3 | 83.7 | 13.6 | 94.0 |
| 40～45 | 8.8 | 3.6 | 7.5 | 95.5 | 6.0 | 97.6 |
| >45 | 7.5 | 2.4 | 0 | 100 | 2.4 | 100 |

所谓频率分布表示各个粒径相对应的颗粒百分含量，即产率；累计分布表示小于（或大于）某粒径的颗粒占全部颗粒的百分含量与该粒径的关系；百分含量的基准可用颗粒个数、体积、质量等。

### 2.2.2 图解法

颗粒粒径的频率分布和累计分布也常表示成图形形式，由于其比较直观，成为描述颗粒群粒径组成的重要方法之一，广泛应用于实际生产和科学研究中。

#### 2.2.2.1 矩形图

以粒径区间为横坐标，以各粒级的频率为纵坐标，矩形的底部宽度表示各粒级的粒径范围，矩形的高度表示该粒级的频率，所得到的矩形图是一种最简单的粒度分布统计图，如图 2-5 所示。

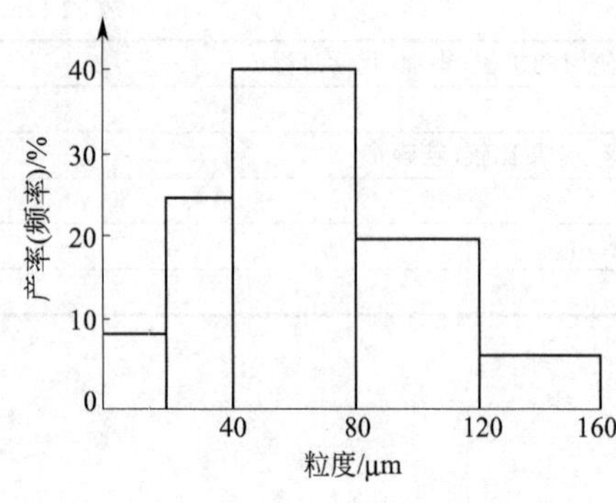

图 2-5 粒径的频率分布和累计分布矩形图

2.2.2.2 连续密度分布图

连续密度分布图是将粒群的粒径分布绘成形式上类似于概率分布的密度函数和分布函数。图 2-6 所示为某一粒群粒径分布的密度函数和分布函数，$f(x)$ 称为密度函数，$F(x)$ 称为分布函数。从物理意义上讲，$f(x)\mathrm{d}x$ 等于总体中由 $x$ 到 $x+\mathrm{d}x$ 微分粒度区间内颗粒所占的产率（或频率）。从几何意义上看，这一产率（或频率）可用图 2-6(a) 所示密度函数图中 $x$ 到 $x+\mathrm{d}x$ 之间的阴影区的面积来表示。小于 $x_d$ 的粒级的产率，可以通过密度函数的积分求得，即

$$F(x_d)=\int_{x_{\min}}^{x_d} f(x)\mathrm{d}x \tag{2-32}$$

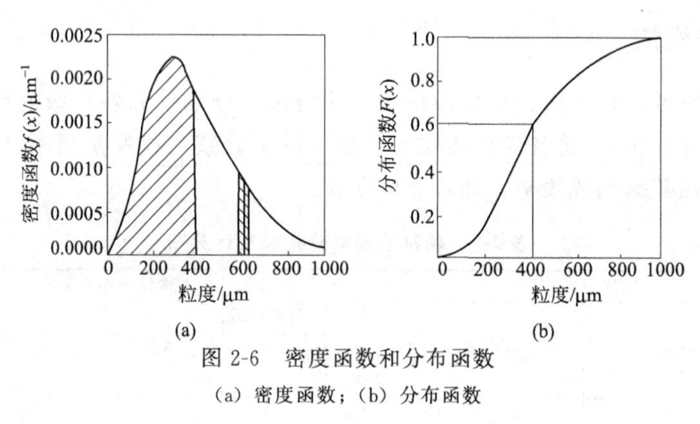

图 2-6 密度函数和分布函数

（a）密度函数；（b）分布函数

$F(x_d)$ 就是该粒群的粒度分布函数，从物理意义上讲，它给出了粒群中粒度小于 $x_d$ 的各粒级的累积产率。从几何意义上说，$F(x_d)$ 等于密度函数曲线下由 $x_{\min}$ 到 $x_d$ 的面积。显然。任意两个粒度 $x_a$ 和 $x_d$（$x_d>x_a$）之间的产率，可以由 $F(x_d)-F(x_a)$ 求得，$F(x_{\max})=1.0$，其中

$$[F(x_a)]'=\left[\int_{x_{\min}}^{x_a} f(x)\mathrm{d}x\right]' \tag{2-33}$$

$$f(x_a)=\left[\frac{\mathrm{d}F(x)}{\mathrm{d}x}\right]_{x=x_a} \tag{2-34}$$

一旦 $F(x)$ 或 $f(x)$ 已知，粒群的粒径分布就知道了。

一般来说，粒度分布是离散的，在许多情况下，既无必要，也不可能用实验的方法确定完整的粒度分布密度函数和粒度分布函数。

2.2.2.3 累计粒度特性曲线

累计粒度特性曲线是实际中最常用的粒度分析曲线，根据绘图方法的不同，主要有三种累计粒度特性曲线。

（1）算术坐标累计粒度特性曲线　以粒径为横坐标，以累计产率为纵坐标，将曲线绘制在普通的直角坐标系中，如图 2-7 所示，如果纵坐标表示小于某一粒径的产率，则称为负累

计曲线；如果纵坐标表示大于某一粒径的产率，则称为正累计曲线。这两条曲线对称地绘于一张图纸上时，相交于物料产率为 50%的点上。

这种累计粒度特性曲线在研究、设计和生产中有着广泛的应用，但是，如果粒径分布范围很宽，必须将曲线绘制在很大的图纸上，用对数坐标来表示粒度大小，可以避免这一缺点。

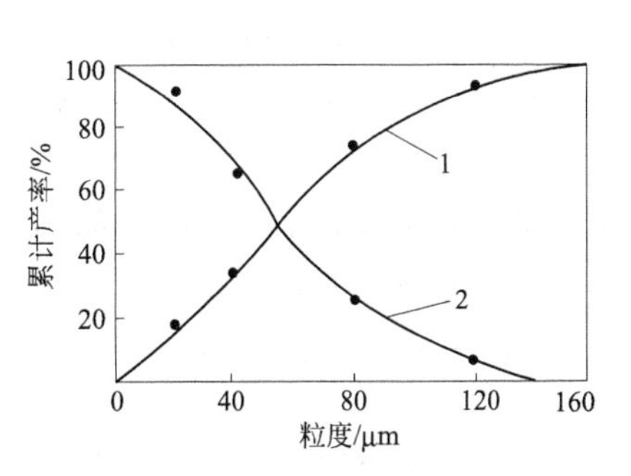


图 2-7　算术坐标累计粒度特性曲线

1—负累计曲线；2—正累计曲线

(2) 半对数坐标累计粒度特性曲线　半对数坐标累计粒度特性曲线是以粒径的对数为横坐标，纵坐标仍用算术坐标，绘制的累计粒度特性曲线，如图 2-8 所示。

(3) 全对数坐标累计粒度特性曲线　全对数坐标累计粒度特性曲线是横坐标和纵坐标都以对数表示，这种累计粒度特性曲线在某些情况下，可以确定物料的粒度分布规律，如粉碎产品（破碎或磨矿产品）的负累计产率与粒度的关系，绘制在全对数坐标纸上，常常近似于一条直线，如图 2-9 所示。

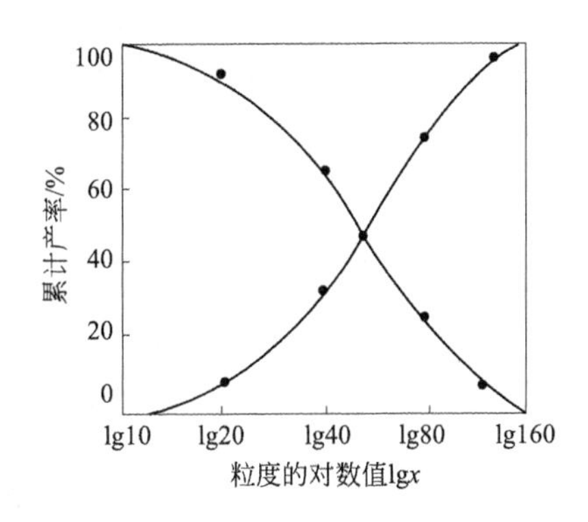


图 2-8　半对数坐标累计粒度特性曲线

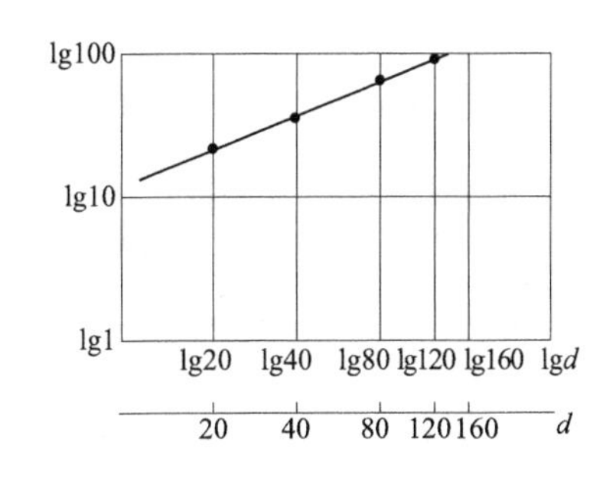


图 2-9　全对数坐标累计粒度特性曲线

### 2.2.3　函数法

对粒度分布最精确的描述是用数学函数，即用概率理论或近似函数的经验法来寻找数学函数。这种将粉碎产物的粒度分析资料，用数学方法整理、归纳出的足以概括它们并反应其分布规律的数学表达式称为粒度特性方程式。

采用粒度特性方程式描述颗粒的粒度分布，为粒径分布数据提供了简单的数学表达式，便于数学计算或数学分析以及用计算机进行计算。近年来又用它和粉碎能耗相联系，并且用于粉碎过程数学模型的研究。

自 20 世纪 20 年代以来，已经提出的粒度特性方程式有很多种，但大多为经验公式，最常用的粒度特性方程式有：对数正态分布方程式、罗辛-拉姆勒（Rosin-Rammler）方程式等，现仅就应用最广泛的几种粒度特性方程式进行介绍。

#### 2.2.3.1　正态分布

在自然和社会现象中，“随机事件”的出现具有偶然性，但就总体而言，在偶然性的背后一定具有必然性，即这类事件出现的频率总是有统计规律地在某一常数附近摆动。这个分布规律称为正态分布。

正态分布是一种概率分布。正态分布是具有两个参数 $\bar{x}$ 和 $\sigma^2$ 的连续型随机变量的分布，第一个参数 $\bar{x}$ 是遵从正态分布的随机变量的均值，第二个参数 $\sigma$ 是此随机变量的方差，所以正态分布记作 $N(\bar{x},\sigma^2)$。遵从正态分布的随机变量的概率规律为取 $\bar{x}$ 邻近的值的概率大，而取离 $\bar{x}$ 越远的值的概率越小；$\sigma$ 越小，分布越集中在 $\bar{x}$ 附近，$\sigma$ 越大，分布越分散。正态分布的密度函数的特点是：关于 $\bar{x}$ 对称，在 $\bar{x}$ 处达到最大值，在正（负）无穷远处取值为 0，在 $\bar{x}\pm\sigma$ 处有拐点。它的形状是中间高两边低，图像是一条位于 $x$ 轴上方的钟形曲线。

正态分布应用最广泛的是连续概率分布，其特征是一条钟形对称曲线。其表达式为

$$f(x)=\frac{1}{\sqrt{2\pi}\sigma}\exp\left[-\frac{(x-\bar{x})^2}{2\sigma^2}\right] \tag{2-35}$$

由式(2-35) 可以看出以下几点。

① $\bar{x}$、$\sigma$ 双参数确定后，曲线的形状就确定了，如图 2-10 所示。

② 标准偏差 $\sigma$ 是分布宽度的一种量度。如图 2-10 所示，$\sigma$ 越小，分布宽度越窄。

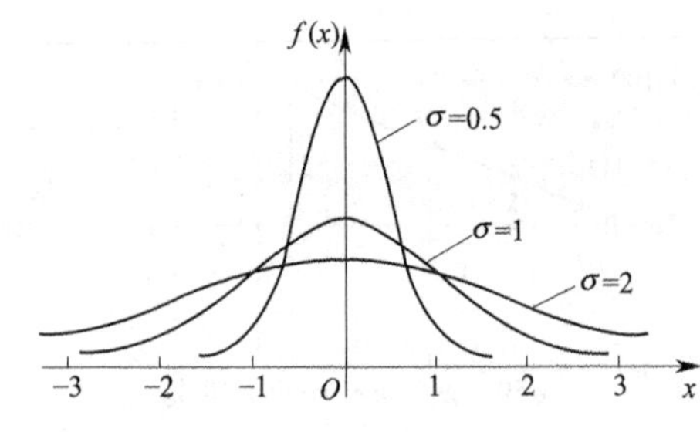


图 2-10 正态分布的频率分布曲线

③ 当 $\bar{x}=0$、$\sigma=1$ 时，称为标准正态分布，记为 $N(0,1)$，如图 2-10 所示，其表达式为

$$f(x)=\frac{1}{\sqrt{2\pi}}\exp\left[-\frac{x^2}{2}\right] \tag{2-36}$$

④ 图 2-10 所示曲线和 $x$ 轴之间的面积，即分布函数为

$$F(x)=\int_{-\infty}^{+\infty}f(x)\mathrm{d}x=1 \tag{2-37}$$

实际颗粒群的粒度分布严格地说都是不连续的，但大多数颗粒群的粒度分布可以认为是连续的。在实际测量中，往往将连续的粒度分布范围视为许多个离散的粒度，测出各粒级个数百分数或质量分数 $\Delta\phi$；或者测出小于（有时用大于）各粒度的累计个数百分数或累计质量分数 $\phi$。

当 $\Delta D$ 很微小，因而 $\Delta\phi$ 很微小时，$\Delta\phi/\Delta D\approx \mathrm{d}\phi/\mathrm{d}D$ 称为概率密度函数，以 $f(D)$ 表示。

$$\frac{\mathrm{d}\phi}{\mathrm{d}D}=f(D)=\frac{1}{\sqrt{2\pi}\sigma}\exp\left[-\frac{(D-\overline{D})^2}{2\sigma^2}\right] \tag{2-38}$$

$$f(D)=\frac{1}{\sqrt{2\pi}\sigma}\exp\left[-\frac{(D-D_{50})^2}{2\sigma^2}\right] \tag{2-39}$$

式中 $D_{50}$——中位径，表示累计产率为 50%对应的粒径。

在表示粒径分布时，$D$ 系指颗粒的粒径；$\phi(D)$ 是 $D$ 的概率密度函数，这里指颗粒个数、质量或其他参数对粒度的导数，如图 2-11 所示。

将式(2-39)从0～$D$积分，则可得小于粒径$D$的颗粒百分数

$$F(D)=\phi=\frac{1}{\sqrt{2\pi}\sigma}\int_0^D \exp\left[-\frac{(D-D_{50})^2}{2\sigma^2}\right]dD \tag{2-40}$$

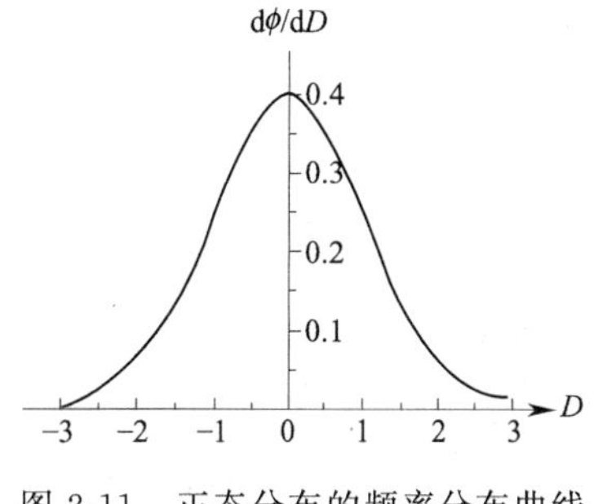

图 2-11 正态分布的频率分布曲线

令：$t=\dfrac{D-D_{50}}{\sigma}$

$$\phi=\frac{1}{\sqrt{2\pi}}\int_0^t \exp\left(-\frac{t^2}{2}\right)dt \tag{2-41}$$

由$t=\dfrac{D-D_{50}}{\sigma}$得

$t=0$，$D=D_{50}$；$t=1$，$\sigma=D-D_{50}$。

由标准正态分布表可查得，当式(2-41)中$t=1$时，$\phi=84.13\%$，则

$$\sigma=D_{84.13}-D_{50} \tag{2-42}$$

$$\sigma=D_{50}-D_{15.87} \tag{2-43}$$

式中 $D_{84.13}$，$D_{15.87}$——小于该$D$的累计产率分别为84.13%和15.87%。

需要说明的是：①分布函数中的两个参数$\overline{D}$和$\sigma$完全决定了粒度分布。②对于相同$\overline{D}$的若干个颗粒群，$\sigma$的大小表征分布的宽窄程度，如图2-10所示；③对于不同$\overline{D}$的若干个颗粒群，则应以相对标准偏差$\alpha$表示，即$\alpha=\sigma/\overline{D}$，$\alpha$和$\sigma$越小，频率分布范围越小，分布越窄。④对于服从正态分布的颗粒群，当$\alpha=0.2$时，$\sigma=0.2\overline{D}$，有68.3%颗粒的粒度集中在$\overline{D}\pm0.2\overline{D}$这一狭小范围内。人们常把$\alpha\leqslant0.2$称为单分散体系。⑤颗粒群是指含有许多颗粒的粉体或分散体系中的分散相，其可分为单分散体系和多分散体系。单分散体系是颗粒粒度都相等或近似相等的颗粒群；多分散体系是实际颗粒群所含颗粒的粒度大都有一个分布范围。粒度分布范围越窄，其分布的分散程度就越小，集中度也就越高。⑥正态分布的频率分布曲线在正态概率纸上作图，正态分布曲线呈一直线，如图2-12所示。正态概率纸上累计百分数坐标的刻度标定方法是，先按与粒度$D$成正比的值对坐标均匀标定刻度，再用式(2-40)积分所得的正态概率累计分布百分数表示。⑦自然界中植物花粉的粒度分布符合正态分布，近似正态分布的有某些气溶胶、沉淀法制备的粉体。⑧正态分布描述粒度分布的缺点是延伸至负粒度。

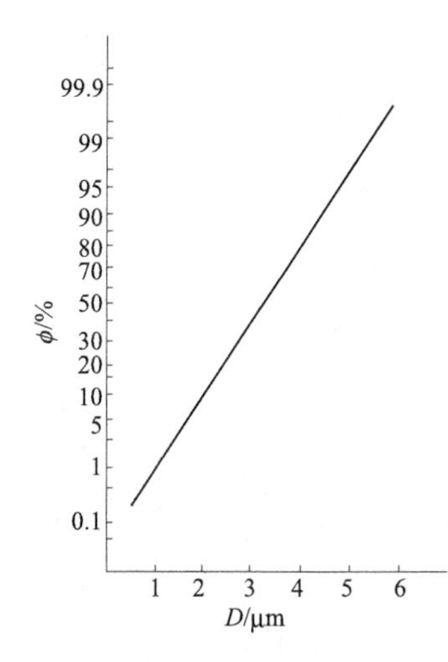

图 2-12 正态概率纸上累计分布曲线

2.2.3.2 对数正态分布

通常，对于粉体来说，将是粗颗粒一侧形成长下摆、细颗粒一侧为自然形状、$D=0$处终结的非对称分布，曲线顶峰偏于小粒度一侧，如图2-13所示，尤其是粉碎法制备的粉体、气溶胶中的灰尘颗粒以及海滨沙粒等都近似符合对数正态分布。将图2-11中横坐标的算术

坐标改为对数坐标，则得到的非对称分布称为对数正态分布。

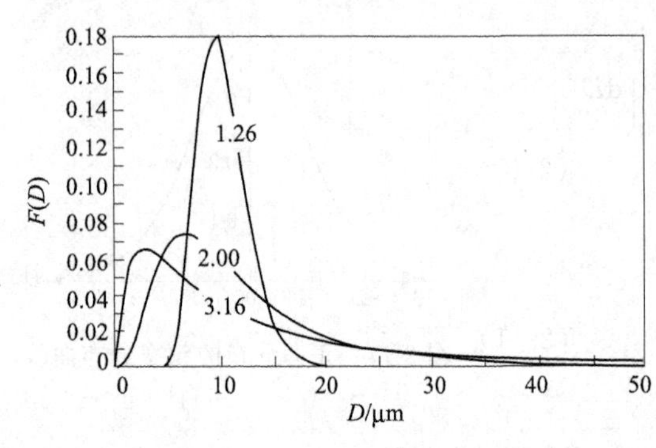

图 2-13 对数正态分布示例

以 $\lg D$ 和 $\lg\sigma_g$ 分别替代式(2-39) 中的 $D$ 和 $\sigma$，便可得到对数正态分布函数，即

$$f(D)=\frac{d\phi}{dD}=\frac{1}{\sqrt{2\pi}\lg\sigma_g}\exp\left[-\frac{(\lg D-\lg\overline{D}_{50})^2}{2\lg^2\sigma_g}\right] \tag{2-44}$$

检验粒度分布是否符合对数正态分布，可用对数正态概率纸，如果累计分布在对数正态概率纸上呈一直线，则表明其符合对数正态分布。

对数正态概率纸是将图 2-12 中横坐标的算术坐标改为对数坐标，其纵坐标与正态概率纸相同，如图 2-14 所示，由图可得

$$t=0, D=D_{50}$$

$$t=1, \sigma_g=D-D_{50}$$

$$t=1, \phi=84.13\%$$

$$\lg\sigma_g=\lg D_{84.13}-\lg D_{50} \tag{2-45}$$

$$\lg\sigma_g=\lg D_{50}-\lg D_{15.87} \tag{2-46}$$

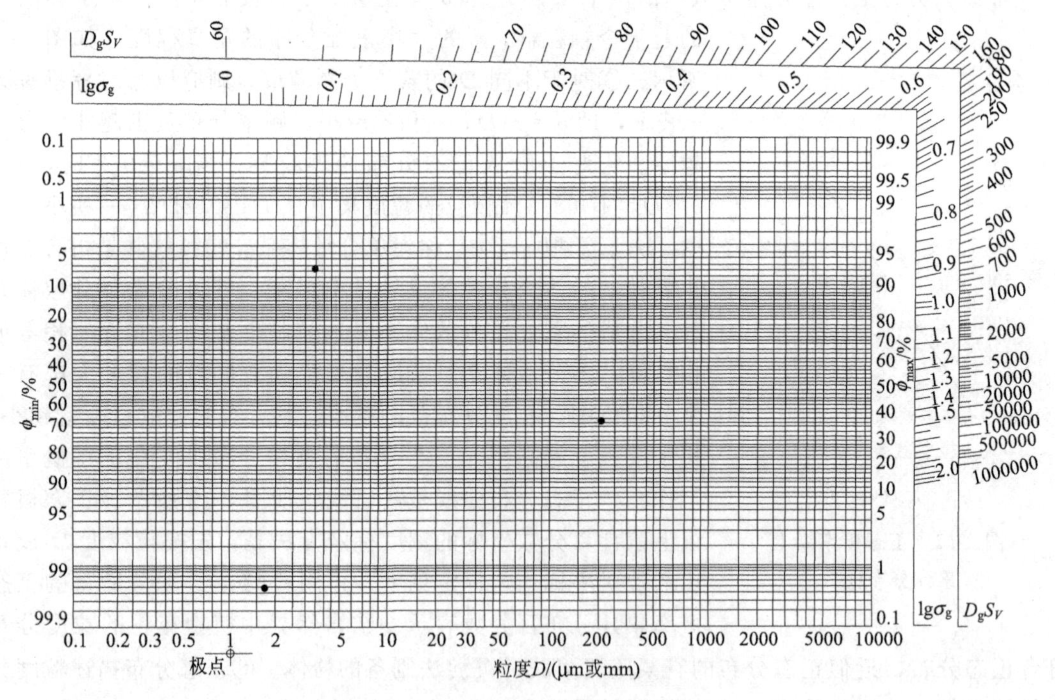

图 2.14 对数正态分布概率纸

前已指出，正态分布以相对标准偏差 $\alpha$ 表征分布的宽窄，而对数正态分布则用其本身已是无量纲的几何标准偏差 $\sigma_g$ 表征之。图 2-13 所示三种都服从对数正态分布的颗粒群，它们的几何平均径即中位径都是 10μm，几何标准偏差分别为 1.26、2.00、3.16。按 $\lg D_g=\lg\sigma_g$，则相应的 $\lg D_g$ 各为 0.1、0.3、0.5。

2.2.3.3 罗辛-拉姆勒分布

对水泥熟料进行粉磨，得到水泥粉末，按粒径大小依次排列，怎样求得小于某一粒径 $D$ 的颗粒占总颗粒的质量分数，可根据密度函数 $f(D)=\frac{d\phi}{dD}$ 求得。

前述的对数正态分布在解析法上是方便的，因此，应用广泛。但是，对于粉碎产物、粉尘之类粒度分布范围广的颗粒群来说，在对数正态分布图上作图所得的直线偏差较大。为此，罗辛与拉姆勒等人通过对煤粉、水泥等物料粉碎实验的概率和统计理论的研究，归纳出用指数函数表示粒度分布的关系式，即

$$\frac{d\phi}{dD}=100nbD^{n-1}\exp(-bD^{n}) \tag{2-47}$$

式中 $\phi$——小于 $D$ 的质量分数；

$n$、$b$——常数。

积分得

$$d\phi=\int 100nbD^{n-1}\exp(-bD^{n})dD \tag{2-48}$$

$$\phi=100[1-\exp(-bD^{n})] \tag{2-49}$$

若以 $R$ 表示大于 $D$ 的质量分数，则

$$R=100-\phi=100\exp(-bD^{n}) \tag{2-50}$$

方程式的左边单位是%，右边是长度单位。为将其统一，将等式两边化为无量纲式，令 $b=1/D_e^n$，式(2-50) 变成无量纲式

$$R=100[\exp(-D/D_e)^n] \tag{2-51}$$

或

$$\frac{100}{R}=e^{\left(\frac{D}{D_e}\right)^n} \tag{2-52}$$

式中 $R$——累计筛余百分数；

$D_e$——特征粒径，表示颗粒群的粗细程度；

$n$——均匀性系数，表示粒度分布范围的宽窄程度。$n$ 值越小，粒度分布范围越宽；反之，分布越窄。

图 2-15 是 Rosin-Rammler 分布的三种情况。

式(2-52) 称为 Rosin-Rammler-Bennet 式。

当 $D=D_e$、$n=1$ 时，则

$$R=100e^{-1}=36.8\% \tag{2-53}$$

即：$D_e$ 为 $R=36.8\%$时对应的粒径。

对式(2-52) 取两次对数得

$$\lg\left[\lg\left(\frac{100}{R}\right)\right]=n\lg(D/D_e)+\lg\lg e$$
$$=n\lg D-n\lg D_e+\lg\lg e \tag{2-54}$$

令：$C=\lg\lg e-n\lg D_e$

则

$$\lg\left[\lg\left(\frac{100}{R}\right)\right]=n\lg D+C \tag{2-55}$$

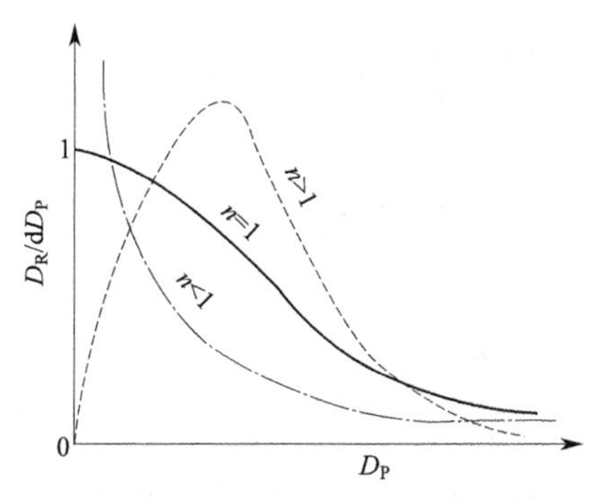


图 2-15 Rosin-Rammler 分布的三种情况

在 $\lg\left[\lg\left(\frac{100}{R}\right)\right]$ 与 $\lg D$ 坐标系中，式(2-55) 作图呈直线，根据斜率可求 $n$，由 $R=36.8\%$ 可求 $D_e$。这种图就称为 Rosin-Rammler-Bennet 图，简称 R-R-B 图。

对同种料，使用同一设备的 R-R-B 曲线应是相同的，通过曲线可以对不同粉料进行对比。

应用 Rosin-Rammler 分布可进行颗粒群的平均粒径和比表面积的计算。

#### 2.2.3.4 高丁-修曼分布

物料粉碎以后，产品粒度不可能是均齐的，而是从大到小连续变化的，把某一粒度范围规定为一个级别，其中各级别的质量比例就称为颗粒级配，它标志着物料的粒度特性。

高丁和修曼经过实验和研究得出的粒度分布式如下：

$$y=100\left(\frac{x}{k}\right)^m \tag{2-56}$$

式中 $y$——小于 $x$ 筛孔的累计质量分数；

$x$——筛孔或颗粒尺寸；

$k$——粒度系数，其物理意义为100%通过某筛孔时的颗粒尺寸。$k$ 值越大，则说明物料越粗，$k$ 值越小，则说明物料越细；

$m$——级配系数，它表示颗粒级配范围的宽窄程度。$m$ 值越大，则粒度分布范围越小，$m$ 值越小，则粒度分布范围越大。$m$ 值取决于物料的特性，但粉磨设备对它也有影响。

式(2-56) 称为 G-G-S 粒度分布式，可视为罗辛-拉姆勒分布式按级数展开后的第一项。

方程式两边取对数

$$\lg\frac{y}{100}=m\lg x-m\lg k \tag{2-57}$$

如以 $\lg y$ 和 $\lg x$ 作图，式(2-57) 可得一直线，在图中很容易求得系数 $k$，系数 $m$ 可根据斜率求得。

该分布式在要求不太高时使用，美国采用最多。该式适用于粗矿石产品。

## 2.3 颗粒形状

### 2.3.1 概述

#### 2.3.1.1 意义

颗粒形状与材料物性之间存在着密切的关系，它对颗粒群的许多性质产生影响，例如粉体比表面积、流动性、填充性、磁性、固着力、增强性、研磨特性、形状分离操作、表面现象、化学活性、涂料的覆盖能力、粉体层对流体的透过阻力以及颗粒在流体中的运动阻力等。工程上根据不同的使用目的，对颗粒形状有着不同的要求。一些应用实例见表2-6。例如，用作砂轮的研磨料，一方面要求有好的填充结构，另一方面还要求颗粒形状具有棱角；铸造用型砂，一方面要求强度高，另一方面则要求空隙率大，以便排气，故以球形颗粒为宜；混凝土集料则要求强度和紧密的填充结构，故碎石以正多面体为理想形状；涂料、墨水、化妆品要求光学性和附着力、覆盖能力强，故薄片比球状理想；塑料要求很高的冲击强度，而要求最好为长形颗粒，如石棉、纤维等；炸药引爆物不能是形状不规则的，因化学稳定性不好，故多采用球形；洗涤剂、食品多采用球形，流动性好；磨具要求方向比小的料。颗粒形状影响其在流体中沉降速度等，因其特别复杂，描述和表示方法不同。

**表2-6　一些工业产品对颗粒形状的要求**

| 序号 | 产品种类 | 对性质的要求 | 对颗粒形状的要求 |
|---|---|---|---|
| 1 | 涂料、墨水、化妆品 | 固着力强、反光效果好 | 片状颗粒 |
| 2 | 橡胶填料 | 增强性和耐磨性 | 非长形颗粒 |
| 3 | 塑料填料 | 高冲击强度 | 长形颗粒 |
| 4 | 炸药引爆物 | 稳定性 | 光滑球形颗粒 |
| 5 | 洗涤剂与食品工业 | 流动性 | 球形颗粒 |
| 6 | 磨料 | 研磨性 | 多角形颗粒 |

### 2.3.1.2　颗粒形状的表述

颗粒形状是指一个颗粒的轮廓表面上各点所构成的图像。

颗粒形状的表示方法是一门新兴的学科。以往对实际颗粒形状所采用的一些定性的描述，如球形、立方体、片状、柱状、鳞状、海绵状、尖角状、圆角状、多孔状、粒状、棒状、针状、纤维状、树枝状、聚集体、中空粗糙、光滑、毛绒状等，已远不能满足材料科学与工程的发展对颗粒形状定量描述的要求。

前述对球形颗粒以外的不规则形状颗粒做了种种定义，但其仅仅代表了颗粒的某一线性尺寸，却不能表达颗粒大小的全部信息。尽管某些语言术语并不能精确地描述颗粒的形状，但它们大致反映了颗粒形状的某些特征，因此，这些术语至今在工程中仍被广泛使用。

用数学语言描述颗粒的几何形状是一种比较准确的表示方法，除特殊场合需要三种数据以外，一般需要两种数据及其组合。通常使用的数据包括三轴方向颗粒大小的代表值、二维图像投影的轮廓曲线以及表面积和体积等立体几何各有关数据。习惯上将颗粒大小的各种无量纲组合称为形状指数，立体几何各变量的关系则定义为形状系数。

表2-7给出颗粒形状的分类名称、基准几何形状、指标名称和所使用的数据种类。此表概括了使用数学语言描述颗粒几何形状的方法。

**表2-7　形状指标分类**

| 名称 | 分类名称 | 基准几何形状 | 指标名称 | 数据种类 |
|---|---|---|---|---|
| 形状指数 | | 长方体 | 长短度、扁平度、柱状比 | 三轴径，$Zi$=长短度/扁平度 |
| | 充满度 | 长方体、矩形 | 体积充满度、面积充满度、面积比 | 三轴径、投影面积、体积 |
| | 平面、立体几何指标 | 球形、圆形 | 球形度、圆形度、表面积指数、圆角度 | 体积、表面积、投影面积、周长、各种当量径、曲率半径 |
| | 基于轮廓曲线的各种指标 | 无 | 各种代表径和平均径比、统计量比、CAR指数、形状因子 | 投影轮廓曲线各参数及各种代表径 |

续表

| 名称 | 分类名称 | 基准几何形状 | 指标名称 | 数据种类 |
|---|---|---|---|---|
| 形状系数 | | 球体 | 体积、表面积、比表面积形状系数、球形度 | 立体几何各量 |
| | 其他指标 | 椭圆 | | |

单一颗粒的形状表示方法如下。

将一个颗粒置于显微镜的载玻片上时，当放置在水平面上的单一颗粒处于稳定状态时，可在相互正交的三轴方向测得其最大值 $L$、$B$、$T$，沿横向和纵向两个方向测得该颗粒的线性长度，其中较大的值就是长径 $L$，较小的值就是短径 $B$。若改变颗粒方向，又能够测量一对线性值，长径 $L$ 中的最大值记为 $L'$，与其相垂直的短径记为 $B'$。还可示出展开径和 Fett 径，如图 2-16 所示，其中：

$T$——厚度，上下两平面所夹颗粒的距离；

$B$——短径，两竖直相平行的平面所夹颗粒的最小距离；

$L$——长径，在与短径正交的方向上，两垂直平面所夹颗粒的距离；

$R(\theta)$——展开径，用极坐标 $R$、$\theta$ 表示的颗粒投影轮廓半径，$\overline{PP'}$ 称为展开径，记为 $D_R(\theta)$。

$D_F(\theta)$——Fett 径，它是角 $\theta$ 的函数。Fett 径的最小值 $D_{F\min}$ 为 $B$，与其正交的 $D_{F\pi/2}$ 等于 $L$，而 $D_{F\max}=L'$，$D'_{F\pi/2}=B'$，由于 $L'>L$，一般 $D_{F\min}$ 与 $D_{F\max}$ 并不垂直。

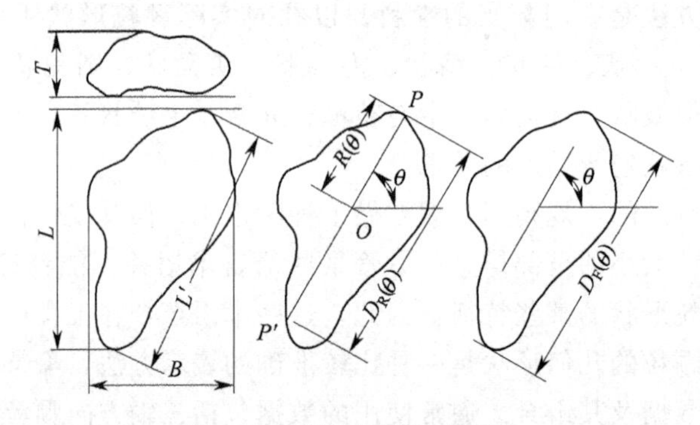


图 2-16　颗粒投影的各参数

## 2.3.2 形状系数

在表示颗粒群性质和现象的函数关系中，把与颗粒形状有关的因数作为一个系数加以考虑时，该系数即称为形状系数。实际上，形状系数是表示颗粒形状与球形颗粒不一致的程度。

对粒径下定义时系假定颗粒为简单的几何形状，为将某种方法求得的粒径同颗粒的表面积关联起来，故引入了形状系数，例如表面积形状系数、比表面积形状系数等，它们在使用上将有更广泛的意义。

若以 $Q$ 表示颗粒平面或立体的参数，$D$ 为粒径，二者间的关系为

$$Q=KD^k \tag{2-58}$$

式中　$K$——形状系数。

#### 2.3.2.1 体积形状系数

设某一颗粒的粒径为 $D$，体积为 $V$，表面积为 $S$，由于颗粒形状不同，$V$ 与 $S$ 也不同，例如：

球形颗粒体积 $V=\frac{\pi D^3}{6}$

立方体颗粒体积 $V=D^3$

对于任意形状的颗粒，以颗粒的体积 $V$ 代替式(2-58) 中的 $Q$，则存在通式

$$V=\phi_V D^3 \tag{2-59}$$

式中 $\phi_V$——体积形状系数。

很显然，对于球形颗粒 $\phi_V=\pi/6$，对于立方体颗粒 $\phi_V=1$。

#### 2.3.2.2 表面积形状系数

同理，球形颗粒的表面积 $S=\pi D^2$

立方体颗粒的表面积 $S=6D^2$

对任意形状颗粒，以颗粒的表面积 $S$ 代替式(2-58) 中的 $Q$，则得

$$S=\phi_S D^2 \tag{2-60}$$

式中 $\phi_S$——表面积形状系数。

很显然，对于球形颗粒 $\phi_S=\pi$，对于立方体颗粒 $\phi_S=6$。

#### 2.3.2.3 比表面积形状系数

设 $S_V$ 为单位体积颗粒的比表面积，则

$$S_V=\frac{S}{V}=\frac{\phi_S D^2}{\phi_V D^3} \tag{2-61}$$

令 $\phi_{SV}=\phi_S/\phi_V$，则

$$S_V=\frac{\phi_{SV}}{D} \tag{2-62}$$

对于球形颗粒 $\phi_{SV}=\frac{\pi}{\frac{\pi}{6}}=6$；对于立方体颗粒 $\phi_{SV}=\frac{6}{1}=6$。

如以比表面积球当量径 $D_{SV}$代入式(2-61)，则得

$$S_V=\frac{S}{V}=\frac{\phi_S D_{SV}^2}{\phi_V D_{SV}^3}=\frac{6}{D_{SV}} \tag{2-63}$$

因等体积球当量径 $D_V=\sqrt[3]{\frac{6V}{\pi}}$，等体积球表面积为 $\pi D_V^2$，所以，

$$球的表面积/实际颗粒的表面积=\frac{\pi D_V^3}{S}=\frac{\pi(6V/\pi)^{2/3}}{S}\times\frac{(6V/\pi)^{1/3}}{(6V/\pi)^{1/3}}=\frac{6V}{SD_V}=\frac{6}{S_V D_V} \tag{2-64}$$

令 $S_V=\dfrac{6}{\phi_c D_V}$，则将式(2-63) 代入得

$$\phi_c=D_{SV}/D_V \tag{2-65}$$

式中 $\phi_c$——卡门（Carman）形状系数或表面系数，对于球形颗粒 $\phi_c=1$。

形状系数常用于将不规则颗粒粒径换算为规则颗粒的直径。几种规则形状颗粒的形状系数见表 2-8。

**表 2-8 颗粒的形状系数**

| 颗粒形状 | $\phi_S$ | $\phi_V$ | $\phi_{SV}$ |
|---|---|---|---|
| 球形 $l=b=h=d$ | π | π/6 | 6 |
| 圆锥形 $l=b=h=d$ | 0.8/π | π/12 | 9.7 |
| 圆板形 $l=b, h=d$ | 3π/2 | π/4 | 6 |
| $l=b$ | π | π/8 | 8 |
| $h=0.5d$ | 7π/10 | π/20 | 14 |
| 立方体 $l=b=h$ | 6 | 1 | 6 |
| 方柱及方板形 $l=b$ | | | |
| $h=d$ | 6 | 1 | 6 |
| $h=0.5d$ | 4 | 0.5 | 8 |

## 2.4 颗粒测量技术

### 2.4.1 颗粒粒度及粒度分布的测量

在实际生产和科学研究中，颗粒粒度和粒度分布的测量有着重要的意义。例如：①作为颗粒粒度和粒度分布计算公式中的数据；②粒度及粒度分布显著影响粉体及产品的性能和用途；③粉体的粒度决定其价值；④粒度及粒度分布决定其质量等级；⑤粉碎及分级单元操作过程需要测量粒度等。

颗粒粒度和粒度分布测量的方法很多，主要有：筛分法、观察计数法、沉淀法、电感应法、流体力学法、光学法等。其中应用最广泛的是光学法，基于夫琅禾费衍射理论的衍射法由于其不接触被测粒子场，不干扰被测粒子场的状态，测量时间短，能实现实时测量与数据处理等优点而被广泛应用于工程实践中。

从 20 世纪以来，发展了多种方法，根据 1981 年第四次国际粒度分析会议的全会公报称：已使用和正在研究的粒度、颗粒形状、比表面积测量方法，细分起来已多达 400 种，表 2-9 列出了常用的颗粒粒度和形状的主要测量方法。

**表 2-9 常用颗粒群平均粒径测量方法**

| 方 法 | 大致粒度范围/μm | 测量依据的性质或效应 | 表达的粒度 | 直接得到的分布 |
|---|---|---|---|---|
| 筛分析(微目筛) | >40<br>5～40 | 筛孔 | $D_{筛}$ | 质量(体积) |
| 光学显微镜<br>电子显微镜<br>全息照相 | 0.25～250<br>0.001～5<br>2～500 | 通常是颗粒投影像的某种尺寸或某种相当尺寸 | $D_A$、$D_F$、$D_M$ | 个数 |

续表

| 方　法 | 大致粒度范围/μm | 测量依据的性质或效应 | 表达的粒度 | 直接得到的分布 |
| --- | --- | --- | --- | --- |
| 光散射、消光<br>X小角衍射 | 0.002～2000<br>0.005～0.1 | 颗粒对光的散射或消光(因散射和吸收)<br>颗粒对X射线的散射 | 同效应的球直径 | 质量(体积)或个数 |
| 重力沉降<br>离心沉降 | 2～100<br>0.01～0 | 沉降效应:沉积量,悬浮液的浓度、密度或消光等随时间或位置的变化 | 同沉降速度的球直径<br>在层流区的 $D_{SV}$ | 质量(体积) |
| 电传感法 | 0.4～800 | 颗粒在小孔电阻传感区引起的电阻变化 | 体积直径 $D_V$ 但常为同效应的球直径 | 个数 |
| 气体透过常压黏滞流<br>常压滑动流<br>气体吸附 | 2～50<br>0.05～2<br><10 | 床层中颗粒表面对气流的阻力<br>气体分子在颗粒表面的吸附 | $D_{SV}$ | |

#### 2.4.1.1 筛分析法

筛分析是让粉体试样通过一系列不同筛孔的标准筛，将其分离成若干个粒级，分别称重，求得以质量分数表示的粒度分布。

筛分析方法的作用是可以进行：①颗粒粒径的测量，即利用筛孔尺寸来表示颗粒的大小，得到的是筛分径；②对颗粒群进行筛分分析，即利用筛孔大小不同的一套筛子进行粒度分级。

对于粒度在 20～100μm 的松散物料，采用此法测定其粒度和粒度分布，及颗粒群平均粒径计算的原始数据。如采用电成形筛（微筛孔），其筛孔尺寸可至 5μm 甚至更小。

筛分析方法的特点是：①设备简单，操作容易；②筛分结果受颗粒形状影响较大，如长条形颗粒；③筛分细小颗粒（如 5μm）时筛分时间长和经常发生堵塞；④由于筛层数有限，测定粒度分布时精度不高，其有逐渐被专用的粒度仪取代的趋势，但仍是分级的有效手段。但是，该方法只能测量颗粒粒径和粒度分布，颗粒形状没有办法得知。

#### 2.4.1.2 显微镜法

显微镜法是唯一能够对颗粒形状、大小及分布状态进行观察和测量的方法。因此，它是测量粒度的最基本方法，而且，经常用显微镜法来标定其他方法，或帮助分析其他几种方法测量结果的差异。

根据光学仪器的分辨距离，光学显微镜测量粒度的范围大致以 0.3～200μm 为宜；透射电子显微镜测量范围为 1nm～5μm；扫描电子显微镜的分辨能力比透射电子显微镜低，测量的最小粒度约为 10nm。

显微镜法测量的样品量是极少的，因此，取样和制样时，要保证样品有充分的代表性和良好的分散性。

需要说明的是：

① 用显微镜法测定的粒度，一般来说，颗粒的形状是多种多样的，对于不规则形状的颗粒，已经提出了多种方法来表示显微镜测定的粒度，如 $D_F$、$D_M$、$D_K$。

② 为了得到正确的粒度分布，测定的颗粒个数要足够多，必须尽可能在不同的视野中对许多的颗粒进行测定。经验测定个数大于 1000 个，对每个粒级至少观察 10 个颗粒。

③ 用电子显微镜测定粒度，照片和底片上的图像可通过放大投影到测量屏幕上。

④ 用显微镜测定粒度，需要计算大量的颗粒，容易产生人为的误差，如果将其与图像分析仪结合使用，可避免繁琐计算，还可提供粒度分布和形状等资料。

用光学显微镜测量时，常在目镜中插入一块刻有标尺或一些几何图形的玻片，由人眼通过目镜直接观测；或将显微镜的颗粒图像或照片投影到一个备有标尺或几何图形的屏幕上，通过对比来确定粒度。该屏亦可投射可调节大小的圆形光点，以供对比。利用投影原理已制成若干半自动和自动显微测粒装置。此外，还有自动图像分析仪，它具有对图像或照片自动扫描、数据处理、存储和输出等功能。

图 2-17 所示为 PIP8.1 型颗粒图像处理仪，用显微镜放大颗粒，然后通过数字摄像机和计算机数字图像处理技术分析颗粒大小和形貌的仪器，给出不同等效原理（如等面积圆、等效短径等）的粒度分布，能直接观察颗粒分散状况、粉体样品的大致粒度范围、是否存在低含量的大颗粒或小颗粒情况等等，是其他粒度测试方法非常有用的辅助工具，是我国现行金刚石微粉粒度测量标准的推荐仪器。

适用于磨料、涂料、非金属矿、化学试剂、填料等各种粉末颗粒的粒度测量、形貌观察和分析。

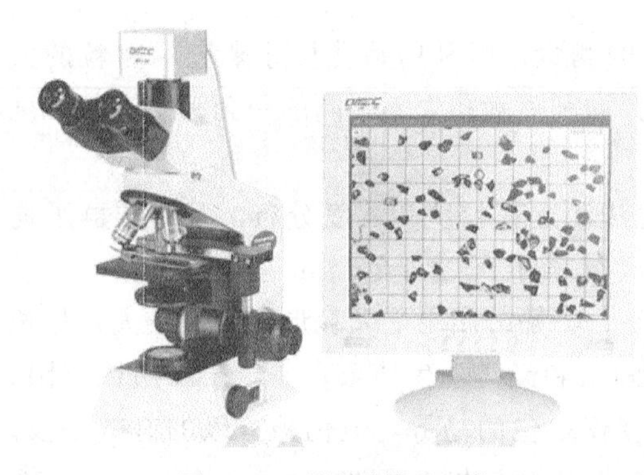

图 2-17 颗粒图像处理仪

光学显微镜首先将待测的微小颗粒放大，并成像在 CCD 摄像机的光敏面上；摄像机将光学图像转换成视频信号，然后送给图像捕捉卡；图像捕捉卡将视频信号由模拟量变成数字量，并存储在计算机的内存里；计算机根据接收到的数字化了的显微图像信号，识别颗粒的边缘，然后按照一定的等效模式，计算各个颗粒的粒径。一般而言，一幅图像（即图像仪的一个视场）包含几个到上百个不等的颗粒，图像仪能自动计算视场内所有的颗粒粒径并统计，形成粒度测试报告。当测到的颗粒数不够多时，可以通过调整显微镜的载物台，换到下一个视场，继续测试并累计。

一般而言，被测颗粒不是球形的，我们所说的粒径是指等效圆的直径。在图像仪中，可以取不同的等效方式，例如等面积圆、等效短径、等效长径等。这种灵活性是其他原理的粒度仪无法比拟的。下面简单介绍几种等效方式。

（1）等面积圆　如图 2-18(b) 所示，图形表示颗粒的投影。设其面积为 $S$，等面积圆直径 $X$，则有

$$S=\frac{\pi X^2}{4} \tag{2-66}$$

$$X=\sqrt{\frac{4S}{\pi}} \tag{2-67}$$

（2）等效长、短径　如图 2-18(a) 所示，长径是指连接颗粒边缘上两点的最长对角线，如图中 $X_L$；短径则是垂直于长径、连接颗粒边缘相对两点的最长线段，如图中 $X_S$。

在图像仪中，待测颗粒经过光学放大，成为光学图像，然后又经过摄像机变成视频图像，中间经过了两次变换。每次变换都使颗粒形貌信息有所损失，对图像仪而言，主要表现

为颗粒边缘的逐渐模糊。真实边缘的确认和合理修正，是图像仪技术的关键之一。处理不好时，会造成同一颗粒在不同光学放大倍率下测试结果不同的现象，严重影响测试结果的可靠性。

颗粒图像处理仪的性能特点：①优点是除粒度测量外可以进行一般的形貌特征分析，直观、可靠，既可直接测量粒度分布，也可作为其他粒度仪器测试可靠性评判的参考仪器；②缺点是操作相对比较繁琐，测量时间长（典型时间为30min），易受人为因素影响，取样量少，代表性不强，只适合测量粒度分布范围较窄的样品；③扩展的功能有处理电子显微镜图片及进行高级图像分析。

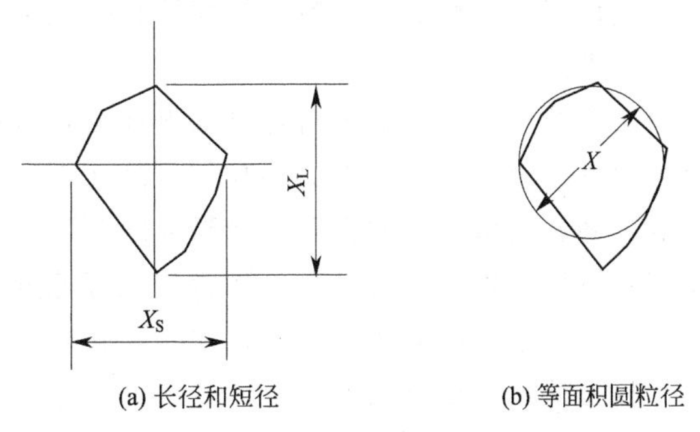

图 2-18 图像仪等效粒径示意图

将现代电子技术与显微镜方法相结合，用摄像机拍摄显微镜放大的颗粒图像，图像信号进入计算机内存后，计算机自动对颗粒的形貌特征和粒度进行分析和计算，最后输出测试报告。测试范围 0.5～3000μm，重复性误差<3%。

采用颗粒图像处理仪测试出的粒度分布见表 2-10。

**表 2-10 采用颗粒图像处理仪测试出的粒度分布**

| 粒径/μm | 微分分布/% | 累计分布/% | 粒径/μm | 微分分布/% | 累计分布/% | 粒径/μm | 微分分布/% | 累计分布/% |
|---|---|---|---|---|---|---|---|---|
| 0.50 | 0.00 | 0.00 | 16.00 | 0.00 | 0.02 | 114.00 | 1.22 | 100 |
| 1.00 | 0.00 | 0.00 | 18.00 | 0.02 | 0.03 | 146.60 | 0.00 | 100 |
| 2.00 | 0.00 | 0.00 | 20.00 | 0.03 | 0.06 | 176.00 | 0.00 | 100 |
| 2.50 | 0.00 | 0.00 | 23.00 | 0.00 | 0.06 | 218.70 | 0.00 | 100 |
| 3.00 | 0.00 | 0.00 | 28.00 | 0.06 | 0.11 | 271.70 | 0.00 | 100 |
| 3.50 | 0.00 | 0.00 | 33.00 | 0.26 | 0.38 | 337.60 | 0.00 | 100 |
| 5.00 | 0.00 | 0.00 | 40.00 | 2.08 | 2.46 | 419.50 | 0.00 | 100 |
| 6.00 | 0.00 | 0.00 | 50.00 | 23.09 | 25.54 | 521.30 | 0.00 | 100 |
| 7.00 | 0.00 | 0.00 | 56.00 | 25.26 | 50.81 | 647.70 | 0.00 | 100 |
| 10.00 | 0.00 | 0.00 | 63.30 | 24.90 | 75.71 | 804.80 | 0.00 | 100 |
| 12.00 | 0.01 | 0.01 | 80.00 | 22.21 | 97.92 | 1000.00 | 0.00 | 100 |
| 14.00 | 0.01 | 0.02 | 100.00 | 2.08 | 100 | 1200.00 | 0.00 | 100 |

电子显微镜与光学显微镜的成像原理基本一样，所不同的是前者用电子束作光源，用电磁场作透镜。另外，由于电子束的穿透力很弱，因此用于电镜的标本须制成厚度约 50nm 的超薄切片。这种切片需要用超薄切片机制作。电子显微镜的放大倍数最高可达近百万倍，由电子照明系统、电磁透镜成像系统、真空系统、记录系统、电源系统 5 部分构成，如果细分的话：主体部分是电子透镜和显像记录系统，由置于真空中的电子枪、聚光镜、物样室、物镜、衍射镜、中间镜、投影镜、荧光屏和照相机构成。

电子显微镜是使用电子来展示物件的内部或表面的显微镜。高速的电子的波长比可见光的波长短，而显微镜的分辨率受其使用的波长的限制，因此电子显微镜的分辨率（约 0.1nm）远高于光学显微镜的分辨率（约 200nm）。

#### 2.4.1.3 沉降法

沉降法是在适当的介质中，使颗粒进行沉降，再根据速度测定颗粒粒径的方法。

应用沉降法测定颗粒粒度的仪器种类很多。根据沉降原理，仪器分为重力沉降和离心沉降两大类。

沉降粒度分析一般要将样品与液体混合制成一定浓度的悬浮液。液体中的颗粒在重力或离心力的作用下开始沉降，颗粒的沉降速度与颗粒的大小有关，大颗粒的沉降速度快，小颗粒的沉降速度慢，因此只要测量颗粒的沉降速度，就可以得到反映颗粒大小的粒度分布。但在实际测量过程中，直接测量颗粒的沉降速度是很困难的，所以通常用在液面下某一深度处测量悬浮液浓度的变化率来间接地判断颗粒的沉降速度，进而测量样品的粒度分布。

根据斯托克斯（Stokes）定律，在一定条件下，颗粒在液体中的沉降速度与粒径的平方成正比，与液体的黏度成反比。这样，对于较粗的样品，我们就可以选择较大黏度的液体作介质来控制颗粒在重力场中心的沉降速度；对于较小的颗粒，在重力作用下的沉降速度很慢，加上布朗运动、温度以及其他条件变化的影响，测量误差将增大。为克服这些不利因素，常用离心手段来加快细颗粒的沉降速度。所以在目前的沉降式粒度仪中，一般都采用重力沉降和离心沉降结合的方式，这样既可以利用重力沉降测量较粗的样品，也可以用离心沉降测量较细的样品。此外也有一种采用改变测量区深度的扫描沉降式仪器，分动态和静态两种。扫描沉降仪属于重力沉降范畴。

新式沉降粒度仪是一种传统理论与现代技术相结合的仪器。它采用计算机技术、微电子技术，甚至互联网技术，在仪器智能化、自动化等方面都有很大进步。它的种类也很多，如常见有 BT-1500、SA-CP4、SsdiGraph5100 等。沉降式仪器有如下优点：①价格较低，运行成本低，易损件少，操作、维护简便，重复性和准确（真实）性较好；②测试范围较宽，一般可达 0.1～300μm，对超细粉（0.01～1.00μm）的测试准确性较好；③ 连续运行时间长，连续运行时间一般达 12h 以上。

由于实际颗粒的形状绝大多数都是非球形的，所以和其他类型的粒度仪器一样用“等效粒径”来表示实际粒度。沉降式粒度仪所测的粒径，叫作 Stokes 直径，是指在一定条件下与所测颗粒具有相同沉降速度的同质球形颗粒的直径，当所测颗粒为球形时，Stokes 直径与颗粒的实际直径是一致的。

总之，沉降粒度仪是一种应用范围广泛的仪器，很好地了解它的原理、使用条件、仪器特性等方面的知识，就能更好地使用它，发挥它应有的作用。

（1）重力沉降　根据斯托克斯理论，球形颗粒的沉降速度为

$$u_p=\frac{H}{t}=\frac{(\rho_p-\rho)g}{18\mu}D^2 \tag{2-68}$$

斯托克斯直径：

$$D=\sqrt{\frac{18\mu u_p}{(\rho_p-\rho)g}} \tag{2-69}$$

式中　$H$——沉降高度；

$t$——沉降高度 $H$ 所需时间；

$D$——球形颗粒的直径；

$\rho_p$——颗粒的密度；

$\rho$——流体的密度；

$\mu$——流体黏度。

只需测 $H$ 和 $t$ 即可计算出 $u_p$，再根据 $u_p$ 得到颗粒粒径。

对不规则形状的颗粒要取适当的形状系数修正。缺点是小颗粒沉降时间较长。

颗粒测定仪采用自由沉降的原理，测定1～160$\mu$m颗粒大小及分布，仪器由高精密电子天平和计算机系统组成，自动记录颗粒沉降的全过程，进行各种计算、打印数据和各种图表。

适用于粉末冶金、荧光粉、水泥、涂料、药品、颜料、耐火材料、研磨料合成树脂、煤炭等工业粉尘粒度及分布情况。

(2) 离心沉降　对于较细的颗粒来说，重力沉降法需要较长的沉降时间，且在沉降过程中受对流、扩散、布朗运动等因素的影响较大，致使测量误差变大。为克服这些问题，通常用离心沉降法来加快细颗粒的沉降速度，从而达到缩短测量时间、提高测量精度的目的。

在离心状态下，颗粒受到两个方向相反的力（重力忽略不计）的作用，一个是离心力，一个是阻力。在层流区中可得到下列公式

$$\frac{\pi}{6}(\rho_0-\rho_f)D^3\frac{d^2x}{dt^2}=\frac{\pi}{6}(\rho_0-\rho_f)D^3\omega^3x-3\pi D\eta\frac{dx}{dy} \tag{2-70}$$

式中　$x$——从轴心到颗粒的距离；

$\frac{dx}{dt}$——颗粒的沉降速度；

$D$——粒径；

$\eta$——介质的黏度系数；

$\rho_0$——样品密度；

$\rho_f$——介质密度；

$\omega$——离心机转速，r/s。

当离心力和阻力平衡，颗粒呈匀速运动状态时，式(2-70) 可改为

$$\frac{dx}{dt}=u_c=\frac{\rho_0-\rho_f}{18\eta}D^2\omega^2x \tag{2-71}$$

$$D=\left[\frac{18\mu\ln\frac{R}{S}}{(\rho_0-\rho_f)\omega^2t}\right]^{1/2} \tag{2-72}$$

式中　$R$——转轴到离心管底的距离；

$S$——旋转轴到悬浊液面的距离；

其他符号同式(2-70)。

这就是Stokes定律在离心状态下的表达形式。它表明在离心沉降过程中，颗粒的沉降速度除与粒径有关外，还与离心机的转速和颗粒到轴的距离有关。

将重力沉降时的Stokes公式与式(2-71) 相比较，得

$$\frac{u_c}{u}=\frac{\omega^2x}{g} \tag{2-73}$$

一般地，离心沉降时离心机的转速都在每分钟数百转到数千转之间，所以式(2-73) 中的$\omega^2x$远远大于$g$，表明离心沉降速度$u_c$远远大于重力沉降速度$u$，所以采用离心法将增大颗粒的沉降速度，缩短测量时间。

离心沉降法的上限临界直径可由式(2-74) 得到

$$D_{S离心}^{3}=\frac{3.6\eta^{2}}{(\rho_{S}-\rho_{f})\rho_{f}\omega^{2}x} \tag{2-74}$$

离心沉降法的下限临界直径可由式(2-75) 得到

$$D_{\min}=\sqrt[3]{\frac{1200RT\ln\left(\frac{r}{s}\right)}{\pi N_{A}\Delta\rho\omega^{2}\ (r-s)^{2}}} \tag{2-75}$$

式中 $s$——液面到轴心的距离；

$r$——测量位置到轴心的距离；

$N_A$——阿伏伽德罗常数；

$R$——气体常数；

$T$——热力学温度。

当 $T=300\text{K}$、$s=0.04\text{m}$、$r=0.07\text{m}$、$\Delta\rho=1000\text{kg/m}^3$、$\omega=838\text{r/s}$ 时，离心沉降法的下限临界直径 $D_{\min}=0.0112\mu\text{m}$。可见在高速离心状态下的下限临界直径已经接近纳米级。

目前的沉降式粒度仪大多采用重力沉降和离心沉降结合的方式。这样就较好地发挥了重力沉降和离心沉降的优点，满足了对不同粒度范围的要求。

#### 2.4.1.4 光透过法

沉降法粒度测试技术是指通过颗粒在液体中的沉降速度来测量粒度分布的仪器和方法。这里主要介绍重力沉降式和离心沉降式两种光透沉降粒度仪的原理与使用方法。

光透过原理与沉降法相结合，产生了一大类粒度仪，称为光透过沉降粒度仪。例如，将均匀分散的颗粒悬浮液装入静置的透明容器内，会出现浓度分布。而对这种浓度变化，从侧向投射光线，测定其透过的光亮，再求得其粒度分布，该法称为光透过法。

根据光源不同，可细分为可见光（白光）、激光和 X 射线等不同类型；按力场不同又可细分为重力场和离心力场。

图 2-19 为某离心沉降粒度仪结构示意图。它的基本工作过程是将配制好的悬浮液转移到样品槽中，并将样品槽放到仪器上。用一束平行光在一定深度处照射悬浮液，将透过的光信号接收、转换并输入到电脑中，同时显示该信号的变化曲线。随着沉降的进行，悬浮液中的浓度逐渐下降，透过悬浮液的光量逐渐增多。当所有预期的颗粒都沉降到测量区以下时，测量结束，通过电脑对测量过程光信号进行处理，就会得到粒度分布数据。

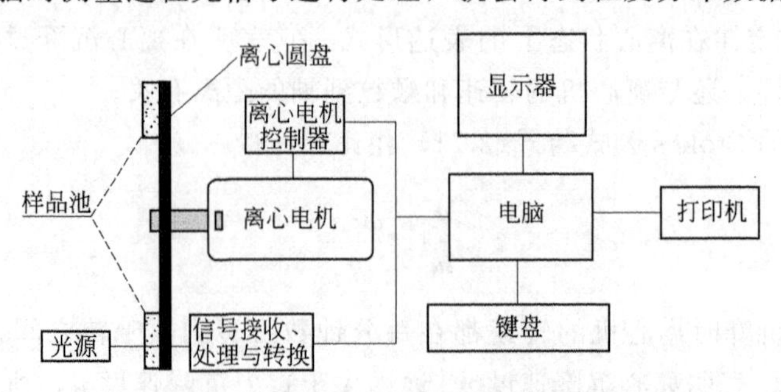


图 2-19 离心沉降粒度仪结构示意图

根据 Lambert-Beer 定律，透过悬浮液的光强 $I_i$ 和入射光强 $I_0$ 与粒径 $D$ 的关系如下：

$$\lg(I_i)=\lg(I_0)-K\int_0^{\infty}n(D)D^2\mathrm{d}D \tag{2-76}$$

式中　$K$——与仪器常数、形状常数、消光系数有关的常数；

$n(D)$——光路中存在的直径，为 $D\sim D+\mathrm{d}D$ 颗粒个数；

$I_0$——入射光强；

$I_i$——透过悬浮液光强。

Beer 定律给出了光强与颗粒数（转换的颗粒质量）之间的关系。在整个测量过程中，系统根据 Stokes 定律计算样品中每种粒径的颗粒到达测量区的时间，并将对应时刻透过悬浮液的光强 $I_i$ 一一记下，根据式(2-76) 就可以求出该样品的粒度分布了。具体算法如下。

设一个样品由粒径为 $D_1$、$D_2$、$D_3$、$D_4$ 四种颗粒组成，且 $D_1>D_2>D_3>D_4$。它们的颗粒数分别为 $n_1$、$n_2$、$n_3$、$n_4$，对应的光强为 $I_1$、$I_2$、$I_3$、$I_4$，则将式(2-76) 展开得

$$\lg I_1=\lg I_0-K(n_1D_1^2+n_2D_2^2+n_3D_3^2+n_4D_4^2) \tag{2-77}$$

$$\lg I_2=\lg I_0-K(n_2D_2^2+n_3D_3^2+n_4D_4^2) \tag{2-78}$$

$$\lg I_3=\lg I_0-K(n_3D_3^2+n_4D_4^2) \tag{2-79}$$

$$\lg I_4=\lg I_0-K(n_4D_4^2) \tag{2-80}$$

上面四式相邻两两相减，之后两边同时乘以 $D_i$ 得

$$D_1(\lg I_2-\lg I_1)=Kn_1D_1^3 \tag{2-81}$$

$$D_2(\lg I_3-\lg I_2)=Kn_2D_2^3 \tag{2-82}$$

$$D_3(\lg I_4-\lg I_3)=Kn_3D_3^3 \tag{2-83}$$

$$D_4(\lg I_0-\lg I_4)=Kn_4D_4^3 \tag{2-84}$$

由上述公式可见，等式右边是颗粒个数与颗粒质量的乘积，相当于该粒径颗粒总的质量，再把每个颗粒的总质量累加起来，就可以通过等式左边算出它们各自的百分含量了。

(1) 重力场光透过法　本方法有很多种型号的产品，其测量范围为 1.0～1000$\mu$m，有的仪器以可见光为光源，有的仪器以 X 射线为光源。

为了提高测量速度，节省测量时间，发明了图像沉降法，如图 2-20 所示，该装置采用一线性图像传感器，将沉降过程可视化，可明显节省时间。

由 Stokes 公式可知，颗粒的沉降速度与粒径的平方根成正比，即大颗粒的沉降速度快，小颗粒的沉降速度慢，因此，只要测定颗粒的沉降速度，就可以知道它的粒径了。但是，要直接测定一个颗粒的沉降速度是很困难的，所以，上述沉降式粒度仪均采用不同时刻透过悬浊液的光强及变化率间接反映颗粒的沉降速度。

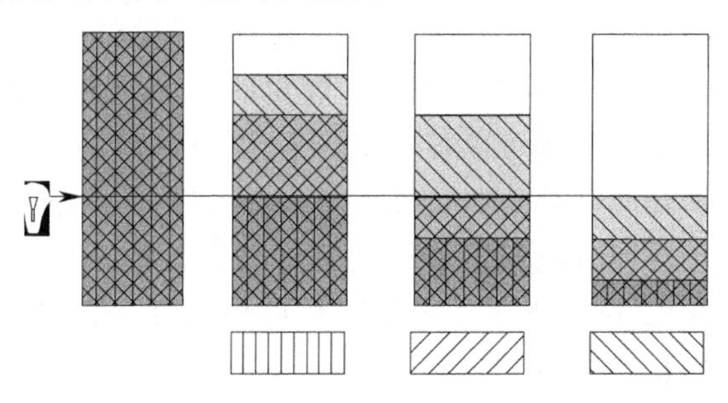

图 2-20　沉降法原理

（2）离心力场光透过法　在离心力场中，颗粒的沉降速度明显提高，本法适合测量纳米级颗粒。典型的粒度仪可测量 0.007～30μm 的颗粒。若与重力场相结合则可将测量上限提高到 1000μm。与重力场相比，本法可采用可见光，也可采用 X 射线，其优缺点如上述。

图 2-21 所示为颗粒在离心沉降时的状态示意图。

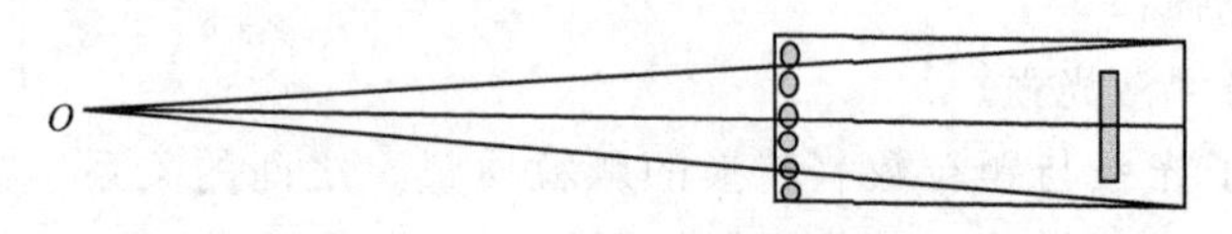


图 2-21　离心状态下颗粒的沉降状态

由式(2-73) 可知，颗粒在离心场中的沉降速度与颗粒距轴心 $O$ 的距离 $x$ 成正比。也就是说，随着沉降的进行，颗粒渐渐远离圆心，沉降速度也逐渐加快。不仅如此，离心沉降时颗粒的运动方向也不是像重力沉降那样是垂直的，而是沿着离心半径方向作发散运动的。如图 2-21 液面上的 6 个颗粒，如果是垂直沉降它们都会通过测量区而被有效检测到，而离心沉降时只有 4 个颗粒可以通过测量区，边上的 2 个颗粒将沿半径方向运动直到沿器壁滑向底部，越过了检测区，导致测量区的浓度非正常下降，使最后测量结果中的细颗粒的含量减少，在任何离心沉降式粒度仪中，上述两个问题都是值得重视并应妥善解决的。

#### 2.4.1.5　激光法

激光法是近 30 年发展的颗粒粒度测定新方法。

20 世纪 70 年代末，出现了根据夫琅禾费衍射理论研制的激光颗粒仪，其优点是重复性好、测量速度快，这种仪器的测量下限为几微米，上限为 1000μm。其缺点是对几微米的试样误差较大。

20 世纪 80 年代中期，王乃宁等人提出综合应用米氏散射和夫琅禾费衍射理论模型，即在小颗粒范围内采用米氏散射理论，在大颗粒范围内仍采用夫琅禾费衍射理论，从而改善了小颗粒范围内测量的精度。

（1）激光粒度仪的工作原理　激光粒度仪是利用激光所特有的单色性、准直性及容易引起衍射现象的光学性质制造而成的。图 2-22 是激光粒度仪的经典结构。从激光器发出的激光束经显微物镜聚焦、针孔滤波和准直镜准直后，变成直径约 10mm 的平行光束，该光束照射到待测颗粒上，就产生了光的衍射或散射现象，衍射或散射光通过傅里叶透镜后，在焦平面上形成“靶心”状的衍射光环，衍射光环的半径与颗粒的大小有关，衍射光环光的强度与相关粒径颗粒的多少有关，由于光电探测器处在傅里叶透镜的焦平面上，因此，探测器上的任意一点都对应于某一确定的衍射光环或散射角。通过放置在焦平面上的环形光电探测器阵列，就可以接收到不同粒径颗粒的衍射信号或散射信号，由于光电探测器阵列由一系列同心圆环带组成，每个环带是一个独立的探测器，能将投射到上面的散射光能线性地转换成电压信号，然后传递给数据采集卡，该卡将电信号放大，在进行 A/D 转换后送入计算机。再用夫琅禾费衍射理论和米氏散射理论对这些信号进行处理，就可以得到样品的粒度分布。

计算机事先已在仪器测量范围内取 $n$ 个代表粒径 $x_1$、$x_2$、…、$x_n$。先考虑第 $j$ 个代表

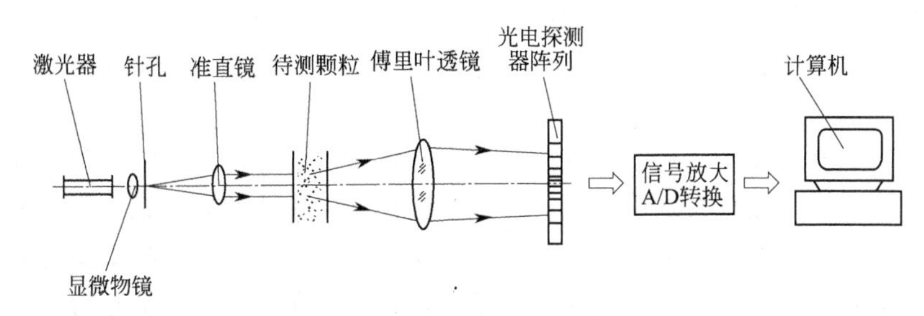


图 2-22 激光粒度仪的经典结构

粒径 $x_j$。一单位质量颗粒的个数为$\frac{1}{x_i^3}$，故探测器上第 $i$ 单元接收到的光能量为

$$m_{ij}=\frac{1}{x_i^3}\int_{\Delta\theta_i}\int_{\Delta\phi_i}I(\theta)\mathrm{d}\theta \tag{2-85}$$

式中 $\Delta\theta_i$ 和 $\Delta\phi_i$——第 $i$ 探测单元对应的散射角下限和角范围。

测量范围内所有代表粒径一单位质量的颗粒散射在所有探测单元（$n$ 个）上的光能，就组成了矩阵 $\overline{M}$，即

$$\overline{M}=\begin{bmatrix} m_{11} & m_{12} & \cdots & m_{1n} \\ m_{21} & m_{22} & \cdots & m_{2n} \\ \vdots & \vdots & & \vdots \\ m_{n1} & m_{n2} & \cdots & m_{nn} \end{bmatrix} \tag{2-86}$$

矩阵中每一列代表一个粒径一单位质量颗粒产生的散射光能分布。因此

$$\begin{bmatrix} s_1 \\ s_2 \\ \vdots \\ s_n \end{bmatrix}=\begin{bmatrix} m_{11} & m_{12} & \cdots & m_{1n} \\ m_{21} & m_{22} & \cdots & m_{2n} \\ \vdots & \vdots & & \vdots \\ m_{n1} & m_{n2} & \cdots & m_{nn} \end{bmatrix}=w\begin{bmatrix} w_1 \\ w_2 \\ \vdots \\ w_n \end{bmatrix} \tag{2-87}$$

式中 $w_1$、$w_2$、$w_n$——颗粒的质量分布。

根据式(2-87)，只要已知散光光能分布 $s_1$、$s_2$、…、$s_n$ 通过适当的数值计算手段就可以计算出与之相应的粒度分布。

（2）性能特点

① 测量的动态范围大。动态范围是指仪器同时能测量的最小颗粒与最大颗粒之比，动态范围越大使用时就越方便。早期的激光粒度仪就可达到 1∶100 以上，已经超出了当时任何一种其他的颗粒测量仪器，现在先进的激光粒度仪更可超过 1∶1000。

② 测量速度快。从完成分散开始进样，到（显示器）输出测试数据，只需大约 1min，是现有的各种粒度仪中最快的仪器之一。

③ 重复性好。由于样品取样量相对于其他仪器要多得多，对同一次取样又进行超过 100 次的光电采样，因而测量的重复精度很高。平均粒径的典型精度可达 1%以内。

④ 操作方便。相对于现有的各种颗粒测量仪器而言，它具有不受环境温度影响（相对于沉降仪）、没有堵孔问题（相对于库尔特粒度仪）等优点。宽阔的动态范围使用户不必为量程的选择而伤脑筋。由于其不接触被测粒子场、不干扰被测粒子场的状态、测量时间短、

能实现实时测量与数据处理等优点而被广泛应用于工程实践中。

主要缺点是分辨率较低，不宜测量粒度分布范围很窄、又需要定量测量其宽度的样品，比如磨料微粉。

另外，粒子和光的相互作用，能发生吸收、散射、反射等多种形式，就是说在粒子周围形成各种角度的光的强度分布取决于粒径和光的波长。但是这种通过记录光的平均强度的方法只能表征一些颗粒比较大的粉体。对于纳米粉体，主要是利用光子相干光谱来测量粒子的尺寸，即以激光作为相干光源，通过探测由于纳米颗粒的布朗运动所引起的散射光的波动速率来测定粒子的大小分布，其尺寸参数不取决于光散射方程，而是取决于 Stokes-Einstein 方程。

$$D_0=\frac{k_B T}{3\pi\eta_0 d} \tag{2-88}$$

式中 $D_0$——微粒在分散系统中的扩散系数；

$k_B$——玻尔兹曼常数；

$T$——热力学温度，K；

$\eta_0$——溶剂黏度；

$d$——等价圆球直径。

只要测出 $D_0$ 的值，就可获得 $d$ 的值。

这种方法称为动态光散射法或准弹性光散射法。该方法应用在纳米颗粒粒度分布测定上时间不长，但现在已被广泛地应用，其特点是：极其迅速，测定一次只用十几分钟，而且一次可得到多个数据；能在分散性最佳的状态下进行测定，可获得精确的粒径分布。加上超声波分散，立刻能进行测定，不必像沉降法那样分散后经过一段时间再进行测定。测试出的粒度分布见表 2-11。

表 2-11 采用动态光散射法测试出的粒度分布

| 粒径/μm | 微分分布/% | 累计分布/% | 粒径/μm | 微分分布/% | 累计分布/% | 粒径/μm | 微分分布/% | 累计分布/% |
|---|---|---|---|---|---|---|---|---|
| 0.05 | 0.00 | 0.00 | 0.98 | 0.46 | 0.02 | 19.0 | 3.52 | 99.74 |
| 0.06 | 0.00 | 0.00 | 1.21 | 0.61 | 1.43 | 23.5 | 0.25 | 99.99 |
| 0.08 | 0.00 | 0.00 | 1.49 | 0.96 | 2.39 | 29.1 | 0.00 | 99.99 |
| 0.09 | 0.00 | 0.00 | 1.54 | 0.62 | 3.02 | 35.9 | 0.00 | 100.00 |
| 0.12 | 0.00 | 0.00 | 2.28 | 1.79 | 4.81 | 44.4 | 0.00 | 100.00 |
| 0.14 | 0.00 | 0.00 | 2.82 | 3.80 | 8.70 | 54.0 | 0.00 | 100.00 |
| 0.18 | 0.00 | 0.00 | 3.48 | 6.44 | 15.15 | 67.9 | 0.00 | 100.00 |
| 0.22 | 0.00 | 0.00 | 4.31 | 8.88 | 24.03 | 84.0 | 0.00 | 100.00 |
| 0.27 | 0.00 | 0.00 | 5.32 | 7.11 | 31.14 | 103.8 | 0.00 | 100.00 |
| 0.34 | 0.00 | 0.00 | 6.58 | 8.75 | 29.89 | 128.4 | 0.00 | 100.00 |
| 0.42 | 0.00 | 0.00 | 8.14 | 11.41 | 51.00 | 158.7 | 0.00 | 100.00 |
| 0.54 | 0.05 | 0.05 | 12.44 | 17.14 | 84.06 | 242.6 | 0.00 | 100.00 |
| 0.79 | 0.31 | 0.36 | 15.38 | 12.16 | 96.22 | 300.0 | 0.00 | 100.00 |

#### 2.4.1.6 库尔特粒度仪

库尔特计数器（库尔特粒度仪）又称为电传感法、小孔通过法，最早由英国库尔特(Coulter) 公司进行商品生产，故得名。

(1) 测量原理 其是将被测颗粒分散在导电的电解质溶液中，在该导电液中置一开有小孔的隔板。并将两个电极分别于小孔两侧插入导电液中，在压差作用下，颗粒随导电液逐个地通过小孔。每个颗粒通过小孔时产生的电阻变化表现为一个与颗粒体积或直径成正比的电压脉冲，如图 2-23 所示。

设小孔内充满电解液，如图 2-24 所示。其电阻率为 $\rho$，小孔横截面积为 $S$，长度为 $L$，当小孔内没有颗粒进入时，小孔两端的电阻为

$$R_0=\rho\frac{L}{S} \tag{2-89}$$

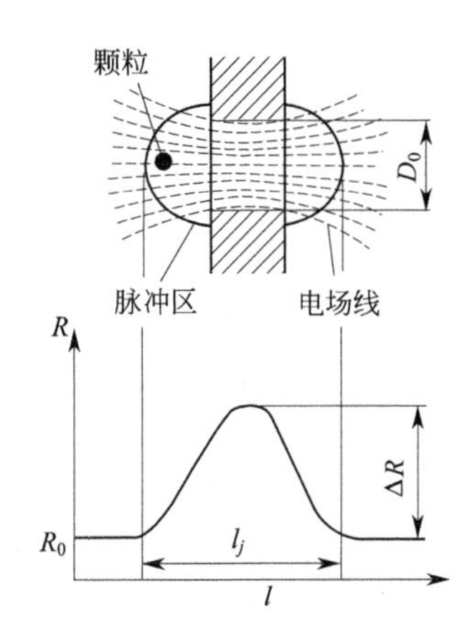


图 2-23　电传感法原理

$D_0$—小孔直径；$R_0$—电阻；$\Delta R$—电阻变化；

$l_j$—由一个颗粒 $\Delta R$ 所产生的体积长度

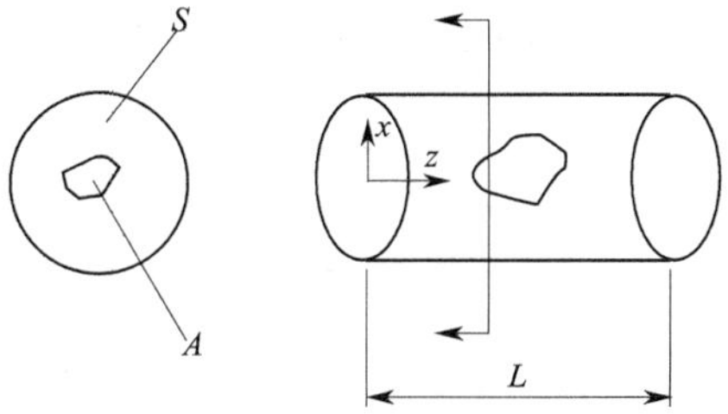

图 2-24　小孔电阻原理

当绝缘颗粒进入小孔，占去一部分导电空间时，电阻将变大。设颗粒是形状不规则的，取小孔的任一轴向位置 $z$，在该位置颗粒的横截面积为 $A$（显然，$A$ 是 $z$ 的函数）。则该截面上小孔的有效导电面积为

$$S\propto A(z) \tag{2-90}$$

故该位置一小段长度 $dz$ 上的电阻值为

$$dR=\rho\frac{dz}{S-A(z)}=\rho\frac{dz}{S}\times\frac{1}{1-A(z)/S}=\rho\frac{dz}{S}\left[1+\frac{A(z)}{S}-\frac{A^2(z)}{S^2}+\cdots\right] \tag{2-91}$$

当 $\frac{A(z)}{S}\leqslant 1$ 时

$$dR=\rho\frac{dz}{S}+\rho\frac{A(z)dz}{S^2} \tag{2-92}$$

故小孔总电阻

$$R=\int_0^L dR\approx\rho\frac{L}{S}+\frac{\rho}{S^2}\int_0^L A(z)dz \tag{2-93}$$

因为

$$\rho\frac{L}{S}=R_0 \tag{2-94}$$

$$\int_0^L A(z)dz=V \tag{2-95}$$

其中 $V$ 为颗粒体积，故

$$R=R_0+\frac{\rho}{S^2}V=R_0+\Delta R \tag{2-96}$$

其中，电阻增量

$$\Delta R=\frac{\rho}{S^2}V\propto V \tag{2-97}$$

即电阻增量正比于颗粒体积。

对于直径为 $D$ 的球形颗粒，可得

$$V=\frac{\pi D^3}{6} \tag{2-98}$$

$$D=\sqrt[3]{\frac{6V}{\pi}} \tag{2-99}$$

因此，对于球形颗粒，可以认为 $\Delta R$ 与颗粒体积 $V$，即 $D^3$ 成正比。

仪器对脉冲按大小归档（颗粒体积或粒度的间隔）进行计数，因此，可以给出颗粒体积或粒度（体积直径）的个数分布，同时，也可给出单位体积导电液中的总粒数和各档的粒数。

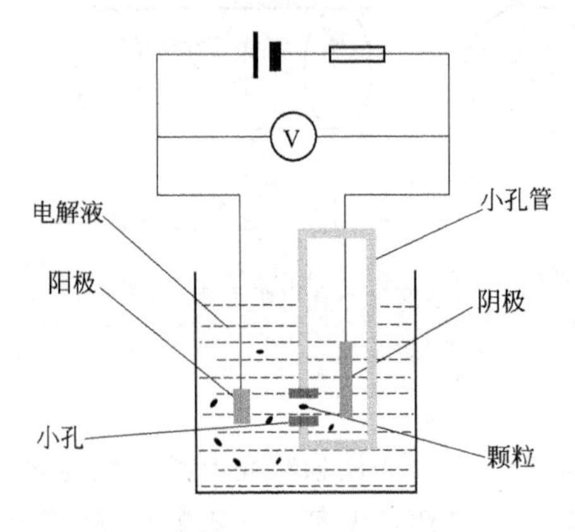


图 2-25 RC-3000 型库尔特颗粒计数器原理

（2）库尔特粒度仪工作原理 根据上述原理设计的库尔特粒度仪如图 2-25 所示，小孔管浸泡在电解液中。小孔管内外各有一个电极，电流可以通过孔管壁上的小圆孔从阳极流到阴极。小孔管内部处于负压状态，因此管外的液体将流动到管内。测量时将颗粒分散到液体中，颗粒就跟着液体一起流动。当其经过小孔时，小孔的横截面积变小，两电极之间的电阻增大，电压升高，产生一个电压脉冲。当电源是恒流源时，可以证明在一定的范围内脉冲的峰值正比于颗粒体积。仪器只要准确测出每一个脉冲的峰值，即可得出各颗粒的大小，统计出粒度的分布。

（3）说明 产品特点是采用最新的“ARM”技术实现仪器一体化设计，将原先分立的测量单元、计算机、示波器集成在一个单元内，外观和使用的方便性均极大提高；采用先进的脉冲峰值检测技术，使仪器内在通道数达到 8000 多个；用现代的压力传感器替代传统的水银压力计，使真空度的测量和控制更加精确，自动化程度进一步提高；采用专有的光电液位测量技术，使容积的计量更准确、更可靠；增加自动排堵功能，使令人烦恼的堵孔故障得到较好的解决；采用先进的电平自动平衡技术，降低了测试结果对测量介质（电解液）电导率的敏感度，使操作更加方便。

① 应用范围。用于颗粒计数的场合，例如生物细胞、血液中的细胞计数，水质中的颗粒计数，磨料的质量检测，乳浊液中液滴的粒度测量，过滤材料性能的测试（将过滤材料当作小孔），以及晶体生长和颗粒凝聚过程的研究等。适宜粒度范围窄的样品。

② 适宜粒度范围。由于大颗粒会将小孔堵塞，所以不适合宽粒度样品的测量，其测量粒度下限取决于小孔的直径、测量电压脉冲的灵敏度以及噪声干扰，通常测量范围为 0.5～1000$\mu$m。

③ 测量快速，每分钟可以计数数万个颗粒，需样少，再现性好。

④ 其测到的是颗粒体积，然后再换算成粒径，能够得到体积直径是本仪器的一大特点。

⑤ 技术指标。测试范围：1～256μm；重复性误差<2%；测试时间15s；通道数8192。输出项目包括粒度分布表、粒度分布曲线、平均粒径、中值粒径、标准偏差、变异系数、比表面积、颗粒个数等。表2-12为其测试报告示例。

**表2-12 颗粒计数器测试报告**

| 粒径/μm | 微分分布/% | 累计分布/% | 粒径/μm | 微分分布/% | 累计分布/% | 粒径/μm | 微分分布/% | 累计分布/% |
|---|---|---|---|---|---|---|---|---|
| 0.40 | 0.00 | 100.00 | 3.67 | 0.21 | 99.87 | 33.60 | 0.00 | 0.00 |
| 0.48 | 0.00 | 100.00 | 4.41 | 0.37 | 99.66 | 40.41 | 0.00 | 0.00 |
| 0.58 | 0.00 | 100.00 | 5.30 | 1.35 | 99.29 | 48.60 | 0.00 | 0.00 |
| 0.70 | 0.00 | 100.00 | 6.38 | 6.95 | 97.94 | 58.46 | 0.00 | 0.00 |
| 0.84 | 0.00 | 100.00 | 7.67 | 17.61 | 92.00 | 70.31 | 0.00 | 0.00 |
| 1.21 | 0.00 | 100.00 | 11.10 | 27.49 | 44.89 | 101.71 | 0.00 | 0.00 |
| 1.46 | 0.00 | 100.00 | 13.35 | 13.22 | 17.41 | 122.33 | 0.00 | 0.00 |
| 1.75 | 0.00 | 100.00 | 16.05 | 3.48 | 4.19 | 147.13 | 0.00 | 0.00 |
| 2.11 | 0.02 | 100.00 | 19.31 | 0.71 | 0.71 | 176.96 | 0.00 | 0.00 |
| 2.53 | 0.04 | 99.98 | 23.22 | 0.00 | 0.00 | 212.84 | 0.00 | 0.00 |
| 3.05 | 0.08 | 99.94 | 27.93 | 0.00 | 0.00 | 256.00 | 0.00 | 0.00 |

### 2.4.2 颗粒粒度测量方法的选择

颗粒粒度的测量是一门高科技含量的学问。对于同一种样品，不同方法测量的结果不同，有时相差很大甚至有数量级的差别，这并不足以为奇。因测量或计算的定义本来就不同，或是由于分散状态不同所致。因此，对某一类要测的样品选择方法时，往往要先用几种方法进行测量对比。

粉体材料粒度的检测可采用筛分法、沉降法、电阻法、激光法、电镜法等多种方法。每一种方法都有各自的特点，检测结果也可能会有差异。对于粒度较细或密度较小的颗粒，采用后三种方法的检测结果比较可靠。例如，通常加工最大粒径约为15～20μm的产品，这几种仪器测量结果虽有差异，但相差不是很大。如果用沉降法测量，可能会产生较大的测量误差。又如，在水文地质上为说明沙粒在沉降中的行为，当然宜用沉降法；对气溶胶和两相流中的颗粒或处于动态过程，如正在结晶长大或因溶解正在减少的颗粒常要求快速、实时，在线测定，此时常用激光法及全息照相；测定感光底片用的卤化银溶液颗粒的大小，人们认为光学法为宜。

### 2.4.3 颗粒形状的测量

测量颗粒形状有两种方法，一为图像分析仪，它由光学显微镜、图像板、摄像机和微机组成。其测量范围为1～100μm，若采用体视显微镜，则可以对大颗粒进行测量。有的电子显微镜配图像分析仪，其测量范围为0.001～10μm。单独的图像分析仪也可以对电镜照片进行图像分析。摄像机得到的图像是具有一定灰度值的图像，需按一定的阈值变为二值图像。功能强的图像分析仪应具有自动判断阈值的功能。颗粒的二值图像经补洞运算、去噪声运算和自动分割等处理，将相互连接的颗粒分割为单颗粒。通过上述处理后，再将每个颗粒单独提取出来，逐个测量其面积、周长及各形状参数。由面积、周长可得到相应的粒径，进而可得到粒度分布。二为能谱仪，它由电子显微镜与能谱仪、微机组成。其测量范围为0.0001～100μm。

上述两种方法，可测量颗粒的面积、周长及各形状参数，由面积、周长可得到相应的粒径，进而可得到粒度分布。其优点是具有可视性，可信程度高。但由于测量的颗粒数目有限，特别是在粒度分布很宽的场合，其应用受到一定的限制。

## 2.4.4 粉体表面积的测定

### 2.4.4.1 流体透过法

采用空气，使其通过粉体料层，由空气的流速、压力降等参数计算粉末的比表面积，然后得到平均粒径。

可从 Kozeny-Carman 式求比表面积，计算式如下：

$$S_V=14\sqrt{\frac{\varepsilon^3}{(1-\varepsilon)^2}\times\frac{\Delta P}{\mu u L_0}} \tag{2-100}$$

比表面积

$$S_W=\frac{S_V}{\rho_p} \tag{2-101}$$

比表面积当量径

$$D_{SV}=\frac{6}{S_V} \tag{2-102}$$

采用图 2-26 所示的装置，称取一定质量的同种试样，若把试样填充到一定体积的容器里，其 $\varepsilon$ 为常数。$K$ 为装置常数，它可用比表面积 $S_W$ 已知的标准试样来确定。$K$ 值确定后，测定比表面积时只要读出流体压力的读数即可按式(2-103) 计算：

$$S_W=14\sqrt{\frac{\varepsilon^3}{(1-\varepsilon)^2}\times\frac{A\rho_1}{\mu C\rho_2 L}\sqrt{\frac{h_1}{h_2}}} \tag{2-103}$$

$$S_W=K\sqrt{\frac{h_1}{h_2}} \tag{2-104}$$

式中 $h_1$——测压力差用的流体压力读数，cm；

$h_2$——测气体流量用的流量计读数，cm；

$\rho_1$——测压力差用的压力计内指示液的密度，g/cm$^3$；

$\rho_2$——气体流量计用的指示液的密度，g/cm$^3$；

$A$——试料粉体层的断面积，cm$^2$；

$C$——流量计常数。

### 2.4.4.2 吸附法

吸附法是在试样颗粒的表面上，吸附断面积已知的吸附剂分子，依据其单分子层的吸附量，计算出试样的比表面积，再换算成颗粒的平均粒径。

单分子吸附量的计算方法现在多采用 BET 方法进行测定，如图 2-27 所示。BET 吸附等温方程式为

$$\frac{P}{V(P_0-P)}=\frac{1}{V_m k}+\frac{k-1}{V_m k}\times\frac{P}{P_0} \tag{2-105}$$

式中 $P$——吸附气体的压力；

$P_0$——吸附气体的饱和蒸气压；

$V$——气体吸附量；

$V_m$——单分子层吸附量；

$k$——与吸附热有关的常数。

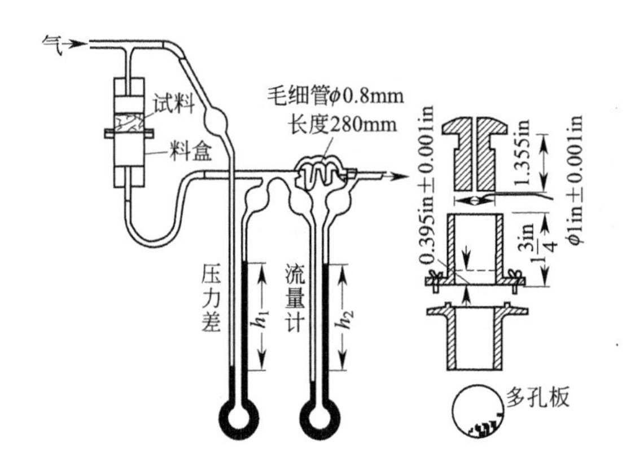


图 2-26 测定比表面积用的空气透过装置

(1in=25.4mm)

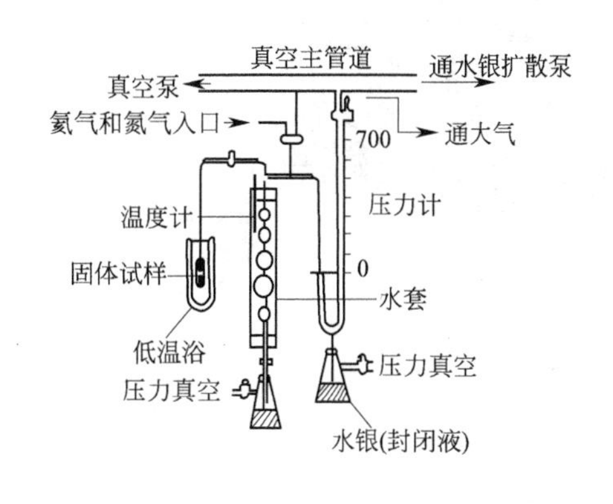


图 2-27 用 BET 吸附测定表面积的装置

以$\frac{P}{V(P_0-P)}$对$\frac{P}{P_0}$作图为一直线，从该直线的斜率和截距可以求得 $V_m$ 值，再由 $V_m$ 值及吸附气体分子的截面积 $a$，可计算出试样的比表面积 $S_W$，即

$$S_W=\frac{N_A a}{V_0}V_m \tag{2-106}$$

式中 $V_0$——标准状态下吸附气体的摩尔体积；

$N_A$——阿伏伽德罗常数，$6.023\times10^{23}mol^{-1}$。

由于氮气吸附的非选择性，低温氮吸附法通常是测定比表面积的标准方法，当测定温度为−195.8℃时，式(2-106) 可简化为

$$S_W=4.36V_m \tag{2-107}$$

值得注意的是：吸附法测定颗粒粒度，原则上只适用于无孔隙及裂缝的颗粒。因为如果颗粒中有孔隙或裂缝，用这种方法测定得到的比表面积包含了孔隙内或裂缝内的面积，这样比表面积就比其他的比表面积测定方法（如透过法）测得的比表面积大，由此换算得到的颗粒的平均粒径则偏小。

故 BET 法测量颗粒的粒度，一般来说是不准确的，只供参考。

# 粉　碎

## 3.1 粉碎机理

### 3.1.1 基本概念

固体物料在外力作用下，克服了内聚力，使固体物料破碎的过程称为粉碎。而施加外力的方法可用气力、机械力、电力或是采用爆破等方法。

输入工厂的原料有的细至粉末，还有大至超过 1m 的块状原料。工厂中原料或半成品必须经过各种不同程度的粉碎，使其块度达到各工序所要求的大小，以便于操作加工。因处理物料尺寸大小的不同，可将粉碎分为破碎和粉磨两个阶段。将大块物料碎裂成小块的过程称为破碎，将小块物料碎裂为细粉末的过程称为粉磨。为了更明确起见，通常按以下方法加以进一步划分：

- 粉碎
  - 破碎
    - 粗碎：碎至 100mm 左右
    - 中碎：碎至 30～100mm
    - 细碎：碎至 3～30mm
  - 粉磨
    - 粗磨：碎至 0.1mm
    - 细磨：碎至 0.06～0.1mm
    - 超细磨：碎至 0.004～0.02mm 或更小

随着粉碎的进行，物料的总表面积在不断地增加。因此，固体物料碎裂成小块或细粉之后，可以提高物理及化学作用的反应速度。此外，几种不同固体物料的混合，也必须在细粉状态下才能得到均匀的效果。在水泥生产中，数量很大的固体原料、燃料和半成品等都需要经过粉碎，每生产 1t 水泥需要粉碎的物料量在 4t 以上，而用于粉碎的电费占总电耗的 70%左右。同时，粉碎作业情况还直接关系到产品的质量。可见，粉碎是很重要的操作过程。

为了论述材料的粉碎，首先要讨论材料的破坏。

由材料力学可知，材料承受外力作用，在出现破坏之前，首先产生弹性变形，这时材料并未破坏，当变形达到一定值后，材料硬化，应力增大，因而变形还可继续进行。当应力达到弹性极限时，开始出现永久变形，材料进入塑性变形状态。当塑性变形达到极限时，材料才产生破坏。当然，有的材料屈服强度不显著。因此，材料受压或受拉时的破坏形式是不同的。观察断面形状可知，材料或是在相互垂直应力的作用下被拉裂，或是在剪应力作用下产生滑移。例如，由上方对脆性材料的立方体试件施加压缩力，当其达到压缩强度极限时，试件将沿纵向破坏；如果在该瞬时卸去压缩力，则只产生压缩破坏；如果继续施加外力，则已破坏了的材料将进一步碎裂，这就是破碎。

由于很难确定破碎时作用于材料各部分的力，因此，计算其应力分布也很困难。进一步而言，对粉体的压缩应力更难确定。显然，为了能够破坏材料，不仅作用于断裂面的应力必须达到特定值，而且它还同断裂面被拉裂的距离有关。因此，破坏量取决于功的大小。

所谓粉碎则与单个材料的破坏不同，它是指对于集团的作用，即被粉碎的材料是粒度和形状不同的颗粒体的集团。诚然，该颗粒集团的粉碎总量与加于它的能量大小有关，但是，终究粉碎还是以单个颗粒体的破碎为基础，其破碎的总和就是粉碎的总量。

由于各个颗粒体在粉碎时所处的状态不同，要一一追求各自的状态几乎是不可能的，因此，只能确定其近似的状态，这也就是确定粉碎理论困难的原因。

### 3.1.2 粉碎过程中的粒度分布

剖析粉碎过程的机理，是一个极其复杂的问题。近年来虽然有过不少较为细致的研究，有了一定的了解，但远未能全面掌握它的规律性，尚待深入探讨。

一般情况下，一块单独的固体物料在受到突然的打击粉碎之后，将产生数量较少的大粒子和为数很多的小粒子，当然还有少量中间粒度的粒子。若继续增加打击的能量，则大粒子将变为较小的粒子和较多的数目，而小粒子的数目将大大增加，但其粒度不再变小。这是因为大块物料内部都有或多或少的脆弱面。物料受力之后，首先沿着这些脆弱面发生碎裂。当物料粒度减小时，这些脆弱面逐渐减少，最后物料的粒度趋近于构成晶体的单元块，小粒子受力后往往不碎裂，仅表面受切削而出现一定粒径的微粒。如图3-1所示，用球磨机粉碎煤的一系列实验证实了上述关系。最初的粒度分布显示出一个单峰型，它相当于比较粗的粒子。随着粉碎过程的进行，该峰就逐渐减小，并且在一定的粒度下产生第二个峰。这样的过程一直进行到第一个峰型完全消失为止。第二个峰型是物料的特征，可称为持久峰型，而第一个峰型称为暂时峰型。

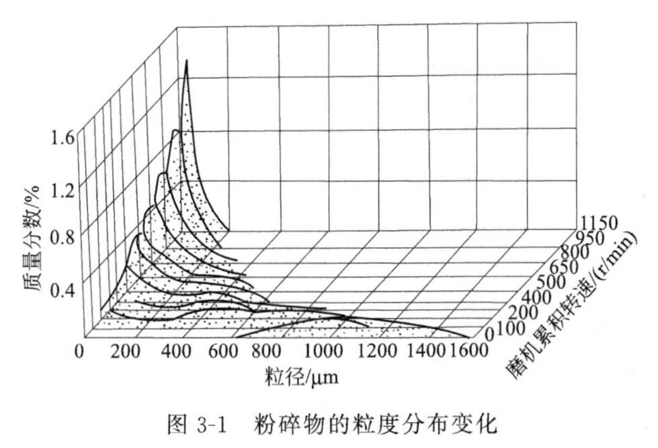


图3-1 粉碎物的粒度分布变化

### 3.1.3 裂缝与应力集中

对于粉碎机理的解析，起源于Griffith强度理论。在理想情况下，如果施加的外力未超过物料的应变极限，则物料被压缩而作弹性变形，当此负荷取消时，物料恢复原状而未被粉

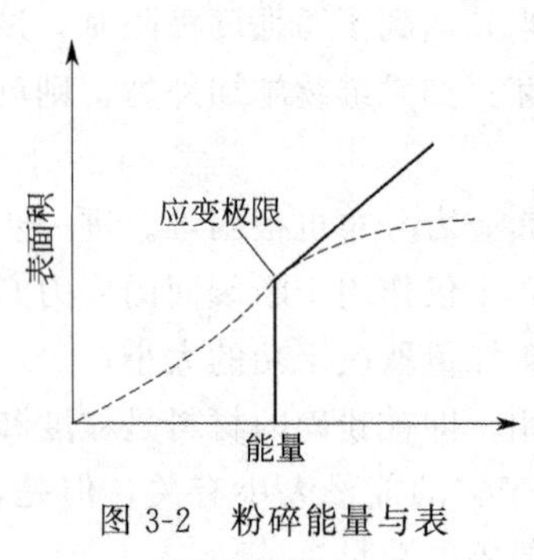

图 3-2 粉碎能量与表面积增加的关系

碎。实际上，在上述情况下，物料虽未被粉碎，即没增加新的表面，却生成了若干裂缝，特别是扩展了原来已有的那些小裂缝。另外，由于局部薄弱面的存在（如解理面、原有的裂缝等），或因为粒子形状不规则，致使施加的力首先作用在粒子表面的突出点上形成所谓的应力集中。这些原因都会促使少量表面生成。所以，在图 3-2 所示该阶段的曲线中，虚线为真实情况，实线为理想情况。当施加能量等于应变极限时，粉碎效率最高。当施加能量超过应变极限时，表面积理应随能量的增加直线上升，但由于粉碎后粒子数目逐渐增多，必然伴随产生粒子的移动和粒子相互间的摩擦，这方面的能量损失将使其粉碎效率降低。

在外力作用下，随着外力的增加裂缝逐渐扩展，直至破裂。扩展可分为稳定扩展和失稳扩展，稳定扩展是指在一次加载过程中，裂缝随载荷的逐渐上升而相应地延长的缓慢过程，其速度取决于加载速度。载荷停止上升，裂缝也停止扩展。当外力达到一定程度以致某些断裂力学参数量（如应力强度因子）超过其临界值时，裂缝即以声速增长，直至断裂，此即所谓裂缝失稳扩展。

根据断裂力学中的 Griffith 强度理论。Griffith 强度理论认为，材料内部存在着许多细微的裂纹，由于这些裂纹的存在使得裂纹周围产生应力集中。假若物体内的主应力为拉应力且垂直于裂纹，如图 3-3 中的 $\sigma_t$，那么在裂纹的端部将产生大于主应力几倍的应力。即使主应力为压应力 $\sigma_c$，在裂纹边界上的 $A$ 点也可引起拉伸。

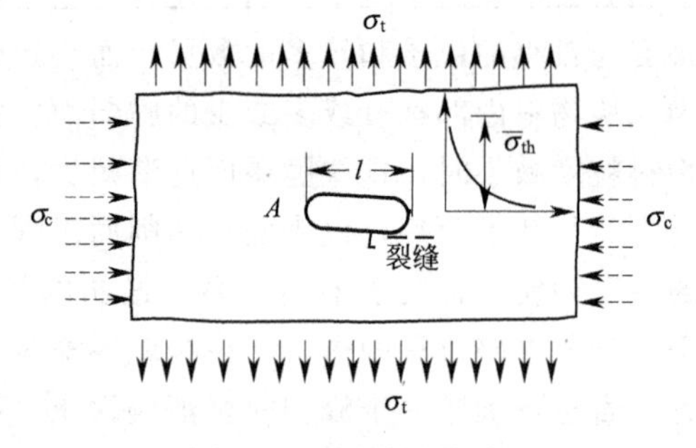

图 3-3 裂纹应力集中

当上述应力达到材料的拉伸强度时，裂纹将扩展，当与原拉应力垂直的裂纹长度增加时，应力集中将更大。可以设想，裂纹的扩展一旦开始，它就必然导致材料的破坏。因此，虽不能说裂纹的产生和扩展是破碎的唯一形式，但无疑它是固体材料，尤其是脆性材料破坏的主要过程。

由上述可知，裂纹的产生和扩展必须满足力和能量两个条件。

就力的条件而言，在材料中有裂纹存在时，裂纹尖端处依靠分子结合力（$\sigma_{th}$）使材料处于理想的状态，当施加一定的外力 $\sigma_t$ 时，这一外力要通过裂纹的边缘传递到裂纹的尖端，导致尖端处产生应力集中。

有人研究了具有孔洞的板的应力集中问题，得到的一个重要结论是：孔洞两个端部的集中应力几乎取决于孔洞的长度和端部的曲率半径，而与孔洞的形状无关。

设有一穿孔孔洞，孔洞的长度为 $l$，端部曲率半径为 $\rho$，集中的应力 $\sigma_A$ 应该比外力 $\sigma_t$ 大多少？这同裂纹长度 $l$ 和原子间距有关，根据弹性理论求得孔洞端部的集中应力 $\sigma_A$ 为

$$\sigma_A=\sigma_t\left(1+\frac{l}{a}\right) \tag{3-1}$$

由于 $\rho=\frac{a^2}{l}$，则 $a=\sqrt{\rho l}$，所以

$$\sigma_A=\sigma_t\left(1+\frac{l}{\sqrt{\rho l}}\right) \tag{3-2}$$

$$\sigma_A=\sigma_t\left(1+\sqrt{\frac{l}{\rho}}\right) \tag{3-3}$$

式中　$\sigma_t$——外加应力；

$a$——原子间距。

如果 $l\gg\rho$，即为扁平的锐裂纹，则 $l/\rho$ 将很大，这时，可省略去式中括号内的1，得

$$\sigma_A\approx\sigma_t\sqrt{\frac{l}{\rho}} \tag{3-4}$$

因为 $\rho$ 很小，可以近似地认为其与原子间距的数量级相同，即 $\rho\approx a$ ，这样可将式(3-4)写成

$$\sigma_A\approx\sigma_t\sqrt{\frac{l}{a}} \tag{3-5}$$

由式(3-5)知，$\sigma_A$ 正比于 $l$，当 $\sigma_A=\sigma_{th}$时，裂纹被拉开而迅速扩展，则裂纹扩展的临界条件如下。

因为

$$\sigma_{th}=\sqrt{\frac{\gamma Y}{a}} \tag{3-6}$$

则

$$\sigma_t\sqrt{\frac{l}{a}}=\sqrt{\frac{\gamma Y}{a}} \tag{3-7}$$

$$\sigma_t=\sqrt{\frac{\gamma Y}{l}} \tag{3-8}$$

式中　$\gamma$——表面张力；

$Y$——杨氏弹性模量。

由式(3-8)可见，裂纹越长，破碎所需要的外力越小。

由于材料在外力作用下，当外力达到材料实际拉伸强度时，材料即产生破坏，破坏时拉伸强度等于外加的临界应力 $\sigma_G$，由式(3-8)得到临界应力 $\sigma_G=\sigma_t$，则

$$\sigma_G=\sqrt{\frac{\gamma Y}{l}} \tag{3-9}$$

由物理实验可知，用拉伸-断裂试验得到的拉伸强度通常比分子间结合力小2～3个数量级，以小于2个数量级为例，则由式(3-6)和式(3-8)得

$$\frac{\sigma_{th}}{\sigma_t}=\sqrt{\frac{l}{a}}=10^2 \tag{3-10}$$

由式(3-10)知，若原子之间间距 $a=10\text{Å}=1\text{nm}$，则裂纹长度 $l=10^4a$，$l=10\mu\text{m}$，也就是说，为了克服裂纹尖端分子间的结合力，裂纹长度至少应有数微米（或承受应力的裂纹长度至少应有几个微米），才能具备拉断分子间的结合力所需的集中应力。

需要说明的是，上述是对假定实测的拉伸强度比分子间结合力小 $10^2$ 数量级而言，而有的材料中裂纹更短，则它的数量级会更小，意味着让裂纹扩展需更大的力，除材料的结构等因素以外，可以理解为同一材料具有不同的拉伸强度是因为裂纹情况不同。

关于材料在较低应力下发生断裂的现象，在日常生活中也经常碰到，最典型的例子就是

裁玻璃：用钻石刀在玻璃表面上划一条浅的尖锐刻痕后，只要用力掰一下，就可把玻璃沿刻痕整齐地分成两块，因为这时在刻痕的尖端产生了局部应力集中。

## 3.2 粉碎原理

### 3.2.1 粉碎方法

工业生产中采用的粉碎方法，主要是靠机械力的作用。最常见的粉碎方法有五种。

(1) 压碎　如图 3-4(a) 所示，物料在两个破碎工作面间受到缓慢增加的压力而被破碎。它的特点是作用力逐渐增大，力的作用范围较大，多用于大块物料破碎。

(2) 劈碎　如图 3-4(b) 所示，物料由于楔状物体的作用而被粉碎，多用于脆性物料的破碎。

(3) 剪碎　如图 3-4(c) 所示，物料在两个破碎工作面间如同承受集中载荷的两支点梁，除了在外力作用点受劈力外，还发生弯曲折断。多用于硬、脆性大块物料的破碎。

(4) 击碎　如图 3-4(e) 所示，物料在瞬间受到外来的冲击力而被破碎。冲击的方法较多，如在坚硬的表面上，物料受到外来冲击体的打击；高速运动的机件冲击料块；高速运动的料块冲击到固定的坚硬物体上；物料块间的相互冲击等。此种方法多用于脆性物料的粉碎。

(5) 磨碎　如图 3-4(d) 所示，物料在两个工作面或各种形状的研磨体之间，受到摩擦、剪切力进行磨制而成细粒。多用于小块物料或韧性物料的粉碎。

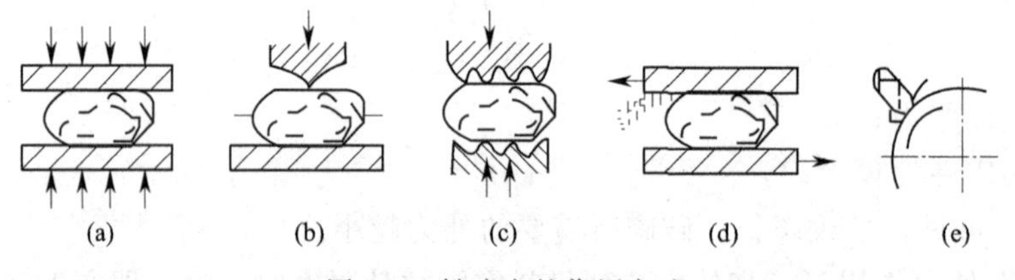

图 3-4　粉碎力的作用方式

目前使用的粉碎机械，往往同时具有多种粉碎方法的联合作用，其中以某一种方法为主。不同形式的粉碎机械，其处理物料所使用的粉碎方法亦各不相同。

### 3.2.2 被粉碎材料的基本物性

由粉碎机理可知，粉碎效率、粉碎能耗与材料的结构及特性密切相关，因此，材料物性是不容忽视的重要研究内容。

#### 3.2.2.1 强度

(1) 理想强度　材料完全均质不含缺陷时的强度称为理想（理论）强度。它相当于原子间或分子间结合力。原子间相互作用的引力和斥力如图 3-5 所示。这些力随原子间距而变化，并在 $r_0$ 处保持平衡。理想强度就是破坏这

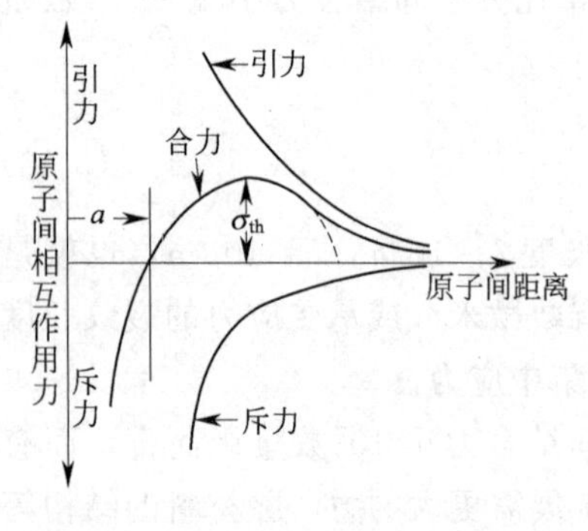

图 3-5　原子间相互作用的引力和斥力

一平衡强度，它可通过计算求得。

由图 3-5 可知引力和斥力近似于正弦曲线，破碎所需功等于破碎生成的新表面能，因此，理想强度 $\sigma_{th}$ 可由式 $\sigma_{th}=(\gamma Y/a)^{1/2}$ 表示。

此外，在概略计算时，也可采用杨氏弹性模量的 1/10 作为理想强度。

(2) 实测强度　假如对材料施加均匀应力，当应力达理想强度时，则在所有原子界面间同时产生破坏，该瞬时材料将以原子或分子为单位而分散。可是，实际上却是分离成数块。这说明原子间存在一些薄弱结合部。由于这些薄弱结合部的存在，使材料在达到理想强度之前就已产生破坏，一般情况下，实测强度约为理想强度的 1/100～1/1000。

Griffith 假定材料中的弱结合部如图 3-3 所示，称为 Griffith 裂纹。若裂纹扩展时增加的表面能等于应变能，则垂直于裂纹的临界应力，即实测强度

$$\sigma_{ex}=\sqrt{\frac{4Y\gamma}{\pi l}}$$

必须指出，由于潜在于材料中的裂纹大小不同，故即使是同一材料，其实测强度值也是不同的。

(3) 强度的尺寸效应　材料强度测定值随试验片大小而变化。尤其试验片体积变小时，其强度测定值却增大，这一现象称为强度的尺寸效应，如图 3-6 所示。这可以认为是材料中存在前述的 Griffith 裂纹的缘故。裂纹的大小、形状、方向及数量等是影响强度的主要因素。由于体积大的试验片比体积小的试验片含有更多的缺陷，含弱缺陷的概率也大，因而试验片体积减小时，其实测强度增大。

实测强度大多采用由图 3-7 所示的无限母基材料制成同一尺寸的试验片（标本）强度测定值的算术平均值、中位值或最频值来表示。

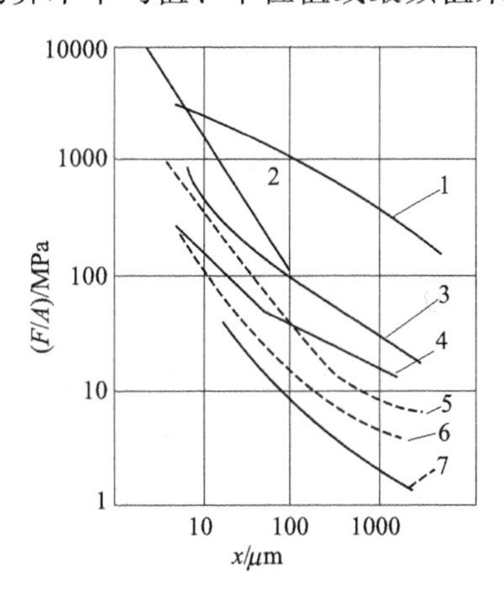


图 3-6　强度与粒度大小的关系

1—玻璃球；2—碳化硼；

3—水泥熟料；4—大理石；

5—石英；6—石灰石；7—烟煤

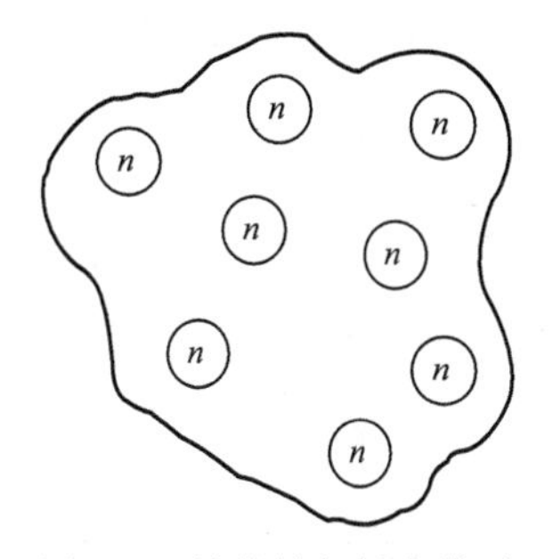


图 3-7　母基材与标本模型

① 算术平均值。

| | 试样号 | 1 | 2 | 3 | 4 | 5 | 6 | 7 | 8 | 9 | 10 |
|---|---|---|---|---|---|---|---|---|---|---|---|
| | 试样 | ○ | ○ | ○ | ○ | ○ | ○ | ○ | ○ | ○ | ○ |
| 第 1 组 | MPa | 3 | 5 | 2 | 6 | 5 | 9 | 5 | 2 | 8 | 6 |

算术平均值为5.1MPa。

② 中位值。

| 试样号 | 1 | 2 | 3 | 4 | 5 | 6 | 7 | 8 | 9 | 10 |
|---|---|---|---|---|---|---|---|---|---|---|
| 试样 | ○ | ○ | ○ | ○ | ○ | ○ | ○ | ○ | ○ | ○ |
| 第2组 MPa | 5.1 | 5.2 | 5.3 | 5.4 | 5.5 | 5.6 | 5.7 | 5.8 | 5.9 | 6 |
| 第3组 MPa | 3 | 5 | 2 | 6 | 5 | 9 | 5 | 2 | 8 | 6 |

第2组的中位值为5.5MPa。

第3组的中位值为5MPa。

③ 最频值。在观测到的数据集合中出现频率最高的观察值。

| 试样号 | 1 | 2 | 3 | 4 | 5 | 6 | 7 | 8 | 9 | 10 |
|---|---|---|---|---|---|---|---|---|---|---|
| 试样 | ○ | ○ | ○ | ○ | ○ | ○ | ○ | ○ | ○ | ○ |
| 第4组 MPa | 2.5 | 5.5 | 5.5 | 6.0 | 5.5 | 4.5 | 5.5 | 5.1 | 5.0 | 5.5 |
| 第5组 MPa | 6 | 5 | 2 | 6 | 5 | 9 | 5 | 2 | 8 | 6 |

第4组的最频值为5.5MPa。

需要说明的是：①最频值可能存在，也可能不存在，还可能存在不止一个，常用作平均值或中位值的补充；②最频值在一个资料中可能出现多个，因此，难以进行理论性的展开及分析，也难以应用于需要客观性处理的问题中，这是最频值的缺点。例如在第2组数据中，就无最频值；在第5组数据中最频值既可以是5，也可以是6。

(4) 强度随加荷速度的变化　由Griffith强度理论可知，当外力达到某一极限时，产生裂纹，然后裂纹逐渐扩展，直至材料破坏。这意味着破坏现象是随时间而扩大的过程。对材料的加荷速度增大时，材料的变形阻抗也增大，其破坏应力（强度）增大。这是由于材料本身兼备弹性性质和延展性质的缘故，在加荷速度慢的场合，材料的延展性易于表现出来；而加荷速度快的场合则易于呈现弹性性质。这一现象已得到实验的证实。

(5) 强度随气氛条件的变化　材料强度在真空中，或空气中，或水中亦不相同。例如，直径2cm的硅石在水中的球压坏强度比空气中减小12%，长石在相同条件下减小28%。

#### 3.2.2.2 硬度

材料对磨耗的抵抗性一般用硬度表示。严格地说，磨耗和硬度性质是不同的，其间未必有一定关系。可是，硬度往往作为耐磨性的指标使用。硬度一般用莫氏硬度表示。

#### 3.2.2.3 易碎性

物料粉碎的难易程度，谓之易碎性。

同一粉碎机械在相同的操作条件下，粉碎不同的物料时，生产能力是不同的，我们可以说各种物料的易碎性不同。而易碎性与物料的强度、硬度、密度、结构的均匀性、粒度、含水量、黏性、裂痕、表面情况以及形状等因素有关。强度与硬度皆表示物料对外力的抵抗能力，通常强度和硬度都大的物料是较难粉碎的。但是硬度大的物料，并不一定很难破碎，因为物料的破碎是一块块分裂开来的，破碎难易的决定因素是物料的强度。硬度大而强度不大的结构松弛的脆性物料比强度大而硬度小的韧而软的物料易于破碎。虽然硬度大的物料不一定很难破碎，但是却难以粉磨，同时也使粉碎机的工作表面容易磨损。这是因为粉磨过程与破碎过程不同，前者是工作体在物料表面不断磨削而生成大量细粉的过程，故粉磨过程中硬度比强度的影响大。

由上述可知，采用强度和硬度往往还难以表述材料粉碎的难易程度，这是因为粉碎过程除取决于材料物性之外，还受大量未知因素所支配，例如粉碎方式、工艺流程等影响，从而使得判断粉碎过程相当困难。为此，应用易碎性这一概念来概括影响粉碎过程的大量变量。采用易碎性值即可判断材料在某一粉碎条件下的粉碎状态，用以评价粉碎设备的运行管理状况。

易碎性表征材料对粉碎的阻抗，它可以定量地表示为将材料粉碎到某一粒度所需的功，显然，易碎性是粉碎过程能耗的判据。由易碎性可确定将某一原始粒度的材料粉碎到某一指定的产品粒度所消耗的能量。一般用相对易碎性系数来表示物料的易碎性。某一物料的易碎性系数 $K_M$ 是指采用同一台粉碎机，同一物料尺寸变化条件下，粉碎标准物料的单位电耗 $E_b$(J/t) 与粉碎风干状态下该物料的单位电耗 $E$(J/t) 之比，即

$$K_M = \frac{E_b}{E} \tag{3-11}$$

物料的易碎性越大，越容易粉碎。水泥工业中，一般选用中等易碎性的回转窑水泥熟料作为标准物料，取其易碎性为 1。

已知某一种粉碎机粉碎某一种物料的生产能力为 $Q$，利用易碎性系数，就可求出这台粉碎机在粉碎另一种物料时的生产能力 $Q_1$，即

$$\frac{Q_1}{Q} = \frac{K_{M_1}}{K_M} \tag{3-12}$$

还有不少学者提出了各种易碎性的表示方法。

#### 3.2.2.4 材料塑性性质

粉碎效率与材料物性以及粉碎施力方式等诸多因素有关。

前述的强度系指所谓的脆性破坏，而且有弹性性质的材料在粒径微细化的同时，还伴有局部破坏的非弹性变形。图 3-8 为水泥熟料受力变形图，图中表明，粗颗粒受负荷作用发生破裂，而细颗粒仅有塑性变形，用同样的方法可确定各种矿物从脆性破坏过渡到塑性变形的粒径范围，如图 3-9 所示。

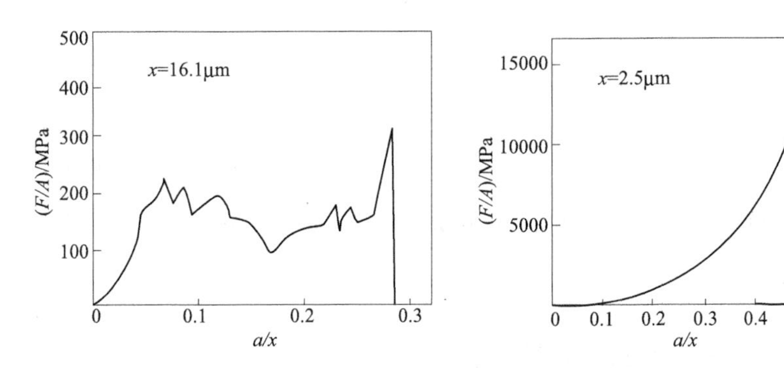


图 3-8 不同粒径水泥熟料受力变形图

以上现象的出现是由于粒度减小、颗粒上的裂纹长度变短及数量变少以至消失所致。同时由于破碎强度和阻力增大，使颗粒在从脆性破坏过渡至塑性变形的粒度范围内，产生裂纹变得十分困难。因此，在一定的粒度下，反复的机械应力作用不会导致破碎，而仅仅产生变形，在超微粉碎中它成为粉碎效率的负因素。

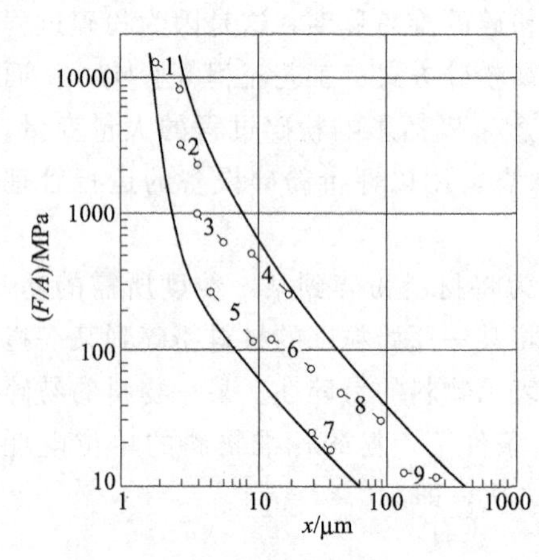

图 3-9 物料从脆性变形转变为塑性变形的粒度范围
1—碳化硼；2—晶体硼；3—石英；4—水泥熟料；5—石灰石；6—大理石；7—煤；8—蔗糖；9—氯化钾

### 3.2.3 物料的压碎

无论从粉碎概率论考察，还是从破坏结合力弱点处开始来分析，都表明随着粉碎粒径的减小，粉碎需用功增大。诚然，有关粉碎需用功的定义多种多样，但归根结底可认为是一个粒子破碎能量的累积。

储存在弹性体内的应变能 $E$ 在数值上应等于外力所做的功 $W$，在整个加载过程中荷载所做的功为

$$E=W \tag{3-13}$$

在加载过程中，若载荷由 $P$ 增加一微量 $\mathrm{d}P$，则位移 $\Delta$ 也相应变化一微量 $\mathrm{d}\Delta$，如图 3-10 所示。此时，外力 $P$ 在位移 $\mathrm{d}\Delta$ 上所做的功为 $P\mathrm{d}\Delta$。因此，在整个加载过程中荷载所做的功为

$$E=W=\int P\mathrm{d}\Delta \tag{3-14}$$

如图 3-11 所示，直径（粒子径）$x$ 的球用于平行板加压时，到达破坏时积蓄于粒子的弹性变形能 $E$ 可用式(3-15) 表示

$$E=\int P\mathrm{d}\Delta=0.832\left(\frac{1-\nu}{Y}\right)^{2/3}x^{-1/3}P^{5/3} \tag{3-15}$$

式中 $P$——荷重；

$\Delta$——位移；

$\nu$——泊松比；

$Y$——杨氏弹性模量。

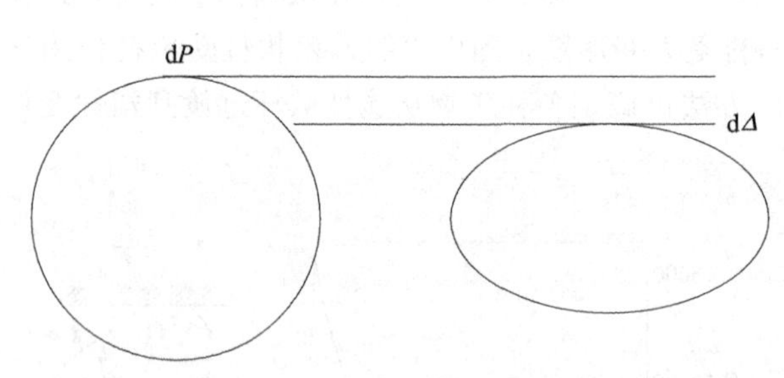

图 3-10 弹性体的应变

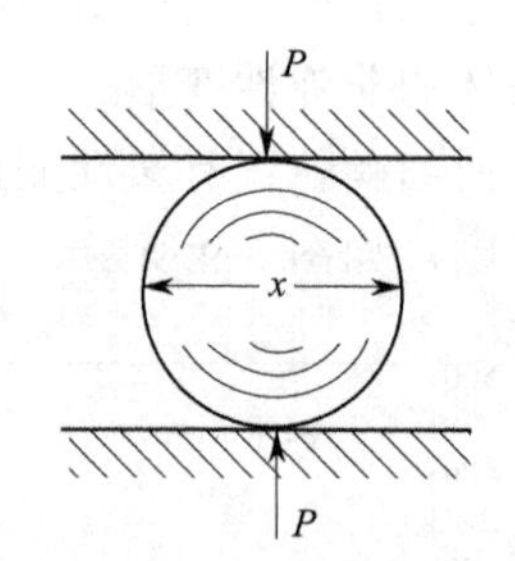

图 3-11 球的压坏

把 $E$ 定义为粉碎一个粒子需用功，则单位质量粉碎能 $E/M$，将式(3-15) 两边同除以 $M=\frac{\pi}{6}x^3\rho$ 得式(3-16)

$$\frac{E}{M}=4.992\pi^{-1}\rho^{-1}\left(\frac{1-\nu^2}{Y}\right)^{2/3}\left(\frac{P}{x^2}\right)^{5/3} \tag{3-16}$$

式中 $\rho$——粒子密度；

$M$——材料质量。

有学者提出用式(3-17) 表示这一场合的强度，即压坏强度为

$$S=\frac{2.8P}{\pi x^2} \tag{3-17}$$

则
$$\left(\frac{P}{x^2}\right)^{5/3}=\left(\frac{S}{2.8/\pi}\right)^{5/3} \tag{3-18}$$

则 $E/M$ 可表示为

$$\frac{E}{M}=0.897\pi^{2/3}\rho^{-1}\left(\frac{1-\nu^2}{Y}\right)^{2/3}S^{5/3} \tag{3-19}$$

虽然，一般粉碎时所处理的材料形状是不规则的，但由于破坏是以点载荷状态开始的，因而它近似于球压坏。

此外，就标准的破坏形态而言，还有圆板试验片的线载荷压裂、圆柱试件的面载荷压缩、立方体试件的剪断等。

石英、大理石按式(3-18) 实验确定的结果表示于图 3-12。图中试验点为 $X$-$Y$ 记录仪的荷载-变形曲线的积分值，实线代表测定的物性值代入式(3-19) 的计算值。石英的计算值和实验值大致相等，说明其是接近于弹性体的材料；而大理石的实验值大于计算值，可谓是含塑性的材料。

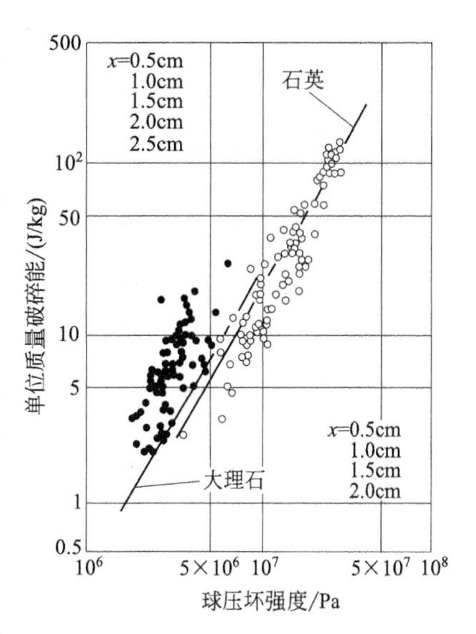


图 3-12 单位质量破碎能与球压坏强度的关系（$x$＝球直径）

测定强度后按式(3-19) 可计算破碎能，由图 3-12 可知，强度随试验片体积（粒子径）而变化。粒径 $x$ 的粒子破碎能 $E$ 和该粒子单位质量破碎能 $E/M$ 分别可按式(3-20)、式(3-21) 计算

$$E=0.15^{5/3m}\pi^{(5m-5)/3m}\left(\frac{1-\nu^2}{Y}\right)^{2/3}(S_0V_0^{1/m})^{5/3}x^{(3m-5)/m} \tag{3-20}$$

$$\frac{E}{M}=0.897^{5/3m}\rho^{-1}\pi^{(2m-5)/3m}\left(\frac{1-\nu^2}{Y}\right)^{2/3}(S_0V_0^{1/m})^{5/3}x^{-5/m} \tag{3-21}$$

式中，$S_0$、$V_0$ 分别为均质材料的强度与试验片体积。

若将图 3-12 中压坏球的力折合成一个重物（粉碎介质）击碎球，这种击碎的能量是以动能形式施加的，而这一能量要超过压坏球时所需的能量；粉碎介质速度不同，产生的动能 $U$ 也不相同，导致的破坏效果也不一样。

### 3.2.4 物料的击碎

#### 3.2.4.1 碎料粒子碰撞速度

微粉碎大多采用喷射粉碎机，冲击粉碎机让碎料粒子加速碰撞而进行粉碎。假定粉碎处在最大粉碎效率状况下，即粒子具有的运动能完全转变为破碎能，则粒径为 $x$ 的一个粒子破碎所需的碰撞速度 $U$ 按下式计算

$$E=\frac{1}{2}MU^2$$

$$\frac{E}{M}=\frac{1}{2}U^2$$

$$U=[1.79^{5/3m}\rho^{-1}\pi^{(2m-5)/3m}\left(\frac{1-\nu^2}{Y}\right)^{2/3}(S_0V_0^{1/m})^{5/3}]^{1/2}x^{-5/2m} \tag{3-22}$$

表 3-1 列举了粒径 100μm 粒子破碎所需的碰撞速度。

**表 3-1 粒径 100μm 粒子破碎所需的碰撞速度**

| 试料 | 碰撞速度/(m/s) | 试料 | 碰撞速度/(m/s) |
|---|---|---|---|
| 石英玻璃 | 114 | 石灰石 | 23 |
| 硼硅玻璃 | 225 | 大理石 | 22 |
| 石英 | 66 | 石膏 | 13 |
| 长石 | 49 | | |

### 3.2.4.2 粉碎介质碰撞速度

前述碎料粒子在数十微米以下的粒子加速碰撞粉碎时，表面粉碎比体积粉碎的比例要大，因而可视为粉碎介质静止，而让碎料粒子碰撞粉碎的场合。现假定为理想粉碎，质量为 $M_B$ 的粉碎介质，以速度 $U_B$ 碰撞碎料粒子，粉碎介质所具有的动能被 100% 地变换为粒子破碎能，破碎粒径 $x$ 的粒子所需介质质量和碰撞速度的关系按式(3-23) 计算

$$E=\frac{1}{2}M_BU_B^2$$

$$U_B=\left[0.3^{5/3m}\pi^{(5m-5)/3m}\left(\frac{1-\nu^2}{Y}\right)^{2/3}(S_0V_0^{1/m})^{5/3}\right]^{1/2}M_B^{-1/2}x^{(3m-5)/2m} \tag{3-23}$$

图 3-13 为破碎粒径 100μm 的石灰石、石英粒子破碎所需的粉碎介质质量与碰撞速度的关系。例如，100μm 石英粒子自撞运动破碎所需的碰撞速度为 66m/s（见表 3-1），但采用质量 1g 的介质碰撞破碎所需的碰撞速度 $U_B=0.1$m/s 已足够。图 3-14 表示粒径 200～45μm 的石灰石粒子破碎时所需的介质碰撞速度，图中以粉碎介质质量为参数 。由图 3-14 可知，以质量 0.1g 的粉碎介质（氧化铝球直径为 3.8mm，钢球直径约 2.9mm）破碎粒径 50μm 的石灰石时，所需的碰撞速度仅为 5cm/s。

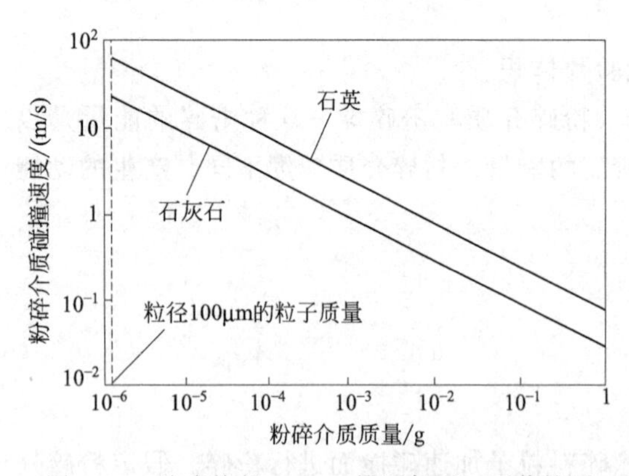


图 3-13 破碎粒径 100μm 的石灰石、石英粒子所需的粉碎介质质量与碰撞速度的关系

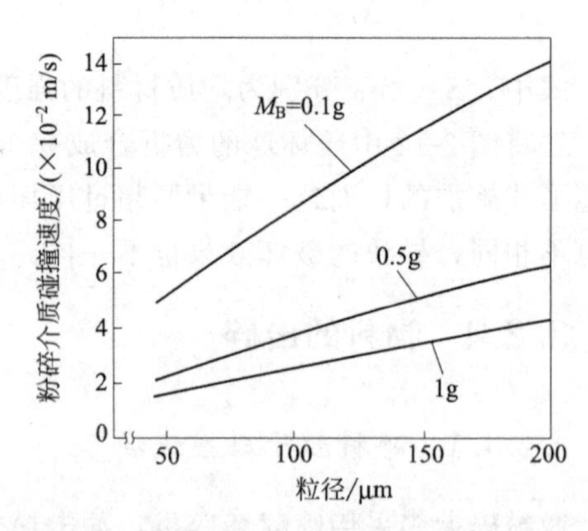


图 3-14 破碎石灰石粒子所需的粉碎介质的碰撞速度（$M_B$=破碎介质质量）

以上为理想状态下的计算结果，实际上还要更快的速度。尽管如此，不难断定，在超微粒子制备中，采用粉碎介质对碎料粒子进行碰撞粉碎的方法比加速碎料粒子自碰撞粉碎方式更合理。由于碎料粒子个数是按粒径减少的 3 次方增加的，因此，必须增加粉碎介质和碎料粒子单位时间的碰撞概率。

### 3.2.5 粉碎模型

Rosin、Rammler 等学者认为，粉碎产物的粒度分布具有二成分性（严格地说是多成分性）。所谓二成分性是指整个粒度分布包括粗粒和微粉两部分的分布。以 Heywood 提供的颚式破碎机粉碎产物的粒度分布为例，如图 3-15 所示，其中粗粒部分分布取决于颚板出口间隙的大小，称为过渡成分；而微粉部分与破碎机的结构无关，它取决于原材料物性，这部分分布称为稳定成分。

根据粉碎产物粒度分布二成分性，可以推论材料颗粒的破坏过程不是由单一的一种破坏形式所构成的，而是两种以上不同破坏形式的组合。Hiitting 等人提出了粉碎的三种破坏模型，如图 3-16 所示。

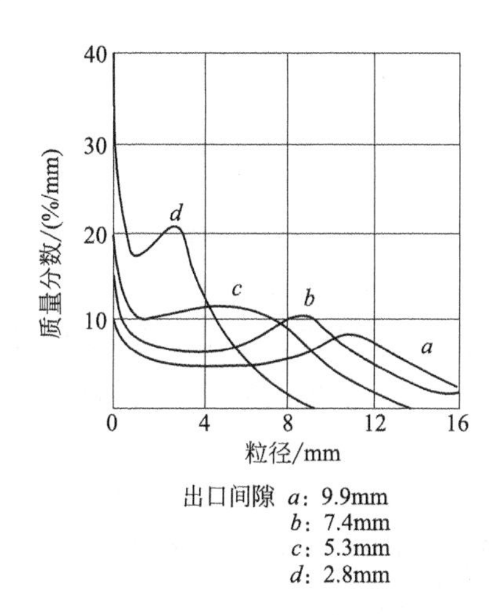


图 3-15 粒度分布的二成分性

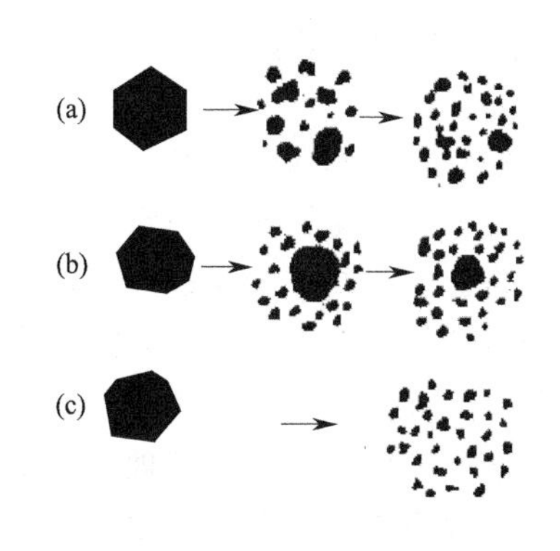


图 3-16 粉碎模型

(1) 体积粉碎模型　如图 3-16(a) 所示，整个颗粒都受到破坏（粉碎），粉碎生成物大多为粒度大的中间颗粒，随着粉碎的进行，这些中间粒径的颗粒依次被粉碎成具有一定粒度分布的中间粒径颗粒，最后逐渐积蓄成微粉成分（即稳定成分）。

(2) 表面粉碎模型　如图 3-16(b) 所示，仅在颗粒的表面产生破坏，从颗粒表面不断削下微粉成分，这一破坏不涉及颗粒的内部。

(3) 均一粉碎模型　如图 3-16(c) 所示，加于颗粒的力，使颗粒产生分散性的破坏，直接碎成微粉成分。

以上三种模型中的第三种［图 3-16(c)］模型仅在结合极不紧密的颗粒集合体如药片之类极特殊的场合中出现，对于一般情况下的粉碎可以不考虑这一模型。因此，实际的粉碎是前两种模型［图 3-16(a)、(b)］的叠加，表面粉碎模型构成稳定成分，体积粉碎模型构成过渡

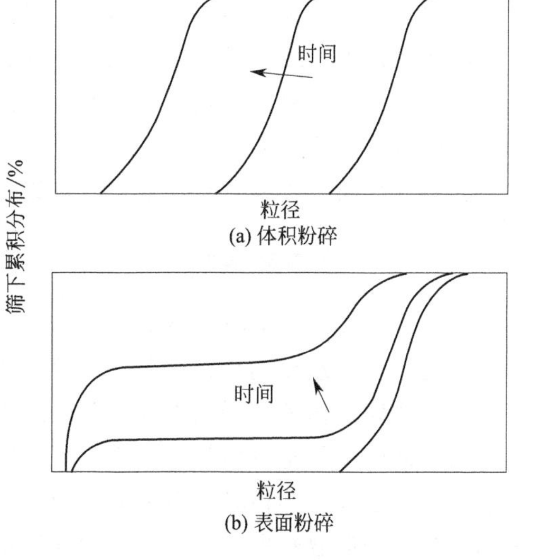


图 3-17 体积粉碎、表面粉碎时粒度分布经时变化模型

成分，从而形成二成分分布。与这两种粉碎模型对应的粒度分布经时变化模型如图 3-17 所示。

应用体积粉碎模型和表面粉碎模型可以解释影响粒度分布的诸因素。例如，随着球磨机研磨体质量的增加，或磨机转速的提高，将呈现材料颗粒的粉碎模型由表面积粉碎移向体积粉碎的倾向。又如，球磨机、振动磨、气流喷射磨的粉碎模型顺序近乎由体积粉碎至表面粉碎。

通常又将体积粉碎看作冲击粉碎，表面粉碎看作摩擦粉碎。但需指出，提及粉碎未必就是冲击粉碎，因为冲击力小时冲击粉碎主要表现为表面粉碎，而摩擦粉碎中往往还伴随压缩作用，压缩作用却为体积粉碎。一般粗碎采用冲击力和压缩力，微粉碎采用剪切力和摩擦力。

## 3.3 粉碎理论

关于粉碎理论的研究迄今已有一百多年的历史，其间，许多学者曾提出过一些推论精辟、极有价值的理论，其在一定程度上反映了粉碎过程的客观实际，因此，具有一定的概括性和指导意义。但是，粉碎过程比较复杂，这些理论几乎还不能直接应用于实际的粉碎机械设计或确定粉碎作业参数，而只能作为大致上的参考，所以，目前实际应用上仍然采用经验法进行设计。

最近，已有学者从与现有理论完全不同的观点出发，提出了粉碎机理的解析方法，这些设想虽然还没有充分整理，未达到可立即在实际中有效应用的阶段，但可认为，粉碎理论的研究已开始注目于全新的观点，这些解析方法将在一定程度上适应生产实际的要求，同时，为经验法解析提出新的理论依据。

### 3.3.1 粉碎功耗定律

粉碎过程所需要的能量问题是极其复杂的。因为粉碎能量的消耗与很多因素有关，譬如物料的物理机械性质、所采用的破碎方法、在粉碎瞬间各物料之间所处的相互位置、物料的形状和尺寸以及物料的湿度等。因此，要想用一个完整的、严密的数学理论来解决粉碎过程所消耗的能量是不可能的。在某些情况下，必须同时广泛地应用实际资料。

目前计算粉碎物料所需要能量的理论主要有以下几种。

#### 3.3.1.1 表面积假说

1867 年雷廷智（P. R. Rittinger）提出了表面积理论。该理论认为粉碎过程是物料表面积增加的过程。组成物体的内部粒子被相邻粒子包围着，它们彼此吸引，处在引力平衡状态。位于物体表面的粒子则不同，其受到内部粒子较大的内向拉力的作用，使物体表面具有张力或表面能。要把物料粉碎，产生更多粒子从内部移到表面，使物料具有更多表面能。所以粉碎功用以克服固体各质点之间的分子引力，消耗在产生新表面上，变为物料的表面能。其内容是：粉碎物料所需的功耗与粉碎过程中新增加的表面积成正比。

该颗粒为球形，粉碎前的直径为 $D$，比表面积为 $S_1$；经粉碎后直径为 $d$，比表面积为 $S_2$。于是，在粉碎过程中物料表面积的增量为

$$\Delta S=S_2-S_1=\left(\frac{\pi d^2 z}{\frac{\pi}{6}d^3\rho z}-\frac{\pi D^2 z}{\frac{\pi}{6}D^3\rho z}\right)m \quad (\mathrm{m^2/kg}) \tag{3-24}$$

式中　$D$——粉碎前物料颗粒的直径，m；

$d$——粉碎后物料颗粒的直径，m；

$z$——1kg 物料的颗粒数目；

$\rho$——物料密度，$\mathrm{kg/m^3}$。

根据表面积假说粉碎功与 $\Delta S$ 成正比，令比例系数为 $C$，则粉碎 $m$kg 物料所需的粉碎功为

$$W\propto\Delta S \tag{3-25}$$

$$W=\frac{6C}{\rho}\left(\frac{1}{d}-\frac{1}{D}\right)m \quad (\mathrm{J/kg}) \tag{3-26}$$

令 $K=C\,\frac{6}{\rho}$，则表面假说的数学表达式为

$$W=K\left(\frac{1}{d}-\frac{1}{D}\right)m \quad (\mathrm{J/kg}) \tag{3-27}$$

式中　$W$——粉碎 $m$kg 物料所消耗的功，J；

$K$——系数，与物料的性质、形状、密度有关，可通过实验确定；

$D$——物料粉碎前的平均粒径，m；

$d$——物料粉碎后的平均粒径，m；

$C$——产生 $1\mathrm{m^2}$ 表面积所需的功，$\mathrm{J/m^2}$。

式(3-27) 是假定直径皆为 $D$ 的球形颗粒物料，粉碎后仍皆为直径 $d$ 的球形物料，但实际上并非如此。假若粉碎后经筛分得出的粉碎产品，其颗粒尺寸为 $d_i$，质量为 $q_i$，则把 ν 的物料粉碎到 $d_i$ 所需的功为

$$W_i=K_i\left(\frac{1}{d_i}-\frac{1}{D}\right)q_i \quad (\mathrm{J}) \tag{3-28}$$

各个粒级物料粉碎功之总和等于粉碎全部物料所需的功，即

$$W=\sum W_i=\sum\left[K_i\left(\frac{1}{d_i}-\frac{1}{D}\right)q_i\right] \quad (\mathrm{J}) \tag{3-29}$$

假定各粒级 $K_i$ 相等：$m=\sum q_i$，$K_i=K$

粉碎前后物料颗粒的尺寸如用平均粒径表示，并使由式(3-27) 与式(3-29) 计算所需要的粉碎功相同时，则

$$K\left(\frac{1}{d}-\frac{1}{D}\right)m=\sum\left[K_i\left(\frac{1}{d_i}-\frac{1}{D}\right)q_i\right] \tag{3-30}$$

$$d=\frac{\sum q_i}{\sum\left(\frac{q_i}{d_i}\right)}=\frac{\sum m_i}{\sum\frac{m_i}{d_i}} \tag{3-31}$$

由此可见，在运用表面积假说时应用表面积体积平均径来表示物料尺寸。

实践表明，表面积理论比较符合较细物料的粉碎过程，尤其是细磨作业。

3.3.1.2　体积假说

1874 年和 1885 年，基尔比切夫和基克先后提出了体积理论。该理论认为，当物体受外

力后必然在内部引起应力。随着外力的增加，物体的应力及变形亦随之增大。当应力达到物料的强度极限时，则外力的稍微增加即使物料破坏。故可认为被粉碎物料受到外力后的变形符合直线。其内容是：在相同粉碎技术条件下，将几何相似的物料粉碎成形状亦相似的成品时，所消耗的功与体积或质量成正比。

假设物料沿压力的作用方向为等截面体，根据胡克（Hook）定律，对于弹性体作弹性变形时，应变与应力成正比，即

$$\varepsilon=\frac{\sigma}{E} \tag{3-32}$$

式中 $\varepsilon=\Delta L/L$——物体的相似变形，$L$ 为物体在受力方向上的原始长度，$\Delta L$ 为物体的绝对变形；

$\sigma=P/F$——物体所受应力，$P$ 为对物体的作用力，$F$ 为物体的横截面积；

$E$——物体弹性模量。

粉碎物料时，物体的应力自零增大到强度极限 $\sigma_{max}$ 而受到破坏，故所需的粉碎功为

$$W=\int P\,\mathrm{d}\Delta L=\int \frac{LP}{EF}\mathrm{d}p=\frac{LP^2}{2EF} \tag{3-33}$$

因为 $\sigma=P/F$，则 $P=\sigma F$，有

$$W=\sigma^2 LF/2E=\sigma^2 V/2E \tag{3-34}$$

式中 $V$——变形物体的体积。

对几何相似、体积分别为 $V_1$ 及 $V_2$ 的同一种物体而言，按照式(3-34)，粉碎时需要的功为

$$\frac{W_1}{W_2}=\frac{V_1}{V_2} \tag{3-35}$$

因此，对于粉碎 $m$kg 物料所需的粉碎功可引用一比例系数 $k$ 来表示，即

$$W=km \tag{3-36}$$

于是，粉碎 $m$kg 物料，经 $n$ 级粉碎所需的功为

$$W=nkm \tag{3-37}$$

若物料粉碎前的尺寸为 $D$，经 $n$ 级粉碎后尺寸变为 $d$，每级粉碎比均为 $i$，则总粉碎比 $i_{总}$ 为：

$$i_{总}=\frac{D}{d}=i^n \tag{3-38}$$

将式(3-38) 两端取对数，则

$$\lg i_{总}=n\lg i \quad 或 \quad n=\lg i_{总}/\lg i \tag{3-39}$$

将 $n$ 值代入式(3-37) 得

$$W=km\frac{\lg i_{总}}{\lg i} \tag{3-40}$$

令 $K=k/\lg i$，则体积假说的数学表达式为

$$W=K\lg i_{总}\, m \tag{3-41}$$

$$W=K\left(\lg\frac{1}{d}-\lg\frac{1}{D}\right)m \quad (\mathrm{J}) \tag{3-42}$$

式中，$K$ 值相当于粉碎单位体积（或单位质量）的物料，粉碎比为 $i$ 时的能量消耗，它与物料的物理机械性能密切相关，可以通过实验确定。

需指出的是，式(3-27) 和式(3-42) 中功的单位以 J 计，然而在工业生产中，时间和质量的单位往往分别用 h 和 t 来表示，因而粉碎的物料所需功的单位常用 kW · h/t 表示。

按照表面积假说的方法，可得

$$W=K\left(\lg\frac{1}{d}-\lg\frac{1}{D}\right)m=\sum\left[K_i\left(\lg\frac{1}{d_i}-\lg\frac{1}{D}\right)q_i\right]$$

$$K(\lg D-\lg d)\sum q_i=\sum[K_i(\lg D-\lg d_i)q_i]$$

$$\lg D\sum q_i-\lg d\sum q_i=\lg D\sum q_i-\sum[(\lg d_i)q_i]$$

$$\lg d=\frac{\sum[(\lg d_i)q_i]}{\sum q_i} \tag{3-43}$$

当使用体积假说来计算物料的粉碎功时，应该是用体积平均径来表示物料的尺寸。

与表面积理论不同，体积理论比较符合粗大物料的粉碎过程，尤其是粗碎作业。

当粉碎比小于 8 时，按体积假说计算的粉碎功较表面积假说计算出来的大。这是由于粉碎比小时，物料新表面积形成的比较少，因而消耗在形成新表面积上的能量也少，此时能量主要消耗在物料的变形上。一般来说，利用体积假说计算破碎机的能量消耗是比较合适的。当粉碎比继续增大时，物料形成的新表面积剧增，因而所需能量也要增大。然而按体积假说计算所需的能量消耗却增加得不快，显然，这与实际情况是不符合的。但是按表面积假说计算所需要的能量消耗却增加得很快，因此，对于粉碎机械采用表面积假说计算能量消耗是比较合适的。

实践证明，物料的内部多少都有强度较弱的“脆弱面”，物料首先沿着这些“脆弱面”发生破坏，但当物料粒度减小时，这些“脆弱面”也逐渐减少，因而粉碎所需的能量消耗也就要逐渐增加。

表面积假说的出发点只考虑生成新表面积的多少，而对其他条件完全忽略，这对均质的非晶体物质（如石膏）多少还有些正确性；然而，大多数矿石是各向异性的，它们的结晶组织和解理特性又是各种各样的。因此，用该假说确定粉碎能量消耗不可能很准确。这个假说也没有考虑物料的物理机械性能、层理、杂质及微小裂纹等因素对粉碎功的影响。实际上，这些因素严重地影响粉碎时的能量消耗。

另外，在实际中应用表面积假说也是相当困难的。首先确定各种物料的 $K$ 值是非常复杂的；其次，测定粉碎后新生成的表面积也是很困难的。虽然有一些测定物料粉碎后新生成表面积的方法，但因为其中有些方法测定出的表面积是相对值，实际上不能用；另外，采用不同方法测定同一物料的表面积所得结果相差很大。因此，表面积假说实际应用的可能已受到限制。

当然，体积假说还只考虑物料变形所消耗的能量，而完全没有考虑生成新表面积、克服摩擦、反抗物质的内聚力和其他有关的能量损失。另外，由于物料的强度在各方向不同，以及确定物料的抗压强度极限 $\sigma$ 和弹性模量 $E$ 时产生误差，使得利用体积假说计算物料的粉碎功也只能给出近似的结果。

虽然如此，体积假说在目前仍然是计算破碎功的理论基础。利用它可以粗略地计算破碎机的功率，以便为下一步进行实验打下基础。

应当指出，只靠理论计算来确定粉碎机的功率是不可靠的，因为这些理论都是建立在假说的基础上的，在某些情况下，还不能给出十分正确的结果，因此，必须广泛地利用实验资料。

#### 3.3.1.3 裂纹假说

这是1952年邦德（F. C. Bond）提出的，又称邦德理论。该理论认为物料要在压力下产生变形，积累一定的能量后产生裂纹，最后才能粉碎，即物料在粉碎前一定要有超过某种程度的变形，而且一定要有裂纹，或者说，当物体受外力作用时，产生应力。当应力超过着力点的强度时，就产生裂纹。物体的变形能就聚集在裂纹附近，产生应力集中，使裂纹扩展，终于导致粉碎。其内容是：粉碎所消耗的功与碎成料直径的平方根成反比。

裂纹理论的数学表达式为

$$W=K\left(\sqrt{\frac{1}{d}}-\sqrt{\frac{1}{D}}\right)m \quad (\mathrm{J}) \tag{3-44}$$

式中 $K$——比例系数，其他符号同式(3-27)。$K$ 值大小与物料性质及使用的粉碎机类型有关。可以通过实验确定。

裂纹理论的实质是介于表面积假说和体积假说之间，在比较广泛的粒度范围内，它的理论与实际结果相符合。

裂纹理论虽能普遍适用于各个粉碎阶段而不致产生重大误差，但对同一种物料在不同的粉碎阶段中要使用不同的 $K$ 值，这点与裂纹理论的立论有所违背，所以仍有着一定的缺陷。

#### 3.3.1.4 综合式

查尔斯（R. J. Charles）于1957年提出粉碎功的综合式。为使单位质量粒径为 $D$ 的物料粉碎，使其粒径缩小 $\mathrm{d}D$ 所消耗的微量功为

$$\mathrm{d}W=-CD^{-n}\mathrm{d}D \tag{3-45}$$

式中 $C$——系数；

$n$——幂指数。

积分式(3-45)得

$$\int_0^W \mathrm{d}W=-\int_d^D CD^{-n}\mathrm{d}D \tag{3-46}$$

将质量为 $m$、粒径为 $D$ 的物料粉碎到粒径为 $d$ 时，如果令 $n=2$、1或3/2，将式(3-46)分别积分，便可分别得出表面积理论、体积理论和裂纹理论的表达式。当指数大于1而小于2时，式(3-45)积分后可得下列适用公式：

$$W=\frac{C}{n-1}\left(\frac{1}{d^{n-1}}-\frac{1}{D^{n-1}}\right)m \tag{3-47}$$

令式(3-47)中 $K=\frac{C}{n-1}$，则式(3-47)为

$$W=K\left(\frac{1}{d^{n-1}}-\frac{1}{D^{n-1}}\right)m \quad (\mathrm{J}) \tag{3-48}$$

式中 $K$——系数。系数 $K$ 及指数 $n$ 的大小与物料的性质及粒径大小等因素有关，可以通过实验确定。

#### 3.3.1.5 田中达夫式

鉴于颗粒粒径是一个难以确定的参数，并因比表面积测定方法已取得很大的进步，而且测定比表面积与测定粒径相比精度更高，为此，田中达夫于1954年提出用比表面积功耗定

律的通式。田中达夫假定：比表面积 $S$ 对功耗 $E$ 的增量同极限比表面积 $S_\infty$ 与瞬时比表面积 $S$ 之差成正比，即

$$\frac{\mathrm{d}S}{\mathrm{d}E}=K(S_\infty-S) \tag{3-49}$$

将式(3-49) 积分，当 $S_\infty \gg S$ 时，可得如下简单的表达式：

$$\int_0^E \frac{1}{S_\infty - S}\mathrm{d}S=\int_0^E K\,\mathrm{d}E=KE$$

$$S=S_\infty(1-\mathrm{e}^{KE}) \tag{3-50}$$

式中 $K$——材料脆性常数，其值可由冲击粉碎和研磨粉碎求得。如以 $i$ 和 $j$ 分别表示冲击粉碎和研磨粉碎，则不同物料的 $K=K_i/K_j$ 之值亦不同。例如，水泥熟料 $K$ 为0.70，玻璃 $K$ 值为1.0，硅砂 $K$ 为1.45，煤 $K$ 为4.2。铃木末男推荐，开流管磨的水泥 $S_\infty$ 约为5300cm²/g。

田中达夫式指明了随着粉碎的进行，粉碎能力降低，需用粉碎功增大，粉碎效率下降。田中达夫式不是介于 Kick 与 Rittinger 定律之间的公式，而是相当于 $n>2$ 的状况，适于微粉碎。

必须指出，上述有关粉碎功耗定律，只能在同一粉碎条件下使用，当条件变化时，还要重新确定常数。其次，对于连续粉碎以及闭路粉碎而言，由于粉碎过程是连续的粒度变化，因而上述公式已不尽适用。此外，对于超细微粉碎，必须考虑如何放大 $S_\infty$ 值或是找出产生作用的主要因素，否则也无法直接应用上述功耗定律，因此，出现了粉碎机理的新解析研究。

#### 3.3.1.6 粉碎能量平衡论

许多学者的实验都确认粉碎是效率极低的操作，其有效能量的利用率大约只占0.6%～0.3%，见表3-2。

**表 3-2 磨机功耗分配及其测定值**

| 功耗种类 | 功耗量/kW·h | 百分比/% |
|---|---|---|
| 轴承、齿轮等机械损失 | 57 | 12.3 |
| 被粉碎物料带走的热量 | 222 | 47.6 |
| 研磨体辐射的热量 | 30 | 6.4 |
| 空气带走的热量 | 144 | 31.0 |
| 其他损失(研磨体的磨耗 5kW·h,研磨体的加热 2kW·h,其他为噪声、振动、水分蒸发) | 10 | 2.1 |
| 有效粉碎功 | 3 | 0.6 |
| 合计 | 466 | 100 |

英国 Hiorns 在假定粉碎符合 Rittinger 定律和 Rosin-Rammler 分布的基础上，设固体颗粒间的摩擦系数为 $K_\mathrm{f}$，导出如下公式：

$$W=\left(\frac{C}{L}-K_\mathrm{f}\right)\left(\frac{1}{x_2}-\frac{1}{L}\right) \tag{3-51}$$

式中 $K_\mathrm{f}$ 值越大，则所需粉碎功 $W$ 越大。

然而，进一步微观地研究粉碎机理时，就必须探讨除转化为热的能量之外，能量还消耗于何处。由于粉碎本身就是增加固体表面积的操作，理所当然，能量还消耗于增加固体表面能。显然，将固体表面能 $\gamma$ 和生成的表面积相乘，即得粉碎所需的能量式：

$$W=\left(\frac{\gamma}{L}-K_{\mathrm{f}}\right)(S_2-S_1) \tag{3-52}$$

用物理学者求得的表面能量值 $\gamma$ 代入式(3-52) 计算时，所得粉碎需用功的数值偏小。这说明除了生成表面能和发热之外，还有其他能量消耗。据研究，这部分能量消耗于固体表面结构的变化、化学的变化及物理化学的变化。在粉碎中产生的物理化学变化称为机械力化学，也就是说，还有机械力化学的能量消耗。

前苏联学者 Rehbinder 和 Chodakow 综合上述各项，提出粉碎时的能量消耗为 Kick 公式和田中达夫公式的结合，再加上用于增加表面能 $\gamma$、转化为热能的弹性能以及固体表面的某些机械力化学结构变化（用塑性变形表示）的能量消耗，可用式(3-53) 表示

$$\eta W=a\ln\frac{S}{S_0}+[a+(\beta+\gamma)S_{\infty}]\ln\frac{S_{\infty}-S_0}{S_{\infty}-S} \tag{3-53}$$

式中 $\eta$——粉碎机械效率；

$a$——与弹性能有关的常数；

$\beta$——与固体表层的物理化学变化有关的系数。

由上述可知，粉碎机的能量利用率极低，大部分的能量被转化为热，与此同时，也不能忽视粉体集合之间的摩擦系数以及机械力化学现象。尤其对于微粉碎来说，改变物性是提高粉碎效率和增产的重要措施。

### 3.3.2 粉碎速度论

前述对于粉碎过程的表述，主要是研究功耗问题。如果将其视为一个理论，这一单纯功耗理论不能代表全部的粉碎理论。然而，功耗-粒度函数不适于描述整个粉碎过程，因为其中的粒径是颗粒群的平均粒径，但实际是一个粒度分布，而不同粒径对应不同的功耗；另外，粉碎理论不限于研究粉碎过程中的粉碎功耗一个问题，还涉及很多，诸如粉碎过程等。因而，还有必要研究粉碎设备的给料和产品之间的粒度分布的关系，比单独功耗-粒度函数又进了一步。

谈到粉碎过程的给料-产品粒度分布的关系，实际上，许多磨机在粉磨过程中是反复地进行着单一的粉磨操作，即某一颗粒反复地受到外力作用而变小，例如搅拌磨搅拌的物料，从这一点出发，可把粉磨过程当作速度过程进行处理，于是就提出了粉碎速度论的概念。尤其，对以流通系统连续操作为目的的粉碎机设计而言，若无“速度”这一概念，欲实现装置的过程控制实际是不可能的，所谓速度论就是把粉碎过程数式化，求解基本数式并追踪其现象。如何将粉碎过程数式化，Epstein 于 1948 年提出了粉碎过程数学模型的基本观点。他指出，在一个可以用概率函数和分布函数加以描述的重复粉碎过程中，第 $n$ 段粉碎之后的分布函数近似于对数正态分布。这一观点已被用于矩阵模型和动力学模型。

#### 3.3.2.1 粉碎过程矩阵模型

随着对粉碎过程不断深入地研究，特别是计算机在科学技术领域的广泛采用，人们已不满足于用单位时间内平均粒径的减少，或者单位时间内比表面积的增加来表示，而是力求用数学的方法较精确地描述整个粉碎过程。

要建立粉碎过程矩阵模型，需要引入碎裂函数和选择函数的概念。

(1) 碎裂函数　在粉碎模型中，将粉碎视为依次连续发生的或间断发生的碎裂事件。每

一个碎裂事件的产品的表达式称为碎裂函数。

由于碎裂事件既与材料性质有关，又与流程、设备等因素有关，情况极其复杂，故用实验来确定这种函数是很困难的。但各种材料在各种粉碎设备条件下所得到的粉碎产品，均有一定形式的粒度分布曲线。这些分布曲线可以用某种形式的方程式来表示。如前述的对数正态分布、Rosin-Rammler 分布等。有人建议用 Rosin-Rammler 方程的修正式来表示：

$$B(x,y)=(1-e^{-x/y})/(1-e^{-1}) \tag{3-54}$$

式中 $y$——原始粒径；

$B(x,y)$——原始粒径为 $y$，经粉碎后小于 $x$ 的那一部分颗粒的质量分数；

$x$——粉碎后的某一个粒径。

式(3-54) 说明，经过粉碎后，碎粒颗粒对原始颗粒而言的分布，与给料原始粒度无关。

设 $f_i$ 为粉碎前物料在 $i$ 尺寸区间内的质量，则粉碎前、后的物料可表示为：

| 原始粒度分布 | 第 1 粒级 | 第 2 粒级 | 第 3 粒级 | … | 第 $n$ 粒级 |
| --- | --- | --- | --- | --- | --- |
| 原料粒度区间 | 1 | 2 | 3 | … | $n$ |
| 粉碎前物料质量 | $f_1$ | $f_2$ | $f_3$ | … | $f_n$ |
| 粉碎后的产品 | $P_1$ | $P_2$ | $P_3$ | … | $P_n$ |

现定义一个参数 $b_{ij}$ 取代连续累计碎裂函数 $B(x,y)$，即 $b_{ij}$ 表示由第 $j$ 粒级的物料碎裂后产生的进入第 $i$ 粒级的质量分数。例如，由第 1 粒级碎裂后进入第 2 粒级者为 $b_{21}$，进入第 3 粒级者为 $b_{31}$，……，进入第 $n$ 粒级者为 $b_{n1}$，第 $n$ 粒级为最小粒级，所有 $b_{i1}$ 值之和为 1。同理由第 2 粒级碎裂后的产品分布为 $b_{22}$，$b_{32}$，$b_{42}$，…。因此，碎裂函数可用阶梯矩阵表达，即

$$\boldsymbol{B}=\begin{bmatrix} b_{11} & 0 & 0 & \cdots & 0 \\ b_{21} & b_{22} & \cdots & \cdots & \cdots \\ \vdots & \vdots & \vdots & \vdots & \vdots \\ b_{i1} & b_{i2} & \cdots & \cdots & b_{ij} \end{bmatrix}$$

如果把给料和产品的粒度分布写成 $n\times1$ 矩阵，则 $\boldsymbol{B}$ 实际是 $n\times n$ 矩阵。于是，粉碎过程的矩阵式如下

$$\begin{bmatrix} b_{11} & 0 & 0 & 0 & \cdots & 0 \\ b_{21} & b_{22} & 0 & 0 & \cdots & 0 \\ b_{31} & b_{32} & b_{33} & 0 & \cdots & 0 \\ b_{41} & b_{42} & b_{43} & b_{44} & \cdots & 0 \\ b_{51} & b_{52} & b_{53} & b_{54} & \cdots & 0 \\ \vdots & \vdots & \vdots & \vdots & \vdots & \vdots \\ b_{n1} & b_{n2} & b_{n3} & b_{n4} & \cdots & b_{nn} \end{bmatrix}\begin{bmatrix} f_1 \\ f_2 \\ f_3 \\ f_4 \\ f_5 \\ \vdots \\ f_n \end{bmatrix}$$

| 粒度尺寸区间 | 粉碎前的物料 | 粉碎后的产品 |
|---|---|---|
| 1 | $f_1$ | $p_1$ |
| 2 | $f_2$ | $p_2$ |
| 3 | $f_3$ | $p_3$ |
| 4 | $f_4$ | $p_4$ |
| ⋮ | ⋮ | ⋮ |
| $n$ | $f_n$ | $p_n$ |
| $n+1$ | $f_{n+1}$ | $p_{n+1}$ |

$$
=\begin{bmatrix}
b_{11}f_1 & + & 0 & + & 0 & + & \cdots & + & 0 \\
b_{21}f_1 & + & b_{22}f_2 & + & 0 & + & \cdots & + & 0 \\
b_{31}f_1 & + & b_{32}f_2 & + & b_{33}f_3 & + & \cdots & + & 0 \\
b_{41}f_1 & + & b_{42}f_2 & + & b_{43}f_3 & + & \cdots & + & 0 \\
b_{51}f_1 & + & b_{52}f_2 & + & b_{53}f_3 & + & \cdots & + & 0 \\
\vdots & \vdots & \vdots & \vdots & \vdots & \vdots & \vdots & \vdots & \vdots \\
f_{n1}f_1 & + & b_{n2}f_2 & + & b_{n3}f_3 & + & \cdots & + & b_{nn}f_n
\end{bmatrix}
=\begin{bmatrix}
p_1 \\ p_2 \\ p_3 \\ p_4 \\ p_5 \\ \vdots \\ p_n
\end{bmatrix}
$$

矩阵方程式

$$
\boldsymbol{P}=\boldsymbol{B}\cdot\boldsymbol{f} \tag{3-55}
$$

(2) 选择函数（破碎概率函数） 进入粉碎过程的各个粒级受到的碎裂具有随机性，这一随机性的概率数称为选择函数。即有的粒级受碎裂多，有些则少，有的直接进入产品而不受碎裂。这就是所谓的“选择性”或称“概率性”。

设：$S_i$ 为被选择碎裂的第 $i$ 粒级中的一部分，即某一粒级的原料被破碎的质量分数；$n$ 为给料粒级；$f$ 为给料中每个粒级的总质量。

假如以 $S_i$ 表示被选择碎裂的第 $i$ 粒级中的一部分，那么选择函数 $S$ 可用如下矩阵对角表示。

| 原料粒级 | 1 | 2 | 3 | 4 | ⋯ | $n$ |
|---|---|---|---|---|---|---|
| 原料质量 | $f_1$ | $f_2$ | $f_3$ | $f_4$ | ⋯ | $f_n$ |
| 粉碎后的产品 | $P_1$ | $P_2$ | $P_3$ | $P_4$ | ⋯ | $P_n$ |

$$
\boldsymbol{S}=\begin{bmatrix}
s_1 & & & & 0 \\
 & s_2 & & & \\
 & & s_3 & & \\
 & & & \ddots & \\
0 & & & & s_n
\end{bmatrix}
$$

第 $i$ 粒级中被碎裂颗粒的质量为 $S_i f_i$。同理，在第 $n$ 粒级中被碎裂颗粒的质量为 $S_n f_n$，于是，可写出粉碎过程的选择函数矩阵式：

$$\boldsymbol{S}\cdot\boldsymbol{f}=\begin{bmatrix} s_1 & 0 & 0 & \cdots & 0 \\ 0 & s_2 & 0 & \cdots & 0 \\ 0 & 0 & s_3 & \cdots & 0 \\ & & \cdots & & \\ & & \cdots & & \\ & & \cdots & & \\ 0 & 0 & 0 & \cdots & s_n \end{bmatrix}\begin{bmatrix} f_1 \\ f_2 \\ f_3 \\ \vdots \\ \vdots \\ \vdots \\ f_n \end{bmatrix}=\begin{bmatrix} s_1 & \cdots & f_1 \\ s_2 & \cdots & f_2 \\ s_3 & \cdots & f_3 \\ & \cdots & \\ & \cdots & \\ & \cdots & \\ s_n & \cdots & f_n \end{bmatrix}=\begin{bmatrix} p_1 \\ p_2 \\ p_3 \\ \vdots \\ \vdots \\ \vdots \\ p_n \end{bmatrix}$$

如以 $\boldsymbol{S}\cdot\boldsymbol{f}$ 表示已被粉碎的颗粒，则未被粉碎的颗粒的总质量可用 $(\boldsymbol{I}-\boldsymbol{S})\boldsymbol{f}$ 表示，其中 $\boldsymbol{I}$ 为单位矩阵：

$$\boldsymbol{I}=\begin{bmatrix} 1 & & & & 0 \\ & \ddots & & & \\ & & 1 & & \\ & & & \ddots & \\ 0 & & & & 1 \end{bmatrix}$$

$\boldsymbol{B}$、$\boldsymbol{S}$ 值可以从已知的入磨粒度分布和产品的粒度分布反求得到。

(3) 粉碎过程的矩阵表达式　由上述分析可知，给料中有部分颗粒被粉碎，另一部分未被粉碎直接进入产品，因此，被一次粉碎作用后的产品质量可用方程式(3-56) 表示：

$$\boldsymbol{P}=\boldsymbol{BSf}+(\boldsymbol{I}-\boldsymbol{S})\boldsymbol{f}=(\boldsymbol{BS}+\boldsymbol{I}-\boldsymbol{S})\boldsymbol{f} \tag{3-56}$$

在大多数粉碎设备中出现逐次碎裂事件。假定有 $n$ 次重复碎裂，则第一次的 $P$ 可作为第二次的 $f$，以此类推，于是第 $n$ 次碎裂后可得

$$\boldsymbol{P}_n=(\boldsymbol{BS}+\boldsymbol{I}-\boldsymbol{S})^n\boldsymbol{f} \tag{3-57}$$

式(3-57) 即为 Broadbent 和 Callcott 于 1954 年提出的粉碎过程矩阵表达式，随着电子计算机的普及，不言而喻，其应用范围将日益扩大。

### 3.3.2.2　粉碎动力学模型

这一粉碎模型把粉碎看作是一速率过程。它又分连续粉碎形式和非连续两种。非连续形式的动力学模型与前述的矩阵模型相似。现讨论连续形式的动力学模型。

以图 3-18 中的直线表示连续的粒径范围。现分析时间 $t\sim t+\mathrm{d}t$ 之间，粒径 $x\sim x+\mathrm{d}x$ 之间的粉碎物料质量平衡。

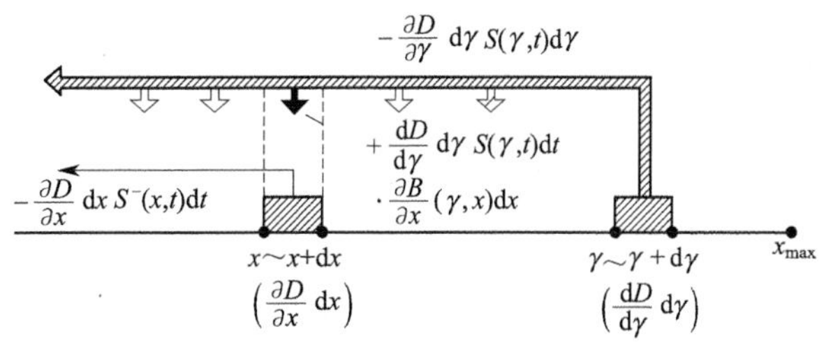


图 3-18　粉碎动力学的细粒质量平衡

设颗粒总质量为 1，则 $x\sim x+\mathrm{d}x$ 之间的颗粒量为 $\left[\frac{\partial D(x,t)}{\partial x}\right]\mathrm{d}x$，式中 $D(x,t)$ 指筛下产品。因此 $t\sim t+\mathrm{d}t$ 间的颗粒量为 $\left[\frac{\partial D^2(x,t)}{\partial x\partial t}\right]\mathrm{d}x\mathrm{d}t$，此值应为 $x\sim x+\mathrm{d}x$ 的颗粒被粉碎至小于 $x\sim x+\mathrm{d}x$ 粒径范围的减少量和大于 $x\sim x+\mathrm{d}x$ 的颗粒被粉碎后落入

$x \sim x+\mathrm{d}x$ 间的颗粒质量之代数和。前者表示为$\left[\frac{\partial D(x,t)}{\partial x}\right]\mathrm{d}xS(x,t)\mathrm{d}t$，其中 $S(x,t)$ 为单位时间被粉碎的概率，即选择函数。后者，对于比粒径 $x$ 大的任意粒径 $\gamma \sim \gamma+\mathrm{d}\gamma$ 颗粒进行选择粉碎时，则表示为$\left[\frac{\partial D(\gamma,t)}{\partial \gamma}\right]\mathrm{d}\gamma S(\gamma,t)\mathrm{d}t$，其朝比 $\gamma$ 小的方向落入 $x \sim x+\mathrm{d}x$ 中的比例为$\left[\frac{\partial B(x,\gamma)}{\partial x}\right]\mathrm{d}x$，其中 $B(x,\gamma)$ 表示粒径 $\gamma$ 的单颗粒被粉碎时的粒度分布，即碎裂函数。因此，在 $\mathrm{d}t$ 时间内，$x \sim x+\mathrm{d}x$ 间的颗粒增量可用积分式计算，即

$$\int_{x}^{x_{\max}} \frac{\partial D(\gamma,t)}{\partial \gamma}\mathrm{d}\gamma S(\gamma,t)\mathrm{d}t\left[\frac{\partial B(x,\gamma)}{\partial x}\right]\mathrm{d}x \tag{3-58}$$

根据质量动平衡关系，并消去等式两边的 $\mathrm{d}x\mathrm{d}t$，则得如下质量平衡基本公式：

$$\frac{\partial D^2(x,t)}{\partial t\partial x}=-\frac{\partial D(x,t)}{\partial x}S(x,t)+\int_{x}^{x_{\max}}\left[\frac{\partial D(\gamma,t)}{\partial \gamma}\right]S(\gamma,t)\left[\frac{\partial B(x,\gamma)}{\partial x}\right]\mathrm{d}\gamma \tag{3-59}$$

必须指出，上述不含微细颗粒团聚粒径变粗的情况，故属正常粉碎的质量平衡式。

式中碎裂函数 $B(x,\gamma)$ 可表示为 $B(x/\gamma)$，其值介于0～1。也可采用式(3-60) 进行近似计算

$$B(x,\gamma)=B(x/\gamma)^n \tag{3-60}$$

式中，$n$ 为常数，因此得

$$\partial B(x,\gamma)/\partial x=nx^{n-1}/\gamma^n \tag{3-61}$$

通过球磨机试验得到正常区域内选择函数，可用式(3-62) 表示：

$$S(\gamma,t)=K\gamma^n \tag{3-62}$$

式中　$K$——速度常数；

　　$n$——常数。

按理 $S$ 应是粒径 $\gamma$ 和时间 $t$ 的函数，但式(3-62) 表明几乎与时间无关，因此，在理论上未必是完善的。

粉碎过程中，采用连续分布模型解决实际工艺问题的主要困难是难以确定粒度分布连续函数，且方程式求解复杂。而非连续分布模型由于有适应的方程式表示粒度分布，故采用其表示粉磨过程更为方便。

# 第4章 粉体分散

## 4.1 颗粒聚集体形态

世界上存在着成千上万种粉体物料。它们有的是人工合成的，有的是天然形成的。各种粉体的颗粒又是千差万别的。但是，如果从颗粒的构成来看，这些形态各异的颗粒，往往可以分成四大类型：原级颗粒型、聚集体颗粒型、凝聚体颗粒型和絮凝体颗粒型。最重要的是前三种。

### 4.1.1 原级颗粒

最先形成粉体物料的颗粒，称为原级颗粒。因为它是第一次以固态存在的颗粒，故又称一次颗粒或基本颗粒。从宏观角度看，它是构成粉体的最小单元。根据粉体材料种类的不同，这些原级颗粒表面积的形状，有立方体状的，有针状的，有球状的，还有不规则晶体状的，如图 4-1 所示。图中各晶体内的虚线，表示微晶连接的晶格层。

粉体物料的许多性能都是与它的分散状态，即与它单独存在的颗粒大小和形状有关。真正能反映出粉体物料的固有性能的，就是它的原级颗粒。

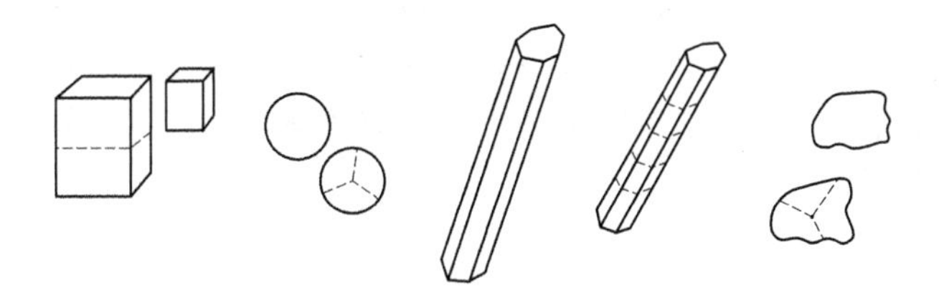

图 4-1　原级颗粒

### 4.1.2 聚集体颗粒

聚集体颗粒是由许多原级颗粒靠着某种化学力与其表面相连而堆积起来的。因为它相对于原级颗粒来说，是第二次形成的颗粒，所以又称二次颗粒。由于构成聚集体颗粒的各原级颗粒之间，均以表面相互重叠，因此，聚集体颗粒的表面积比构成它的各原级颗粒表面积的总和为小，如图 4-2 所示。聚集体颗粒主要是在粉体物料的加工和制造过程中形成的。例如，化学沉淀物料在高温脱水或晶型转化过程中，便要发生原级颗粒的彼此粘连，形成聚集

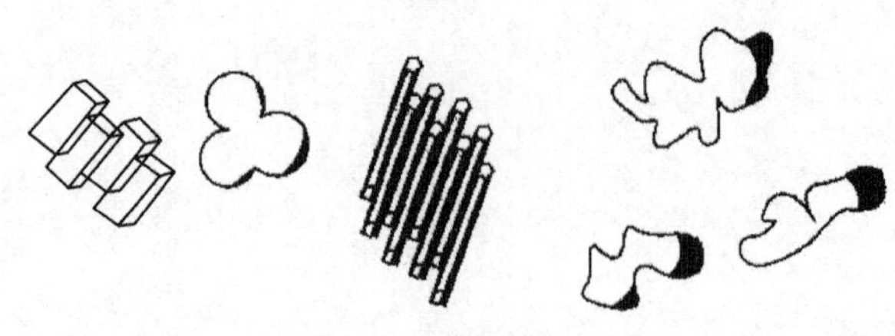
图 4-2 聚集体颗粒

颗粒。此外，晶体生长、熔融等过程，也会促进聚集体颗粒的形成。

聚集体颗粒中各原级颗粒之间有很强烈的结合力，彼此结合得十分牢固，并且聚集体颗粒本身就很小，很难将它们分散成为原级颗粒，必须再用粉碎的方法才能使其解体。

### 4.1.3 凝聚体颗粒

凝聚体颗粒是在聚集体颗粒之后形成的，故又称三次颗粒。它是由原级颗粒或聚集体颗粒或两者的混合物，通过比较弱的附着力结合在一起的疏松的颗粒群，而其中各组成颗粒之间是以棱或角结合的，如图 4-3 所示。正因为是棱或角接触的，所以凝聚体颗粒的表面，与各个组成颗粒的表面之和大体相等，凝聚体颗粒比聚集体颗粒要大得多。

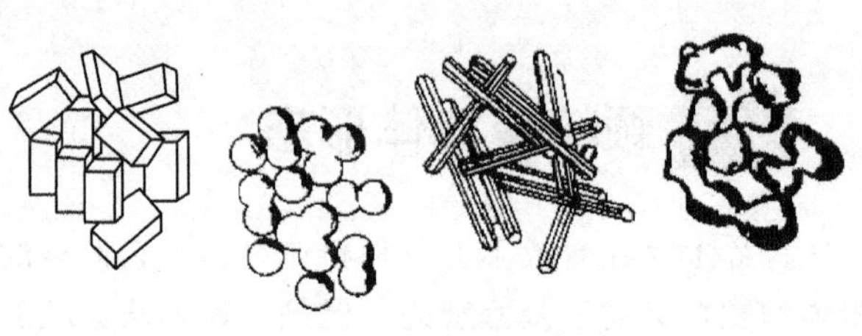
图 4-3 凝聚体颗粒

凝聚体颗粒也是在物料的制造与加工处理过程中产生的。例如，湿法沉淀的粉体，在干燥过程中便形成大量的凝聚体颗粒。

原级颗粒或聚集体颗粒的粒径越小，单位表面上的表面力（如范德华力、静电力等）越大，越易于凝聚，而且形成的凝聚体颗粒越牢固。由于凝聚体颗粒结构比较松散，它能够被某种机械力，如研磨分散力或高速搅拌的剪切力所解体。如何使粉体的凝聚体颗粒在具体应用场合下快速而均匀地分散开，是现代粉体工程学中的一个重要研究课题。

### 4.1.4 絮凝体颗粒

粉体在许多实际应用中，都要与液相介质构成一定的分散体系。在这种液固分散体系中，由于颗粒之间的各种物理力，迫使颗粒松散地结合在一起所形成的粒子群，称为絮凝体颗粒。它很容易被微弱的剪切力所解絮，也容易在表面活性剂（分散剂）的作用下自行分散开来。长期贮存的粉体，可以看成是与大气水分构成的体系，故也有絮凝体产生，形成结构松散的絮团——料块。

## 4.2 工业生产中的粉体分散

### 4.2.1 颗粒悬浮体分散的重要性

工业生产中的粉体状态主要有两种：堆积态及悬浮态。常见的工业悬浮态粉体不外乎四种类型：固体颗粒在气相中悬浮，固体颗粒在液相中悬浮，液体颗粒在另一种液体（互不相溶液体，例如油珠在水中的悬浮）中悬浮及液体颗粒在气相中悬浮（例如雾珠在空气中的悬浮）。本章重点探讨固-液、固-气工业颗粒悬浮体。

所谓颗粒分散是指粉体颗粒在流体介质中分离散开并在整个流体介质中均匀分布的过程，在粉体工业加工和测试过程中，保持颗粒悬浮体的分散具有重要意义。许多过程的成败甚至完全取决于颗粒悬浮体能否良好分散。

#### 4.2.1.1　固-液悬浮体

在工业生产中，固-液悬浮体的例子不胜枚举，例如颜料颗粒在液相中的分散是涂料制备的基本要求；微细矿粒的分选，要求其首先在矿浆中充分分散；商品粉体往往要求有窄的粒度范围，为此目的，往往要对粉体进行高效分级，而分级是否精确及高效，首先要依靠粉体的充分分散。

目前，超细颗粒乃至纳米粉体的合成及利用业已成为高科技领域中的热门课题，通过化学合成或物理手段制备的纳米颗粒，如何保证它们在随后的加工过程中保持分散而不团聚“长大”，是合成工艺成功与否的一个关键问题。

纳米材料具有独特的力学、光、电、磁、吸附、气敏等性能，在传统材料中加入纳米粉体将大大改善其性能或带来一些意想不到的性质。尽管目前纳米材料的应用研究已经取得了一定的成果，但纳米粉体自身的团聚以及粉体与基体的结合力较低等问题极大程度上限制了纳米粉体的工业应用，也使纳米粉体的优良性质不能够充分发挥。因此研究纳米粉体在不同液相介质中的分散，以及通过表面改性提高纳米粉体与各种无机、有机基体间的结合力就成为解决这一瓶颈问题的关键。研究纳米粉体分散的意义主要体现在以下几个方面。

① 研究各种纳米粉体在液相介质中的相互作用力及团聚形成的机理，可以为低成本湿法制备分散性良好、团聚少、性能好的纳米粉体提供理论上的帮助和工艺上的指导。

② 纳米粉体稳定分散在各种液相介质中形成的分散体本身往往就是十分重要的产品。如将某些具有特殊电磁性的纳米粉体分散在液相介质中可制成导电料浆或磁性料浆；将纳米 $TiO_2$ 粉体分散在水或有机溶剂中可以制成具有抗紫外、自清洁或光催化等特殊功能的涂料；将某些纳米粉体分散在液体中可制成高效的抛光液等。这些产品的性能与纳米粉体的分散状况密切相关。

③ 研究纳米粉体的分散是制备高性能纳米复合材料的基础。纳米粉体具有许多奇特的性质，将这些纳米粒子加入某种基体中，可大大改善其性能，并可能产生一些新的特性。如把纳米氧化铝颗粒加入到橡胶中，可提高橡胶的耐磨性和介电性；把纳米氧化铝颗粒加入到玻璃中，可明显改善玻璃的脆性；在纺织原料中加入具有特殊性质的纳米颗粒，可以制造出具有特殊的抗紫外线、吸收可见光和红外线、防静电、抗菌除臭等功能性的新型织物。纳米粒子在基体中的均匀分散是发挥其作用的前提和保证。目前制备纳米复合材料的最重要的方法就是原位复合法，即先将纳米粉体分散在有机单体或无机前驱体的溶液中，通过单体的聚合或无机物的反应实现纳米粉体与基质材料的复合。因此研究纳米粉体在各种液相介质中的分散，将有助于制备纳米相均匀分布的纳米复合材料，充分发挥纳米复合材料的优异性能，为其走向工业化生产起到重要作用。

#### 4.2.1.2　固-气悬浮体

固体颗粒在空气中的分散，对于悬浮态粉体非常重要。只有保证分散，才能通畅地输送粉体物料；同样，只有在充分分散状态下，才能实现细粉的干法分级；微米级矿粒的干法分选之所以难以奏效，其原因在于矿粒间的非选择性聚团现象。另外，粉体的传质和传热过程在很大程度上也取决于固体颗粒在空气中分散的好坏。

另外，在粉体的测试中，如果粉体试样没有充分分散，即使用很精密的仪器，也得不到精确的测量结果。

### 4.2.2 颗粒悬浮体的极限悬浮速度

在理论上对于任何密度大于水的密度（$1\times10^3\mathrm{kg/m^3}$）的颗粒在水中都受重力作用而沉降。设颗粒粒度为 $d$，密度为 $\rho$，在 Stokes 阻力范围内，其自由沉降末速 $v$ 为

$$v=\frac{(\rho_p-\rho_0)d^2g}{18\mu} \tag{4-1}$$

式中 $\rho_p$——固体粒子的密度，$\mathrm{kg/m^3}$；

$\rho_0$——介质的密度，$\mathrm{kg/m^3}$；

$\mu$——介质黏度，Pa·s；

$d$—— 颗粒粒度，m；

$g$——重力加速度，$\mathrm{m/s^2}$。

在 25℃的水中，$v=54.50(\rho_p-\rho_1)d^2$(m/s)，从理论上讲，只是 $\rho_p>1$ 的固体粒子均会向下沉降。然而，对于微米级颗粒，介质分子热运动对它的作用逐渐显著，引起了他们在介质中的无序扩散运动，即所谓布朗运动。

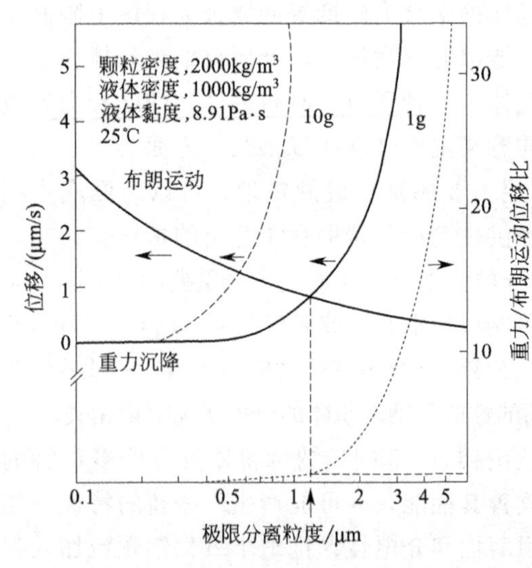


图 4-4 重力作用与布朗运动单位时间位移的对比值

图 4-4 给出了不同粒度的颗粒因重力作用（或离心作用）而引起的单位时间沉降距离和因布朗运动而引起的单位时间的位移之间的关系。

由图可见，当粒度 $d=1.2\mu\mathrm{m}$ 时单位时间的重力沉降距离与布朗运动引起颗粒的扩散位移相等。可见，粒度在 $1\mu\mathrm{m}$ 以下的颗粒，在水介质中主要受水介质分子热运动的作用，而作无序的扩散运动，重力的作用对它们显得较为次要，颗粒不再表现出明显的重力沉降运动。对于亚微米级及纳米级颗粒，重力沉降作用衰退到可以完全忽略不计的程度，这种超细粉体只要条件适当，本可以稳定地分散、悬浮在水介质中。事实上它们往往受分子作用力等吸引力的影响而团聚沉降。

## 4.3 固体颗粒在空气中的分散

微细颗粒，特别是微米级或亚微米级颗粒，在空气中极易黏结成团。此种现象给微米粉体的加工带来极为不利的影响。分级、粒度测量、混匀及贮运等作业的进行，都在极大程度上依赖于颗粒的分散程度。首先，有必要分析颗粒在空气中黏结的原因，然后再讨论防止黏结成团的办法。

### 4.3.1 空气中颗粒黏结的根本原因

众所周知，分子之间总是存在着范德华力，此种力是吸引力，并与分子间距的 7 次方成

反比，故作用距离极短（约1nm），是典型的短程力。但是，对于由极大量分子集合体构成的体系，例如超细颗粒，随着颗粒间距离的增大，其分子作用力的衰减程度则明显变缓。这是因为存在着多个分子的综合相互作用。颗粒间分子作用力的有效距离可达50nm，因此，是长程力。

对于半径分别为 $R_1$ 和 $R_2$ 的两个球体，分子作用力 $F_M$ 为

$$F_M=\frac{A}{6h^2}\frac{R_1R_2}{R_1+R_2} \tag{4-2}$$

对于球与平板

$$F_M=\frac{AR}{12h^2} \tag{4-3}$$

式中 $h$——间距，nm；

$A$——哈马克（Hamaker）常数，J。

哈马克（Hamaker）常数是物质的一种特征常数。各种物质的哈马克常数 $A$ 不同，在真空中，$A$ 的波动范围介于 $(0.4\sim4.0)\times10^{-19}$J之间。

例如，对于半径为1cm的石英球体，$A=0.6\times10^{-19}$J，在间距 $h=0.2$nm时，它与同质的石英平板在空气中作用，此时的分子吸引力为 $F_M=1.2\times10^{-3}$N。

## 4.3.2 空气中颗粒黏结的其他原因

### 4.3.2.1 颗粒间的静电作用力

在干空气中大多数颗粒是自然荷电的。荷电的途径有三：第一，颗粒在其生产过程中荷电，例如电解法或喷雾法可使颗粒带电，在干法研磨过程中颗粒靠表面摩擦而带电；第二，与荷电表面接触可使颗粒接触荷电；第三，气态离子由电晕放电、放射性、宇宙线、光电离及火焰的电离作用产生，气态离子的扩散作用是颗粒带电的主要途径。以下讨论引起静电吸引力的两种作用。

(1) 接触电位差引起的静电引力 颗粒与其他物体接触时，颗粒表面电荷等电量地吸引对方的异号电荷，使物体表面出现剩余电荷，从而产生接触电位差，其值可达0.5V。接触电位差引起的静电引力 $F_e$ 可通过下式计算

$$F_e=4\pi\rho_s S \tag{4-4}$$

式中 $\rho_s$——表面电荷密度，$\rho_s=q/S$，C/cm$^2$；

$q$——实测单位电量，C；

$S$——接触面积，cm$^2$。

$F_e$ 又可表示为

$$F_e=\frac{4\pi q^2}{S} \tag{4-5}$$

例如，对于玻璃球（$d=40\sim60\mu$m）与油漆板的黏着，测得的 $q=1.9\times10^{-15}$C，$S=2\times10^{-10}$cm$^2$，则静电黏着力 $F_e$ 约为 $1\times10^{-5}$N。

可见，为了限制静电引力，减小颗粒黏附，应设法减小颗粒的表面电荷密度 $\rho_s$，对于半导体，$\rho_s=e(n^- - n^+)$，其中 $n^-$ 及 $n^+$ 为表面载流子浓度。显而易见，只需调整 $n^-$ 及 $n^+$ 便可达到目的。

(2) 由镜像力产生的静电引力　镜像力实际上是一种电荷感应力。其大小由式(4-6) 确定：

$$F_m=\frac{Q^2}{L^2} \tag{4-6}$$

式中　$F_m$——镜像力，N；

$Q$——颗粒电荷，C；

$L$——电荷中心距离，$L=2\left(R+H+\frac{\delta}{2}-D-\varepsilon\right)$；

$R$——颗粒半径，m；

其他符号见图 4-5。

对粒径为 10μm 的各种类型颗粒（白垩、煤烟、石英、砂糖、粮食及木屑等）的测量结果表明，颗粒在空气中的电荷约在 $(600\sim1100)\times10^{-17}$C 范围之内，据此可算得镜像力为 $(2\sim3)\times10^{-12}$N。

可见，在一般情况下，颗粒与物体间的镜像力可以忽略不计。

4.3.2.2　颗粒在湿空气中的黏结

当空气的相对湿度超过 65%时，水蒸气开始在颗粒表面间凝聚，颗粒间因形成液桥而大大增强了黏结力。液桥的几何形状示于图 4-6。

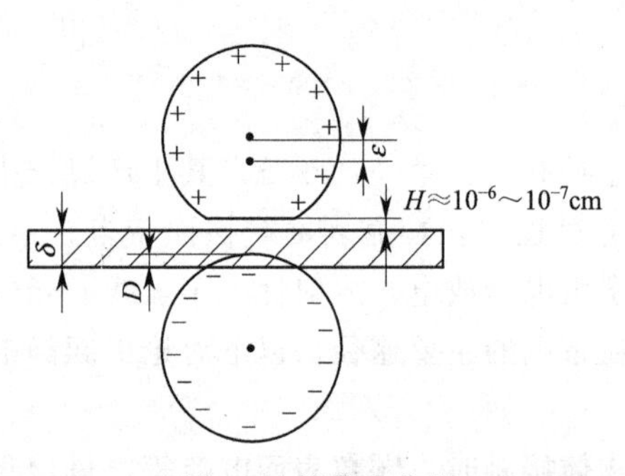

图 4-5　镜像力作用

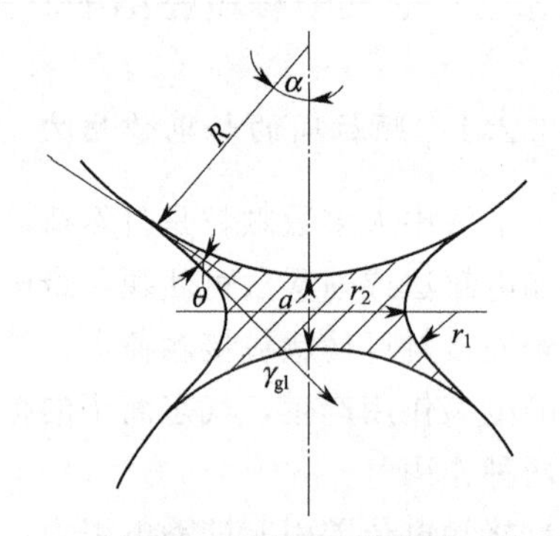

图 4-6　颗粒间的液桥

液桥黏结力主要由因液桥曲面而产生的毛细压力及表面张力引起的附着力组成，用式(4-7) 表示

$$F_k=2\pi R\gamma\left[\sin(\alpha+\theta)\sin\alpha+\frac{R}{2}\left(\frac{1}{r_1}-\frac{1}{r_2}\right)\sin^2\alpha\right] \tag{4-7}$$

式中　$\gamma$——气/液界面张力，其他符号意义见图 4-6。

如颗粒表面亲水，$\theta\to0$；当颗粒与颗粒接触（$a=0$）时，$\alpha=10°\sim40°$，则

$$F_k=(1.4\sim1.8)\pi R\gamma(\text{颗粒-颗粒}) \tag{4-8}$$

$$F_k=4\pi R\gamma(\text{颗粒-平板}) \tag{4-9}$$

用脱落法对球体-平板间的液桥黏结力的实测及计算结果见表 4-1。

**表 4-1　液桥黏结力 $F_k$**

| 颗粒半径 $R$/cm | 0.02 | 0.04 | 0.055 | 0.088 | 0.10 |
|---|---|---|---|---|---|
| 实测 $F_k/10^{-5}$N | 22 | 30 | 42 | 63 | 70 |
| 计算 $F_k/10^{-5}$N | 19.2 | 38.4 | 52.5 | 76 | 95.5 |

理论计算值与实际值基本吻合。由表4-1所列数据可以看出液桥黏结力比分子作用力约大1～2个数量级。因此，在湿空气中颗粒间的黏结主要源于液桥力。

对于不完全润湿的颗粒，$\theta \neq 0$，液桥黏结力可由式(4-10)表示：

$$F_k = 2\pi R\gamma\cos\theta \text{（颗粒-颗粒）} \tag{4-10}$$

$$F_k = 4\pi R\gamma\cos\theta \text{（颗粒-平板）} \tag{4-11}$$

显然，完全润湿的颗粒之间的液桥力最大，此外，当颗粒粒径大于10μm时，液桥力与其他黏结力的差别尤其显著。

### 4.3.3 颗粒在空气中的分散途径

#### 4.3.3.1 机械分散

机械分散是指用机械力把颗粒聚团打散。这是一种常用的分散手段。机械分散的必要条件是机械力（通常是指流体的剪切力及压差力）应大于颗粒间的黏着力，通常机械力是由高速旋转的叶轮圆盘或高速气流的喷射及冲击作用所引起的气流强湍流运动而造成的。微细颗粒气流分级中常见的分散喷嘴（见图4-7）及转盘式差动分散器（见图4-8）均属于此例。

机械分散较易实现，但根本问题在于这是一种强制性分散。互相黏附的颗粒尽管可以在分散器中被打散，但是它们之间的作用力犹存，排出分散器后又有可能重新黏结聚团。机械分散的另一些问题是脆性颗粒有可能被粉碎，机械设备磨损后分散效果下降等。

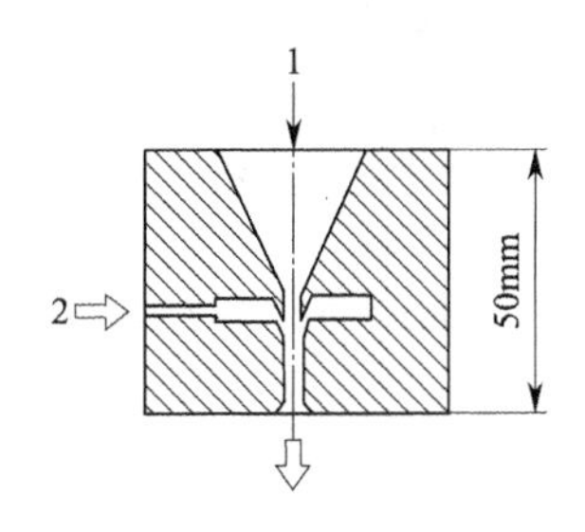


图4-7　分散喷嘴

1—给料；2—压缩空气

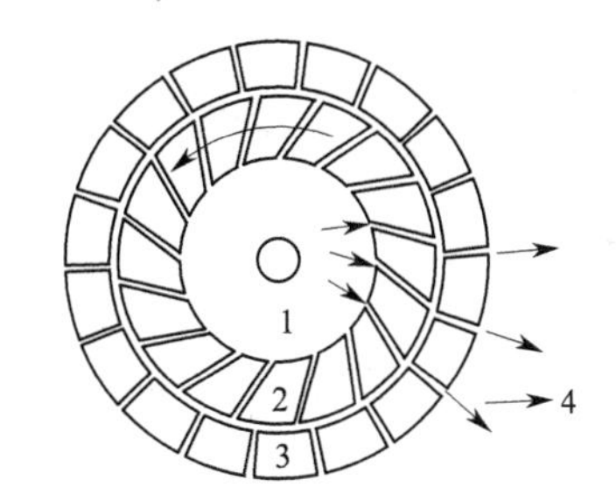


图4-8　转盘式差动分散器

1—给料；2—转子；3—定子；4—排出料

#### 4.3.3.2 干燥处理

如前所述，潮湿空气中颗粒间形成的液桥是颗粒聚团的重要原因。液桥力往往是分子力的十倍或者几十倍，因此，杜绝液桥的产生或破坏业已形成的液桥是保证颗粒分散的重要手段之一，通常采用加温法烘干颗粒。例如，矿粒在静电分选前往往加温至200℃左右，以除去水分，保证物料的松散。

#### 4.3.3.3 颗粒表面处理

改变颗粒表面润湿性可显著地影响颗粒间的黏结力。图4-9表示玻璃球与玻璃板经过不同的疏水化处理后实测的相对黏附颗粒数，玻璃球径为（70±2）μm。由图4-9可见，疏水化的表面不单纯通过减少蒸气在其上的凝结而削弱黏结力，即使在湿度很小的环境中疏水化对颗粒在平板上的黏附也有明显的影响。

图4-9中对比了普通玻璃球及硅烷化玻璃球及平板之间的黏附差异。硅烷覆盖膜的存

在，极大地增大了玻璃对水的润湿接触角（0°→18°），使玻璃表面疏水化，因而有效地抑制液桥的产生，以除去水分，保证物料的松散。

4.3.3.4 静电分散

通过对颗粒间静电作用力的分析，便可发现，对于同质颗粒由于表面荷电相同，静电力反应起排斥作用。因此，可以利用静电力来进行颗粒分散。问题的关键是如何使颗粒群充分荷电，采用接触带电、感应带电等方式可以使颗粒荷电，但最有效的方法是电晕带电，如图 4-10 所示。使连续供给的颗粒群通过电晕放电形成的离子电帘，使颗粒荷电。其最终荷电电量 $q_{max}$ 可由式(4-12) 计算：

$$q_{max}=\frac{1}{9\times10^9}\times\frac{3\varepsilon_s}{\varepsilon_s+2}E_c r^2 \tag{4-12}$$

式中 $r$——颗粒半径；

$\varepsilon_s$——颗粒的相对介电常数；

$E_c$——荷电区的电场强度。

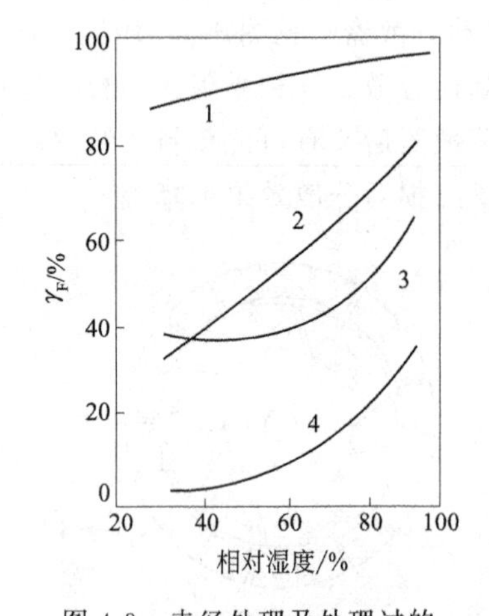


图 4-9 未经处理及处理过的玻璃球在玻璃板上的黏附率

1—玻璃球与玻璃板的黏附率；2—玻璃板经过硅烷化处理；3—玻璃球经过硅烷化处理；4—玻璃板及玻璃球均经过硅烷化处理

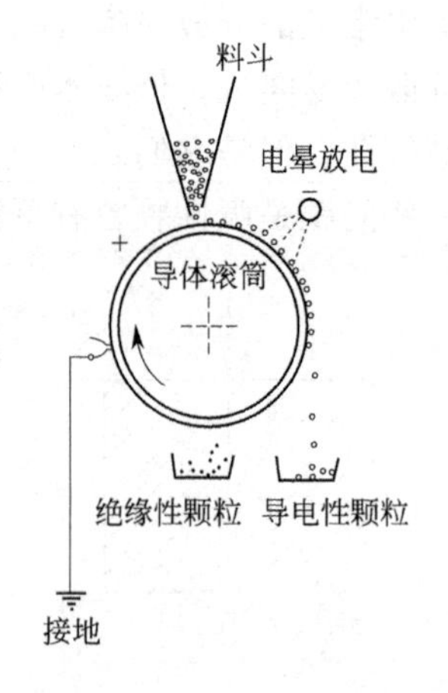


图 4-10 颗粒电晕带电

## 4.4 固体颗粒在液体中的分散

Parfitt 将颜料颗粒分散过程分为四个阶段：①掺和；②浸湿；③颗粒群（团粒和团块）的解体；④已分散颗粒的絮凝。事实上，固体颗粒在液体中的分散过程，本质上受两种基本作用支配，即固体颗粒与液体的作用——浸湿及在液体中固体颗粒之间的相互作用。

### 4.4.1 固体颗粒的浸湿

固体颗粒被浸湿的过程主要基于颗粒表面的润湿性（对该液体）。润湿性通常用润湿接触角 $\theta$ 来衡量。粉体的湿润对粉体在液体中的分散性、混合性以及液体对多孔物质的渗透性等物理化学问题起着重要的作用。

粉体层中的液体，根据液体存在的位置，如图 4-11 所示，一部分黏附在颗粒的表面上，另一部分滞留在颗粒表面的凹穴中或沟槽内，即在颗粒之间的切点乃至接近切点处形成鼓状的自由表面而存在的液体，还有一部分保留在颗粒之间的间隙中，剩余部分颗粒浸没在液体中。这四种液体分别称为黏附液、楔形液、毛细管上升液和浸没液。

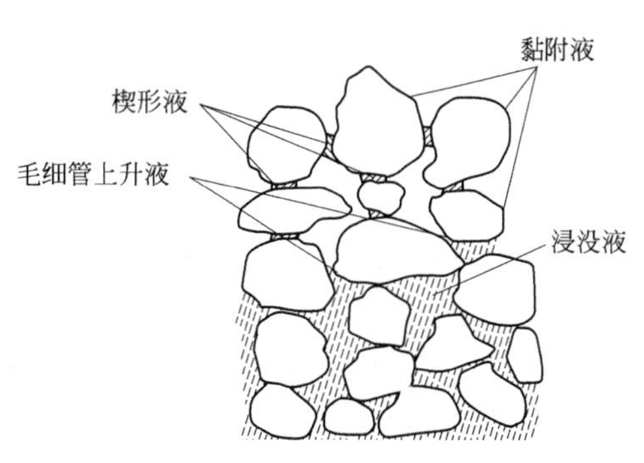


图 4-11　粉体层的湿润

粉体表面的润湿性如图 4-12 所示，当固液表面相接触时，在界面处形成一个夹角，即接触角。用它来衡量液体（如水）对固体（如无机材料）表面润湿的程度，各种表面张力的作用关系可用杨氏方程表示为

$$\gamma_{sg}=\gamma_{ls}+\gamma_{lg}\cos\theta \tag{4-13}$$

式中　$\gamma_{sg}$——固体、气体之间的表面张力；

$\gamma_{ls}$——固体、液体之间的表面张力；

$\gamma_{lg}$——液体、气体之间的表面张力；

$\theta$——液、固之间的湿润接触角。

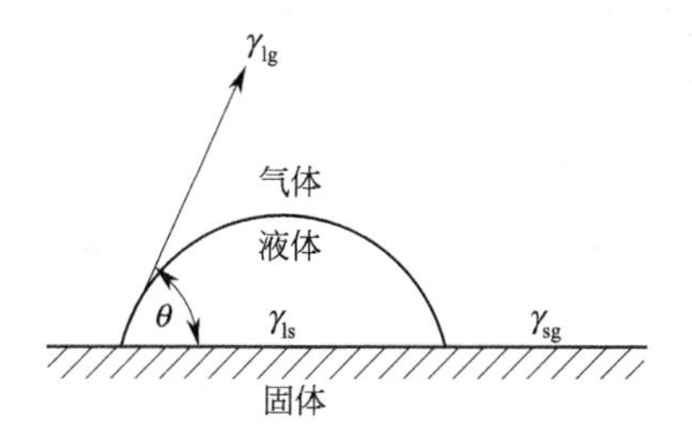


图 4-12　固体表面的润湿接触角

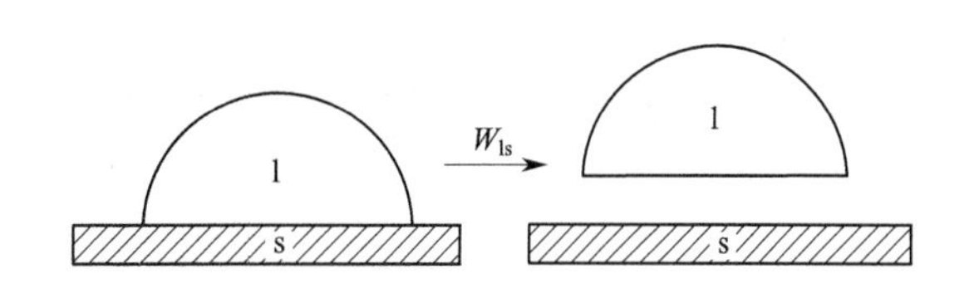


图 4-13　附着润湿功（s 为固体，l 为液体）

接触角小则液体容易润湿固体表面，而接触角大则不易润湿，即接触角可作为润湿性的直观判断。$\theta=0°$为扩展润湿；$\theta\leqslant 90°$为浸渍润湿；$\theta\leqslant 180°$为黏附润湿。

如图 4-13 所示，将固体单位表面上的液滴去掉时所要做的功为

$$W_{ls}=\gamma_{lg}+\gamma_{sg}-\gamma_{ls} \tag{4-14}$$

此时，固液、液气、固气的接触面积相等。功 $W_{ls}$ 被叫作黏附功，将这样的湿润称为黏附润湿。如图 4-13 所示，把液滴置于光滑的固体面上，当液滴为平衡状态时，将式(4-13)代入式(4-14)，即得到

$$W_{ls}=\gamma_{lg}(1+\cos\theta) \tag{4-15}$$

为了使液滴能黏附在固体表面上，则应使 $W_{ls}>0$。因 $\gamma_{lg}>0$，所以 $\cos\theta>-1$ 才行。$W_{ls}$ 越大，液滴越容易黏附在固体表面上。相反，$W_{ls}$ 为负值时，固体表面则排斥液滴。

为了使黏附于固体表面上的液滴在固体表面广泛分布，则应满足式(4-16)：

$$\gamma_{sg}>\gamma_{ls}+\gamma_{lg}\cos\theta \tag{4-16}$$

如图 4-14 所示，将在固体表面上的液滴薄膜还原单位面积需要的功为

$$S_{ls}=\gamma_{sg}-(\gamma_{lg}+\gamma_{ls}) \tag{4-17}$$

图 4-14 扩展润湿　　图 4-15 浸渍润湿

为使液体在固体表面上扩展，则应有 $S_{ls}>0$。将 $S_{ls}$ 称为扩展系数，像这样的润湿称为扩展润湿。

如图 4-15 所示，将浸渍在同体毛细管中的液体还原单位面积，使暴露出新的固体表面所需要的功 $A_{ls}$ 为

$$A_{ls}=\gamma_{sg}-\gamma_{ls} \tag{4-18}$$

将式(4-13) 代入式(4-18) 时，有

$$A_{ls}=\gamma_{lg}\cos\theta \tag{4-19}$$

将 $A_{ls}$ 称为黏附张力，这种润湿称为浸渍润湿。

粉体分散在液体中的现象相当于浸渍润湿。并且，液体浸透到粉体层中时，与毛细管中液体浸渍情况相同。此时，由于液体和气体的界面没有发生变化，也同样作为浸渍润湿情况处理。如式(4-19) 那样，根据接触角和液体的表面张力而决定。

由上述可见，$\pi>\theta>\pi/2$ 表示不润湿或不良润湿；$\pi/2>\theta>0$ 表示部分润湿或有限润湿；$\theta=0$ 表示完全润湿。可见，接触角越小，润湿性越好；完全润湿时，接触角为零。

密度大于液体密度，又可被液体完全润湿的固体颗粒，进入液体（即被液体完全浸湿）并不存在障碍。对于部分润湿，即接触角 $\theta<90°$ 的颗粒，欲进入液相将受到气/液界面张力的反抗作用。以规则圆柱颗粒为例（见图 4-16），如果气/液界面张力及润湿接触角足够大，如式(4-20) 所示，则颗粒将稳定在气/液界面而不下沉。

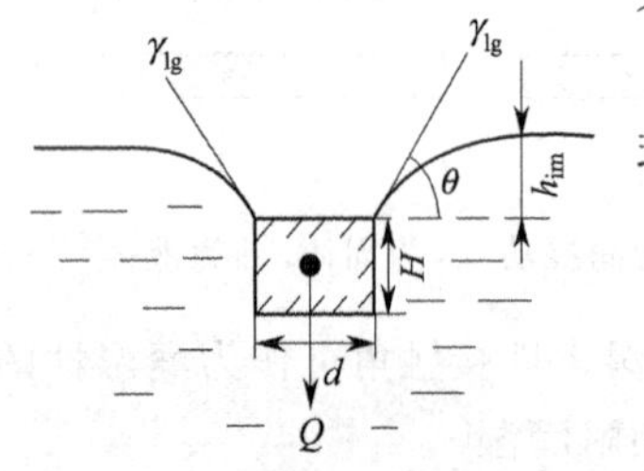


图 4-16 颗粒在液面的悬浮受力情况

$$4d\gamma_{lg}\sin\theta\geqslant dH(\rho_p-\rho_l)g+d_{min}\rho_l g \tag{4-20}$$

式中 $d$——圆柱体颗粒的横截面积直径；
$H$——圆柱体颗粒的高；
$\rho_p$——颗粒的密度；
$\gamma_{lg}$——气/液界面张力；
$\theta$——接触角；
$d_{min}$——颗粒上表面的沉没深度。

在静力学条件下，球形颗粒在水面上的最大漂移粒度与颗粒密度及接触角的关系示于表 4-2。

**表 4-2 球形颗粒在水面上的最大漂移粒度**

| $\rho$/(kg/m³) \ $d_{max}$/mm \ $\theta$ | 30° | 60° | 75° | 90° |
|---|---|---|---|---|
| 2500 | 1.4 | 2.6 | 3.2 | 4.4 |
| 5000 | 0.8 | 1.6 | 1.95 | 2.28 |
| 7500 | 0.6 | 1.2 | 1.2 | 1.8 |

可见，对于接触角较大、密度较小、粒度与表 4-2 中所列的对应数值相比要小的颗粒，完全浸湿是不易实现的。这些颗粒将漂浮在水面，部分体积暴露在空气中，另外部分体积浸没在水中。

在湍流场中，颗粒的最大漂浮粒度有明显的降低，如图4-17所示。

可见，固体颗粒被液体浸湿的过程，实际上就是液体与气体争夺固体表面的过程。这主要取决于固体及液体的极性差异。如果固体及液体都是极性的，液体很容易取代气体而浸湿固体表面；如果两者都是非极性的，情况也是如此，一旦两者极性不同，例如固体是极性的而液体是非极性的，则固体颗粒的浸湿过程就不能自发进行，而需要对颗粒表面改性或施加外力。重力、流体力学力等的作用即在于此。

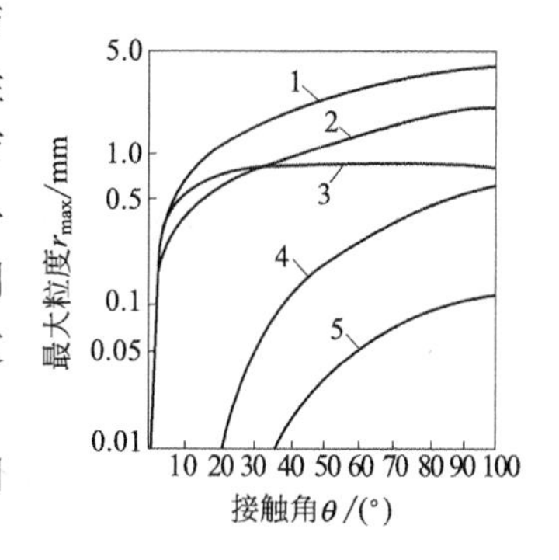


图4-17　颗粒的最大漂移粒度
1—最大漂浮粒度；2—最大漂浮粒度（考虑到气泡的毛细压力）；3—最大运载粒度；4、5—对应于不同湍流强度（用平均脉动速度$v_t$表示）的极限脱落粒度，$v_{t(4)}$为20cm/s，$v_{t(5)}$为100cm/s

综合以上分析，可将固体颗粒的浸湿规律归纳为下列三点。

① 具有完全润湿性的颗粒，它们没有接触角，它们极易被液体浸湿。

② 不完全润湿颗粒（$\theta>0°$），它们能否被液体浸湿取决于颗粒的密度及粒度，密度及粒度足够大，颗粒将被浸湿而进入液体中。

③ 流体力学条件对颗粒的浸湿有重要作用，提高液体湍流强度可降低颗粒的浸湿粒度。

## 4.4.2　固体颗粒在液体中的聚集状态

固体颗粒被浸湿（无论是自发的或是强制的）后，其在液体中的存在状态不外乎两种，形成聚团或者分散悬浮。分散及聚团两者是排他性的，多数情况下并非先后发生的一个过程的两个阶段。颗粒在流体中的聚集状态取决于：①颗粒间的相互作用；②颗粒所处的流体动力学状态及物理场。

### 4.4.2.1　颗粒间的相互作用力

我们把颗粒与颗粒间或颗粒与平面间的作用力统称为表面作用力。表面作用力指两表面互相接近时产生的作用力，它是物体内所有原子、分子间的相互作用力及介质中原子、分子间作用力的总和，具有多物体效应，如图4-18所示。

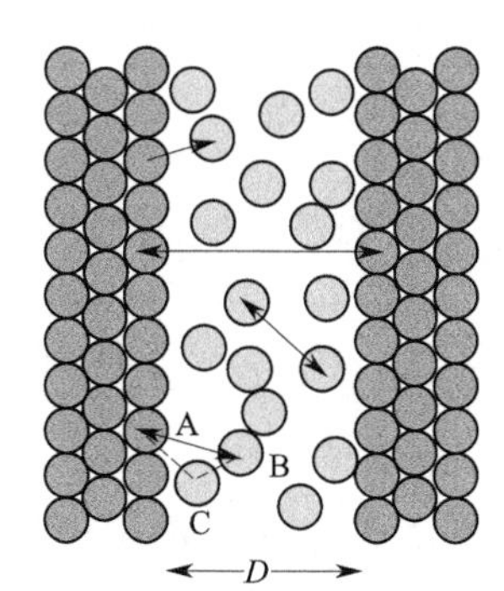


图4-18　表面作用力的多物体效应

A和B的相互作用受介质C的影响，表面间作用力不是分子间作用力的简单加和。

液体中颗粒间的作用力远比在空气中复杂，除了分子作用力外，还出现了双电层静电力、结构力及因高分子而产生的空间效应力。

（1）分子间作用力

① 库仑作用力。长程的库仑作用力起源于电荷间的相互作用，这种作用力是最强的物理相互作用。有时库仑作用力的强度超过化学键。对于两个电荷$Q_1$和$Q_2$，库仑作用的自由能表达式为

$$w(r)=\frac{Q_1Q_2}{4\pi\varepsilon_0\varepsilon r}=\frac{z_1z_2e^2}{4\pi\varepsilon_0\varepsilon r} \tag{4-21}$$

式中，$z_1$、$z_2$ 分别为 $Q_1$ 和 $Q_2$ 所带的电荷数；$\varepsilon_0$ 和 $\varepsilon$ 为真空和介质中的介电常数。

库仑作用力的表达式为

$$F=-\frac{\mathrm{d}w(r)}{\mathrm{d}r}=\frac{Q_1Q_2}{4\pi\varepsilon_0\varepsilon r^2}=\frac{z_1z_2e^2}{4\pi\varepsilon_0\varepsilon r^2} \tag{4-22}$$

我们也可以认为电荷 $Q_1$ 在距离 $r$ 处的场强为 $E_1$，这个场强作用到距离为 $r$ 的第二个电荷 $Q_2$ 上，产生的作用力为 $F$。则有

$$E_1=\frac{Q_1}{4\pi\varepsilon_0\varepsilon r^2} \tag{4-23}$$

$$F=Q_2E_1=\frac{z_1z_2e^2}{4\pi\varepsilon_0\varepsilon r^2} \tag{4-24}$$

对同号电荷，$w$ 和 $F$ 都为正值，相互作用表现为排斥力；对反号离子，$w$ 和 $F$ 为负值，相互作用表现为吸引力。可以计算出钠离子和氯离子通过库仑作用力形成 NaCl 时的结合能为 $-8.4\times10^{-19}$J，约为 $200kT$，可以看出库仑作用力非常强。库仑作用力的范围与距离的二次方成反比，因此是长程的。但由于无论在晶格还是在溶液中，每个离子的周围总是存在着反号离子，其电场较真正的单一离子被屏蔽或衰减得更快。

② 溶剂效应。溶质被附近的溶剂分子包围起来的现象称为溶剂化，由于溶剂化而给予反应物分子性质的异常影响及反应现象的异常变化称为溶剂效应。

分子在液相介质中的相互作用与溶剂效应密切相关。溶剂是如何影响溶解离子的电场的呢？在所有的有关静电相互作用的公式中，$\varepsilon$ 代表着溶剂的作用，我们要考虑的是介电常数（permittivity）的起因。下面我们通过连续接近理论（continum approach）来考察溶剂的影响。根据静电理论，单位空间某一固定电荷所引起的电场的自由能密度为 $\frac{1}{2}\varepsilon_0\varepsilon E^2$。

在真空或介质中的某一单一离子，即使它没有和其他离子发生相互作用，它仍然有静电自由能：等于形成该离子所需做的功。在真空中这个能量被称为本征能量（sel-energy），而在介质中则称之为玻恩或溶剂化能（Born or solvation energy）。设想一个原子或半径为 $a$ 的球体，使其电荷由零逐渐增加到 $Q$，假设使离子电荷为 $q$，增量为 $\mathrm{d}q$。令公式 $w(r)=\frac{Q_1Q_2}{4\pi\varepsilon_0\varepsilon r}$ 中的 $Q_1=q$，$Q_2=\mathrm{d}q$，$r=a$，可得

$$\mathrm{d}w=\frac{q\,\mathrm{d}q}{4\pi\varepsilon_0\varepsilon a} \tag{4-25}$$

则玻恩能量为

$$\mu'=\int\mathrm{d}w=\int_0^Q\frac{q\,\mathrm{d}q}{4\pi\varepsilon_0\varepsilon a}=\frac{Q^2}{8\pi\varepsilon_0\varepsilon a}=\frac{(ze)^2}{8\pi\varepsilon_0\varepsilon a} \tag{4-26}$$

玻恩能量给出一个离子在介电常数为 $\varepsilon$ 的介质中的静电自由能，是个正值。

如果将一个离子从介电常数较低的介质 $\varepsilon_1$ 转移到介电常数较高的介质 $\varepsilon_2$ 中，离子将释放能量，在能量上是有利的。

$$\Delta\mu'=-\frac{z^2e^2}{8\pi\varepsilon_0\varepsilon a}\left(\frac{1}{\varepsilon_1}-\frac{1}{\varepsilon_2}\right)(\mathrm{J}) \tag{4-27}$$

每个离子在 300K 时：

$$\Delta\mu'=-\frac{28z^2}{a}\left(\frac{1}{\varepsilon_1}-\frac{1}{\varepsilon_2}\right)(\mathrm{kJ}) \tag{4-28}$$

或者：

$$\Delta G=N_0\Delta\mu_i=-\frac{69z^2}{a}\left(\frac{1}{\varepsilon_1}-\frac{1}{\varepsilon_2}\right)(\mathrm{kJ/mol}) \tag{4-29}$$

式中 $a$ 的单位为 nm。假定将 1mol 半径 $a=0.14$nm 的一价阳离子或阴离子，从气相 ($\varepsilon=1$) 转移到水中，将获得自由能：

$$\Delta G=-\frac{2\times 69}{0.14}\times\left(1-\frac{1}{78}\right)\approx -1000(\mathrm{kJ/mol})$$

可见，水具有很强的溶解能力就是因为它有很高的介电常数，离子在水中降低了它所固有的玻恩能量。

利用式(4-26) 在整个空间积分，我们可以得到玻恩能量：

$$\mu'=\frac{1}{2}\varepsilon_0\varepsilon\int E^2\mathrm{d}V=\frac{1}{2}\varepsilon_0\varepsilon\int_a^\infty\frac{Q^2}{(4\pi\varepsilon_0\varepsilon r^2)^2}4\pi r^2\mathrm{d}r=\frac{Q^2}{8\pi\varepsilon_0\varepsilon a} \tag{4-30}$$

上述推导说明：

a. 静电自由能并非集中在离子自身，而是扩散到离子周围的整个空间，因此在 $a<r<R$ 处的能量为 $-\frac{Q^2}{8\pi\varepsilon_0\varepsilon}\left(\frac{1}{a}-\frac{1}{R}\right)$。比如对一个半径为 0.1nm 的离子来说，半径为 0.2nm 的球体包含了其总能量的 50%，而半径为 1.0nm 的球体则包含了其总能量的 90%。

b. 介质中的库仑相互作用可以看成两个电荷相互接近时，其玻恩能量的变化。介质中的库仑作用并非仅由电荷间的介电常数决定，而是由围绕电荷的空间区域决定的。因此即使两个带相反电荷的离子互相接触（没有溶剂分于存在），它们的库仑作用仍然被介质所减弱。这也是静电相互作用属于长程作用的一个体现。因此，非常强的离子键很容易被高介电常数的介质如水等破坏。短程共价键与此相反，尽管作用很弱，但不会受到溶剂的破坏。

③ 离子-偶极作用。大部分分子不存在净电荷，但有偶极矩。如在盐酸分子中，氯原子具有将氢原子的电子云吸引过来的倾向，因此整个分子具有永久偶极，这样的分子被称为极性分子。甘氨酸在水中解离成为偶极离子，偶极离子上所带的正电荷与负电荷常常并不完全相同，产生偶极矩。

$$u=ql \tag{4-31}$$

式中　$l$——电荷 $+q$ 和 $-q$ 间的距离。

偶极矩的单位为德拜（Debye）。如图 4-19 所示，当一个离子与一个偶极分子相互作用时，总的相互作用能是电荷 $Q$ 与 $B$ 点的 $-q$ 及正电荷 $Q$ 与 $C$ 点的 $+q$ 发生相互作用的能量总和。

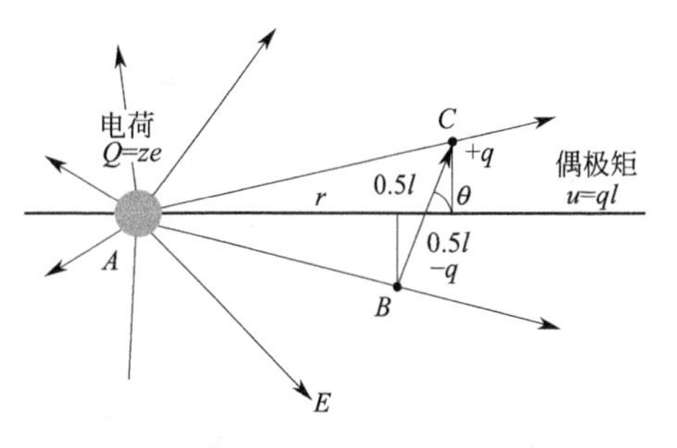

图 4-19　离子与偶极矩间的相互作用

$$w(r)=\frac{Q\mathrm{d}q}{4\pi\varepsilon_0\varepsilon}\left(\frac{1}{AB}-\frac{1}{AC}\right) \tag{4-32}$$

式中

$$AB=\left[\left(r-\frac{1}{2}l\cos\theta\right)^2+\left(\frac{1}{2}l\sin\theta\right)^2\right]^{1/2}$$

$$AC=\left[\left(r+\frac{1}{2}l\cos\theta\right)^2+\left(\frac{1}{2}l\sin\theta\right)^2\right]^{1/2}$$

当 $r>l$ 时，$AB\approx r-\frac{1}{2}l\cos\theta$，$AC\approx r+\frac{1}{2}l\cos\theta$，得到：

$$w(r)=-\frac{(ze)u\cos\theta}{4\pi\varepsilon_0\varepsilon r^2} \tag{4-33}$$

电场 $Q$ 在 $r$ 处产生的场强：$E=-\frac{Q}{4\pi\varepsilon_0\varepsilon r^2}$，永久偶极 $u$ 在电场中的能量为：

$$w(r,\theta)=-uE(r)\cos\theta \tag{4-34}$$

离子偶极作用较强，大于 $kT$，可以使极性分子与离子连接起来并定向排列。在 300K 时，一个 $Na^+$（$z=1$nm，$a=0.095$nm）与一个水分子（$a=0.14$nm，$u=1.85$nm ）间的相互作用能为：

$$w(r,\theta=0°)=-\frac{1.062\times10^{-19}\times1.85\times3.336\times10^{-30}}{4\pi8.854\times10^{-12}\times(0.235\times10^{-9})^2}$$
$$=1.69\times10^{-19}=39(\mathrm{kT})=96(\mathrm{kJ/mol})$$

离子与水在水介质中的相互作用能将被降低至 1/80，即使这样相互作用能仍大于 $kT$，不能被忽略。正是由于离子偶极作用，离子在水中以水合离子的形式存在，溶剂化力、结构作用力及水合作用力都与离子偶极作用有关。

④ 偶极-偶极作用。偶极-偶极相互作用（图 4-20）是形成氢键的原因。对于固定偶极，相互作用能的表达式为

$$w(r,\theta_1,\theta_2,\phi)=-\frac{u_1u_2}{4\pi\varepsilon_0\varepsilon r^3}[2\cos\theta_1\cos\theta_2-\sin\theta_1\sin\theta_2\cos\phi] \tag{4-35}$$

当两个偶极在同一条直线上时，$w(r,0,0,\phi)=-\frac{2u_1u_2}{4\pi\varepsilon_0\varepsilon r^3}$。自由旋转偶极见图 4-21。

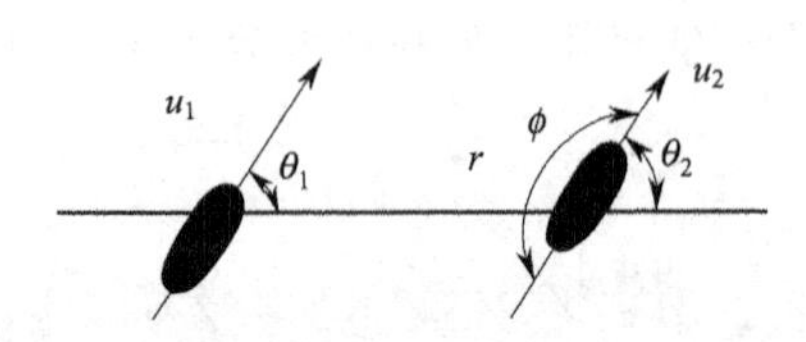


图 4-20 偶极-偶极相互作用

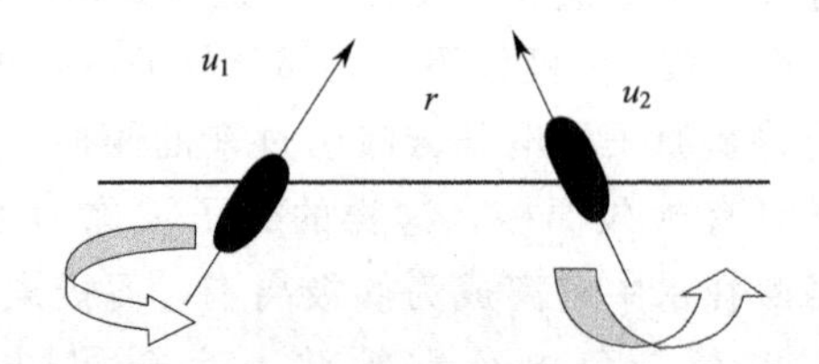


图 4-21 自由旋转偶极相互作用

$$w(r)=-\frac{u_1^2u_2^2}{3(4\pi\varepsilon_0)^2kTr^6} \tag{4-36}$$

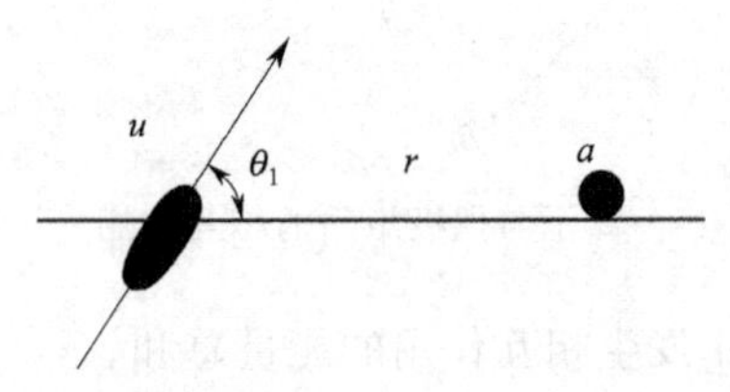


图 4-22 偶极-诱导偶极相互作用

式(4-36）是下面要提到的范德华作用力中的一项——永久偶极和永久偶极间的相互作用，这种作用力被称为定向力或 Keeson 作用。偶极-偶极相互作用较库仑作用和离子偶极相互作用要弱得多。

⑤ 偶极-诱导偶极的相互作用。极性分子与非极性分子间的作用为偶极-诱导偶极的相互作用（图 4-22）。类似于离子-偶极的相互作用，区别在于极化电场起源于永久偶极而非电荷。偶极分子作用于分子的电场为

$$E=-\frac{u(1+3\cos^2\theta)^{1/2}}{4\pi\varepsilon_0\varepsilon r^3} \tag{4-37}$$

因此，总的相互作用能为

$$w(r,\theta)=-\frac{1}{2}a_0E^2=-\frac{u^2a_0(1+3\cos^2\theta)}{2(4\pi\varepsilon_0\varepsilon)^2r^6} \tag{4-38}$$

对于一定的 $u$ 和 $a_0$，偶极-诱导偶极的相互作用不像离子-偶极、偶极-偶极的相互作用那样强，不足以使分子形成定向排列。对旋转偶极来说，有效作用能是一个角度的平均值，角度的平均值$\cos^2\theta=1/3$，因此式(4-38) 变成

$$w(r)=-\frac{u^2a_0}{(4\pi\varepsilon_0\varepsilon)^2r^6} \tag{4-39}$$

更为普遍的情况是两个不同的分子具有永久偶极，偶极矩分别为 $u_1$ 和 $u_2$，极化率分别为 $a_{01}$ 和 $a_{02}$，它们之间的偶极-诱导偶极相互作用能为

$$w(r)=-\frac{u_1^2a_{02}+u_2^2a_{01}}{(4\pi\varepsilon_0\varepsilon)^2r^6} \tag{4-40}$$

这就是通常所指的德拜相互作用（Debye interaction）或诱导相互作用（induction interation)，式(4-40) 组成了范德华力的第二部分。

上述讨论的分子间作用力除两电荷间的库仑相互作用外，其他的作用都包括了极化效应，都起因于颗粒所带的电荷或永久偶极间的作用，它们的本质都是静电相互作用。除了上述这些作用力外，还有一种作用力，它像重力一样作用于所有的原子和分子，包括中性原子 He、中性分子 $CO_2$ 等。也就是范德华力的第三个组成部分——色散力，也被称为伦敦作用力。它是范德华力最重要的组成部分。

⑥ 范德华作用力。范德华作用力是永远存在的，它起源于原子或分子的电偶极。相似分子间的范德华作用力是相互吸引的。它包括以下三种作用。

a. 定向作用（Keeson)。极性分子永久偶极间的作用力，即一个永久偶极分子产生电场，使其他的永久偶极定向以便相互吸引。

b. 德拜作用（Debye)。永久偶极矩与诱导偶极矩间的相互作用力，即永久偶极在可极化的原子、分子或介质内产生诱导偶极，与永久偶极相吸引，这种作用称为德拜作用。

c. 伦敦作用（London)。非极性分子瞬间偶极矩之间的相互作用力，即诱导偶极间的相互作用。对于非极性原子如 He，在平均时间中的偶极矩为零，但仍有可能在某个瞬间，由于电子在原子核周围位置的瞬间波动，存在一定的偶极矩，这种瞬间的偶极矩又使周围的原子和分子产生诱导偶极。

如果体系中没有永久偶极，范德华力中的前两种作用是不存在的，只有第三种作用力对范德华力有贡献。范德华作用力影响气体、液体的性质，固体的强度及颗粒在液相中的絮凝等。范德华力除了对物质的物理性质，如熔点、沸点、蒸气压、蒸发热等产生很大的影响外，对胶体科学中的许多现象，如物理吸附、表面张力及毛细管现象、液膜的黏附和薄化、胶体及薄膜的稳定性、聚沉和流变性等也都有很大的影响。因此它在胶体科学中起着重要作用。

分子间的范德华力具有如下特点：

a. 它们是长程作用力，在不同情况下，有效作用范围可能大于 10nm，也可能下降到 0.2nm 左右；

b. 这种作用力既可能是排斥的也可能是吸引的，一般来说，两个分子或大颗粒之间的色散力不服从幂定律；

c. 色散力不仅将分子联系到一起，还具有定向作用，尽管这种作用很弱；

d. 两个物体间的色散力受周围存在的其他物体的影响，具有非相加性。

靠范德华作用能结合的两个原子的相互作用能可以写成：

$$w(r)=\frac{A}{r^{12}}-\frac{B}{r^6} \tag{4-41}$$

式中，$A/r^{12}$表示重叠引起的排斥作用，$B/r^6$表示吸引作用。取这种形式是因为它可以满意地拟合关于惰性气体的实验数据。这里 $A$ 和 $B$ 是实验参数，它们均为正数，通常把原子间相互作用势能改写成：

$$w(r)=4\varepsilon\left[\left(\frac{\sigma}{r}\right)^{12}-\left(\frac{\sigma}{r}\right)^{6}\right] \tag{4-42}$$

$w(r)$ 被称为勒纳-琼斯势，$r$ 代表当位能曲线出现极小值 $\varepsilon$ 时的平衡位置。惰性气体及晶体的结合能就是晶体内部所有原子对之间的勒纳-琼斯势之和。

上述介绍了分子间的作用力：库仑作用力和范德华作用力。在此基础上，我们将把分子间的作用力扩展到分子与表面、两个球形颗粒、球形颗粒与表面及表面与表面的作用力上。分子间的短程作用通常指分子间很近的接触，小于 1nm。而长程作用一般指超过 100nm 时仍然起作用。气体及凝聚态的性质主要由接触分子间的相互作用能 $w(\sigma)$ 决定，即某分子与它最邻近分子的相互作用。两个邻近分子间的范德华作用能至少是次邻近分子间范德华作用能的 64 倍。库仑作用的范围是长程的，但在离子介质存在的条件下，也会大大受到屏蔽和削弱。因此，我们可以得出这样的结论，除离子晶体外，固体和液体的性质主要由分子的结合力决定，即由很近分子间的相互作用强度决定。长程的相互作用将扮演次要的角色。

颗粒或表面间的相互作用是其内部所有分子间相互作用能的加和。具有如下特点：a. 净相互作用能与颗粒尺寸成正比，因此即使彼此分开的距离大于 100nm，能量仍远大于 $kT$；b. 能量和作用力随距离下降很慢。这两个特点决定了宏观物体间的相互作用是长程的，如果作用力不是单调的（纯粹的排斥或吸引），那么随距离的变化相互作用将产生不同的分散行为。

Hamaker 常数的计算方法如下。

在液相中当我们考虑宏观颗粒和表面的相互作用力时，最重要的三种作用力是范德华作用、静电作用和高分子引起的空间稳定作用。分子间的范德华力作用能表达式为：$w(r)=C/r^6$。假定范德华作用具有非延迟性和加和性，我们得到如下关系式。

原子与表面的范德华作用力为

$$w(D)=-\frac{\pi C\rho}{6D^3} \tag{4-43}$$

$$F=\frac{\partial w(D)}{\partial D}=-\frac{\pi C\rho}{2D^4}$$

球形与表面的范德华作用力为

$$w(D)=-\pi^2 C\rho^2 R/6D \tag{4-44}$$

$$F=\frac{\partial w(D)}{\partial D}=-\frac{\pi^2 C\rho^2 R}{3D^2} \tag{4-45}$$

表面与表面的范德华作用力为

$$w(D)=-\pi C\rho^2/12D^2 \tag{4-46}$$

$$F=\frac{\partial w(D)}{\partial D}-\frac{\pi C\rho^2}{6D^3} \tag{4-47}$$

令 $A=\pi^2 C\rho_1\rho_2$，则式(4-44) 中，$w=-AR/6D$，式(4-46) 中，$w=-A/12\pi D^2$，$A$ 被称为哈马克（Hamaker）常数，取值在$(0.4\sim4)\times10^{-19}$J，它受两物体内原子数目和极化率的影响。由于色散力有两种不同的理论，所以 Hamaker 常数的计算也有两种不同方法，即微观法和宏观法。它们的主要区别是前者用原子、分子的微观性质，如极化率等来计算 $A$ 值；而后者则是利用粒子的宏观性质，如介电常数等来计算 $A$ 值。下面我们分别加以简单介绍。

a. 微观法计算 Hamaker 常数。根据微观理论，Hamaker 常数的定义是

$$A=\pi^2 C\rho_1\rho_2 \tag{4-48}$$

不同微粒的 London 常数 $C$ 的定义式为

$$C_{12}=\frac{3}{2}h\,\frac{\nu_1\nu_2}{\nu_1+\nu_2}\alpha_1(0)\alpha_2(0) \tag{4-49}$$

式中 $\nu$——谐振子的独立特征振动频率；

$\alpha_1$ 和 $\alpha_2$——原子1、2在介质中的极化率。

将式(4-49) 代入式(4-48) 得

$$A_{12}=\frac{3}{2}\pi^2\rho_1\rho_2 h\,\frac{\nu_1\nu_2}{\nu_1+\nu_2}\alpha_1(0)\alpha_2(0) \tag{4-50}$$

应用分子色散力的 Drude 振子模型，则

$$\nu_i=\frac{1}{2\pi}\sqrt{\frac{e^2 f_i}{m\alpha_i(0)}} \tag{4-51}$$

式中 $m$——谐振子质量；

$e$——电子电量；

$f_i$——电子对极化贡献的有效数值，也就是振子的强度。

将式(4-51) 代入式(4-50) 并整理可得

$$A_{12}=\frac{3}{2}\pi^2\rho_1\rho_2\eta\,\frac{e}{m^{1/2}}\times\frac{\alpha_1(0)\alpha_2(0)}{\left(\frac{\alpha_1(0)}{f_1}\right)^{1/2}+\left(\frac{\alpha_2(0)}{f_2}\right)^{1/2}} \tag{4-52}$$

对相同粒子来说，式(4-52) 可以写成：

$$A_{11}=\frac{3}{4}\times\frac{\pi^2\rho_1^2\eta e}{m^{1/2}}f^{1/2}\alpha_1^{1/2}(0) \tag{4-53}$$

式(4-52) 和式(4-53) 就是微观法计算 Hamaker 常数的基本方程式。若知道单位体积的原子或分子数 $\rho$，原子或分子在静态条件下的极化率 $\alpha$ (0) 以及振荡强度 $f$（相当于电子对极化贡献的有效值，可近似用外层电子数来代表），就可以求得该物质的 Hamaker 常数。

b. 宏观法计算 Hamaker 常数。Lifshitz 利用量子理论忽略原子结构，使作用力通过连续介质发生作用。其出发点是认为任何介质中的电子都处于运动状态，相应产生电磁场。他将这些电子所产生的电磁场起伏引入到 Maxwell 方程中，解出两平面在真空中相距 $D$ 时的色散力。正如我们前面所提到的，两物体间的范德华作用力不仅依赖于物体的介电性质，还与它们之间的介质有关。最重要的性质有折射率和紫外吸收频率。物体1和物体2通过介质3产生相互作用，如果它们有相同的紫外折射频率 $\omega_0$，则 Hamaker 常数为

$$A_{123}=\frac{3kT}{2}\sum_{m=0}^{\infty}\frac{(n_1^2-n_3^2)(n_2^2-n_3^2)}{(n_1^2+n_3^2+2b^2m^2)(n_2^2+n_3^2+2b^2m^2)} \tag{4-54}$$

$$b=2\pi kT/\eta\omega_0$$

式中 $k$——玻耳兹曼常数；

$T$——热力学温度；

$\eta$——普朗克常数 $h/2\pi$；

$n_i$——物质 $i$ 的折射率。

Lifshitz 推导出的 Hamaker 常数表达式指出范德华作用力依赖于物质的不同折射率，如果介质 3 的折射率可以和物质 1 或物质 2 接近，则可以使范德华作用力大大下降。如果 $n_1>n_3>n_2$，则 Hamaker 常数的符号变为负值，得到的范德华作用力将是排斥力。当颗粒在液体中时，必须考虑液体分子同组成颗粒的分子群的作用以及此种作用对颗粒间分子作用力的影响。两种不同物质 1 和物质 2 的 Hamaker 常数为

$$A_{12}\cong\sqrt{A_{11}A_{22}} \tag{4-55}$$

相似物质在介质 3 中的 Hamaker 常数为

$$A_{131}\cong A_{11}+A_{33}-2A_{13}\cong\left(\sqrt{A_{11}}-\sqrt{A_{33}}\right)^2 \tag{4-56}$$

物质 1 和物质 2 通过介质 3 的 Hamaker 常数为

$$A_{132}=\left(\sqrt{A_{11}}-\sqrt{A_{33}}\right)\left(\sqrt{A_{22}}-\sqrt{A_{33}}\right) \tag{4-57}$$

式中 $A_{11}$、$A_{22}$——颗粒 1 及颗粒 2 在真空中的 Hamaker 常数；

$A_{33}$——液体 3 在真空中的 Hamaker 常数；

$A_{131}$——在液体 3 中同质颗粒 1 之间的 Hamaker 常数；

$A_{132}$——在液体 3 中不同质的颗粒 1 与颗粒 2 相互作用的 Hamaker 常数。

分析式(4-57) 便可发现，当液体 3 的 $A_{33}$介于两个不同质颗粒 1 及 2 的 Hamaker 常数 $A_{11}$、$A_{22}$之间时，$A_{132}$为负值，根据分子作用力的公式

$$F_M=-\frac{AR}{12h^2} \tag{4-58}$$

可见，$F_M$ 变为正值，分子作用力为排斥力。

对于同质颗粒，它们在液体中的分子作用力恒为吸引力，但是，它们的值比在真空中要小，一般大约为 1/4 倍。

表 4-3 给出了一些陶瓷粉体的非延迟性 Hamaker 常数。

**表 4-3 陶瓷粉体的非延迟性 Hamaker 常数**

| 材料种类 | 非延迟性 Hamaker 常数/$10^{-20}$J | | 材料种类 | 非延迟性 Hamaker 常数/$10^{-20}$J | |
|---|---|---|---|---|---|
| | 真空介质 | 水介质 | | 真空介质 | 水介质 |
| $\alpha$-$Al_2O_3$ | 15.2 | 3.67 | $\beta$-$Si_3N_4$ | 18.0 | 5.47 |
| $BaTiO_3$(平均值) | 18 | 8 | $Si_3N_4$(无定形) | 16.7 | 4.85 |
| BeO(平均值) | 14.5 | 3.35 | $SiO_2$(石英) | 8.86 | 1.02 |
| $CaCO_3$(平均值) | 10.1 | 1.44 | $SiO_2$ | 6.50 | 0.46 |
| $CaF_2$ | 6.96 | 0.49 | $SrTiO_3$ | 14.8 | 4.77 |
| CdS | 11.4 | 3.40 | $TiO_2$(平均值) | 15.3 | 5.35 |
| MgO | 12.1 | 2.21 | $Y_2O_3$ | 13.3 | 3.03 |
| Mica | 9.86 | 1.34 | ZnO | 9.21 | 1.89 |
| PbS | 8.17 | 4.98 | ZnS(立方) | 15.2 | 4.80 |
| 6H-SiC | 24.8 | 10.9 | ZnO(六方) | 17.2 | 5.74 |
| $\beta$-SiC | 24.6 | 10.7 | 3Y-$ZrO_2$ | 20.3 | 7.23 |

(2) 双电层静电作用力 在液体中颗粒表面因离子的选择性溶解或选择性吸附而荷电，反号离子由于静电吸引而在颗粒周围的液体中扩散分布，这就是在液体中的颗粒周围出现双电层的原因；在水中，双电层最厚可达100nm。考虑到双电层的扩散特性，往往用德拜参数$1/k$表示双电层的厚度。$1/k$表示液体中空间电荷中心到颗粒表面的距离。例如，对于浓度为$1\times10^{-3}$mol/L的1∶1电解质（NaCl、$AgNO_3$等）水溶液，双电层的德拜厚度$1/k$为10nm；但对同样电解质的非水溶液，由于其电解常数$\varepsilon$比水小得多，$\varepsilon=2$，当离子浓度很稀时，例如$1\times10^{-11}$mol/L，$1/k$可达100$\mu$m。

双电层作用力的计算公式比较复杂，当颗粒表面电位小于25mV时，对于同样大小的球体（半径为$R$），可用如下的近似公式

$$F_{\mathrm{dI}}=\frac{2\pi R\sigma^2 e^{-kh}}{k\varepsilon\varepsilon_0} \tag{4-59}$$

$$F_{\mathrm{dI}}=2\pi R\varepsilon\varepsilon_0 k\varphi_0^2 e^{-kh} \tag{4-60}$$

两式中，除已经标出的符号外，$\sigma$为表面电荷密度，$h$为颗粒间最短距离，$\varepsilon_0$为真空介电常数。

对于同质颗粒，双电层静电作用力恒表现为斥力，因此，它是防止颗粒互相团聚的主要因素之一。一般认为，当颗粒的表面电位$\varphi_0$的绝对值大于30mV时，静电排斥力与分子吸引力相比占上风，从而可保证颗粒分散。

对于不同质颗粒，表面电位往往有不同值，甚至在许多场合下不同号。对于电位异号的颗粒，静电作用力表现为吸引力。即使对电位同号但不同值的颗粒，只要二者的绝对值相差很大，颗粒间仍可出现静电吸引力。

(3) 溶剂化膜作用力 颗粒在液体中引起其周围液体分子结构的变化，称为结构化。对于极性表面的颗粒，极性液体分子受颗粒的很强作用，在颗粒周围形成一种有序排列并具有一定机械强度的溶剂化膜；对于非极性表面的颗粒，极性液体分子将通过自身的结构调整而在颗粒周围形成具有排斥颗粒作用的另一种“溶剂化膜”。

水的溶剂化膜作用力$F_s$可用下式表示：

$$F_s=k\exp\left(-\frac{h}{\lambda}\right) \tag{4-61}$$

式中 $\lambda$——相关长度，尚无法通过理论求算，经验值约为1nm，相当于体相水中的氢键键长。

$k$——系数，对于极性表面，$k>0$；对于非极性表面，$k<0$。

可见，对于极性表面颗粒，$F_s$为排斥力，与此相反，对于非极性表面颗粒，$F_s$成为吸引力。

根据实验测定，颗粒在水中的溶剂化膜的厚度约为几个到十几个纳米。极性表面的溶剂化膜具有强烈的抵抗颗粒在近程范围内互相靠近并接触的作用，而非极性表面溶剂化膜则引起非极性颗粒间的强烈吸引作用，称为疏水作用力。

溶剂化膜作用力从数量上看比分子作用力及双电层静电作用力约大1～2个数量级，但它们的距离远比后二者小，一般仅当颗粒互相接近到10～20nm时开始起作用，但是这种作用非常强烈，往往在近距离内成为决定性的因素。

从实践的角度出发，人们总结出一条基本规律：极性液体润湿极性固体，非极性液体润湿非极性固体。这实际上反映了溶剂化膜的重要作用。

(4) 高分子聚合物吸附层的空间效应　当颗粒表面吸附有机或无机聚合物时，聚合物吸附层将在颗粒接近时产生一种附加的作用力，称为空间效应（steric effect）。

当吸附层牢固而且相当致密，有良好的溶剂化性质时，它起对抗颗粒接近及团聚作用，此时高聚物吸附层表现出很强的排斥力，称为空间排斥力。显然，此种力只是当颗粒间距达到双方吸附层接触时才出现。

也有另外一种情况，当链状高分子在颗粒表面的吸附密度很低，例如覆盖率在 50%或更小时，它们之间可以同时在两个或数个颗粒表面吸附，此时颗粒通过高分子的桥连作用而团聚。这种团聚结构疏松，强度低，团聚中的颗粒相距较远。

#### 4.4.2.2 受粒间作用力支配的颗粒聚集状态

被广泛接受的描述颗粒聚集状态的理论是 DLVO 理论。

在 1940～1948 年由德查金、朗道、维韦、奥弗比克（Derjaguin、Landau、Verwey、Overbeek）建立了把表面电荷与胶体稳定性联系起来的理论，被称为 DLVO 理论。

当分子吸引力大于静电排斥力时，颗粒自发地互相靠近，最终形成聚团；当静电排斥力大于分子吸引力时，颗粒互相排斥，需要外加力才能迫使它们互相接近；当静电排斥力非常强大时，例如颗粒的表面电位绝对值大于 30mV，颗粒根本不可能互相靠拢，而处于完全分散的状态。

两个胶体粒子之间总的位能 $U_T$ 可用吸引位能 $U_A$ 和排斥位能 $U_R$ 之和来表示；

$$U_T = U_A + U_R \tag{4-62}$$

两个胶体颗粒互相接近，它们的双电层相互重叠，引起排斥作用。图 4-23 所示的静电排斥曲线用来表示如果迫使两个颗粒不断接近所需要的能量，始终用正值表示。当两颗粒互相接触时，排斥能达到最大值，当两颗粒间的距离超过它们之间的双电层厚度时，相互排斥能为零。排斥能的最大值取决于表面电势和 ζ 电位。范德华引力来源于胶粒内部的每个分子，具有加和性，始终为负值。每一点所对应的总的相互作用能是两者的加和。如果排斥能大，则为正值，吸引能大，则为负值。最大排斥能所对应的点被称为能垒（energy barrier)。能垒高度决定体系的稳定性。图 4-23 给出了两表面或两个胶体颗粒之间可能的相互作用情况，依电解质浓度、表面电荷密度和 ζ 电位的不同，可能存在下列情形。

① 在稀的电解质溶液中，颗粒表面有较高的电荷密度，总的相互作用为长程排斥力，在距表面 1～4nm 处有个较高的能垒，它阻止粒子之间相互吸附。如果能垒足够高，则粒子的热运动无法克服它，因而胶体保持相对稳定。通常情况下，能垒高度超过 $15kT$，则可以阻止粒子由热运动碰撞而产生聚沉。如图 4-23a 所示。

② 能垒的大小与表面电位、粒子的大小及对称性有关。在相对浓一些的电解质溶液中，在能垒出现前有一个第二极小值，它的位置常常超过 3nm，粒子强烈吸附在一起时，位能则迅速下降至第一极小值（图 4-23b)。如果它的深度有几个 $kT$，那么就能克服布朗运动的效应而产生类似于絮凝的缔合。从理论上说，粒子落在第二最小值发生聚沉应当是稳定的，这时的胶体仍具有动力稳定性。

③ 如果表面电荷密度和 ζ 电位都很低，能垒的位置将会很低（图 4-23c)，这将引起颗粒间的缓慢聚集，被称为“絮凝”或“聚沉”。在某一电解质浓度即临界聚沉浓度时，能垒为零，颗粒迅速聚沉，这时的胶体是不稳定的（图 4-23d)。

④ 当表面电荷密度和 ζ 电位为零时，总的相互作用能曲线和单独的范德华作用能曲线重合，两表面在任意距离处都存在强烈的相互吸引（图 4-23e)。

很多情况下为获得稳定性不同的胶体，我们可以改变环境来增加或降低能垒。常用的方法有改变离子环境、调整pH值或添加表面活性物质等来影响胶体表面的电荷。

DLVO理论可以成功地解释Schulze-Hardy价数规则。DLVO理论的不足之处在于不能充分说明溶胶的稳定和聚沉等各种复杂现象。然而，它在理论上的主要贡献是阐明了胶体系统中聚结不稳定的物理本质。使我们认识到，在胶体系统中，聚结的倾向总是大于分散的倾向。稳定剂的存在虽然能使胶体系统获得相对的趋定，但不能根本改变胶体系统是热力学不稳定系统、分散度易变的特征。

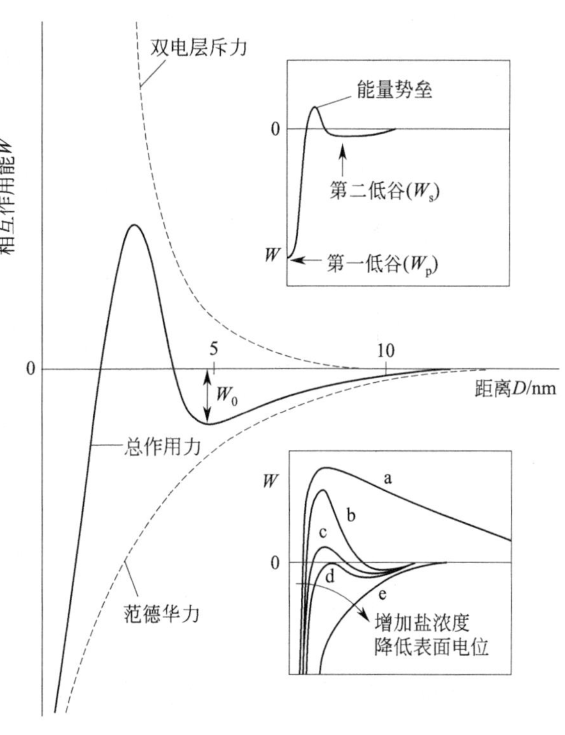


图 4-23 DLVO理论

仔细研究前面所列举的各种粒间作用力，便可发现，情况远较上述理论所描述的复杂。首先颗粒的相互作用与颗粒的表面性质，特别是润湿性，有密切关系。其次，与颗粒表面覆盖的吸附层的成分、覆盖率、吸附强度、层厚等也有密切关系。而对于异质颗粒，还可能出现分子作用力成为排斥力而静电作用力成为吸引力的情况。

随作用力形式的不同，可以通过改变体系的盐浓度、pH值或调节高分子分散剂的性质而使胶体的宏观性质得到改变。例如，如果体系中静电作用力占主导地位，则将对电解质浓度、pH值及介电常数的变化比较敏感，而对于通过立体排斥作用稳定的体系来说，这些参数的变化对其影响程度要小得多。表4-4给出了实验参数的改变对三种作用力的影响情况。

**表 4-4 实验参数的改变对三种作用力的影响情况**

| 作用力 | 改变的实验条件 | 受到影响的参数 |
|---|---|---|
| 库仑作用力 | 离子强度 | 双电层厚度 |
| 立体作用力 | pH值 | 表面电荷 |
| | 介电常数 | 双电层厚度 |
| | 特性吸附 | 表面电荷 |
| | 吸附剂浓度 | 吸附层厚度 |
| | 功能基团的类型 | 高分子构象 |
| | 立构规整度 | 高分子构象 |
| | 温度 | 高分子构象 |
| | 分子量 | 吸附层厚度 |
| | 折射率 | Hamaker常数 |
| 范德华作用力 | 表面试剂的吸附 | Hamaker常数 |

图4-24(a)表示石英微粒在水中聚集状态与pH值的关系。图中$T$为透光率，$T$越大表示团聚程度越高，可见，在零电点（pH＝2.0）附近，石英颗粒发生强的聚沉现象。这与DLVO理论的推断一致。但是，聚沉的发生并不意味着聚沉体中石英颗粒是直接接触的。

由于石英具有典型的亲水性表面，它的溶剂化程度很强，所以石英颗粒在形成聚沉体时将保留溶剂化膜，聚沉体中颗粒与颗粒之间相距约为溶剂化膜厚度的两倍。

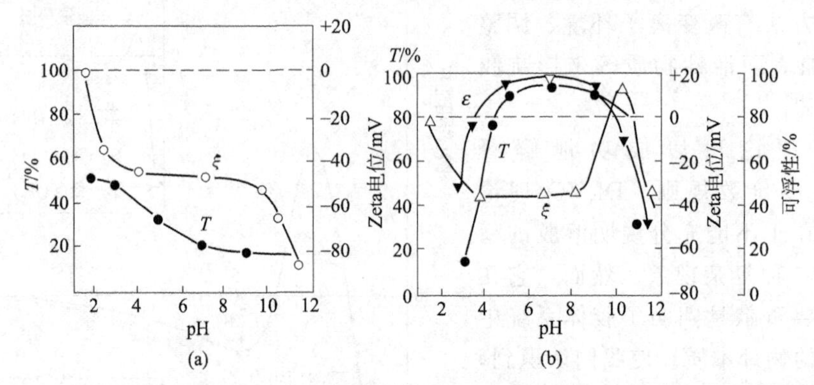


图 4-24 pH 值对细颗粒石英矿物聚团行为、Zata（电动）电位和疏水性的影响

(a) 无表面活性剂；(b) $3.86\times10^{-4}$mol/L

图 4-25 所示是滑石微粒在水中的聚集状态与 pH 值的关系。对比图 4-25(a)与图 4-24 便可发现，尽管滑石与石英有相似的电动电位-pH 变化规律，但聚沉状态却不相同。石英只在 pH 接近 2 时发生聚沉，而滑石在 pH$<$5 时便产生了很明显的聚团。这表明，颗粒表面润滑性的不同也起重要作用。因此，改变颗粒表面的润湿性可以成为调控颗粒聚集状态的手段。关于这一点将在下面进一步讨论。

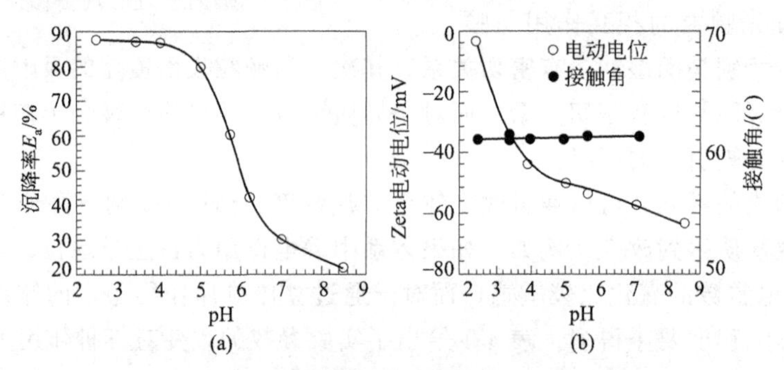


图 4-25 滑石微粒在水中的聚集状态与 pH 值的关系

(a) 滑石在水介质中的分散与凝聚行为；

(b) 滑石的电动电位和润湿接触角 $\theta$ 随 pH 值的变化

## 4.4.3 固体颗粒在液体中的分散调控

通过上述分析可见，颗粒在液体中的分散调控手段，大体上可分为两大类：化学法和物理法。化学法包括介质调控和药物调控，物理法包括超声波法和机械法。

### 4.4.3.1 介质调控

根据颗粒的表面性质选择适当的介质，可以获得充分分散的悬浮液。

选择分散介质的基本原则是：非极性颗粒易于在非极性液体中分散；极性颗粒易于在极性液体中分散，即所谓相同极性原则。

例如，许多有机高聚物（聚四氟乙烯、聚乙烯等）及具有非极性表面的矿物（石墨、滑石、辉钼矿等）颗粒易于在非极性油中分散，而有极性表面的颗粒在非极性油中往往处于聚团状态，难于分散。反之，非极性颗粒在水中往往呈强聚团状态。

常用分散介质有三类。

第一类：水。大多数无机盐、氧化物、硅酸盐等矿物颗粒及无机粉体如陶瓷、熟料、白垩、玻璃粉、立德粉、炉渣倾向于在水中分散（常加入一定量的分散剂）。煤粉、木炭、炭黑、石墨等碳质粉末则需添加鞣酸、亚油酸钠等令其在水中分散。

第二类：极性有机液体。常用的有乙二醇、丁醇、环己醇、甘油水溶液及丙酮等。如锰、铜、铅、钴等金属粉末和刚玉粉、糖粉、淀粉及有机粉末在乙二醇、丁醇中分散；锰、镍、钨粉在甘油溶液中分散。

第三类：非极性液体。环己烷、二甲苯、苯、煤油及四氯化碳等可作为大多数疏水颗粒的分散介质。如用作水泥、白垩、碳化钨等的分散介质时，需加亚油酸作分散剂。

颗粒粒度测量中介质调控是最常用的手段，因为它易于实现。但是在工业规模生产中，采用更换介质的方法的可能性往往很小。

另外，相同极性原则需要同一系列确定的物理化学条件相配合才能保证良好分散的实现。极性颗粒在水中可以表现出截然不同的聚团分散行为，说明物理化学条件的重要性。

#### 4.4.3.2　药物调控

保证极性颗粒在极性介质中的良好分散所需要的物理化学条件，主要是加入分散剂，分散剂的添加创造了颗粒间的互相排斥作用。

常用的分散剂有三种。

第一种：无机电解质。例如聚磷酸钠、硅酸钠、氢氧化钠及苏打等。

第二种：有机高聚物。常用的水溶性高聚物有聚丙烯酰胺系列、聚氧化乙烯系列及单宁、木质素等天然高分子。

第三种：表面活性剂。包括低分子表面活性剂及高分子表面活性剂。

不同药剂的分散机制亦不同。

第一种：无机电解质。例如聚磷酸盐、水玻璃等。前者是偏磷酸的直链聚合物，聚合度在 20～100 范围内；后者在水溶液中也往往生成聚合物。为了增强分散作用，往往在强碱性介质中使用。

图 4-26 表示，两种分散剂对滑石在水中的分散作用及滑石表面疏水程度的影响。

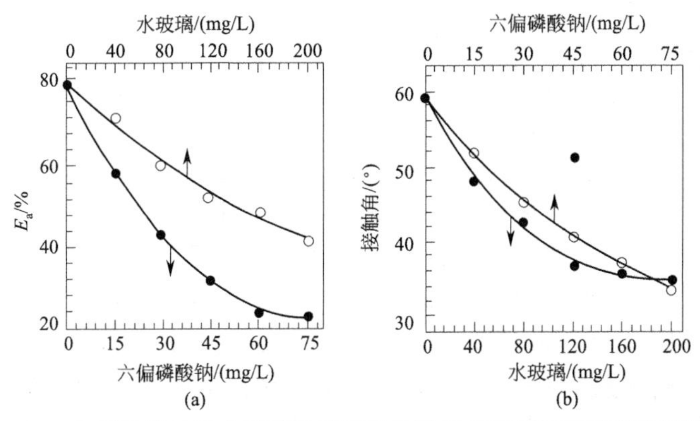


图 4-26　六偏磷酸钠和水玻璃对滑石的分散作用及表面疏水程度的影响

(a) 对分散作用的影响；(b) 对表面疏水程度的影响

研究表明，无机电解质分散剂在颗粒表面吸附，一方面显著地提高颗粒表面电位的绝对值，从而产生强的双电层静电排斥作用；另一方面，聚合物吸附层可诱发很强的空间排斥效应。同时，无机电解质也可增强颗粒表面对水的润湿程度，从而有效地防止颗粒在水中的聚团。

第二种：表面活性剂。阴离子型、阳离子型及非离子型表面活性剂均可用作分散剂。表面活性剂作为分散剂，在涂料工业中已获得广泛的应用。例如烷基或烷基芳基磺酸盐、脂肪酸钠、钾盐、烷基聚醚硫酸酯、乙氧基化烷基酚硫酸钠（Triton X-200）等是常用的阴离子型分散剂；氯化烷基吡啶、烷基醚胺、乙氧基化脂肪胺等为阳离子型分散剂；烷基酚聚乙烯醚、二烷基琥珀酸盐、山梨糖醇烷基化合物、聚氧乙烯烷基酚基醚等为非离子型分散剂。

表面活性剂的分散作用主要表现为其对颗粒表面润湿性的调整，我们对石英及滑石的实验研究可以证明这一点。通过适当的表面活性剂，例如脂肪胺阳离子对石英的吸附，可以使石英表面疏水化，从而诱导出疏水作用力，从本质上改变石英在水中的聚集状态。石英由分散变为聚集，图 4-24(b)清楚地显示了这种作用。

对于天然疏水矿物滑石，同样可以通过表面活性剂的吸附使其表面疏水性得到强化或者削弱，从而达到调整滑石聚集状态的目的。如图 4-27 所示十二胺起增强滑石疏水性及聚团的作用。胺阳离子通过静电吸引作用在荷负电的滑石表面吸附，提高表面的疏水程度，使接触角增大，同时又使表面电位绝对值减小，其结果增强了滑石颗粒在水中的絮凝程度（$E_a$）。与之相反，十二烷基硫酸阴离子通过非极性基的色散作用在滑石表面吸附，而把极性基朝外，使滑石表面亲水化，导致滑石颗粒在水中分散。它的吸附也引起颗粒表面电位的变化，如图 4-28 所示。

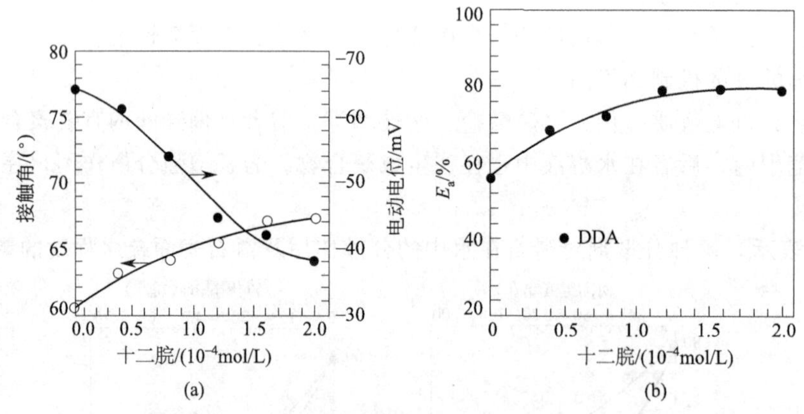


图 4-27　十二胺对滑石疏水性、电性及聚集状态的影响

(a) 对疏水性、电性的影响；(b) 对聚集状态的影响

在颗粒表面润湿性的调控中，表面活性剂的浓度至关重要。适当浓度的表面活性剂在极性表面的吸附可以导致表面疏水化，引起颗粒在水中强烈聚团。但是，表面活性剂在颗粒表面形成表面胶束吸附，反而引起颗粒表面由疏水向亲水转化，此时，聚团又转变为分散。图 4-29 表示四种矿物颗粒的聚团分散行为随表面活性剂油酸钠浓度的变化。显然，当油酸钠浓度超过 $1\times10^{-4}$ mol/L 时，颗粒的聚团程度 $E_a$ 急剧下降。

表 4-5 列举了可用作不同类型颗粒分散剂的各种低分子及高分子表面活性剂。

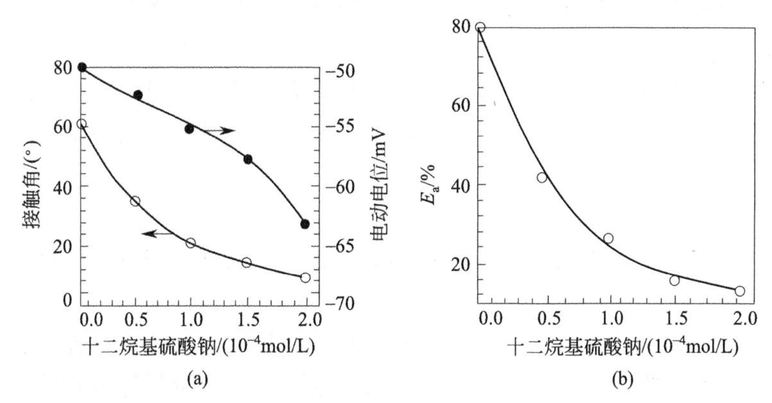


图 4-28　十二烷基硫酸钠对滑石疏水性、电性及聚集状态的影响

(a) 对疏水性、电性的影响；(b) 对聚集状态的影响

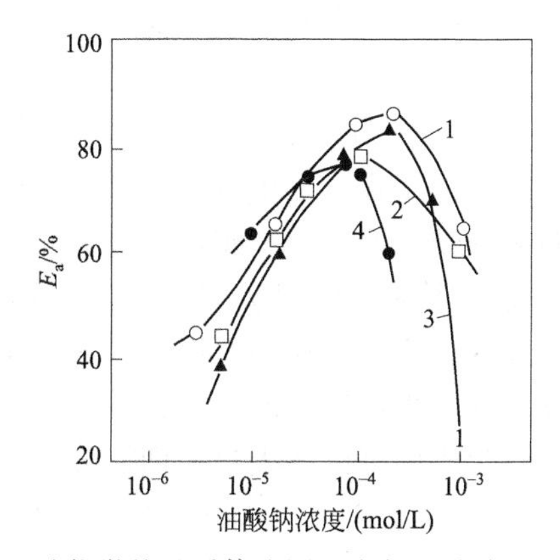


图 4-29　矿物微粒悬浮体聚团程度与油酸钠用量的关系

1—赤铁矿；2—菱铁矿；3—菱锰矿；4—金红石

**表 4-5　可用作分散的各种表面活性剂**

| 表面活性剂 / 颗粒 | 非离子、阳离子表面活性剂 | 阴离子表面活性剂 |
|---|---|---|
| 金属 | 脂肪酸、胺、PEO 硫醇 | 牛磺酸盐 |
| 炭质 | 烷基苯酚、PEO 硫醇 | |
| 盐 | 山梨油酸、季胺 | |
| 氧化物 | 脂肪酸、山梨油酸、季胺 | 烷基苯磺酸盐、磷酸盐 |
| 氢链有机物 | 山梨油酸、PEO 硫醇、双烷基胺氧化物 | 磷酸盐、氨基酸盐、磷酸酯、硫酸酯 |
| 蛋白质 | PEO 硫醇、季胺、双烷基胺氧化物 | 磷酸盐、氨基酸盐、磷酸酯 |
| 极性有机物 | 烷基苯酚、季胺、双烷基胺氧化物 | 烷基苯磺酸盐、氨基酸盐、磷酸酯、牛磺酸盐 |
| 非极性有机物 | 烷基苯酚、碳氟化物、脂肪胺、季胺、双烷基胺氧化物 | 烷基苯磺酸盐、硫酸酯、磷酸酯、牛磺酸盐 |
| 氟碳有机物 | 碳氟化物 | |

第三种：高分子聚合物。高分子聚合物的吸附膜对颗粒的聚集状态有非常明显并且强烈的作用。这是因为它的膜厚往往可达数十纳米，几乎与双电层的厚度相当。因此，它的作用在颗粒相距较远时便开始显现出来。高分子聚合物是常用的调节颗粒聚团及分散的化学药剂。

聚合物电解质易溶于水，常用作以水为介质的分散剂。

而另一些高分子则往往用于以油为介质的颗粒分散，例如天然高分子类的卵磷质、合成高分子类的长链聚酯及多氨基盐等。

高分子聚合物作为分散剂，主要是利用它在颗粒表面的吸附膜的强大空间效应。如前所述，这要求吸附膜致密，有一定的强度及厚度，因此，高分子分散剂的用量较大。

#### 4.4.3.3 物理法

工业悬浮液中颗粒往往聚团，在液体介质中聚团的破坏往往靠机械碎解及功率超声碎解。

(1) 超声波法 超声波（20kHz～50MHz）具有波长短、近似直线传播、能量容易集中等特点。超声波技术在物理、生物、医学、工农业生产以及测量等许多领域中已得到广泛应用，超声波可以提高化学反应收率、缩短反应时间、提高反应的选择性，而且还能够激发在没有超声波存在时不能发生的化学反应。超声化学是当前一个极为活跃的研究领域。

超声分散是将需处理的颗粒悬浮体直接置于超声场中，用适当频率和功率的超声波加以处理，是一种强度很高的分散手段。

超声波分散作用的机理目前普遍认为与空化作用有关。超声波的传播是以介质为载体的，超声波在介质中的传播过程中存在着一个正负压强的交变周期。介质在交替的正负压强下受到挤压和牵拉。当用足够大振幅的超声波来作用于液体介质时，在负压区内介质分子间的平均距离会超过使液体介质保持不变的临界分子距离，液体介质就会发生断裂，形成微泡，微泡进一步长大成为空化气泡。这些气泡一方面可以重新溶解于液体介质中，也可能上浮并消失，也可能脱离超声场的共振相位而溃陷。这种空化气泡在液体介质中产生、溃陷或消失的现象，就叫空化作用。空化作用可以产生局部的高温高压，并且产生巨大的冲击力和微射流。纳米粉体在其作用下，表面能被削弱，可以有效地防止颗粒的团聚并使之充分分散。

超声分散的机理大致是：一方面，超声波在颗粒体系中以驻波形式传播，使颗粒受到周期性的拉伸和压缩；通过超声波的吸收，悬浮液中各种组分产生共振效应；另外，乳化作用、宏观的加热效应等也促进分散进行。另一方面，超声波在液体中可能产生空化作用，当液体受到超声作用时，液体介质中产生大量的微气泡，在微气泡的形成和破裂过程中，伴随能量的释放，空化现象产生的瞬间，形成了强烈的振动波，液体中微气泡的快速形成和突然崩溃产生了短暂的高能微环境，使得在普通条件下难以发生的变化有可能实现，使颗粒分散。

实验证明，对于悬浮体的分散存在着最适宜的超声频率，它的值取决于被悬浮粒子的粒度。超声分散主要由超声频率和颗粒粒度的相互关系所决定，如图 4-30 所示。例如，平均粒度为 100nm 的硫酸钡的水悬浮液，在超声分散时，其最大分散作用的超声频率为 960～1600kHz，粒度增大，其频率相应降低。图 4-31 示出硫酸钡水体系中分散度和声波频率的关系。

若保持超声时间和频率恒定，则超声功率也会对浆料性能有较大影响。SakkaY 等研究了 $ZrO_2$、$Al_2O_3$ 双组分混合浆料的黏度随超声时间的变化，其中加入适量聚羧酸盐为分散剂，超声频率为 20kHz，结果见图 4-32。由图可见，与未超声的浆料相比，超声后浆料黏度明显下降，且在实验范围内，超声功率越大，黏度越低。较大的功率可以更有效地破坏粉体间的团聚，但采用大功率进行超声时，也要注意在分散过程中应尽量避免由于持续超声时间过久导致的过热，因为随着温度的升高，颗粒碰撞的概率也增加，可能会进一步加剧团聚。为此，最好在超声一段时间后，停止若干时间，再继续超声，可避免过热，超声中用空气或水进行冷却也是一个很好的方法。

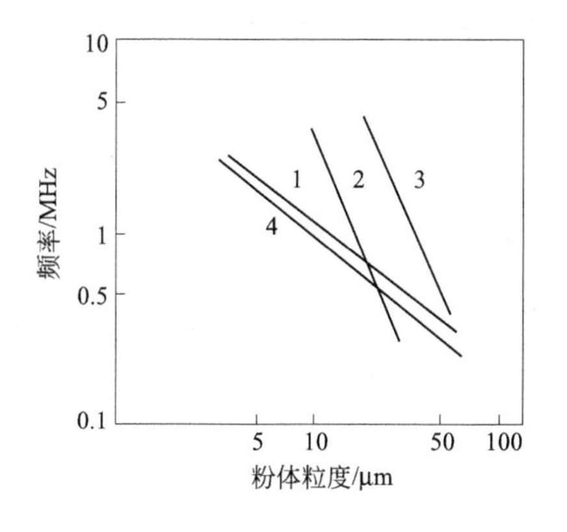


图 4-30　颗粒的超声分散的界限

1—PbS；2—CuS；3—γ-$Fe_2O_3$；4—$SiO_2$

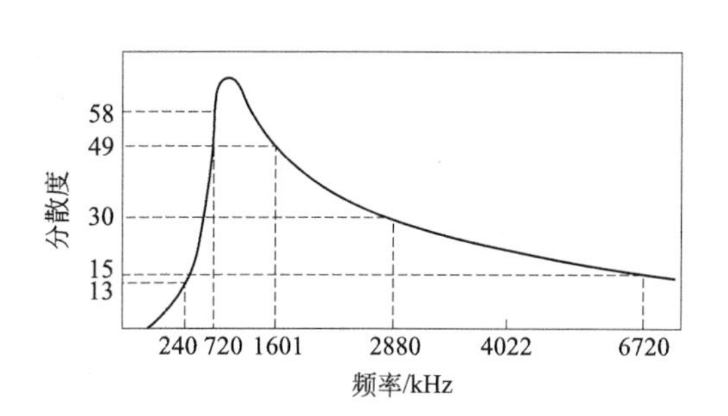


图 4-31　硫酸钡水体系中分散度和声波频率的关系

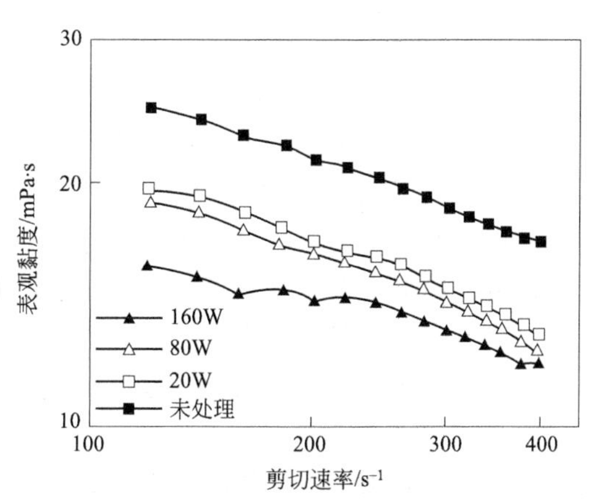


图 4-32　超生频率对 $Al_2O_3$-$ZrO_2$ 双组分浆料表观黏度的影响

超声时间的长短对 3Y-TZP 水悬浮液分散度的影响很明显，以 Zetaplus 可以测定粉体的平均粒径。实验过程中每超声 30s，停 30s，整个过程为一个周期。表 4-6 为不同超声周期测得的平均粒径。由该表可见，适当的超声时间可以有效地改善粉体的团聚情况，经过 4 个超声周期的处理，粉体平均粒径较未超声前下降了 50%多，可见选择适宜的超声时间是很重要的。

**表 4-6　超声时间对 3Y-TZP 粉体平均粒径的影响**

| 超声周期数 | 0 | 1 | 2 | 3 | 4 | 5 |
|---|---|---|---|---|---|---|
| 平均粒径/nm | 896.3 | 808.3 | 594.3 | 454.1 | 371.6 | 423.8 |

超声分散用于超细粉体悬浮液的分散虽可获得理想的分散效果，但由于能耗大，大规模使用成本太高，因此目前在实验室使用较多，不过随着超声技术的不断发展，超声分散在工业生产中应用是完全可能的。

图 4-33 表示分散剂及超声波对微细粒萤石在水中的分散作用。图中曲线 1 是萤石悬浮

液的透光率随 pH 值的变化，透光率高，可见颗粒体系此时处于聚团状态。曲线 2 是加入分散剂六偏磷酸钠后，体系的分散状态，透光率显著降低，表示可获得较好的分散程度。曲线 3 是用频率为 22kHz，声强为 $1.73W/cm^2$ 的超声波对体系作用的结果，透光率极低，可见超声波可以保证萤石颗粒在水中的理想分散。

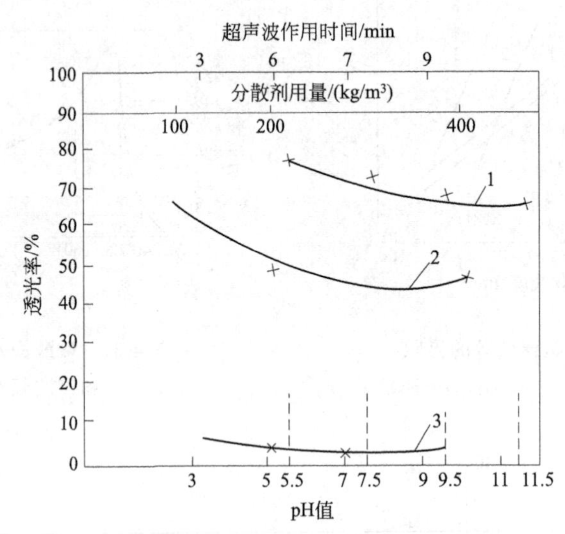


图 4-33 分散剂及超声波对萤石在水中聚集状态的影响

1—pH 值；2—分散剂；3—超声波作用

超声波对纳米颗粒的分散更为有效，超声波分散就是利用超声空化时产生的局部高温、高压、强冲击波和微射流等，较大幅度地弱化纳米微粒间的纳米作用能，有效地防止纳米微粒团聚而使之充分分散，但应当避免使用过热超声搅拌，因为随着热能和机械能的增加，颗粒碰撞的概率也增加，反而导致进一步的团聚。因此，超声波分散纳米材料存在着最适工艺条件。

超声分散虽然可获得理想的效果，但大规模使用超声分散受到能耗过大的限制，尚难以在工业范围中推广应用。

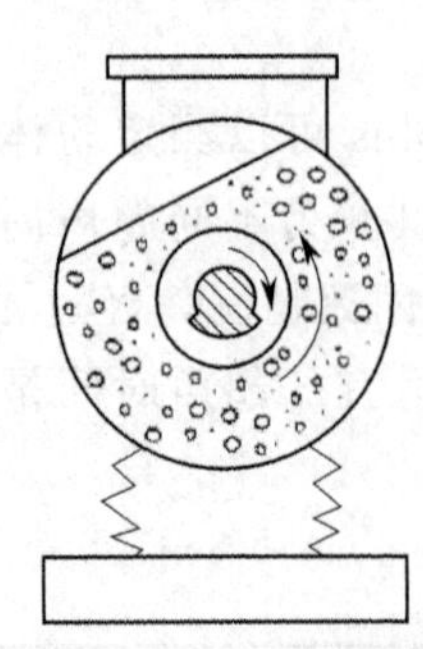

图 4-34 振动球磨结构示意图

(2) 机械分散法 机械分散是借助外界剪切力或撞击力等机械能使纳米粒子在介质中充分分散的一种方法。机械分散法有研磨、普通球磨、振动球磨、胶体磨、空气磨、机械搅拌等。普通球磨是一个圆筒形容器沿其轴线水平旋转，研磨效率与填充物性质及数量，磨球种类、大小及数量，转速等很多因素有关，是最常用的机械分散方式，缺点是研磨效率较低。振动球磨是利用研磨体高频振动产生的球对球的冲击来粉碎粉体粒子的，见图 4-34。这种振动通常是二维或者三维方向的，其效率远高于普通球磨。强烈的机械搅拌也是破碎团聚的有效方法，主要靠冲击、剪切和拉伸等作用来实现浆料的分散。

振动球磨的研磨效率较高，可以有效地降低粉体的粒径，提高比表面积。但粉体磨细到一定程度，再延长球磨时间，粉体粒径不会变化。这是由于细颗粒具有巨大的界面能，颗粒间的范德华力较强，随着粉体粒度的降低，颗粒间自动聚集的趋势变大，分散作用与聚集作用达到平衡，粒径不再变化。在球磨过程中常加入分散剂，使其吸附在粒子表面，不仅可以使球磨得到的粉体粒径更小，而且可以使浆料在较长时间内保持其稳定性。关于分散剂对悬浮体稳定性的影响将在后面的内容中详细介绍。表4-7示出了一次粒径为300nm的$Al_2O_3$粉体的平均粒径及比表面积随球磨时间的变化，球磨过程中添加了1%（质量分数）的2-膦酸丁烷-1,2,4-三羧酸（PBTCA）作分散剂。粉体的团聚程度用团聚系数（agglomerate factor）来表示，团聚系数$A_F$用如下公式计算：

$$A_F=\frac{d_{50}}{d_{BET}} \tag{4-63}$$

式中　$d_{50}$——动态激光散射法测得的悬浮颗粒中位直径；

$d_{BET}$——BET法测得的粉体等效直径，用下式计算：

$$d_{BET}=\frac{6}{\rho S_A} \tag{4-64}$$

式中　$S_A$——粉体比表面积；

$\rho$——粉体密度。

$A_F$值越大，颗粒团聚越严重。由表4-7可见，随球磨时间的增加，粉体的粒径逐渐减小，比表面积增大，球磨24h后粉体的平均粒径由初始的1100nm降至430nm左右。当球磨时间超过24h后，球磨虽然仍能降低粉体的粒径，但对降低团聚程度的作用已不明显，因此适宜的球磨时间为24h。

**表4-7　球磨时间对粉体性质的影响**

| 球磨时间/h | 平均粒径/nm | 比表面积$A/(m^2/g)$ | 团聚系数 |
|---|---|---|---|
| 0 | 1100 | 4.4 | 3.1 |
| 2 | 900 | 4.9 | 2.8 |
| 4 | 790 | 3～5 | 2.6 |
| 8 | 710 | 5～8 | 2.6 |
| 24 | 430 | 6.4 | 1.7 |
| 32 | 400 | 7.1 | 1.8 |

尽管球磨是目前最常用的一种分散超细粉体的方法，但球磨也存在一些显著的缺点。最大的缺点就是在研磨过程中，由于球与球、球与筒、球与料以及料与筒之间的撞击、研磨，使球磨筒和球本身被磨损，磨损的物质进入浆料中成为杂质，这种杂质将不可避免地对浆料的纯度及性能产生影响。另外，球磨过程是一个复杂的物理化学过程，球磨的作用不仅可以使颗粒变细，而且通过球磨过程可能大大改变粉末的物理化学性质，例如，可大大提高粉末的表面能，增加晶格不完整性，形成表面无定形层。在另外一些情况下，粉体的化学成分因球磨而发生变化，如钛酸钡在水中球磨，由于$Ba(OH)_2$的形成和溶解，使$BaTiO_3$粉料中Ba离子遭受损失。

机械搅拌分散是指通过强烈的机械搅拌方式引起液流强湍流运动产生冲击、剪切及拉伸等机械力而使颗粒团聚碎解悬浮。强烈的机械搅拌是一种碎解聚团的有效手段，这种方法在工业生产过程中得到广泛应用。工业应用的机械分散设备有高速转子-定子分散器、刀片分散机和辊式分散机等。

图4-35表示搅拌强度（用搅拌叶轮转速$n$表示）对不同粒级的石英及菱锰矿的平衡聚沉度$E_{eq}$的影响。可见，随着搅拌强度的增大，石英及菱锰矿的聚沉度显著降低，当搅拌转速达到1000r/min时，聚沉度降至零，这意味着所有的因聚沉而形成的聚团均被打散。

机械搅拌的主要问题是，一旦颗粒离开机械搅拌产生的湍流场，外部环境复原，它们又

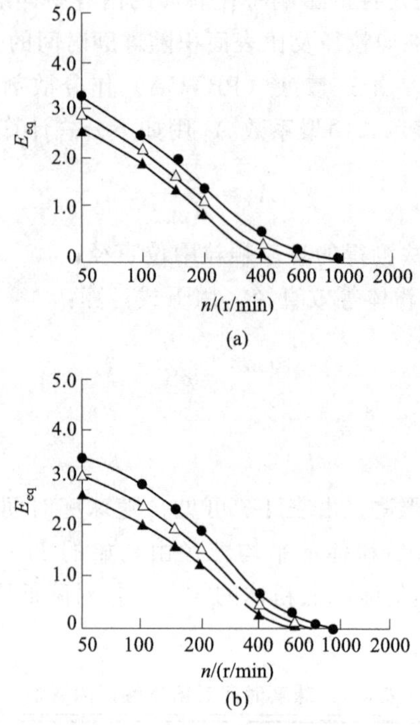


图 4-35 搅拌强度对石英及菱锰矿聚团行为的影响

(a) 石英；(b) 菱锰矿

有可能重新形成聚团。因此，用机械搅拌加化学分散剂的双重作用往往可获得更好的分散效果。

### 4.4.4 固体颗粒的聚集状态与颗粒粒度的关系

首先考察密度为 $3000kg/m^3$ 的不同粒度的颗粒在间距为 0.2nm 时的粒间分子作用力。根据式(4-2) 计算出的分子作用力及颗粒所受到的重力的对比关系（设两颗粒为相同直径的球体）与颗粒粒度的关系见表 4-8。

**表 4-8 两球体颗粒的分子作用力（F）及所受重力（G）与球径 R 的关系**

| $R/\mu m$ | $1\times10^4$ | $1\times10^3$ | $1\times10^2$ | 1 |
|---|---|---|---|---|
| $F=AR/12h^2$ | $2\times10^{-3}$ | $2\times10^{-4}$ | $2\times10^{-5}$ | $2\times10^{-5}$ |
| $G=4\pi R^3\rho g/3$ | $1.23\times10^{-1}$ | $1.23\times10^{-4}$ | $1.23\times10^{-6}$ | $1.23\times10^{-13}$ |
| $G/F$ | 61.5 | 0.615 | $6.151\times10^{-2}$ | $6.15\times10^{-7}$ |

可见，随着粒度的减小，重力的减弱幅度远远超过分子作用力。当颗粒粒度为毫米级时，重力的作用显著大于表面力；反之，当颗粒粒度小于毫米级时，重力作用衰减极快，表面力则占上风，起支配作用。

推而广之，便可得出更为普遍的结论。包括重力在内的所有质量力，如惯性力、静电力、磁力等等，由于都与颗粒粒径的三次方成正比，所以随粒度的减小，衰减程度极快；反之，分子作用力、双电层静电作用力等表面力与颗粒粒度的一次方成正比，随粒度的减小，衰减较慢。对于几十微米以下的微细颗粒而言，质量力对于颗粒的行为及运动已不再起主导作用，取而代之的是各种表面力及与表面有关的物理力。这就是为什么受表面支配的细颗粒及超细颗粒的聚集状态变得如此显著的原因。

## 4.5 粉体分散研究的趋势

纳米粉体的分散具有十分重要的实际应用意义，是纳米科技界研究的热点。目前，关于纳米粉体分散的研究呈现以下几个重要趋势：

① 开发具有多种活性基团的高性能分散剂，利用分散剂所含各基团间以及不同分散剂间的协同效应，达到对浆料团聚的有效控制；

② 着重与新的理论如分形理论等相结合，对液相中颗粒团聚的机理进行深入研究，为纳米粉体分散及分散剂的选择提供理论指导；

③ 注重与其他学科，如生物学、高分子科学、陶瓷学等的交叉。

# 第5章 颗粒流体力学

流体力学是研究在力的作用下，流体运动规律的科学，而颗粒流体力学是从力学上研究固体颗粒与流体间发生相对运动的规律以及它们之间相互作用的规律。由此可知，颗粒流体力学是流体力学的一个分支。

在实际工程中多是多相流动，例如，泥浆的气力搅拌系统、矿物颗粒的浮选系统等，均存在水、气体及颗粒间的多相流动；而多相流动系统中最普通的一种是两相流动，例如，固、液、气、等离子体的两相组合中产生的相互间的流动，本章仅就颗粒-流体两相流动内容进行介绍。

在实际生产过程中有许多属于颗粒-流体体系的应用，例如分级、混合、输送、干燥、预热、浓缩、过滤、分解、煅烧、冷却。上述过程有的是单纯的流体与固体相对运动，有的是伴随传质和传热过程。无论哪种情况，皆基于外力、重力、惯性力、浮力、电力等的作用。

颗粒流体两相流动可归纳为三种典型情况，即颗粒在流体中的沉降现象，例如粉体的分级、流态化过程、水泥生料的窑外分解、生料均化等；流体透过颗粒层的流动现象，例如固定床、立窑煅烧水泥熟料、篦式冷却机冷却水泥熟料等；颗粒在流体中的悬浮现象，例如气力输送、收尘、悬浮预热等。

## 5.1 沉降现象

### 5.1.1 颗粒在流体中的运动特性

无论是分级还是分离过程，绝大多数情况是基于颗粒与流体间产生一定的相对运动而得以实现的。研究二者的相对运动规律对研究粉体的分级原理有重要意义。

#### 5.1.1.1 颗粒在流体内作相对运动时的阻力

颗粒在流体内作相对运动时，要受到阻力 $F_d$ 的作用。阻力的大小与垂直于运动方向颗粒的横截面面积 $A$、颗粒与流体介质间相对运动速度 $u$、流体的黏度 $\mu$ 和密度 $\rho$ 等因素有关，它们的关系可用函数式表示：

$$F_d=f(A,u,\mu,\rho)$$

经整理得
$$F_d=\xi A\mu\rho\frac{u^2}{2} \tag{5-1}$$

对球形颗粒
$$F_d=\frac{\pi}{4}\xi d_p^2\rho\frac{u^2}{2} \tag{5-2}$$

式中 $\xi$——阻力系数，无量纲式，$\xi=\frac{8}{\pi}f(Re_p)$，为颗粒的雷诺数 $Re_p=\frac{d_p u\rho}{\mu}$ 的函数；

$d_p$——球形颗粒直径，cm；

$\rho$——流体密度，$kg/m^3$；

$u$——颗粒在流体中的相对运动速度，m/s；

$A$——颗粒在垂直于运动方向的平面上的投影面积，对于球形颗粒 $A=\frac{\pi}{4}d_p^2$；

$\mu$——流体黏度，Pa·s。

由式(5-1)可知，计算阻力需知 $\xi$ 值，而 $\xi$ 为雷诺数 $Re_p$ 的函数，实际中 $\xi$ 与 $Re_p$ 的关系通过实验测定。与流体在管道中的流动一样，也有几种不同的流态。在不同的流态下，阻力性质不同，$\xi$ 与 $Re_p$ 的关系也不同。

球形颗粒在静止流体中的运动与流体流过静止颗粒的情况，本质上是相同的。假设无黏性流体流过一无限长的圆柱体，如图 5-1 所示。

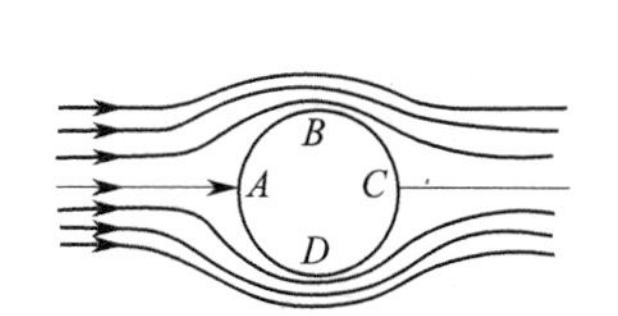


图 5-1 流体绕过圆柱体的流动

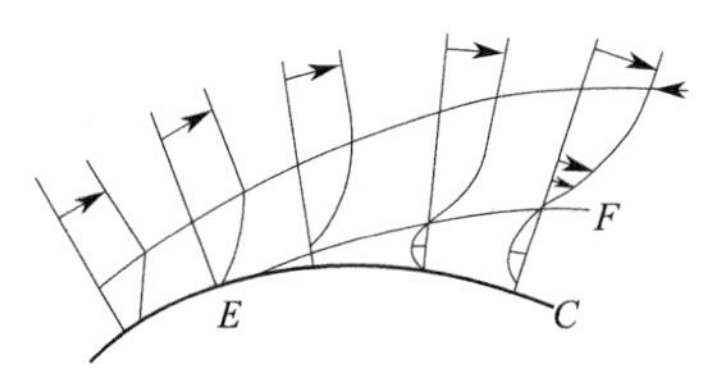


图 5-2 边界层分离

当流体以等速流过此圆柱体时，它的流动方向和速度沿圆柱周边而变化，流体在 A 点受壁面阻滞，流速为零，在此点全部动能变为压力能，由于 A 点附近压力高于远离 A 处的压力（图 5-2 中 E 到 F），致使流体沿圆柱表面流过。从 A 到 B，流体收缩，流线渐密，流速逐渐增大，压力逐渐减小。在 B 点处压力最低，而流速最大，过 B 点后，流体扩散，压力又逐渐增大，最后在 C 点处汇合。

如果该流体是黏性流体，在流过圆柱体表面时流体与表面摩擦必然产生摩擦力，这种摩擦力称为表面阻力或黏滞阻力。

从边界层理论得知，黏性流体沿固体壁面流动将形成流体边界层，其厚度随流过的距离而增加，流体流过图 5-1 所示的圆柱的边界层情况示于图 5-2 中。图 5-2 中的部分曲面上液流已呈扩散式的流动，相应于图 5-1 中 B 点以后的范围，液体呈减速流的情况。

当流体沿表面呈扩散流动时，沿壁面的流速渐渐减小，这时流体具有的动能一部分变为压力能而使压力升高。另外，还将耗去一部分动能用来克服表面阻力。在表面上某一点，当这两部分能量之和消耗了全部动能时，仅靠壁面的流体即停滞不前，这一点相当于图 5-2 中的 E 点，这时如流速进一步减小，压力进一步升高，近壁处的流体将反向流动，于是保持原来方向上的速度的流体将开始离开固体表面。这时，在固体表面以上，存在流向相反的两部分流体，这两部分流向相反的液流的交接面如图 5-2 中 EF 所示，在 EF 面与固体表面之间的 CEF 区域，流体产生回流或漩涡而成为涡流区。在涡流区内部流体质点进行着强烈的紊动互混，消耗能量。因此，在有漩涡的地方，压力降低，甚至会产生负压。该负压或低压会使前进的颗粒在 $A$ 点处的正压作用下向回运动，这即是流体产生漩涡时对颗粒所产生的阻力。由于这一部分的能量损耗是由于表面形状造成边界层分离所引起，因此称为形状阻力，或漩涡阻力，也称为惯性阻力。涡流区的大小和外形与颗粒的形状、粗糙度等这些决定局部障碍的边界几何条件有关，而且也与表征流动状态的雷诺数有关。所以，依据流速大小、固体大小和形状的不同，以表面阻力为主，或以形状阻力为主。

虽然上述是黏性流体沿圆柱体的二维流动，但边界层的分离现象与三维流动的流体流过球形颗粒或颗粒在流体中运动完全类似。

当 $Re_p$ 值较小时，流体能一层一层地平缓绕过颗粒，在后面合拢，流线不致受到破坏，层次分明，呈层流状态，如图 5-3(a)所示，这时颗粒在流体中运动的阻力，主要是各层流体以及流体与颗粒之间相互滑动时的黏性阻力，阻力大小与雷诺数 $Re_p$ 有关。当 $Re_p$ 值较大时，由于惯性关系，紧靠颗粒尾部边界层发生分离，流体脱离了颗粒的尾部，在后面造成负压区，吸入流体而产生漩涡，引起了动能损失，呈过渡流状态，如图 5-3(b)所示，这时，颗粒在流体中运动的阻力就包括颗粒侧边各层流体相互滑动时的黏性摩擦力和颗粒尾部动能损失所引起的惯性阻力，它们的大小按不同的规律变化着。当 $Re_p$ 值甚大时，颗粒尾部产生涡流迅速破裂，并形成新的涡流，以致达到完全湍动，处于湍流状态，如图 5-3(c)所示，此时黏性阻力已变得不太重要，阻力大小主要取决于惯性阻力，因而阻力系数与 $Re_p$ 的变化无关，而趋于一固定值。当 $Re_p$ 值更高时，流速很大，颗粒尾部产生的涡流迅速被卷走，仅在紧靠颗粒尾部表面残留有一层微小的小湍流，总阻力随之减小，这一状态在工业中一般很少见到。根据实验研究，$\xi$ 与 $Re_p$ 的关系如图 5-4 所示。对于球形颗粒（$\phi_s=1$），$\xi$-$Re_p$ 关系曲线大致可以划分为四个区域。

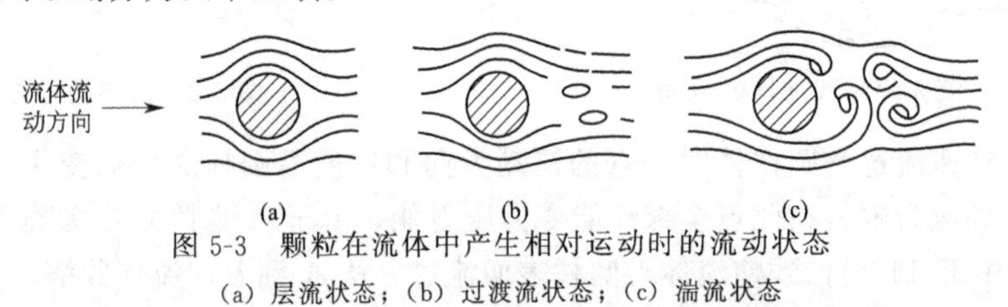

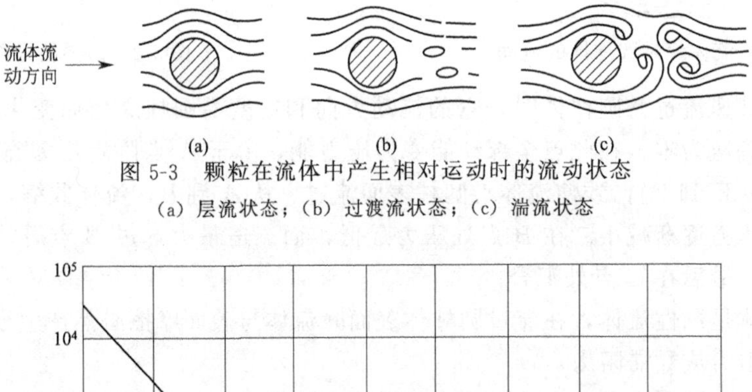

图 5-3　颗粒在流体中产生相对运动时的流动状态

(a) 层流状态；(b) 过渡流状态；(c) 湍流状态

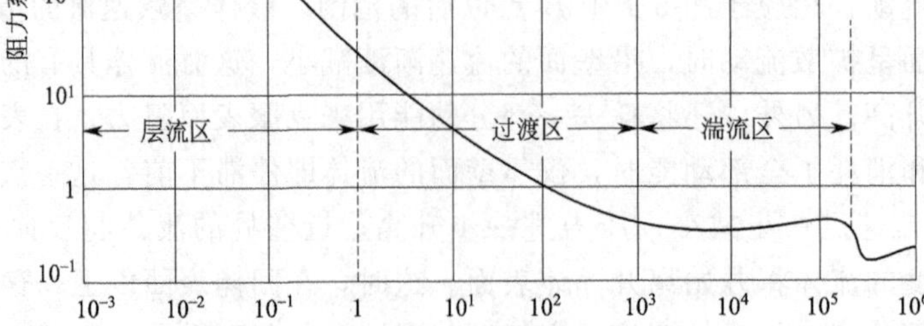

图 5-4　球形颗粒的 $\xi$ 与 $Re_p$ 的关系曲线

① $Re_p<1$ 时，属层流区。此时

$$\xi=\frac{24}{Re_p} \tag{5-3}$$

而阻力

$$F_d=3\pi\mu d_p u \tag{5-4}$$

此式称为斯托克斯公式。

② $1<Re_p<1000$ 时，属过渡流区。这一区域推荐的 $\xi$-$Re_p$ 公式较多，适用范围也很不一致，计算误差也比较大，有的可达 10%～25%。其中较为准确的公式为

$$\xi=\frac{24}{Re_p}(1+0.15Re_p^{0.687}) \tag{5-5}$$

或

$$\xi=\frac{24}{Re_p}+\frac{3}{16} \tag{5-6}$$

亦可用下列简便公式来计算：

$$\xi=\frac{30}{Re_p^{0.625}} \tag{5-7}$$

③ $1000<Re_p<2\times10^5$ 时，属湍流区。此时

$$\xi=0.44 \tag{5-8}$$

阻力系数 $\xi$ 为一常数，此式又称为牛顿定律。

④ $Re_p>2\times10^5$ 时，属高度湍流区。这时边界层本身也变为湍流，实验结果显示不规则现象。阻力系数变小，$\xi=0.1$。这一区域在工业生产中，一般很少遇到。

以上划分的几个区域以及相应的 $\xi$-$Re_p$ 关系式，是按不同的湍流状态人为地划分的。实际上，$\xi$-$Re_p$ 关系是连续的一条曲线，各计算公式只适用于一定的雷诺数范围内，但又应当相互衔接。

以上可见，颗粒在流体中相对运动也是个流体力学过程，其机理及阻力性质也与流体力学一样，但因为具体情况（单值条件）不同，故处理的参数值会不同，而利用具体数值亦可计算其阻力大小。

#### 5.1.1.2 颗粒在流体中的运动

(1) 颗粒在静止流体内的自由沉降　设有一表面光滑的球形颗粒，在无限广阔的静止流体空间内，颗粒不会受到其他颗粒及容器壁的影响而作自由沉降。实际上，在有限的流体空间内，当颗粒群的体积浓度较低，各颗粒之间既不直接也不通过流体间接地影响彼此的沉降时，也可以当作是自由沉降。

颗粒在静止流体内自由沉降时，在剩余重力 $G_0$（重力－浮力）的作用下而自由下落，下落速度 $u_p$ 逐渐增大，同时物体受到流体的阻力 $F_d$ 也增大。最后当下降速度达到某一最大值 $u_0$，而使阻力与剩余重力相等时，物体就以这一最大速度作恒定的等速沉降，因为没有其他物体和管壁等干扰影响和限制，该最大恒定速度就叫该物体的自由沉降速度。

对于尺寸大、重度大（在空气中）的颗粒应用自由落体公式计算其沉降速度相当准确，因为此时空气阻力不大，空气阻力 $F_d$ 可忽略，而颗粒在液体中降落，或小颗粒（$d_p<100\mu m$）在空气中降落时，由于流体阻力较大，此时，则要考虑流体 $F_d$ 的作用。

根据牛顿定律，颗粒的运动方程为

$$\Sigma F=G_0-F_d=m\frac{du}{dt}$$

将相对速度 $u=u_p+u_f=u_p$（$u_f=0$），球形颗粒质量 $m=\frac{\pi}{6}d_p^3\rho_p$，剩余重力 $G_0=\frac{\pi}{6}d_p^3(\rho_p-\rho)g$，阻力 $F_d=\xi\frac{\pi}{4}d_p^2\rho\frac{u^2}{2}$，代入颗粒的运动方程得

$$\frac{du}{dt}=g\frac{\rho_p-\rho}{\rho_p}-\xi\frac{3}{4}\times\frac{u_p^2}{d_p}\times\frac{\rho}{\rho_p} \tag{5-9}$$

当 $F_d=G_0$ 时，$du/dt=0$，$u=u_0$，则得

$$u_0=\sqrt{\frac{4gd_p(\rho_p-\rho)}{3\rho\xi}} \tag{5-10}$$

式中 $u_0$——自由沉降速度，m/s；

$u_p$——颗粒沉降速度，m/s；

$u_f$——流体运动速度，m/s；

$\rho_p$——颗粒密度，$kg/m^3$；

其他符号意义同前。

由式(5-10)可以看出：①颗粒密度 $\rho_p$ 不变，可将尺寸不同的物料进行分级，因为颗粒的 $d_p$ 大小不同，其沉降速度也不一样，大颗粒沉降速度快，小颗粒由于 $G_0$ 小，而浮于流体之中，如降尘室中的颗粒沉降过程。因此，对物料的分级应在密度小的介质中进行。②颗粒 $d_p$ 不变，可将不同性质的物料进行分选，分选应在密度大的介质中进行。

因为 $u_0=f(\xi)$，将前述各区域的不同 $\xi$ 值分别代入式(5-10)得

层流区

$$u_0=\frac{d_p^2(\rho_p-\rho)g}{18\mu} \tag{5-11}$$

此式称为斯托克斯公式。

过渡区

$$u_0=0.104\left[\left(\frac{\rho_p-\rho}{\rho}\right)g\right]^{0.73}\frac{d_p^{1.18}}{\left(\frac{\mu}{\rho}\right)^{0.45}} \tag{5-12}$$

此式称为阿伦公式。

湍流区

$$u_0=1.74\left[\left(\frac{\rho_p-\rho}{\rho}\right)g\right]^{0.5}d_p^{0.5} \tag{5-13}$$

此式称为牛顿公式。

由前述可知，在层流区，$\xi=\frac{24}{Re_p}$，$Re_p=\frac{d_pu_p\rho_p}{\mu}$，将该 $\xi$ 和 $Re_p$ 值代入式(5-9)得

$$\frac{du}{dt}=g\frac{\rho_p-\rho}{\rho_p}-\frac{24}{d_pu_p\rho/\mu}\times\frac{3}{4}\times\frac{u_p^2}{d_p}\times\frac{\rho}{\rho_p}$$

$$\frac{du}{dt}=g\frac{\rho_p-\rho}{\rho_p}-\frac{18\mu u_p}{d_p^2\rho_p} \tag{5-14}$$

由速度为零开始沉降，随着速度 $u_p$ 逐渐增大，式(5-14)中右边第二项亦逐渐增大，直至 $du/dt=0$，则颗粒进入等速运动状态。若用 $u_0$ 表示此区域内的速度 $u_p$，则 $u_0=u_p$，速度由零变到 $u_0$ 所需时间 $t$ 和沉降距离 $Y_m$ 可由式(5-14)得

$$dt=\frac{\rho_p}{\rho_p-\rho}\times\frac{1}{g}\times\frac{du}{1-\frac{u}{u_0}}$$

令 $z=u/u_0$，则

$$t_m=\frac{\rho_p u_0}{(\rho_p-\rho)g}\int_0^z\frac{dz}{1-z}=\frac{\rho_p d_p^2}{18\mu}\ln\frac{1}{1-z} \tag{5-15}$$

如在式(5-14)中，令 $u=dy/dt$，则 $du/dt=d^2y/d^2t$

$$\frac{d^2y}{d^2t}+\frac{18\mu}{\rho d_p^2}\times\frac{dy}{dt}-\frac{\rho_p-\rho}{\rho_p}g=0 \tag{5-16}$$

令初始条件：$t=0$ 时，$y=0$，$dy/dt=0$，则解此微分方程

$$Y_m=u_0t_m\left\{1-\frac{\rho_p d_p^2}{18\mu t_m}\left[1-\exp\left(-\frac{18\mu t_m}{\rho_p d_p^2}\right)\right]\right\} \tag{5-17}$$

将式(5-15)中 $\frac{18\mu t_m}{\rho_p d_p^2}=-\ln(1-z)$ 代入式(5-17)，则得

$$Y_m=u_0t_m\left[1+\frac{z}{\ln(1-z)}\right] \tag{5-18}$$

严格来讲，颗粒从变速运动阶段过渡到等速运动阶段所需时间是无穷大的，对于密度大的粗大颗粒，当其沉降到器壁底时，尚未达到等速阶段，整个过程是变速沉降，这就应当考虑变速阶段。但是，对于细小颗粒，通常在开始沉降瞬时，即能以非常接近于末速的速度在流体中沉降。例如，直径为 50μm 的水泥颗粒，在空气中沉降达到 0.99 末速时，所需时间小于 0.1s，沉降距离不到 1cm。所以，对于细小颗粒，一般可以不考虑变速阶段，整个降落过程基本上可以看作是以匀速进行的。

(2) 颗粒在流动着的流体内的运动

① 颗粒在垂直流动的流体内在重力作用下的运动。在垂直流动的流体内，颗粒在重力作用下沉降，相对速度 $u=u_p+u_f$，因为流体速度 $u_f$ 为常数，故 $du=du_p$，则

$$\Sigma F=G_0-F_d=m\frac{du}{dt}$$

$$m\frac{du}{dt}=\frac{\pi}{6}d_p^3(\rho_p-\rho)g-\zeta\frac{\pi}{4}d_p^2\rho\frac{u^2}{2}$$

$$\frac{du}{dt}=g\frac{\rho_p-\rho}{\rho_p}\left[1-\frac{3}{4}\times\frac{\xi\rho u^2}{d_p(\rho_p-\rho)g}\right]$$

$$\frac{du}{dt}=\frac{(\rho_p-\rho)}{\rho_p}g(1-\frac{u^2}{u_0}) \tag{5-19}$$

由式(5-15)可以看出，当 $F_d=G_0$ 时，$du/dt=0$，$u=u_0$，$u_0=u_p+u_f$，$u_p=u_0-u_f$，$u_f=0$，$u_p=u_0$，与自由沉降相符；因为，$u_0=u_f$，则 $u_p=0$，即在管道中，如果流体以等于固体自由沉降速度的速度向上运动时，则固体颗粒将处在一个水平上呈摆动状态，

既不上升也不沉降，此时流体的速度就叫作物体的自由悬浮速度。在数值上等于自由沉降速度。

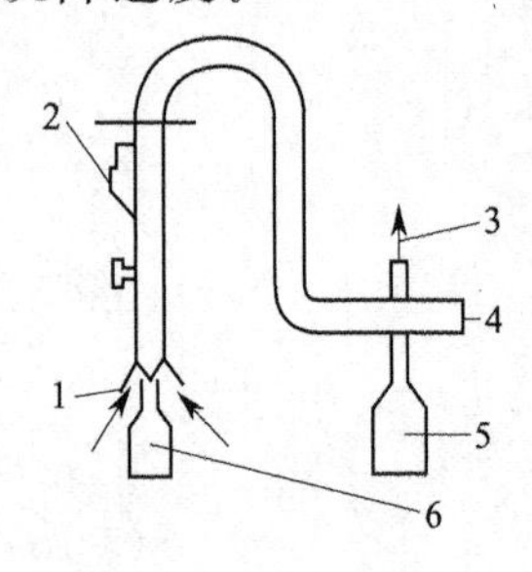


图 5-5 垂直流型重力分级原理

1—空气；2—粉料入口；3—排气；4—分离器；5—细粉收集；6—粗粉收集

由式 $u_p = u_0 - u_f$ 可知，若 $u_0 > u_f$，$u_p > 0$，则颗粒向下降；若 $u_0 < u_f$，$u_p < 0$，则颗粒随流体向上运动。

图 5-5 即为利用颗粒在垂直流动的流体内在重力作用下运动的原理进行分级的实例。

② 颗粒在水平流动的流体内在重力作用下的运动。处在水平流动的流体中的颗粒，一方面受到流体流动影响产生水平方向的运动；另一方面又受重力的影响发生向下沉降。

a. 水平方向运动。如图 5-6 所示，设流体对于固定空间以匀速 $u_f$ 作水平运动，处在流体中的颗粒对于固定空间在水平方向上的运动速度为 $u_p$，则在水平方向上颗粒对于流体的相对运动速度为 $u = u_f - u_p$。

设颗粒为球形，则在水平方向上流体对颗粒的作用为

$$F_d = \frac{\pi}{4}\xi d_p^2 \rho \frac{u^2}{2} \tag{5-20}$$

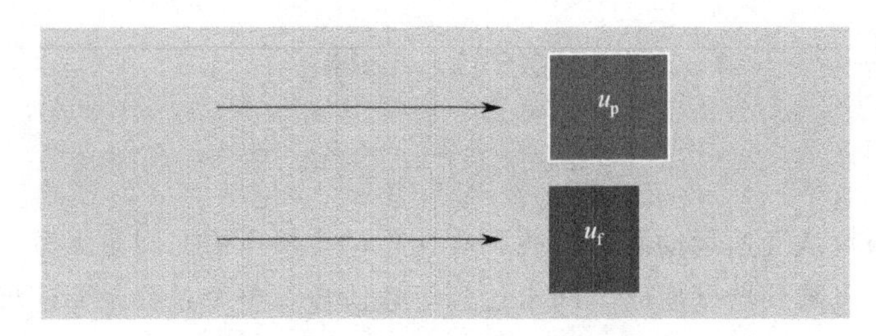


图 5-6 颗粒在水平流动的流体内运动

在颗粒运动过程中，作用力是变化的，颗粒的运动速度也是变化的。如果起初颗粒速度大于流体速度，则作用力为阻力，颗粒将受到流体对它的阻力而减速，直至 $F_d$ 等于零；反之，作用力则为流体对颗粒的牵引力，颗粒受到流体对它的推动力而加速运动，经过一段时间后，颗粒水平速度即接近流体速度，例如，100$\mu$m 的球，在 75℃ 气体中运动，经过 0.64s，其运动速度已是气体速度的 0.9 倍。从而使流体对颗粒的作用力 $F_d$ 等于零，由式(5-20)得

$$u_f = u_p \tag{5-21}$$

即颗粒在水平方向将作匀速运动。颗粒在水平方向经历 $t$ 时间后所走的路程为

$$S = u_f t \tag{5-22}$$

b. 铅垂方向运动。由于流体在垂直方向没有任何分力，因此，颗粒在垂直方向相当于在静止流体中受重力作用而向下沉降。在开始瞬间，颗粒作加速沉降，以后很快以接近于自由沉降速度 $u_0$ 作等速沉降。经历时间 $t$ 后，颗粒在流体内降落的高度为

$$H = u_0 t \tag{5-23}$$

因此，在水平流动的流体中，颗粒是在横向流动和重力场的共同作用下，沿着颗粒的水平运动速度 $u_p$ 和沉降速度 $u_0$ 的合速度的方向运动的，根据速度图就可以求得颗粒降落到某一深度所需时间及降落时的运动路程。

为利用颗粒在水平流动的流体内在重力作用下运动的原理进行分离，工业生产中应用的降尘室即为实例，它是一个截面较大的空间室，含尘气体经过该空间时，气流速度降低，粉尘便在重力的作用下沉降到空室底部的灰仓中。

在设计适合于沉降某种尺寸粉尘的降尘室时，应该使随同气流进入到降尘室而处在顶部的粉尘，能在气流经过降尘室的时间降落到灰仓中。

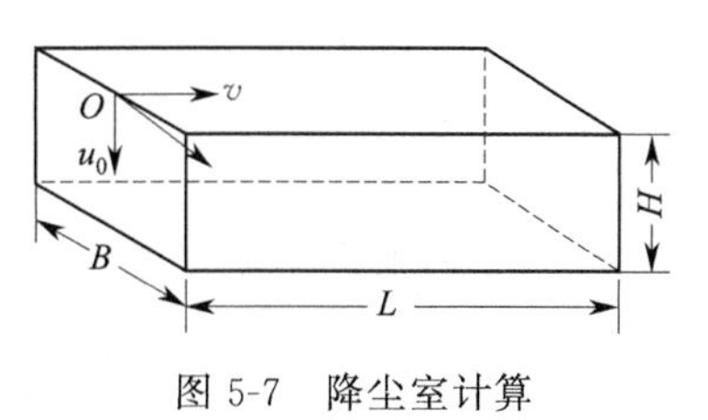

图 5-7 降尘室计算

设降尘室高度为 $H$(m)，长度为 $L$(m)，宽度为 $B$(m)(图 5-7)，需要收集的最小尘粒的沉降速度为 $u_0$(m/s)，气体在水平方向上的流速为 $v$(m/s)。降尘室端部截面最高点 $O$ 处的颗粒以与气体相同的水平流速 $v$ 向右运动，同时以沉降速度 $u_0$ 向下沉降。为了能够收集某种尘粒，则应该使

$$\frac{H}{u_0} \leqslant \frac{L}{v} \tag{5-24}$$

气体中的尘粒粒径在 3～100μm 时，尘粒沉降时只受到气流的黏性阻力。因此，尘粒的沉降速度 $u_0$ 可用斯托克斯公式算出。根据式(5-24)和斯托克斯公式，就可求出降尘室能够全部离析出来的界限粒径：

$$u_h = \sqrt{\frac{18\mu H v}{L(\rho_p - \rho)g}} \tag{5-25}$$

式中符号意义同前。上式表明，$L$ 越大或 $v$ 和 $H$ 越小时，就越能沉降微小颗粒。

如果含尘气体的流量为 $Q$ ($m^3/s$)，则气体经过降尘室的水平流速为

$$v = \frac{Q}{HB}(\mathrm{m/s}) \tag{5-26}$$

将 $v$ 值代入式(5-24)则

$$Q = LBu_0(\mathrm{m^3/s}) \tag{5-27}$$

式(5-27)表明，降尘室的生产能力与室的水平面积以及尘粒的沉降速度成正比，而与室的高度无关。

为了提高降尘室的收尘效率，有时在降尘室中插入若干上下交替的垂直挡板，使气体析流，利用惯性作用可以提高收尘效率。

降尘室结构简单，容易建造，流体阻力小，一般为 20～100Pa。但因占地面积大，收尘效率低，故一般只用以收集 500μm 以上的粗大尘粒，适于高浓度和腐蚀性大的粉尘作初次收尘设备使用，用于减轻第二级收尘设备的负荷。

③ 颗粒在旋转的流体内的运动。颗粒在旋转流体中运动时，受到离心力场和重力场的共同作用。在重力作用下，颗粒沿垂直方向降落；而在平面上与旋转流体一起作圆周运动，因而产生惯性离心力，使颗粒沿径向向外甩出。颗粒在这三个方向上的共同作用下运动。

设在半径 $R$ 处流体的圆周速度为 $u_f$，则处在该半径上的球形颗粒所受到的剩余惯性离心力为 $P_c = \frac{G_0}{g} \times \frac{u_f^2}{R}$，其中，$G_0 = \frac{\pi}{6} d_p^2 (\rho_p - \rho) g$ 为颗粒的剩余重力。

由于剩余惯性离心力的作用，颗粒与流体有相对运动，所以，产生了反向的流体阻力 $F_d$，因此颗粒在径向的运动方程为

$$m\frac{\mathrm{d}u_{\mathrm{p}}}{\mathrm{d}t}=P_{\mathrm{c}}-F_{d} \tag{5-28}$$

将 $P_{\mathrm{c}}$ 和 $F_{d}$ 代入式(5-28)得

$$\frac{\mathrm{d}u_{\mathrm{p}}}{\mathrm{d}t}=\frac{u_{\mathrm{f}}^{2}}{R}\times\frac{\rho_{\mathrm{p}}-\rho}{\rho_{\mathrm{p}}}-\xi\times\frac{3}{4}\times\frac{u_{\mathrm{p}}^{2}}{d_{\mathrm{p}}}\times\frac{\rho}{\rho_{\mathrm{p}}} \tag{5-29}$$

在离心力场作用下，颗粒运动的加速度$\frac{\mathrm{d}u_{\mathrm{p}}}{\mathrm{d}t}$随着颗粒所在位置的半径 $R$ 而异。但是，在工业设备中，式(5-29) 的$\frac{\mathrm{d}u_{\mathrm{p}}}{\mathrm{d}t}$项比起剩余惯性离心力和阻力要小得多，故可认为$\frac{\mathrm{d}u_{\mathrm{p}}}{\mathrm{d}t}=0$，则颗粒在半径方向上的沉降速度为

$$u_{or}=\sqrt{\frac{4}{3}\times\frac{d_{\mathrm{p}}(\rho_{\mathrm{p}}-\rho)}{\rho\xi}\times\frac{u_{\mathrm{f}}^{2}}{R}} \tag{5-30}$$

$u_{or}$ 就是惯性离心力作用下颗粒沿径向的沉降速度。应该注意的是这个速度并不是颗粒运动的绝对速度，而是它的径向分量。当流体带着颗粒旋转时，颗粒在惯性离心力作用下沿着切线方向通过运动中的流体甩出，逐渐离开旋转中心。因此，颗粒在旋转流体中的运动，实际上是沿着半径逐渐增大的螺旋形轨道前进的。

比较式(5-30)和式(5-10)可知，在式(5-30)中以离心加速度$u_{\mathrm{f}}^{2}/R$代替了式(5-10)中重力加速度 $g$，颗粒所受的重力是一定值，然而工业上可以通过各种方法使颗粒的离心加速度远远超过重力加速度，使得颗粒的沉降速度比在重力场作用下的沉降速度大很多。因此，可以利用惯性离心力来加快颗粒的沉降及分离比较小的颗粒，而且设备的体积也可以缩小。将式(5-30)与式(5-10)相比，可得离心沉降速度与重力沉降速度之比为

$$K=\frac{u_{or}}{u_{0}}=\sqrt{\frac{u_{\mathrm{f}}^{2}}{Rg}} \tag{5-31}$$

比值 $K$ 称为离析因数，它等于惯性离心力与重力之比。$K$ 值大小与旋转半径成反比，与切线速度的二次方成正比。减小旋转半径，增大切线速度，都可以使 $K$ 增大。

实际工业生产中使用的旋风分离器即依此原理设计的。

### 5.1.2 干扰沉降

由前述知，如果悬浊液的浓度小，相邻颗粒的距离比颗粒粒径大得多，颗粒之间的相互干扰就可以忽略不计，这种沉降称为自由沉降。

然而，颗粒浓度增大时，就要改变悬浊液内的条件。例如，沉降时，各颗粒间不但有直接的接触摩擦、碰撞影响，而且还受到其他颗粒通过流体而产生的间接影响。如某一沉降颗粒被其他沉降颗粒所置换的流体向上流动的影响，这种沉降称为干扰沉降。

干扰沉降的实例很多，如工业上的增稠器沉降浓缩，大颗粒和小颗粒同时沉降时，小颗粒随同大颗粒一起沉降等就可遇到这种干扰沉降，因此，对 Stokes 公式作如下修正

$$u=K\frac{g(\rho_{\mathrm{p}}-\rho_{\mathrm{c}})}{\mu_{\mathrm{c}}}d_{\mathrm{p}}^{2} \tag{5-32}$$

式中　$K$——常数；

$\rho_c$——悬浊液的密度，kg/m³；

$\mu_c$——悬浊液的黏度系数，Pa·s。

## 5.2 固体流态化过程

固体流态化技术始于20世纪20年代，德国Fritz Winkler（佛雷德·温克勒）发明了煤的流态化气化法，制发生炉煤气，提高生产能力约3倍。第二次世界大战期间，美国石油工业催化反应采用。从此，化工、冶金、建材、热能动力等逐渐采用。

固体流态化是指固体颗粒通过与流体接触而转变成流体状态的操作。

固体流态化过程可以通过实验观察到，如图5-8所示。中空透明的流化管1，下部设有多孔板2，用来支撑固体颗粒，并使流体沿截面分布均匀。将松散的固体颗粒3置于其上，使流体从多孔板的流体入口4通入容器中，穿过松散的颗粒层向上流出。因流体以容器净空截面计的净空流速$V_f$大小的不同，颗粒层将出现不同的状态，发生不同的流体动力过程。

固体流态化过程如图5-9所示，当流速较低时，颗粒层静止不动。颗粒彼此相互接触，流体从颗粒之间的孔道流过，这种状态的颗粒层称为固定床。这时流体在孔道中实际流速$V_f'$和流动的阻力损失$\Delta P$均随着流体净空速度$V_f$的增大而增大。固定床的空隙率$\varepsilon$等于颗粒自然堆积时的空隙率$\varepsilon_0$。在图5-9中，用线段$AF$、$AF'$、$BF''$分别表示这时的$V_f'$、$\Delta P$及$\varepsilon$的变化情况，气体穿过水泥立窑料粒层的流动，可以作为这种过程的例子。

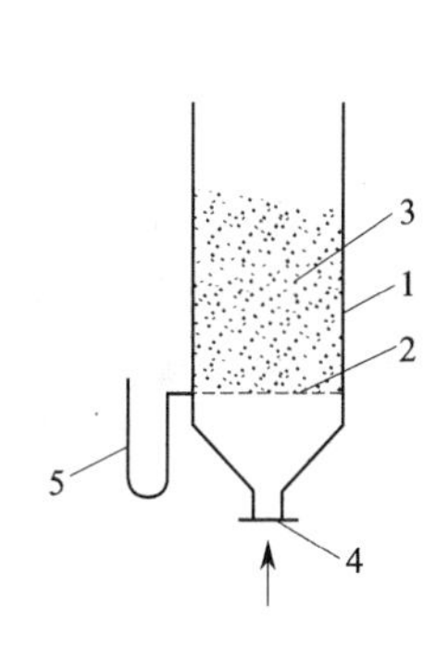


图5-8 流化管

1—流化管；2—多孔板；3—固体颗粒；4—流体入口；5—压强计

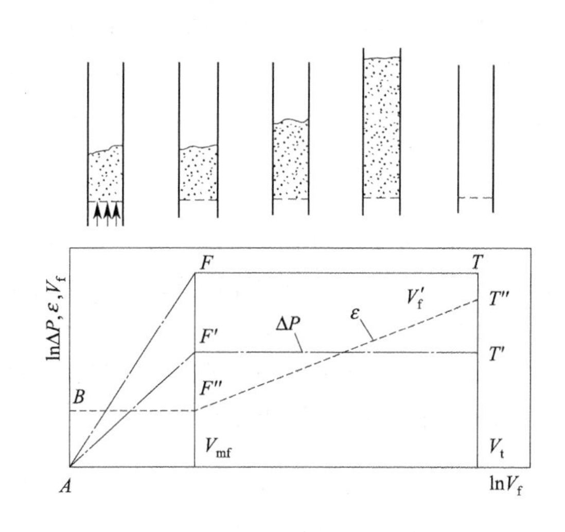


图5-9 流体通过颗粒层的几种状态

当流速提高到$V_{mf}$之后，流体穿过颗粒层产生压强降与床层颗粒的剩余重力相等。床层开始膨胀和变松，空隙率比固定床增大许多，固体颗粒被流体吹起而浮动于流体之中，在一定空间作无规则的飞翔运动，具有流动性。整个床层具有类似液体的性质，固体进入了流态化状态。在流化床阶段，固体颗粒上下翻动，犹如液体的沸腾现象，故又称沸腾床。流态化床内的固体颗粒运动得十分激烈，有助于流体与固体之间传质、传热过程的进行，为强化生产创造有利条件。所以近几年来硅酸盐工业中广泛使用流化床干燥物料和煅烧水泥熟料。

固定床与流态化床的分界点 $F$ 称为流态化临界点。相应的流速 $V_{mf}$ 称为流态化临界速度（或称最小流化速度）。流态化床的床层高度和空隙率随流速 $V_f$ 的升高而增大（如图 5-9 中 $F''T''$ 线段）。但流体穿过床层的实际流速 $V_f'$ 却维持不变（图 5-9 中 $FT$ 线段）。这是因为随着净空流速 $V_f$ 的提高，流态化床在胀大，使得颗粒之间的流通截面也跟着增大的缘故。因此，如果忽略由于器壁效应产生的阻力损失，在流态化床内的流体阻力损失并不因速度 $V_f$ 的提高而变化（如图 5-9 中 $F'T'$ 线段）。因而在这一段较大的范围内增大流体流速，并不增加流体流动需要的功率。

流态化床内流体的实际流速 $V_f'$ 远较床层上方的流体流速 $V_f$ 为大，所以几乎全部的颗粒都会从床层上方的空间跌回床层中。不过当流速增大到某一 $V_f$ 值，超过悬浮速度时，流化床上界面消失，颗粒将被流体陆续带出容器之外，固体便开始进入连续流态化状态。此时系统中固体颗粒浓度降低很快，使流体和颗粒间的摩擦损失大为减少，床层压强显著下降，系统由类似液体性质的密相流态化进入更类似于气体性质的稀相流态化。工业上利用这种性质，把固体颗粒像流体一样用管道输送，所以该阶段称为气力输送阶段。

### 5.2.1 透过流动现象

透过流动现象首先出现于自然界，如土壤、沙层渗水，在各种工业生产过程中也起着重要作用，如泥浆的过滤、水泥立窑煅烧熟料、颗粒层除尘器等等。

研究透过流动现象的目的是控制生产过程及应用，要想实现此目的，关键要知道流体在通过颗粒床层时的压力损失 $\Delta P$ 和流体流速 $V_f$ 的关系，而 $\Delta P$ 和 $V_f$ 的关系又与 $Re$ 有关。

#### 5.2.1.1 层流状态

流体在固定床内流动与流体在圆管内流动相似，它们的相似之处在于流体与之接触的都是固体表面，压降也是因流体与固体之间的摩擦产生的；不同点是流体通道不同，在固定床内孔道多，截面小，孔道形状不规则。所以可以仿照流体在圆管内流动时的阻力进行计算，即仿照流体在圆管内流动时的阻力来寻找流体在颗粒层中流动时的阻力规律。

圆管内流体的压降表达式为

$$\Delta p=\lambda \frac{L}{d}\times\frac{\rho u^2}{2} \tag{5-33}$$

仿照圆管内流体的压降表达式，则固定床内流体压降表达式可写成

$$\Delta P=\lambda \frac{L'}{d_e}\times\frac{\rho V_f'^2}{2} \tag{5-34}$$

式中 $L'$——固定床内通道长度；

$d_e$——粉体孔隙水力半径。

(1) 通道长度　如果颗粒床层的厚度为 $L_0$，因为 $L'\propto L$，则对于 $L_0$ 厚的颗粒层：

$$L'\propto L_0$$

$$L'=cL_0 \tag{5-35}$$

(2) 孔隙水力半径　对于非圆形断面管，用下式定义水力半径：

水力半径＝垂直于液流的管断面/管的周长

＝管中流体的体积/与流体相接触的管内表面积

Blake 把这一水力半径定义推广到颗粒层上，并用下式定义粉体孔隙水力半径 $d_e$：

$d_e$＝粉体层中粒子间空隙体积/粉体层中粒子全部表面积

又床层的空隙率 $\varepsilon$ 为

$\varepsilon$＝床层的空隙体积/床层的总体积

床层的体积比表面积 $S_V$ 为

$S_V$＝床层颗粒总表面积/床层的总体积

则

$$d_e=\frac{\varepsilon}{S_V} \tag{5-36}$$

(3) 比表面积　根据表面积形状系数，则非球形颗粒表面积为

$$A=\frac{A_{球}}{\phi_s}=\frac{\pi d_p^2}{\phi_s}$$

$$A_{总}=n\frac{\pi d_p^2}{\phi_s} \tag{5-37}$$

总体积

$$\varepsilon=\frac{V-V_0}{V}=1-\frac{V_0}{V}$$

$$V=\frac{V_0}{1-\varepsilon}=\frac{n\pi d_p^3}{6}\times\frac{1}{1-\varepsilon} \tag{5-38}$$

$$S_V=\frac{A_{总}}{A}=\frac{6(1-\varepsilon)}{\phi_s d_p} \tag{5-39}$$

单个非球形颗粒体积比表面积为

$$S_V'=\frac{\pi d_p^2/\phi_s}{\frac{\pi}{6}d_p^3}=\frac{6}{\phi_s d_p} \tag{5-40}$$

将式(5-40)代入式(5-39)得

$$S_V=S_V'(1-\varepsilon) \tag{5-41}$$

将式(5-41)代入式(5-36)得

$$d_e=\frac{\varepsilon}{S_V'(1-\varepsilon)} \tag{5-42}$$

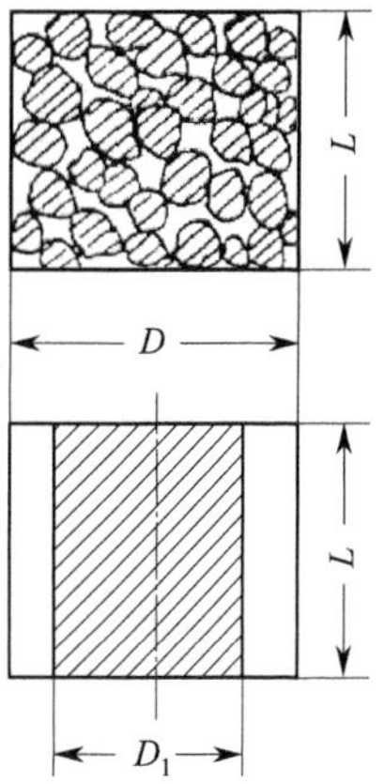

L D L $D_1$

图 5-10　床层的平均自由截面积计算

(4) 孔道内气体流速　为了求出颗粒层孔道内气体流速，引入平均自由截面率的概念，如图 5-10 所示。

平均自由截面率是指颗粒床层单位截面积上的空隙面积：

$$a=\frac{F-F_p}{F}=1-\frac{F_p}{F} \tag{5-43}$$

式中　$F$——床层的截面积，$m^2$；

$F_p$——床层上颗粒的截面积，$m^2$。

则

$$a=\frac{\frac{\pi D^2 L}{4}-\frac{\pi D_1^2 L}{4}}{\frac{\pi D^2 L}{4}}$$

$$=1-\left(\frac{D_1}{D}\right)^2$$

又
$$\varepsilon=\frac{\frac{\pi D^2L}{4}-\frac{\pi D_1^2L}{4}}{\frac{\pi D^2L}{4}}=1-\left(\frac{D_1}{D}\right)^2$$

$$a=\varepsilon \tag{5-44}$$

则
$$V_fF=V_f'aF=V_f'\varepsilon F \tag{5-45}$$

即
$$V_f'=\frac{V_f}{\varepsilon} \tag{5-46}$$

式中 $V_f$——流体流经床层的净空速度，m/s。

(5) 压降与孔道内气体流速的关系 将前述 $d_e$、$V_f'$、$L'$代入式(5-34)得

$$\Delta P=\lambda'\frac{S_V'(1-\varepsilon)L_0}{\varepsilon^3}\rho V_f^2 \tag{5-47}$$

或
$$\lambda'=\frac{\Delta P\varepsilon^3}{S_V'(1-\varepsilon)L_0\rho V_f^2} \tag{5-48}$$

式中，$\lambda'=\frac{\lambda c}{2}$称为修正摩擦系数。它是气体在床层孔道中流动的雷诺数$Re'$的函数，即$\lambda'=f(Re')$，$Re'$称为修正雷诺数，由式(5-42)、式(5-46)和式(5-40)得

$$Re'=\frac{d_eV_f'\rho}{\mu}=\frac{\frac{\varepsilon}{S_V'(1-\varepsilon)}\times\frac{V_f}{\varepsilon}\rho}{\mu} \tag{5-49}$$

$$Re'=\frac{1}{6}\times\frac{\phi_s}{(1-\varepsilon)}Re \tag{5-50}$$

流体通过颗粒床层的流速和孔道的尺寸通常都很小，故雷诺数较低，流动情况属于层流状态，床层流速与压强降之间呈直线关系。根据流体在圆管中层流时的平均流速计算公式 $u=\frac{\Delta P}{8\mu L}R^2$，流体通过床层孔道，层流时的速度可写为

$$V_f'=\frac{d_e^2}{K'\mu}\times\frac{\Delta P}{L'} \tag{5-51}$$

将前述 $d_e$、$V_f'$、$L'$代入式(5-51)得

$$V_f=\frac{1}{K''}\times\frac{\varepsilon^3}{S_V'^2(1-\varepsilon)^2}\times\frac{\Delta P}{\mu L_0} \tag{5-52}$$

式(5-52)称为 Kozeny-Carman 公式。

式中 $K''$——Kozeny 常数，它与孔隙率、颗粒形状、颗粒堆积特性及粒度分布有关。

式(5-52) 经整理后，可以写成

$$\frac{\Delta P\varepsilon^3}{S_V'(1-\varepsilon)L_0V_f}=K''S_V'(1-\varepsilon)\mu \tag{5-53}$$

式(5-53)两边除以 $\rho V_f$，则可整理成：

$$\lambda'=K''Re'^{-1} \tag{5-54}$$

前述关于$\lambda'=f(Re')$的关系为

$$\lambda'=5Re'^{-1}+0.4Re'^{-0.1} \tag{5-55}$$

在层流状态下，压力损失主要由表面摩擦的黏性阻力引起，即在$Re'<2$的层流情况下，式(5-55)的第二项可忽略不计，于是与式(5-54)相同，因此，$K''=5.0$。

#### 5.2.1.2 湍流状态

当$Re'$增大到2～100，此时压力损失主要由于湍流漩涡和孔道的扩大与收缩的惯性力损失所引起，因而第二项变为主要的，黏性阻力可以忽略不计。

在大量实验基础上，还归纳了不少计算固定床层压降的经验公式。对于均匀粒度颗粒的固定床层，较常用欧根（Ergun）试验公式来计算：

$$\frac{\Delta p}{L_0}=150\frac{(1-\varepsilon)^2}{\varepsilon^3}\times\frac{\mu V_f}{\phi_s^2 d_p^2}+1.75\frac{1-\varepsilon}{\varepsilon^3}\times\frac{\rho V_f^2}{\phi_s d_p} \tag{5-56}$$

不难看出，Kozeny-Carman公式仅适用于层流区，而欧根公式则像式(5-56)那样，其还包括了湍流区。

### 5.2.2 固体流态化

#### 5.2.2.1 流化床的主要特征

类似液体的性质和状态是流化床的主要特征，如图5-11所示。一个大而轻的物体，可以很容易地推压入床层之中，但一松开，它就弹起而浮于表面之上，这表示床层具有类似液体的浮力性质，如图5-11(a)所示。床层具有液体那样的流动性，当容器倾侧时，床层上界面仍能保持水平，如图5-11(b)所示。粒子能像液体那样从容器上的小孔喷出，如图5-11(c)所示。并可像液体那样由一个容器流入另一个容器，如果流化床连通，它们便由高的床层流向低的床层而自动呈现平衡状态，如图5-11(d)所示。另外，床层中任意两点的压差大致上等于这两点间床层的静压头，如图5-11(e)所示。

#### 5.2.2.2 流态化现象

(1) 液体流态化（散式流态化、均一式平稳流态化） 上述是理想流态化，实际的流态化与理想状况有些差异，液体流态化接近理想流态化情况，床内颗粒均匀分散，床层均匀而平稳地流化，而且有一个平稳的上界面，这样的流态化称为散式流态化，简称为液体流态化，如图5-12所示，$AB$为未流态化前的固定床，在接近流态化速度的$B$点时，固定床先开始膨胀而不流态化。在$B$点以后，颗粒可以在小范围内重新排列，使液流有最大流动截面，这时床层高度和空隙率略有增大。在$D$点后，则全部床层流态化，流化床的压降即床层阻力基本上不随流体流速而变化。若将已流态化的床层的流速逐渐降低，床层的高度也逐渐下降，在到达$D$点后流态化就停止。若再将流速降低，床层的压降和流速沿着$DF$曲线下降，这是因为从流态化减速而得到的固定床，具有固定床中最高孔隙率的颗粒排列。若将床层加以振动，仍可回复到原来的$AB$曲线，甚至达到$AB$曲线的左边。

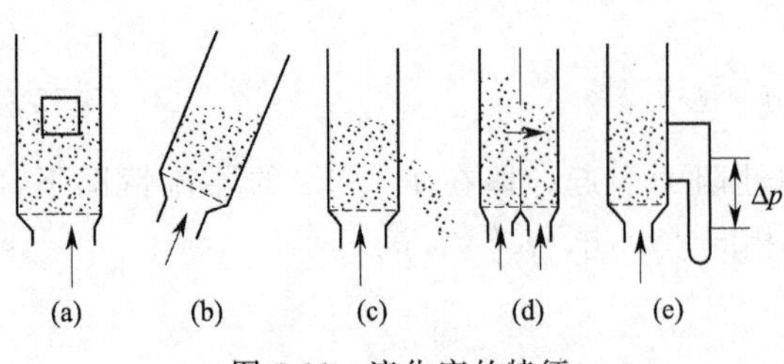

图 5-11 流化床的特征

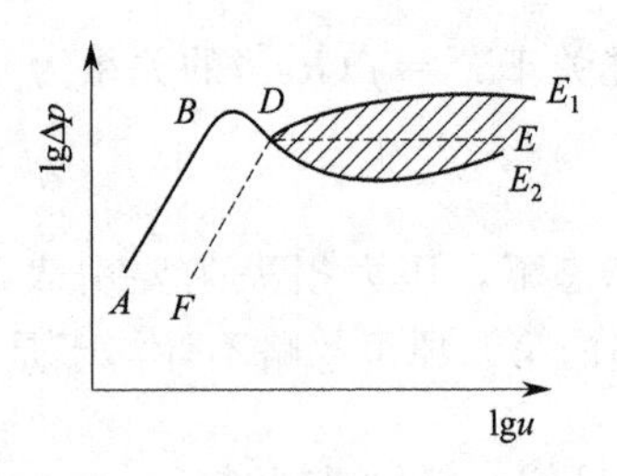

图 5-12 流态化

（2）气体流态化 气体作为介质的流态化过程如图 5-12 所示。从 $A$ 点经 $B$ 点到 $D$ 点的曲线基本上与液固系统的流态化相同，曲线 $DF$ 也相差无几。但大于 $D$ 点后的情况大不相同，出现很大的不稳定性。床层没有一个固定的上界面，界面以每秒好几次的频率上下波动，因而压强也在一定范围内波动，介于 $DE_1$ 和 $DE_2$ 两曲线之间，平均值为 $DE$，基本上与液固系统流态化相同，仍可近似地认为其床层压强降不随流速而变化。但是，床层中气固两相的流动状态和液固系统相差很多，床内颗粒成团地湍动，气体主要以气泡形式通过床层而上升，在这些气泡内，可能夹带有固体颗粒，因而床层内分为两种聚集状态，一种是近似固定床的低孔隙率区域，称为密相区；另一种是稀散固体颗粒的高孔隙率区域，称为稀相区，高于临界流化速度的气体大部分由稀相区短路而流过。因有大量气泡存在，气泡生成后沿床层上升，在上升过程中相互合并并逐渐长大，气泡越来越大，到床面时即破裂，因此床层上的界面很不稳定，上下波动，如图 5-13(b)所示，因此，通过床层压强降波动也很大。床层内部不像散式流态化那样均匀稳定，床层内部颗粒聚集成团地运动。这种流态化称为聚式流态化（非均一流态化或鼓泡流态化），简称气体流态化。

（3）气固系统流态化不正常现象 气固系统流态化比较复杂，经常出现一些不正常的现象。

① 沟流。当气流速度超过临界值时，床层的某些部分被气流吹通成一条沟道，而其余大部分床层仍处于固定状态的死床，如图 5-14(a)、(b)所示，这些通道称为沟流。对于粒度较细、密度较大、潮湿而易黏结的物料，床层太薄、气流速度过低或气体分布板设计不合理等，均易引起沟流。

② 腾涌。如图 5-13(c)所示，若床层高度足够高时，气泡在上升过程中不断长大，最后的气泡便可以几乎占据床层的整个截面，有时床层甚至被截成若干段，呈现栓柱流上升，到达上界面时，气泡破裂，引起部分粒子抛至相当高度而被分散泻落，这种现象称为腾涌，也称为节涌、气截、气节。由于气泡推开栓状床层时的器壁摩擦阻力远大于理论值，故其压降的波动幅度远远大于图 5-13 所示原有聚式流态化的波动程度。

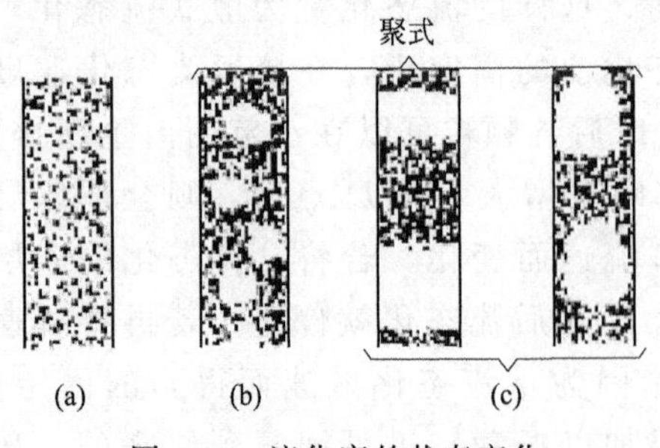

图 5-13 流化床的状态变化

(a) 均相；(b) 气泡；(c) 腾涌

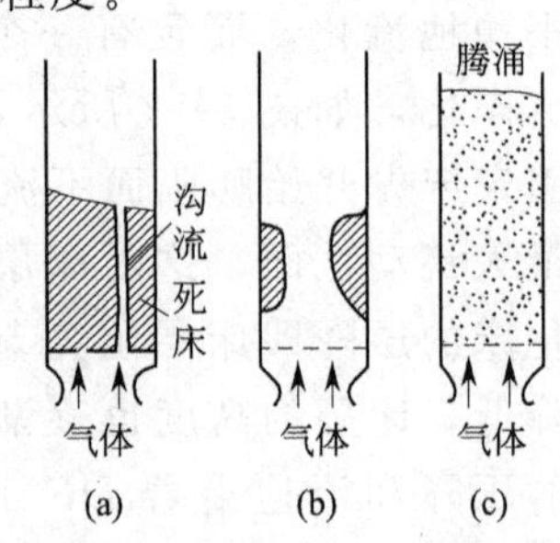

图 5-14 流化床中的不正常现象

(a)、(b) 沟流；(c) 腾涌

5.2.2.3　影响流化床质量的因素

(1) 气体分布器的形式　气体分布器的形式对聚式流化床质量的影响极大。图5-15比较了不同形式气体分布器对床层体积密度的作用。

(2) 粒度分布　粒度分布是床层高度的函数，其与床层孔隙率密切相关，如图5-16所示。显然，在恒定孔隙率区域内的粒度分布也大致恒定，而上部体积密度减小处的细粉逐渐增多，这样的粒度分布情况，如作延伸的话，不难理解在床面上方会有一定数量的固体颗粒被气体夹带逸出。

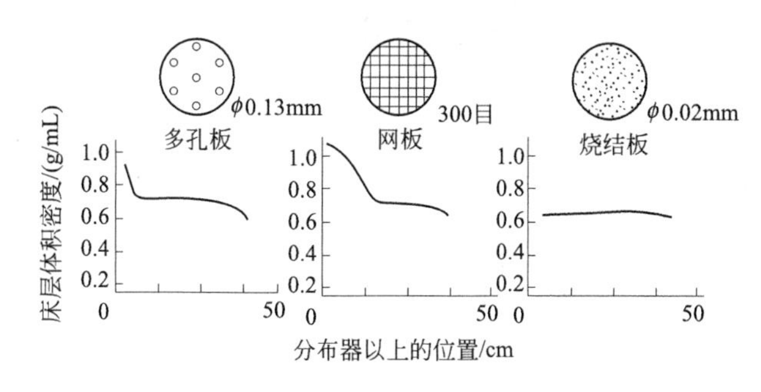


图5-15　床层体积密度与位置关系曲线

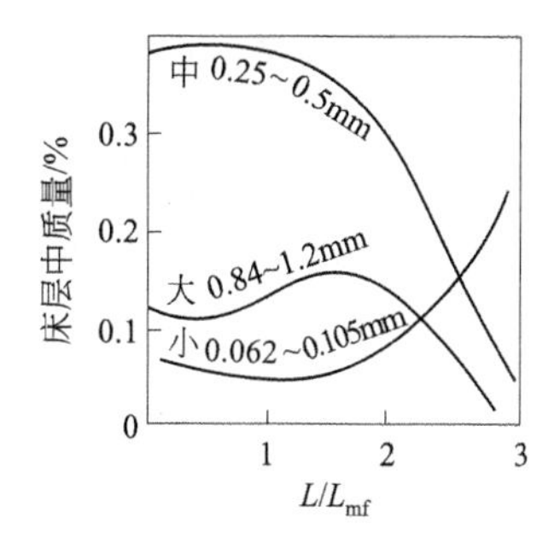


图5-16　床层粒度分布

(3) 流化床容器的几何形状　锥形床由于截面积随高度变化，因此气流在沿高度的方向上存在着速度梯度。底部截面较小，流速较高，这可保证大颗粒的流化；而顶部截面较大，流速较低，这可防止细粉的夹带逸出。

(4) 流化床黏度　黏度是液体流动性的重要表征，因而早期就有人对流化床进行了黏度的观察与测量。G. L. Matheson 等采用黏度计测定了粒度分布（细粒含量）对流化床黏度的影响，如图5-17所示，图中表明最初的黏度很少受到粒度分布变化的影响，然而，在 $ab$ 区域以外，有一个临界浓度范围，其中细粒含量稍有减少，黏度就会异乎寻常地增大。H. Trawinski 对上述现象进行了解释，其模型如图5-18所示，在图5-17中的 $a$ 点处，床层中刚含有足够的细粒来充当粗粒之间的"滚珠"作用，"滚珠"起着减少粗颗粒间内摩擦力的作用，从而减小了流化床的黏度。如果细粒的含量逐渐减小直至临界状态，也就是"滚珠"的作用行将消失，而床层内部的摩擦将增加，即提高了流化床的黏度。

5.2.2.4　流态化参数计算

流化床的压力损失，可以由床层受力分析得出。在平衡时，作用于流化床的剩余重力势必等于气体对流化床的压力，即

$$LA(1-\varepsilon)\rho_p g - LA(1-\varepsilon)\rho g = \Delta p A \tag{5-57}$$

简化得

$$\Delta p = L(1-\varepsilon)(\rho_p - \rho)g \tag{5-58}$$

实际上，由于颗粒相互间以及颗粒与器壁间存在碰撞，还会损失一些能量。另外，由图5-9可知，在流态化临界点上，流化床和固定床具有相同的压力损失。因此，用式(5-56)亦可算出流化床的压力损失，只需采用临界状况下的诸值即可。

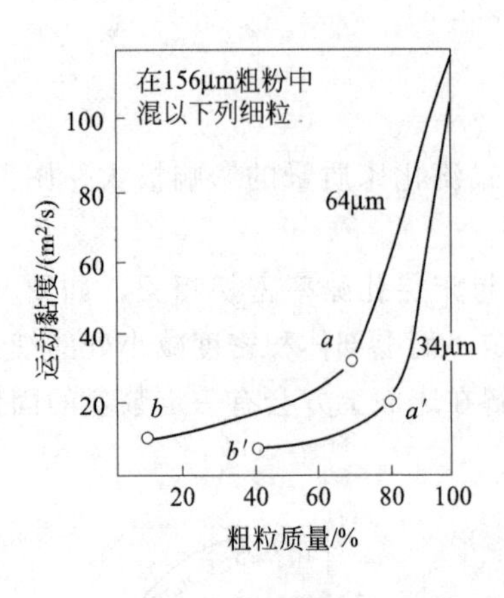


图 5-17 G. L. Matheson 等的实验结果

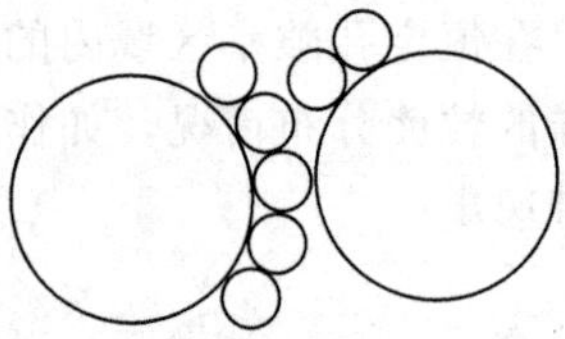

图 5-18 H. Trawinski 对黏度变化的解释模型

流化临界速度 $V_{mf}$ 是个重要参数。处于流化临界条件下，则

$$Re<20 \text{ 时}, V_{mf}=\frac{(\phi_s d_p)^2}{150}\times\frac{\rho_p-\rho}{\mu}\times\frac{\varepsilon_{mf}^3}{1-\varepsilon_{mf}}g \tag{5-59}$$

$$Re>1000 \text{ 时}, V_{mf}=\frac{\phi_s d_p}{1.75}\times\frac{\rho_p-\rho}{\rho}g\varepsilon_{mf}^3 \tag{5-60}$$

## 5.2.3 颗粒的流体输送

流体输送包括风吹使沙丘移动、水流使河沙搬移、水利输送、散状物料气力输送等。我们涉及的流体输送问题是气力输送和水利输送。

(a)
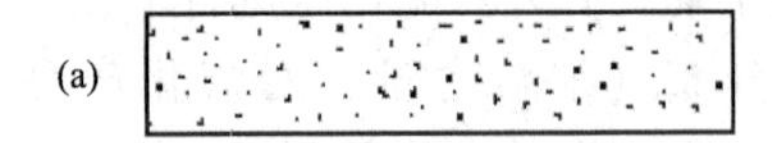
(b)
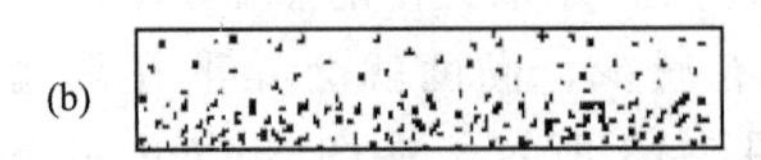
(c)

(d)
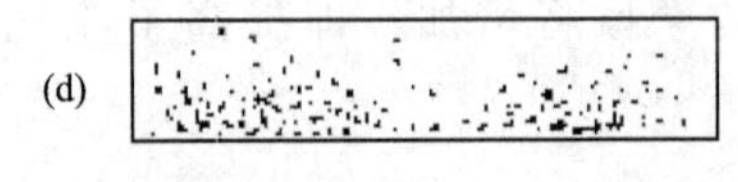
(e)
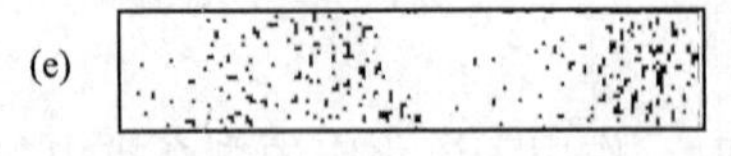
(f)
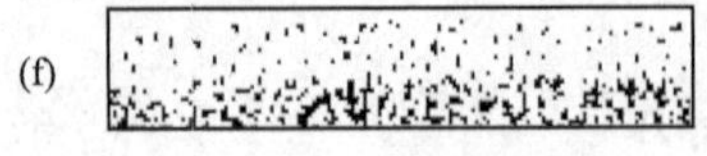

图 5-19 管内粉体流动的类型

### 5.2.3.1 颗粒的流体输送原理

(1) 管内固气两相流流动状态 管内固气两相流，常称气力输送，是一种借助气体介质输送散状物料的方法。它不仅仅起到输送物料的作用，还可以作为生产工艺中的一个环节，如在输送物料过程中同时进行粉碎、分级、干燥、加热、冷却等操作。

物料在管道中的流动状态实际上很复杂，主要随气流速度及气流中所含的物料量和物料本身料性等的不同而显著变化。通常，当管道内气流速度很高而物料量又很少时，物料颗粒在管道中接近均匀分布，并在气流中呈完全悬浮状态被输送，如图 5-19(a)所示。随着气流速度逐渐减小或物料量有所增加，作用于颗粒的气流推力也就减小，使颗粒速度也相应减慢。加上颗粒间可能发生的碰撞，部分较大颗粒趋向下沉接近管底，这时管底物料分布变密，但物料仍然正常地被输送，见图 5-19(b)。当气流速度再减小时，可以看到颗粒呈层状沉积在管底，这时气流及一部分颗粒在它的上部空间通过。而在沉积的表面，有的颗粒在气流的作用下也会向前滑移，见图 5-19(c)。当气流速度开始低于悬浮速度或者物料更多时，大部分较大颗粒会失去悬浮能力，不仅出现颗粒停滞在管底，在局部地段甚至因物料堆积形成“沙丘”。气流通过“沙丘”上部的狭窄通道时速度加快，可以在一瞬间又将“沙丘”吹走，颗粒的这种时而停滞时而吹走的现象是交替进行的，见图5-19(d)、(e)。如果局部存在的“沙丘”突然大到充填整个管道截面，就会导致物料在管道中不再前进。如果设法使物料在管道中形成短的料栓，见图5-19(f)，则也可以利用料栓前后气流的压力差推动它前进。通常，在料栓之间有一薄薄的沉积层。当料栓前进时，其前端将沉积层的颗粒铲起，随料栓一起前移，同时尾端颗粒不断与料栓分离溃散，留下来变成新的沉积层。从表面看来，整个料栓在移动，但其中的颗粒却陆续被料栓前端铲起的颗粒所置换。因此，实际上物料颗粒只是一段距离一段距离地呈间歇状前移。

上述六种物料气力输送流动状态中，前三种属于悬浮流，颗粒是依靠高速流动的气流动压被输送的，将这类流动状态也称为动压输送。后两者属于集团流，其中后一种又称栓流，物料是依靠气流的静压推动的，第四种则动、静压的作用均存在。从管道中物料的实际流动状态中，还可以观察到一些其他的流动形式，它们不过都是上述几种典型流动状态的中间过渡。有些流动状态并不稳定，在同一管道中的不同部位也可以同时有几种形式出现。

(2) 管内固液两相流　管内固液两相流又称水利输送或浆体输送，是用管道来输送由固体颗粒料与水组成的混合体。由于固体密实度不大，颗粒甚小，组成高浓度浆体，在静止条件下固液不发生分层现象而形成一相浆体状态，称为一相流。而对于工业上实际应用的长距离管道输送的颗粒料和水所组成的浆体，大多数是两相流体，其管流一般可分为如下几种流动形式：均匀悬浮、非均匀悬浮、管底有推移层或层面有跳跃颗粒、管底有固定床等。

浆体管道流动属于何种流态类型与浆体性质、管流条件及颗粒性质等因素有关。它取决于固体颗粒、管道直径、浆体浓度和管流速度等。

固液两相流与固气两相流之间有很多的共同点，但两者不能同样地处理。其本质上的不同是由颗粒的密实密度与流体的密度比引起的。该密度比在固气两相流是$10^3$，而在固液两相流则是$10^0$，即固气两相流中颗粒的相对速度较固液两相流要大得多，颗粒的惯性力会带来很大的影响。而在固液两相流，液体与颗粒之间的速度差小，颗粒随液体的运动有很好的跟随性，此外，沉降速度二者也存在明显的不同。

#### 5.2.3.2　管内固气两相流的输送理论

(1) 混合比和浓度　混合比和浓度均是指两相流中颗粒物料量与空气量的比值，由于它反映了输送和输送状态的标准，是两相流的重要参数之一。一般分为混合比、体积浓度和实际浓度等三种。

① 混合比　混合比是指是指通过输送管断面的物料质量流量与气体质量流量之比，即

$$m=\frac{G_{ms}}{Q_{ma}}=\frac{G_{ms}}{\rho_a Q_{va}} \tag{5-61}$$

式中　$m$——混合比；

$G_{ms}$——物料质量流量，kg/h；

$Q_{ma}$——气体质量流量，kg/h；

$Q_{va}$——气体流量，$m^3/h$；

$\rho_a$——气体密度，$kg/m^3$。

② 体积浓度　体积浓度是指物料的密实流量$G_{us}$与气体流量$Q_{va}$之比，即

$$V=\frac{G_{us}}{Q_{va}}=\frac{G_{ms}/\rho_s}{Q_{ma}/\rho_s}=m\frac{\rho_a}{\rho_s} \tag{5-62}$$

式中 $G_{us}$——物料的密实流量，kg/h；

$\rho_s$——管道中物料的密实密度，$kg/m^3$。

由式(5-62)可知，体积浓度 $V$ 小于质量浓度 $m$。

③ 实际浓度　实际浓度是指输送管道中单位长度内的物料质量和气体质量之比，即

$$C=\frac{G_{ms}/v_s}{Q_{ma}/v_a}=m\frac{v_a}{v_s} \tag{5-63}$$

式中 $v_s$——物料的平均速度，m/s；

$v_a$——气体的平均速度，m/s。

在气体输送系统设计时，通常采用混合比作为设计已知参数。

混合比高，有利于增大输送能力，所消耗的空气量就小，单位能耗就低；同时，空气量小了，所需的管道、收尘设备也可相应减小，从而节约设备材料投资。然而，若 $m$ 过大，则在悬浮状态下输送物料时，输送管易产生堵塞，且管路中压力损失也增大，要求高压气源设备。因而混合比 $m$ 的数值受到物料的物性、输送方式和输送条件、供料装置的形式和构造以及气源设备的压力等因素的限制。设计时应参考已有的装置，根据经验来选定混合比。最为可靠的方法是在实验装置和试验线试验基础上选择，一般选区的范围见表 5-1。

**表 5-1　混合比的一般选区范围**

| 输送方式 | | 混合比 |
|---|---|---|
| 吸送式 | 低真空 | 1～10 |
| | 高真空 | 10～50 |
| 压送式 | 低压 | 1～10 |
| | 高压 | 10～40 |
| | 流态化压送 | 40～80 |

在气力输送过程中，$v_a>v_s$，所以 $C>m$，即实际的浓度大于混合比，特别是细粉料的稀相输送在进入等速段之后，可以认为 $v_s$ 接近于 $v_a$，近似取 $v_a/v_s\approx1$ 时，可用 $m$ 来代替 $C$。

当无参考数据时，可按式(5-64) 概算：

对粒状物料

$$v_t=\sqrt{\frac{3g(\rho_s-\rho_a)d_s}{\rho_s}} \tag{5-64}$$

式中 $d_s$——物料颗粒的当量球直径，m；

$\rho_s$——物料的密实密度，$kg/m^3$；

$\rho_a$——空气的密度，$kg/m^3$。

对粉状物料

$$v_t=\frac{d_s^2(\rho_s-\rho_a)g}{18\mu_a} \tag{5-65}$$

式中 $\mu_a$——空气的黏滞系数，$kg\cdot s/m^2$。

(2) 固气两相流的压力损失　在研究管内两相流压力损失时，为了便于分析研究，对管内两相流作如下三点假设：

a. 视物料群为一种特殊的流体，其服从纯流体管道式计算式。

b. 均匀两相流管道内空气与管壁的摩擦损失和纯空气在管道内流动时的情况一样，而且还略去由于料粒群的存在而导致管道断面积的减小。

c. 均匀两相流管内的总压力损失 $\Delta p_m$，是由纯空气流动的压力损失 $\Delta p_a$，加上料粒群所引起的附加压力损失 $\Delta p_s$，即所谓“附加压损模型”，为

$$\Delta p_m=\Delta p_a+\Delta p_s \tag{5-66}$$

① 沿程压力损失。料粒进管后，加速运动，待速度达到最大值，即作等速运动，此等速段可称为稳定区。在长度为 $L$、与水平面成 $\theta$ 角的倾斜管内，纯空气的压力损失 $\Delta p_a$ 只是沿程损失，为

$$\Delta p_a=\lambda_a \frac{L}{D}\times\frac{u_a^2}{2}\rho_a \tag{5-67}$$

单位管长的沿程损失为

$$i_a=\frac{\Delta p_a}{L}=\lambda_a \frac{1}{D}\times\frac{u_a^2}{2}\rho_a \tag{5-68}$$

式中　$\lambda_a$——纯空气的沿程阻力系数，$\lambda_a$ 可用式(5-69) 计算：

$$\lambda_a=0.0125+\frac{0.001}{D} \tag{5-69}$$

料粒所引起的附加损失 $\Delta p_{sf}$，首先是沿程损失，可用式(5-70) 计算：

$$\Delta p_{sf}=\lambda_s \frac{L}{D}\times\frac{u_s^2}{2}\rho_{ms}=\lambda_s \frac{L}{D}\times\frac{u_s}{2}\times\frac{G_s}{A} \tag{5-70}$$

另外，料粒在均匀两相流中作飞翔运动，需要在悬浮和飞翔这两方面消耗能量，这也表现出了压力损失。

设料粒群的悬浮速度为 $u_{mo}$，则使管长 $L$ 内、质量为 $G_sL/u_s$ 的料粒能够悬浮起所需要的能量为 $G_sgLu_m/u_s$。促使料粒在倾斜管内升高高度 $l\sin\theta$ 所需能量为 $G_sgl\sin\theta$。这些能量由体积流量为 $Q_a$ 的空气所供给。因而由式(5-68)，单位体积空气所供给的能量，即飞翔所需的压力损失为

$$\Delta p_{sg}=m\rho_a gl\frac{u_{mo}\pm u_s\sin\theta}{u_s} \tag{5-71}$$

从而得到

$$\Delta p_s=\Delta p_{sf}+\Delta p_{sg}=\lambda_0 \frac{L}{D}\times\frac{u_s}{2}\times\frac{G_s}{A}+m\rho_a gl\frac{u_{mo}\pm u_s\sin\theta}{u_s} \tag{5-72}$$

倾斜管道长度上的压力损失为

$$\Delta p_m=\Delta p_a\left(1+\frac{\lambda_s}{\lambda_a}\times\frac{u_s}{u_0}m+\frac{2Dm}{\lambda_a u_a^2}\times\frac{u_{mo}\pm u_s\sin\theta}{u_s}\right) \tag{5-73}$$

单位管道长度上的压力损失为：

$$i_m=i_a\left(1+\frac{\lambda_s}{\lambda_a}\times\frac{u_s}{u_a}m+\frac{2Dm}{\lambda_a u_a^2}\frac{u_m\pm u_s\sin\theta}{u_s}\right) \tag{5-74}$$

沿程阻力系数 $\lambda_s$ 和 $\lambda_a$ 的数值，反映了料粒与管壁间各种摩擦损失的总和，对一定类型的料粒，$\lambda_s$ 为流体介质速度 $u_a$ 和两相流浓度 $m$ 两者的函数，其具体关系尚待研究。由实验可知，沙在水平管道的 $\lambda_s$ 值为 0.0072，在垂直管道为 0.006。对于 $\lambda_a$，可由式(5-69)进行计算。

② 动压损失。设物料和空气的初速度为零，终速度分别为 $u_s$ 和 $u_a$，每秒钟内进入输料

管中的料量 $G_s$(kg/s)和空气量 $G_a$(kg/s)所需动能等于所消耗的功：

$$\frac{G_s u_s^2}{2}+\frac{G_a u_a^2}{2}=\frac{m\rho_a u_a A u_s^2}{2}+\frac{\rho_a u_a A u_a^2}{2}=\Delta p_a u_a A \tag{5-75}$$

由此得动压损失：

$$\Delta p_d=(1+m\beta)\rho_a \frac{u_a^2}{2} \tag{5-76}$$

式中，$\beta=\left(\frac{u_s}{u_a}\right)^2$。

③ 局部压力损失。输送系统的局部压力损失取决于进料装置（喉管）、弯头、卸料器和收尘装置。

a. 弯头的压力损失。按下列实验式来确定弯头的压力损失：

$$\Delta p_b=\xi_0(1+k_0 m)\rho_a \frac{u_a^2}{2} \tag{5-77}$$

式中 $\xi_0$——纯空气流动弯头的阻力系数，可由式(5-78) 确定：

$$\xi_0=0.008\frac{\theta^{0.75}}{\left(\frac{R}{D}\right)^{0.6}}\rho_1 \frac{u_1^2}{2} \tag{5-78}$$

式中 $\theta$——管道的转弯角度，(°)；

$R$——弯头的曲率半径，m；

$D$——管道内径，m。

粒状物料的 $k_0$ 值见表 5-2。当输送粉状物料时，90°弯头由水平转垂直向上，其 $k_0$ 值可取 0.7。

**表 5-2 $k_0$ 值与弯头布置形式**

| 弯头布置形式 | 水平面内 90° | 水平转垂直向上 90° | 垂直向上转水平 90° | 水平转垂直向下 90° | 垂直向下转水平 90° |
|---|---|---|---|---|---|
| $k_0$ | 1.5 | 2.2 | 1.6 | — | 1.0 |

b. 卸料器的压力损失。气力输送中采用的卸料器，主要有旋风式与容积式两种。前者在结构上与旋风分离器相同，容积式卸料器如图 5-20 所示。

卸料器的压力损失 $\Delta p_c$，可按实验式(5-79) 计算：

$$\Delta p_c=\xi_a\rho_1 \frac{u_1^2}{2} \tag{5-79}$$

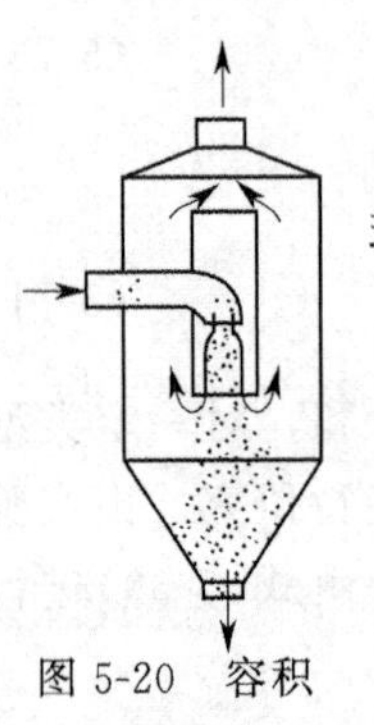
图 5-20 容积式卸料器

式中 $u_1$——卸料器入口处风速，m/s；

$\rho_1$——卸料器入口处空气密度，kg/m³；

$\xi_a$——卸料器阻力系数，容积式为 1.5～2.0，旋风式分离器为 2.5～3.0。

### 5.2.3.3 物性对气力输送的影响

虽然粉粒料就整体来说可看成是个连续体，粉粒体所呈现的料性是由每个颗粒所具有的物理化学性质累积的结果，但整体的料性与构成它的各个独立因素的强弱并不都成比例，即使是同样的化学成分、密度和大小的粉粒料，根据颗粒的形状、硬度甚至放置状态不同，料性也会有所不同，这是粉粒料的一个特性。粉粒料主要有如下料性。

（1）密度　密度是确定气力输送工艺参数的重要依据，物料密度越大，用于输送的能耗就越大。对于利用空气动压来输送，则意味着要提高输送气流速度或减少给料量；对于利用空气静压来输送，意味着要提高输送气流压力或缩短料栓长度。当然，物料密度大，容易从气流中分离收集。

（2）颗粒形状、大小和分布　颗粒大小对稀相输送的影响，远比对密相输送的影响要小。

颗粒的形状对它的悬浮速度有较大影响。同一种物料若以球形颗粒的悬浮速度最大，则其他各种不规则形状颗粒的悬浮速度就较小。

多角形颗粒的摩擦阻力较大，表面凸起多的颗粒容易破碎和磨损管道，此外还容易吸湿和融化。

对于纤维状或具有大的弹塑性的物料，只能采用稀相输送，均匀圆柱形或近似塑料颗粒，无论采用稀相或密相都最容易输送，且在密相输送时不会堵塞管道。

颗粒越细就越容易结块，物料中含有较多细粉时，容易黏附和搭桥。通常，颗粒较大且粒度分布较均匀的物料有利于流动，因而也容易输送。粒度分布不均匀，不仅输送压力损失较大，而且容易堵塞。

（3）流态化能力　物料的流态化同它保留充气的能力有关，且物料在充气流态化状态下的流动性对气力输送影响很大，关于物料的可输送性，也可以从它的流态化能力来考虑，通常可分为以下四种类型。

① 极细的粉体（平均粒径小于10$\mu$m）。这类物料常常难以流态化。这类物料通常不采用密相输送，因此极易堵塞管道。

② 细粉料（平均粒径10～100$\mu$m）。由于颗粒间空隙多并随运动空气的膨胀而增大，因此极易流态化。这类粉料可以密相输送，水泥就属于这个范畴。无论高压压送或栓流输送都很成功，料气比可达很高。

③ 粗粉料（平均粒径100～1000$\mu$m）。易于流态化，但物料保留充气的能力较差，稀相输送容易，也能以密相如脉冲栓流输送。

④ 均匀粒料（粒径大于1000$\mu$m）。需要较多空气才能流态化，但如颗粒太大，则根本不会流态化，由于颗粒可以充满在管道中而不至于阻碍空气穿过，因此适于密相输送，并能自然形成料栓，但料气比不会大。

（4）含水量　物料的含水量直接影响到装置的正常运转。物料含水量增加，除了易于产生管道黏附和堵塞外，还影响装置的输送能力，例如，当气力输送含水量0%～3%的黏土时，每提高1%的含水量，装置的输送能力就降低15%。

物料含水量多也会带来一定的好处，即飞扬性小，并难以带静电和爆炸。

（5）吸湿性和潮解性　物料吸湿就容易结块，影响输送能力，应该注意有机物质吸水多容易腐败，无机物质如水泥则变质、结块。

（6）摩擦角　摩擦角与气力输送关系最大的是物料与管壁之间的壁面摩擦角和内摩擦角，对于脉冲栓流输送，要求物料内摩擦角必须大于壁摩擦角，否则形不成料栓。

（7）脆性　物料的脆性影响到装置的选择，如果输送方式不当，颗粒速度太高，由于碰撞导致颗粒破碎，将使细粉增多、产品质量降级甚至报废。当不允许颗粒破碎时，只能采用低速密相输送方式。

(8) 热敏性 气力输送时，颗粒因冲击和摩擦产生温度升高，使熔点低的颗粒出现表面融化现象，而冲击压力还会使颗粒接触面上发生熔点降低。采用以干燥和冷却的空气或惰性气体为输送介质的低速密相输送方式。

综上所述，应该从物料的物性来正确选择气力输送装置的类型并合理使用，但必须指出，对于某种物料，如果按照它的几种特性分别选择相应的装置类型，有时可能发生矛盾。这就需要全面研究，针对主要要求来选型。对于次要的问题则采取各种措施来减轻或解决。

## 5.3 粉体输送技术

### 5.3.1 输送机械设备

#### 5.3.1.1 皮带运输机

(1) 皮带运输机的工作原理 皮带运输机在各行各业应用很广泛，主要用来输送散状物料，同时也可运输成件货物。皮带运输机主要可分为固定式和移动式两种。但不管是哪一种，都可以水平安装或者倾斜安装。图 5-21 为固定式皮带运输机，图 5-22 为移动式皮带运输机。

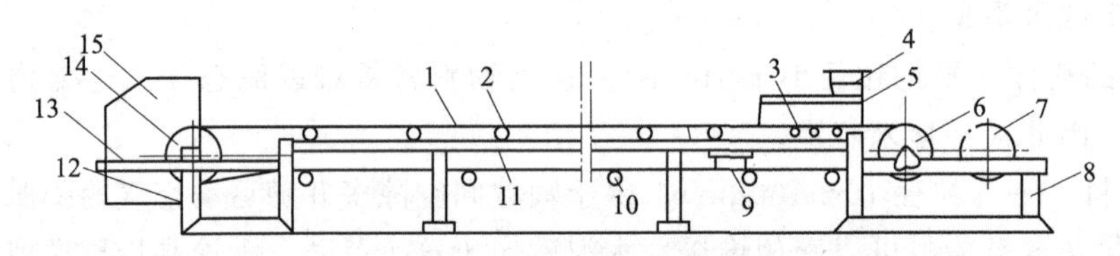


图 5-21 固定式皮带运输机

1—输送带；2—上托辊；3—缓冲托辊；4—漏斗；5—导料拦板；6—改向滚筒；7—螺旋拉紧装置；8—尾架；9—空段清扫器；10—下托辊；11—中间架；12—弹簧清扫器；13—头架；14—传动滚筒；15—头罩

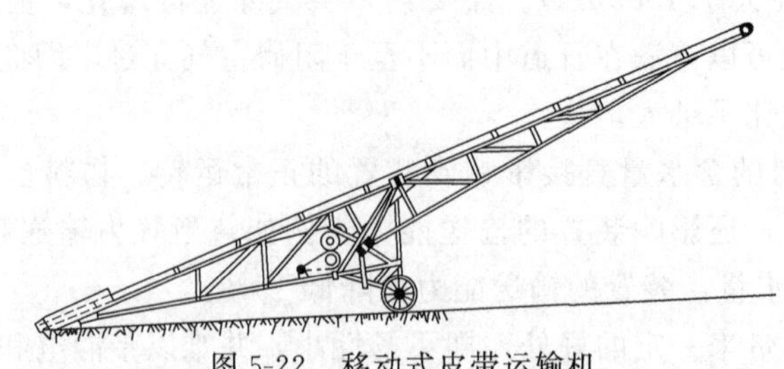

图 5-22 移动式皮带运输机

皮带运输机是用一条长的带子，绕过机头和机尾的滚筒（鼓轮）首尾连接起来，组成一条封闭的带。由电动机经过减速机带动传动滚筒转动，依靠传动滚筒与皮带间的摩擦力带动皮带运转。为避免皮带在传动滚筒上打滑，需要用张紧装置将皮带拉紧。物料由机器的一端或其他部位加到皮带上，运转的皮带将物料输送到另一端或其他规定的部位卸料。在输送带的全长上，有许多组托辊将皮带托住，避免皮带负重下垂。

(2) 特点及应用　带式输送机是一种生产技术成熟、应用极为广泛的输送设备，具有最典型的连续输送机的特点，近年来发展很快。其主要优点：①结构简单，自重轻，制造容易；②输送路线布置灵活，适应性广，可输送多种物料；③输送速度快，输送距离长，可长达10km以上，输送能力大，能耗低；④可连续输送，工作平稳，不损伤被输送物料；⑤操作简单，安全可靠，保养检修容易，维修管理费用低。

带式输送机的主要缺点：①输送带易磨损，且其成本高（约占输送机造价的40%）；②需用大量滚动轴承；③在中间卸料时必须加装卸料装置；④普通胶带式不适用于输送倾角过大的场合。

目前，带式输送机已经标准化、系列化，性能不断完善，而且不断有新机型问世。

#### 5.3.1.2 斗式提升机

(1) 工作原理及类型　斗式提升机是在垂直或接近垂直（大于70°）方向上连续提升物料的输送机械，如图5-23所示，在挠性牵引构件3（链条或胶带等）上，每隔一定间距安装若干个钢质料斗4，闭合的牵引构件卷绕过上部和下部的滚轮（链轮或滚筒），由底座5上的拉紧装置6通过改向轮2进行拉紧，由上部驱动轮1驱动。物料从下部供入，由料斗把物料提升到上部，当料斗绕过上部滚轮时，物料就在重力和离心力的作用下向外抛出，经过卸料料槽送到料仓或其他设备中。提升机形成具有上升的有载分支和下降的无载回程分支的闭合环路。

斗式提升机在下部装料，在上部的另一端卸料。装料的方式有掏取式和流入式两种。掏取式如图5-24(a)和(b)所示，物料由加料口喂入，使其聚集在底座中，由料斗舀起。掏取式主要用于高速输送磨蚀性小、容易掏取的粉粒状的物料。料斗的运动速度可达0.8～2m/s。流入式如图5-24(c)所示，物料迎着上升的料斗直接注入。采用流入式时，加料口要高于下滚轮轴线，料斗应密接布置，而且运动速度较低（小于1m/s），以使料斗充分装填。流入式主要用于磨蚀性大和大块的物料装载。实际装载中往往是两种方式同时兼有，而以其中一种方式为主。

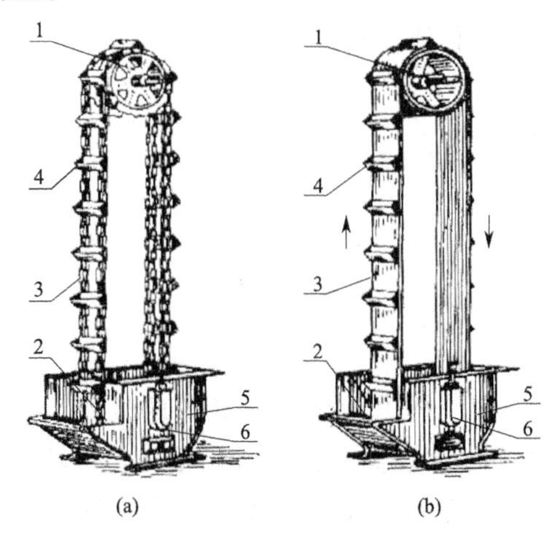


图5-23　斗式提升机工作原理

1—驱动轮；2—改向轮；3—挠性牵引构件；4—料斗；5—底座；6—拉紧装置

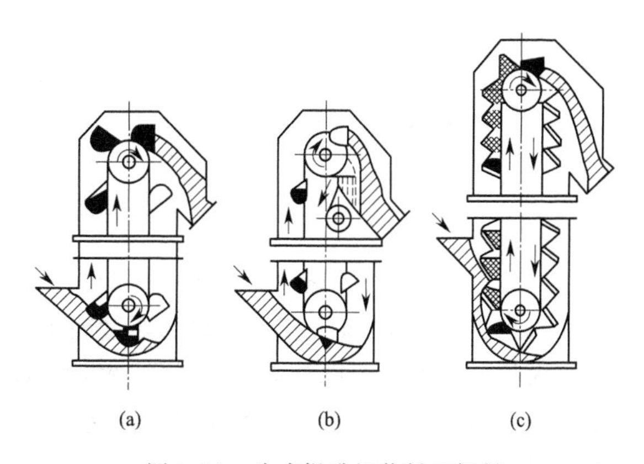


图5-24　斗式提升机装料和卸料

无论哪种装料方式，底部的物料高度最好都不高于下滚轮轴线。保持较低的物料高度，不但可使提升机工作稳定，而且还可防止供料不均时造成提升机堵塞。此外，料斗过分地充满，在提升过程中容易撤回机座中。因此，料斗的填充率 $\varphi$ 应小于1。

物料从料斗中卸出的方式有三种：离心式[图 5-25(a)]、重力式[图 5-25(c)]和混合式[图 5-25(b)]。

物料的卸料情况分析如图 5-25 所示，当料斗在直线区段作等速上升时，物料只受到重力 $G$ 的作用。当料斗绕上驱动轮一起旋转时，料斗内物料除了受到重力作用外，还受到惯性离心力 $F$ 的作用。

$$G=mg(\mathrm{N}) \tag{5-80}$$

$$F=m\omega^2 r(\mathrm{N}) \tag{5-81}$$

式中　$m$——料斗内物料的质量，kg；

$\omega$——料斗内物料重心的角速度，r/s；

$r$——回转半径，即料斗内物料的重心 $M$ 到驱动轮中心 $O$ 的距离，m；

$g$——重力加速度，m/s$^2$。

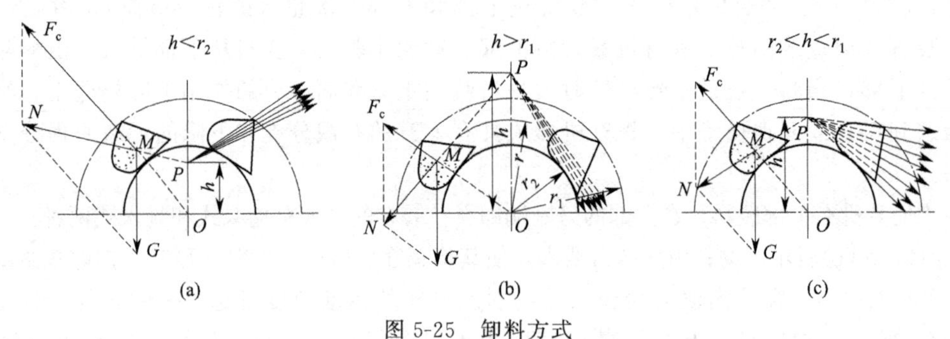


图 5-25　卸料方式

(a) 离心式；(b) 重力式；(c) 混合式

重力和惯性离心力的合力 $N$ 的大小和方向随着料斗的位置改变，但其作用线与驱动轮中心垂直线始终交于同一点 $P$，$P$ 点称为极点。极点到回转中心的距离 $OP=h$ 称为极距。连接 $M$ 点及 $O$ 点得相似三角形△$MPO$ 和△$MF_cN$。从相似关系得

$$\frac{h}{r}=\frac{G}{F_c}=\frac{mg}{m\omega^2 r} \tag{5-82}$$

以 $\omega=\frac{\pi n}{30}$代入得

$$h=\frac{g}{\omega^2}=\frac{30^2 g}{\pi^2 n^2}=\frac{895}{n^2}(\mathrm{m}) \tag{5-83}$$

式中　$n$——驱动轮转速，r/min。

从式(5-83) 可知，极距 $h$ 只与驱动轮的转速有关，而与料斗在驱动轮上的位置及物料在斗内的位置无关。随着转速 $n$ 的增大，极距 $h$ 减小，惯性离心力增大，反之，当转速 $n$ 减小时，则极距 $h$ 增大，惯性离心力减小时，当驱动轮转速一定时，极距 $h$ 为定值，极点也就固定了。

根据极点位置的不同，可得到不同的卸料方式。设驱动轮半径为 $r_2$，料斗外缘半径为 $r_1$。当 $h<r_2$，即极点 $P$ 位于驱动轮的圆周内时[图 5-25(a)]，惯性离心力大于重力，料斗

内的物料将沿着斗的外壁曲线抛出，这种卸料方式称为离心式卸料。常采用胶带作为牵引构件，料斗运动速度较高（1～5m/s），适用于干燥和流动性好的粉粒状物料的卸料。为了使各个料斗抛出的物料不致互相干扰，各个料斗应保持一定的距离。

当$h>r_1$，即极点$P$位于料斗外边缘的圆周之外时[图5-25(b)]，重力将大于惯性离心力，物料将沿料斗的内壁向下卸出。这种卸料方式称为重力式卸料。常采用链条作牵引构件，适用于作连续密集布置的带导向槽的料斗，在低速（0.4～0.8m/s）下输送比较沉重、磨蚀性大及脆性的物料。

当$r_2<h<r_1$，即极点位于两圆周之间时[图5-25(c)]，料斗内的物料同时按离心式和重力式的混合方式进行卸料。部分物料从料斗的外缘卸出，部分物料从料斗的内缘卸出，即从料斗的整个物料表面倾卸出来，这种卸料方式称为混合式卸料。常采用链条作牵引构件，适用于在中速（0.6～1.5m/s）下输送潮湿的、流动性较差的粉粒状物料。上部回程分支须向内偏斜，以免自由卸落的物料打在前一料斗的底部，以保证正常运转。

(2) 特点及应用　斗式提升机具有以下优点：①输送量大，相同斗宽的TD型与D型相比，输送量增大近一倍；②牵引件采用高强度橡胶输送带，具有较高的抗拉强度，使用寿命长；③整机结构简单、安装方便，便于调整、维修和保养；④牵引件为低合金高强度圆环链，经适当的热处理后，具有很高的抗拉强度和耐磨性，使用寿命长；⑤横断面上的外形尺寸较小，可使输送系统布置紧凑；⑥提升高度大；⑦有良好的密封性等。缺点是：①对过载的敏感性大；②料斗和牵引构件较易损坏。

斗式提升机用于垂直或倾斜时输送粉状、颗粒状及小块状物料。提升物料的高度可达80m（如TDG型），一般常用范围小于40m，输送能力在1600m$^3$/h以下。一般情况下多采用垂直式斗式提升机，当垂直式斗式提升机不能满足特殊工艺要求时，才采用倾斜式斗式提升机。由于倾斜式斗式提升机的牵引构件在垂度过大时需要增设支承牵引构件的装置，而使结构复杂，因此很少采用倾斜式斗式提升机。

#### 5.3.1.3 螺旋输送机

(1) 工作原理及构造　螺旋输送机是一种无挠性牵引构件的连续输送设备。它的总体构造如图5-26所示。

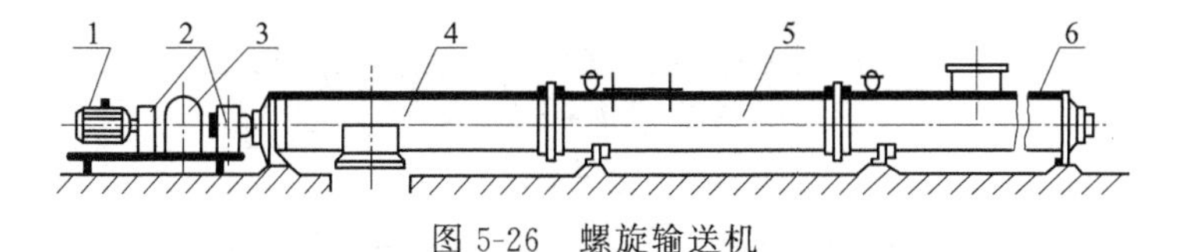


图5-26　螺旋输送机

1—电动机；2—联轴器；3—减速器；4—头节；5—中间节；6—尾节

螺旋输送机的内部结构如图5-27所示。它主要由螺旋轴、料槽和驱动装置所组成。螺旋叶片固装在轴上，螺旋轴纵向装在料槽内。每节轴有一定长度，节与节之间联结处装有悬挂轴承。一般头节的螺旋轴与驱动装置连接，出料口设在头节的槽底，进料口设在尾节的盖上。物料由进料口装入，当电动机驱动螺旋轴转动时，物料由于自重及与槽壁间摩擦力的作用，不随同螺旋一起旋转，这样由螺旋轴旋转产生的轴向推动力就直接作用到物料上，使物料沿轴向滑动。输送物料情况恰似被卡住而不能旋转的螺母沿着螺杆作平移一样，朝着一个方向推进到卸料口处卸出。

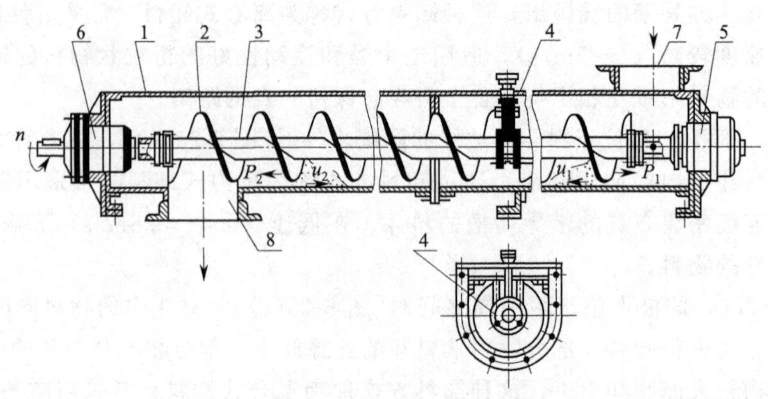


图 5-27 螺旋输送机的构造

1—料槽；2—叶片；3—转轴；4—悬挂轴承；
5、6—端部轴承；7—进料口；8—出料口

螺旋叶片有左旋和右旋之分，确定螺旋旋向的方法如图 5-28 所示。物料被推进方向由叶片的方向和螺旋的转向所决定。图 5-27 所示为右向螺旋，当螺旋按 $n$ 方向旋转时，物料沿 $v_1$ 的方向被推送到卸料口处，当螺旋按反方向旋转时，物料则沿 $v_2$ 的方向被推送。若采用左向螺旋，物料被推进的方向则相反。

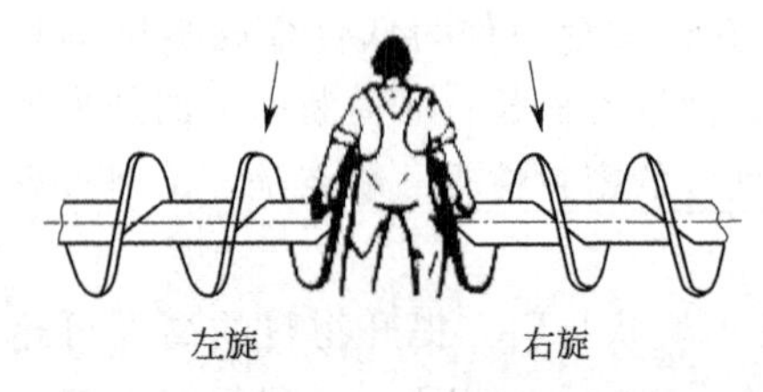


图 5-28 确定螺旋旋向的方法

螺旋输送机主要有四种输送物料方向，可以布置成四种不同进出料部位的形式（图 5-29）。

（2）性能及应用 螺旋输送机的优点是：构造简单，结构紧凑，占地面积少，设备容易密闭，管理和操作比较简单。缺点是：运行阻力大，动力消耗大，零件磨损快，易产生堵塞，维修工作量大。因此，螺旋输送机将逐步被其他输送机械设备代替。

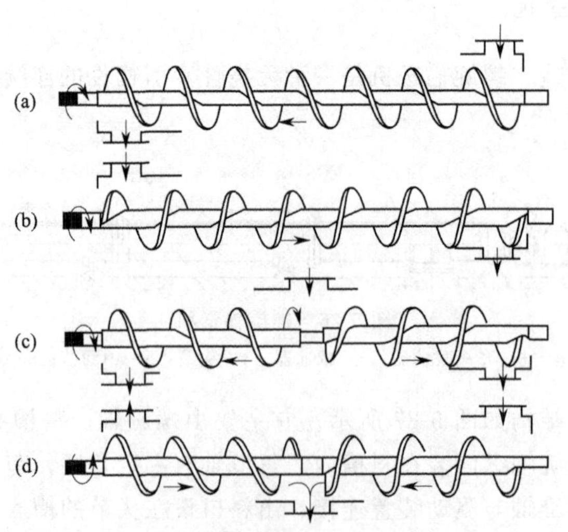


图 5-29 螺旋输送的布置形式

(a) 左向输送；(b) 右向输送；
(c) 左右分离输送；(d) 左右集中输送

螺旋输送机常用于水平或小于 20°倾斜方向输送粉粒状物料（如水泥生料、煤粉、灰

渣、沙子等），不宜用于输送块状、粒状、密蚀性大和易结块的物料。物料的温度要低于 200℃。由于功率消耗大，因此多用于中、小输送量（一般小于 100$m^3$/h）及输送距离短（不大于 70m）的场合。可以多点装料及多点卸料，也可用作加料机械，或在输送的同时完成搅拌、混合和冷却作用。

### 5.3.2　气力输送装置

散状物料借助气体介质进行输送称为气力输送。气力输送装置也是一种运输机械，它不仅单纯地用来输送，也可以作为生产工艺中的一环，在输送过程中同时进行粉碎、分级、干燥、加热、冷却等操作。

对于粉粒状物料，气力输送往往是最适宜的输送方式。由于生产所用原料多为粉料，因而气力输送逐渐被粉体材料工厂采用。气力输送的采用为粉状物料输送实现自动化开辟了新的途径。

#### 5.3.2.1　气力输送装置的类型和工作原理

气力输送装置主要有抽吸式和压送式两种。抽吸式是将大气与物料一起吸入管内，靠低于大气压力的气流进行输送。压送式是用高于大气压的压缩空气吹进或推动物料进行输送的。根据物料的供料器和所用的空气压力不同，气力输送装置又可分成许多不同的形式，如图 5-30 所示。

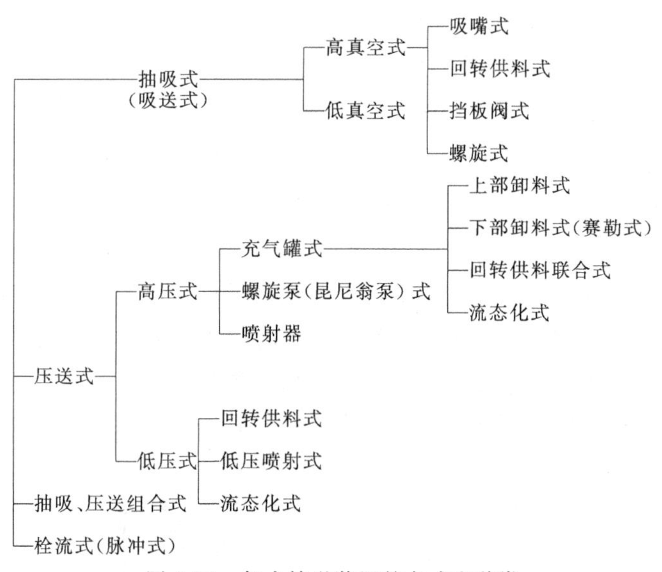

图 5-30　气力输送装置的方式和种类

管道式气力输送设备是利用气体介质对固体颗粒的作用，在连续流态化的状态下，在管道中输送物料的设备。

因产生气流方法的不同，这类设备大致可以分为抽吸式和压送式，也有将上述两种组合使用的混合式。在硅酸盐工业中，混合式较少使用。除了从车船上卸载颗粒状物料采用抽吸式外，其他以采用压送式较为普遍。

（1）压送式气力输送装置　压送式又分为高压输送和低压输送两类。高压输送的空气压强一般为 203～507kPa（表压），用空气压缩机供气；低压输送的空气压强一般为 51kPa（表压）以下，用罗茨鼓风机或透平式鼓风机供气。低压输送适用于输送距离小于 300m

之处。

输料管道的压强高于大气压的称为压送式气力输送装置，工作流程如图 5-31 所示。空气压缩机 1 安装在系统的最前面，用它将压缩空气输送进供料装置 2 后，将内部的物料吹起，经管道 3 及换向阀 4 送到料仓 5 中。在料仓内由于气流速度降低，物料沉降下来，贮存在仓内。气流则经过料仓顶部收尘处理之后排放到大气中。系统中，输送物料的起点的压强为最大，终点附近的压强为最小，接近大气压。由于在输料管道的高压处将颗粒物料输进管道，为了防止空气倒流需加特殊装置。但在空气和物料分离处的压强接近大气压，而且又是向压强较低的管外排出，所以容易排料。

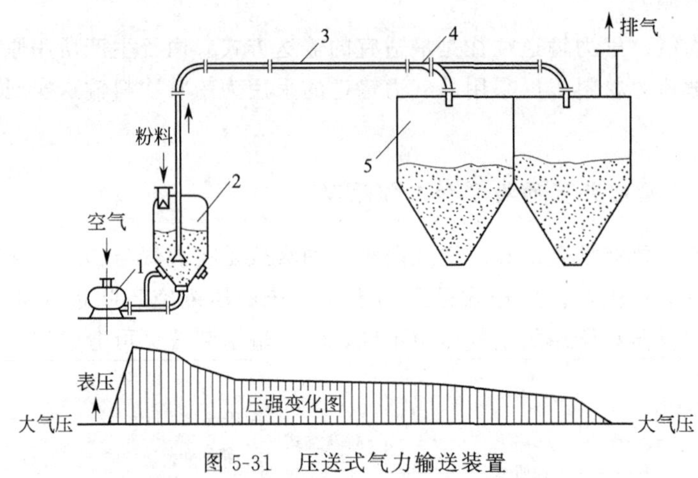


图 5-31 压送式气力输送装置

1—空气压缩机；2—供料装置；3—管道；4—换向阀；5—料仓

（2）抽吸式气力输送装置 输料管道的压强低于大气压的称为抽吸式气力输送装置，工作流程如图 5-32 所示。真空泵 6 安装于系统的尾部，用以抽吸空气，使输送系统内产生真空。物料经吸嘴 1 随同空气一起吸入到管道 2 中。当气流经过料仓 3 及收尘装置 4 时，所夹带的物料沉降下来，经闸门 5 卸出。脱尘后的空气最后经真空泵 6 排放到大气中。系统中，输送压强越接近真空泵则越低。由于输料管道起点附近接近大气压，故容易使颗粒物料吸进管内，供料装置结构简单。输料管道尾部的物料和空气的分离处，在整个输送系统中是压强最低处，当颗粒物料在这里向管外排出时，极易从外部漏进空气，为了防止发生这种现象，也必须采用特殊装置。

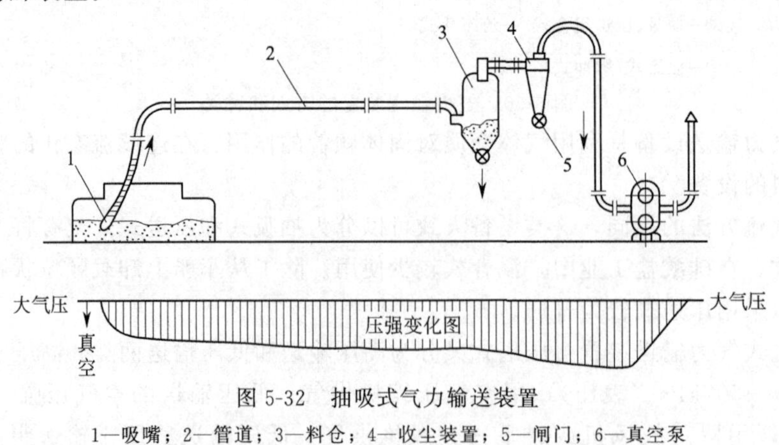


图 5-32 抽吸式气力输送装置

1—吸嘴；2—管道；3—料仓；4—收尘装置；5—闸门；6—真空泵

抽吸式气力输送设备大多数用来将从各个地点卸下的物料送到一个收集点。但是抽吸式输送压差最大也不超过101kPa，所以输送距离不能太长。压送式气力输送设备大多数用来将从某一固定地点卸下的物料送往好几个收集点。由于压送式使用压缩机可以产生较高的压强，管道中的压差可以高达实际所需值，故可用于长距离输送及输送物料到较高处。

(3) 混合式气力输送装置 混合式气力输送装置（图5-33）分为两个过程，先用真空输送管将物料吸送至分离器，然后经分离器下部的供料器进入压送管道，将物料送至贮料罐，这种输送方式的供料、卸料等处接近大气压力。但由于在中途需要将物料从压力较低的吸送段转入压力较高的压送段，故其整个装置比较复杂。混合式气力输送方式在实际中应用很少。

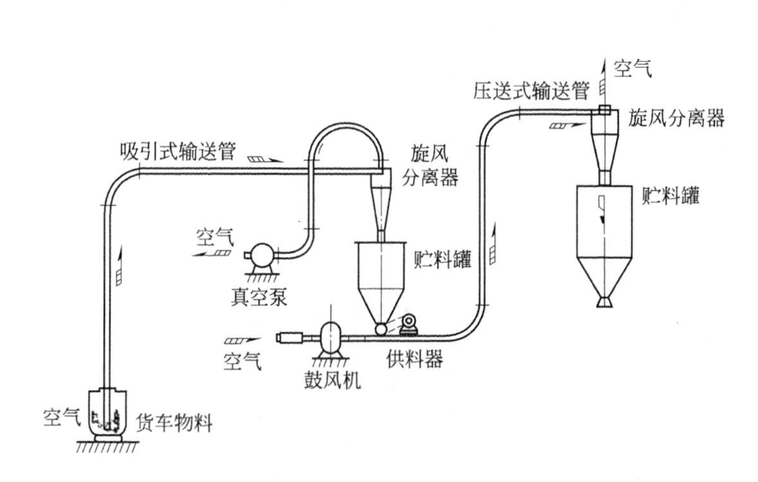


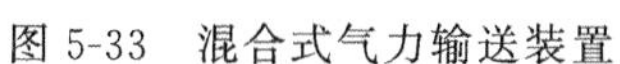
图5-33 混合式气力输送装置

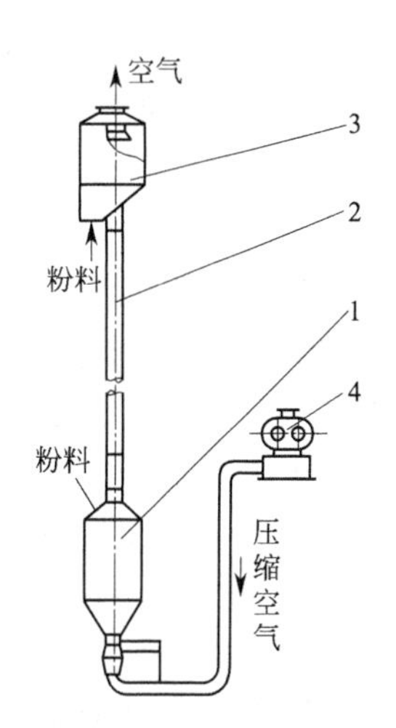


图5-34 气力提升泵的气力输送系统

1—提升泵；2—输送管；

3—膨胀仓；4—罗茨鼓风机

(4) 气力提升泵 气力提升泵是一种利用低压空气把粉状物料垂直提升到所需高度的气力输送供料设备，它实际上是连续进料和送料的仓式气力输送泵的另一种形式。

采用气力提升泵的气力输送系统（图5-34）主要由提升泵、输送管、膨胀仓及罗茨鼓风机等组成。粉料连续加入提升泵1中，并随气流经输送管2进入膨胀仓3。在膨胀仓中空气与粉料分离，粉料由下部锥体部分卸出，空气则由顶部排出。气力提升泵一般用罗茨鼓风机4供气，风机的风压一般为35kPa左右。

气力提升泵按结构可分为立式和卧式两种，两者的主要差别在于喷嘴的布置方向不同。喷嘴垂直布置的为立式，喷嘴水平布置的为卧式。

立式气力提升泵如图5-35所示。物料由泵体顶部进料口1喂入，压缩空气则由泵体下部经出风管10冲开止逆阀15进入气室14，喷嘴13与输送管3间保持有一定距离（$h$）并可调节。当气室的气体由喷嘴13高速喷入输送管3时，在输送管口处便形成了负压，另一部分辅助空气（约3%～10%）由充气管8经充气板6充入物料中，使物料流态化。流化物料在泵内料柱的压力和喷嘴处形成的低压下流向喷射区进入输送管内，并沿输送管被提升到一定高度，送到终点的膨胀仓内分离而落下。

为了防止物料从喷嘴处窜入出风管内，在气室内装有球形止逆阀15，正常情况下，气体首先是冲开止逆阀，再通过气室从喷嘴喷出。当进气停止时，止逆阀由于自重而紧压在阀座上，封闭了气室和风管的通路。为了清洗可能进入气室的物料，在气室的侧面装设有清洗风管 9，以防堵塞气室而影响操作。

在泵筒体沿高度方向装有观察镜 11 和料面标尺 12。泵体内的物料必须具有足够的高度，在正常运行中，泵内料柱高度应能自动平衡在足以克服输送管道流体阻力的位置上。输送量主要由改变喂料量来调节。对于一定的气力提升泵，输送同一种物料时，输送量的大小取决于泵内料柱的高度。料柱越高，输送量越大。当改变喂料量时，经过一段时间泵内料柱高度便自动稳定在一个新的位置上。

卧式气力提升泵如图 5-36 所示。其出风管为水平方向，需经过一段水平距离然后通过弯管转向垂直方向。其结构较立式简单，外形高度也较矮，一般装设在地面上。

膨胀仓的构造如图 5-37 所示。在输送管 3 的末端连接一个膨胀仓，它的作用是将物料从气流中分离出来。当物料与气体混合流沿输送管 3 进入膨胀仓体 1 时，由于体积突然扩大而引起气流速度突然降低，并受到冲击板 2 的阻挡，物料便在重力和惯性力作用下从气流中分离出来，经闪动阀 4 卸出。分离后的气体经排气管进入收尘系统，进一步将物料收集下来。

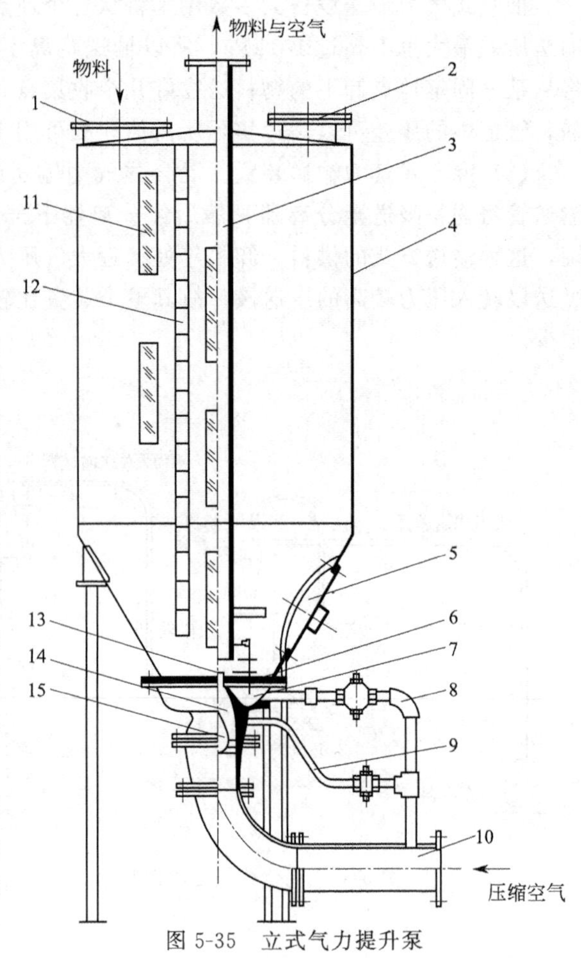


图 5-35 立式气力提升泵

1—进料口；2—安全阀；3—输送管；4—提升泵体；5—人孔；6—充气板；7—充气室；8—充气管；9—清洗风管；10—出风管；11—观察镜；12—料面标尺；13—喷嘴；14—气室；15—止逆阀

气力提升泵的提升高度可达 80m，输送能力可达 200t/h。气力提升泵的输送风速根据物料细度、密度、流动性及输送高度而定。由于采用低风压大风量，实际上输送管中风速一般偏高，选 20～25m/s 或更高。

当输送压强为 20～50kPa、输送高度为 20～60m 时，输送浓度可达 12～20kg/m。目前国内实际使用为 3～18kg/m。

输送风压可按选定浓度算出，在水泥厂一般为 25～50kPa。输送的压头损失其中在喷嘴消耗 60%～75%，而输送管道部分仅占 25%～40%。所以，压头损失主要取决于喷嘴的口径和设计形式。

气力提升泵的优点是：结构简单，质量轻，无运动部件，磨损小，密封性好，输送物料比较均匀稳定，操作维修方便可靠，特别是输送高度高（超过 30m）、输送量大时较为经济适宜。其缺点是：调节输送量不灵敏，不能达到一改变喂料量料柱高度就立即变到应有的高度；电耗大，尤其是提升高度低时电耗高于斗式提升机；体形较高大，与仓式气力输送泵一样在工艺布置及建筑设计上是不利的。

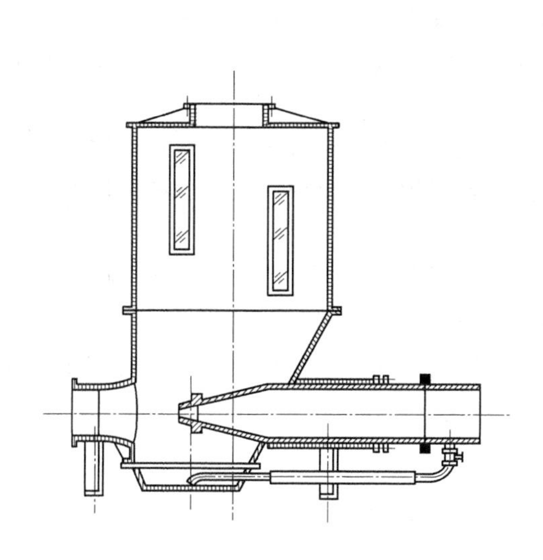

图 5-36 卧式气力提升泵

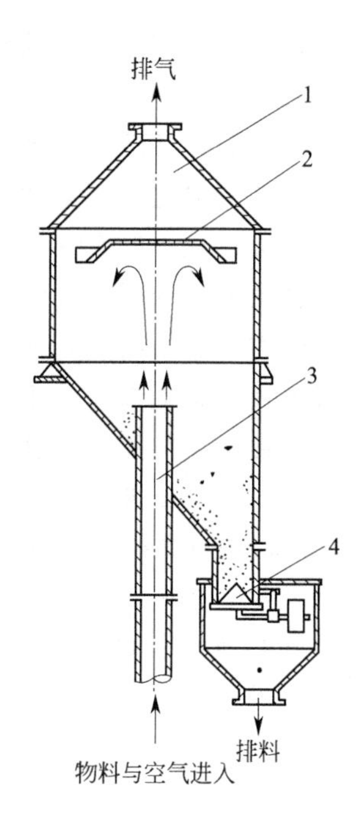


图 5-37 膨胀仓

1—膨胀仓体；2—冲击板；

3—输送管；4—闪动阀

在硅酸盐工业中，气力提升泵一般用于垂直输送水泥、生料粉及煤粉等。近年来，水泥回转窑采用悬浮预热器和窑外分解系统后，送料高度一般都比较高（达 40m 以上），如果采用斗式提升机，则要用两级提升才行，虽然斗式提升机的电耗比气力提升泵低，但机械事故较多，维护困难，因此，采用气力提升泵输送生料，对于悬浮预热器和窑外分解系统来说是比较合适的。

（5）栓流式气力输送装置 无论是吸送式还是压送式，其基本原理均为悬浮输送，要想使输送物料呈悬浮状态，管道中的气流速度必须大于物料粒子的沉降速度，才能使物料悬浮于气流中并被气流在流动中输送，因此，从经济的角度，就存在一个最低输送速度的问题，它不仅因物料的种类而异，而且又远比粒子本身的沉降速度大，否则，即气流速度低于此最低输送速度时，粒子将大量沉积在管底，引起压损急剧增加导致管路堵塞。为此，保证最低输送速度所采用的气流速度往往高达 20～30m/s，使用的风量过大，而输送的物料不多，功的有效利用率不高，所以输送浓度较低，构成了该类气力输送装置的一大缺点。

然而，如何提高输送的浓度并降低功耗呢？有人做过研究得出：

如果将 1t 物料、在 1h 内输送 1m 距离所需的功率定义为单位功率消耗 $N'$，在输料管径一定时，$N'$ 值与有关参数的关系为

$$N' \propto \frac{v^2}{m} \tag{5-84}$$

式中 $v$——气体流速，m/s；

$m$——输送浓度，$kg/m^3$。

由此可见，为了降低单位功率消耗，必须减小气流速度和提高输送浓度。

说明：①降低气流速度，可以大幅度地降低电耗，同时，气流速度减小，还能大大减小管道的磨损，使物料的破碎降低到最小。

② 输送浓度的提高，不仅使输送量增大，降低功耗，而且由于空气用量的减少，还减轻了分离设备的负荷，甚至可以做到不用分离器即卸料。

为了获得较高的输送浓度，理想的方法应该是：使输送管在满管状态下输送物料，即利用较低的气流速度、较高的空气压力将物料柱满管地向前推进。通过实践可知，推动满管的非弹性物料柱移动所需的压力大约与料柱长度的平方成正比，如图 5-38 所示。

因而，在这种不间断的满管输送状态下所需的输送压力极高，否则将无法进行输送。为此，人们就设法使物料能以一连串的、间断的、短物料柱的形式出现，由空气的静压将料柱进行推送，由此诞生了栓流式（脉冲式）输送装置。

脉冲式气力输送装置如图 5-39 所示，输送原理是气源 6 的气体分成两路，一路气进入料罐 1，气体推动罐内物料向下移动，连续移动至气刀 8 处；另一路气体与电磁阀 8 连接。电磁阀由脉冲发生器控制，气体时断时续地通至物料管道，气刀 8 把管道中的物料切成一段一段的栓状，物料便不断地向前输送。栓流式气力输送方式不但可以用于输送粉粒状的物料，而且可以输送玻璃配合料。

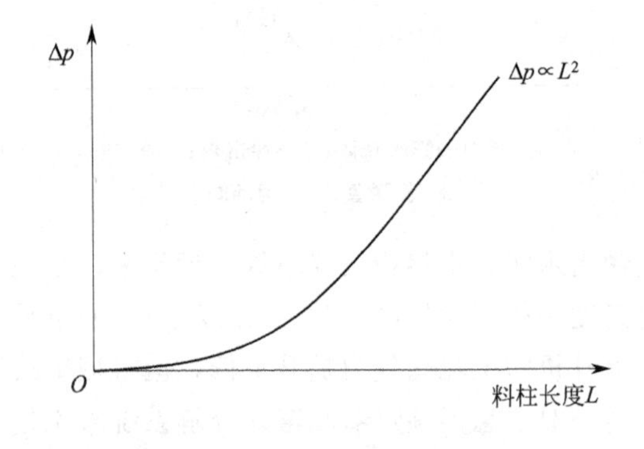


图 5-38 压力与料柱长度的关系

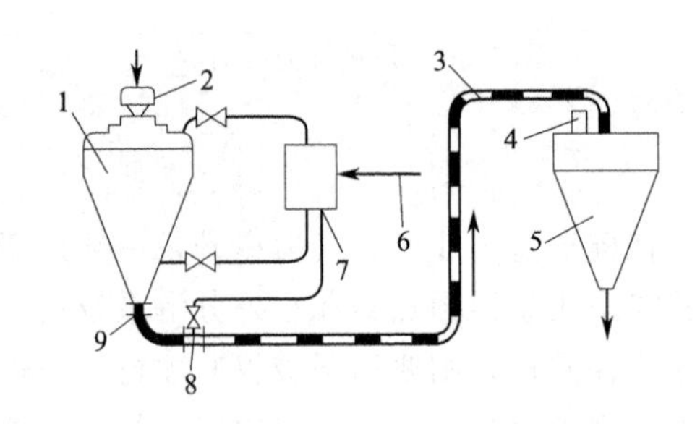


图 5-39 脉冲式气力输送装置

1—料罐；2—进料阀；3—料栓；4—排气阀；5—料仓；6—气源；7—气缸；8—气刀（电磁阀）；9—气刀（电磁阀）；9—脉冲发生器

图 5-40 为栓流气力输送类型，图 5-41 为气刀的形式。

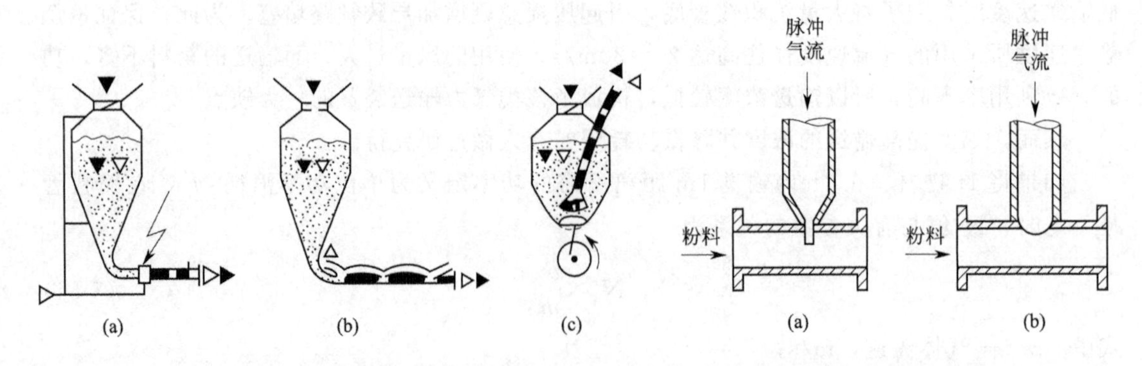


图 5-40 栓流气力输送类型

(a) 气刀式；(b) 旁通式；(c) 膜片式

图 5-41 气刀的形式

(a) 长方形；(b) 圆形

#### 5.3.2.2　气力输送的特点

气力输送装置有各种不同的类型，一般具有以下优点：

① 可实行全部机械化、自动化，管理人员少，因而管理费用低；

② 密封性好（特别是吸引式气力输送），减少了粉尘飞扬，改善了劳动条件；

③ 设备简单，占地面积小，设备费用及维修费用少；

④ 输送路线可以任意选择，使工厂的设备布置合理化；

⑤ 在不便安装其他输送机械的场所，可用气力输送来代替。

气力输送装置也存在以下缺点：

① 动力消耗大，单位输送（每小时每个单位距离的输送量）所需动力为其他输送机的2～40倍，这种现象输送距离越近越明显；

② 装置的构件磨损大，尤以管道的弯曲部分最为严重，会增加物料中的含铁量；

③ 尾气（废气）处理量大（栓流式气力输送除外）；

④ 对输送物料有一定限制，一般限于输送粒径 20～30mm 以下的颗粒状物料，不宜输送黏性的物料；

⑤ 装置中一处发生故障，便使整个输送系统失灵。

#### 5.3.2.3　气力输送装置的基本构件

气力输送装置的基本构件包括发送装置、卸料装置、除尘装置及管道等。

（1）供料装置

① 吸嘴。吸嘴是吸送装置输送粉状物料使用的供料器，其结构如图 5-42 所示，工作原理如图 5-43 所示。

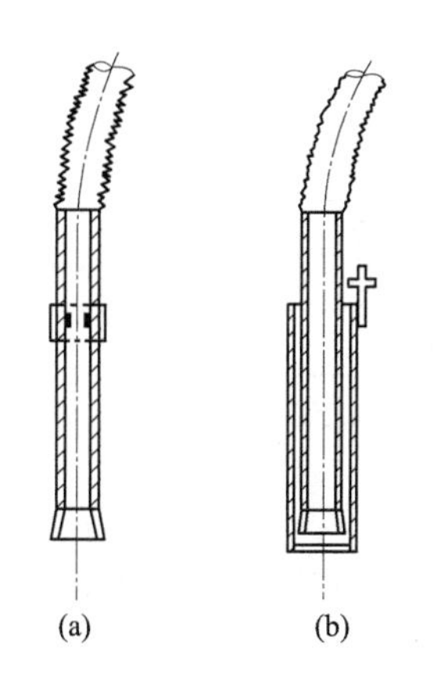


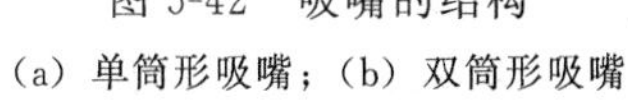
图 5-42　吸嘴的结构

（a）单筒形吸嘴；（b）双筒形吸嘴

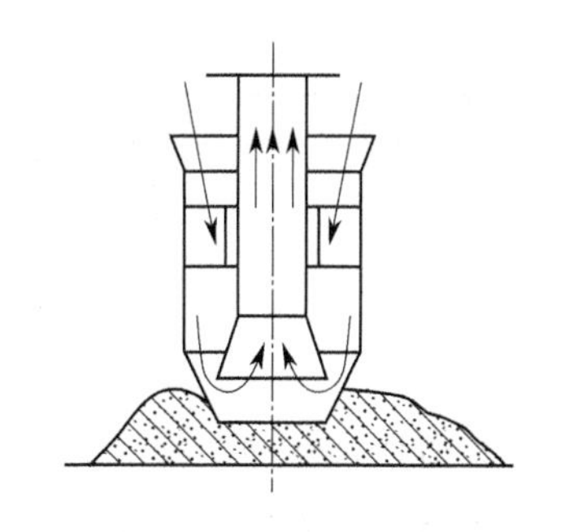
图 5-43　吸嘴工作原理

将吸入管的法兰连接在主风道上，开动风机后，空气从环形空间处吸入，从而将物料吸入输送管道内。移动吸管调节环形空间即可达到调节输送物料多少的目的。

吸嘴能否正常吸料，并获得最佳的输送效果，关键在于调节好二次空气的进入量。单筒形吸嘴是靠转动筒体上的一个箍来改变二次空气进入量；双筒形吸嘴是靠调节可调螺母，使外筒升降改变内外筒的间隙，改变二次空气进入量。二次空气进入量过大，使混合比减小，生产率就下降。合理的二次空气进入量，随物料的密度、粒度、自然堆积角及水分不同而变化。

吸嘴除图 5-42 所示的两种外，还有其他许多种形式，如单管形、倾斜形、喇叭形、固定形等。

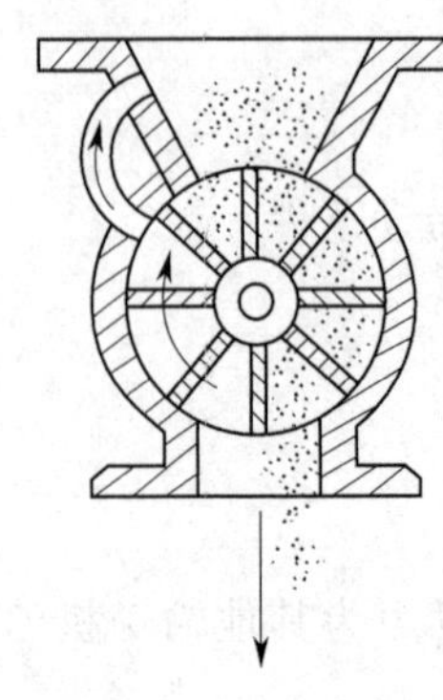

图 5-44 叶轮式供料器

② 叶轮式供料器。在压送式气力输送装置中，为了避免气体的泄漏，供料器应该是密闭的。否则因漏气，不但物料不能加入，而且压缩空气还会将物料吹出加料口。

叶轮式供料器（图 5-44）也称为星形供料器。它由带叶片的转动体和机壳等组成，叶片与叶片之间分隔成扇形的小室，物料从加料斗落入扇形小室内，满载的小室转至下方时，物料借助重力落入输送管路中，避免压缩室气漏出。此种供料器结构简单，能定量供料，因而在压送式和吸送式的气力输送装置中都得到广泛的应用。

③ 螺旋泵式供料器。螺旋泵也称昆尼翁泵。螺旋泵式供料器（图 5-45）的螺杆与电动机直接连在一起，螺杆上的螺旋是变螺距的，即螺杆上的螺距沿着物料的运动方向而逐渐减小。由于电动机带动螺旋旋转，从料斗落下的物料在旋转的螺旋中，一面被压缩，一面逐渐被挤送向前，被压缩的粉料层同时产生密封作用，防止压缩空气从物料入口跑出。当粉状物料被输送至混合室时，被室下部设有的两列喷管（11～13 个）喷出的压缩空气吹散，送入输送管内。为了保证混合室的物料不倒流，可以调节平衡锤，使挡板压紧或离开螺旋端部。它的加料多少靠手动闸板调节。

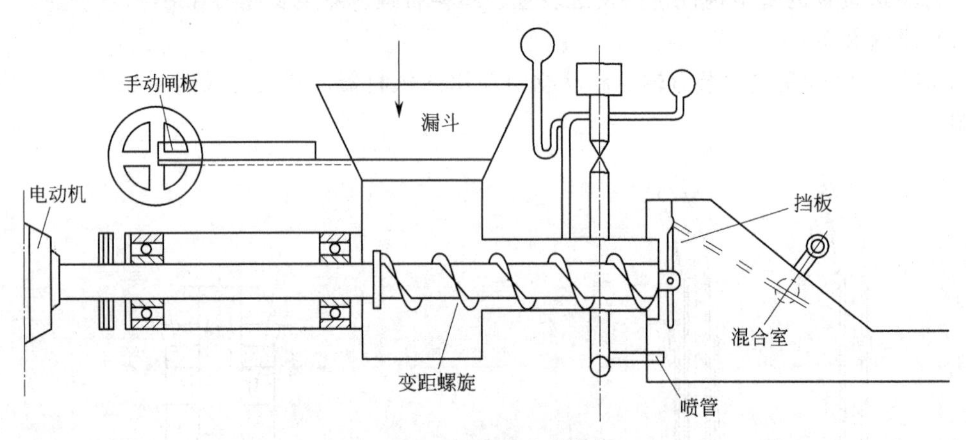


图 5-45 螺旋泵式供料器

此种供料器所消耗的功率比其他形式的供料器大。同时，为了防止磨损，还要采用铸件的衬套，螺旋端面要焊以硬质合金。尽管如此，还要定期地维修。

由于螺旋泵的体积小、高度低，可以用于狭窄处的输送。

④ 仓式供料器。仓式供料器（图 5-46）又称为仓式输送泵或充气罐式输送装置。先将物料充到罐内，然后将罐密闭，并送入压缩空气，进行压送。

仓式供料器的装料方法有两种，一种是靠重力使物料流入容器内，另一种是真空吸入。

仓式供料器在粉状物料的供料装置中，占有重要的位置。由于它没有快速运动的磨损零件，可以用它输送磨蚀性的物料。它具有容量大、运输距离长的特点。目前已有混合比高达 113、输送距离 650m、单机能力为 250t/h 的实例。

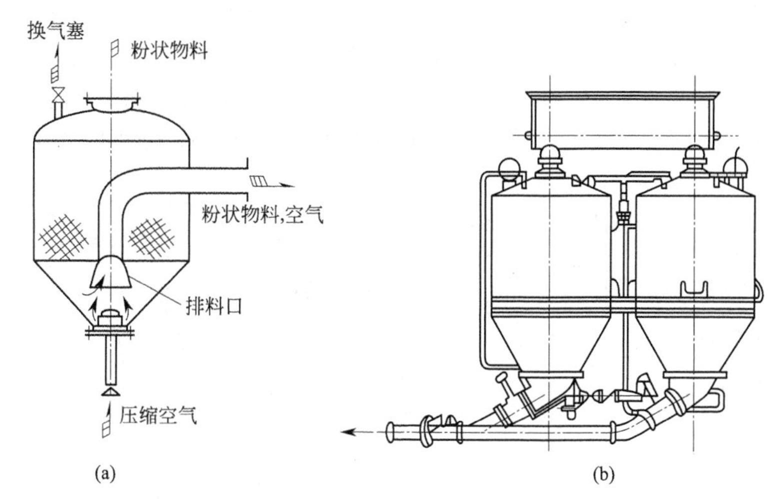


图 5-46　仓式供料器

（a）单仓式供料器；（b）双仓式供料器

这种形式的供料器具有以下特点：

a. 结构坚固，密封性好，能在高压下运转；

b. 构造简单，除压缩空气外，不需要别的动力；

c. 运转部件少，几乎没有噪声；

d. 能将粉料以非常高的混合比输送到数百米以外的地方；

e. 根据罐的压送次数，便可计算总的输送量。

（2）输送管及管件　气力输送装置的基本特点之一，就是通过管道输送物料。输送管在气力输送装置中是最简单的部分，但在设计气力输送装置时，则是最重要的部分。管径的选择和管路的配置对整个气力输送装置的效率影响很大。由于气力输送的管道要输运气、料的混合体，所以必须考虑下列一些事项：

a. 管内要光滑；

b. 管道接口处要平滑，不应偏斜；

c. 考虑到颗粒对管壁的磨琢性，需用厚壁的管道；

d. 在特别容易磨损之处，应装上能拆接或能调节的管件；

e. 在输送物料时，因种种原因容易发生堵塞，故应在管道上设置清扫孔；

f. 当管道需布置于地下时，应尽量将管道铺设在砌筑的地沟内，不应将其埋入土中；

g. 配管设计不仅根据输送的难易，而且为了提高企业的经济指标，应考虑到工厂整个设备配置的合理性；

h. 选定配管线路时，必须尽可能考虑减少穿过厂房的次数，不妨碍其他设备的维修和交通，以及无损于美观；

i. 设计要考虑到管道施工、维修检查的方便，在不妨碍交通的情况下，尽量在较低的位置配管。

输送管主要由直管和弯管两部分组成。

① 直管。输送管的直管部分一般用煤气管，直径约为 50～250mm。在输送腐蚀性特别大的粉状物料时，输送管用的是铸铁管和特殊铸钢管。在输送腐蚀性较小的物料时，可采用铁皮卷焊成的输送管。

② 弯管。在气力输送装置中采用弯管时，应特别注意的是，自物料的起点至终点取最短的路线，尽量减少弯管的数量，当必须采用弯管时，也应采用比较大的曲率半径。通常用的弯管曲率半径为直径的5～15倍。曲率半径大的弯管可用煤气管和厚壁管弯制。在易磨损的地方可用铸铁管和嵌有衬板的弯管。弯管有许多类型，图5-47为具有代表性的几种。

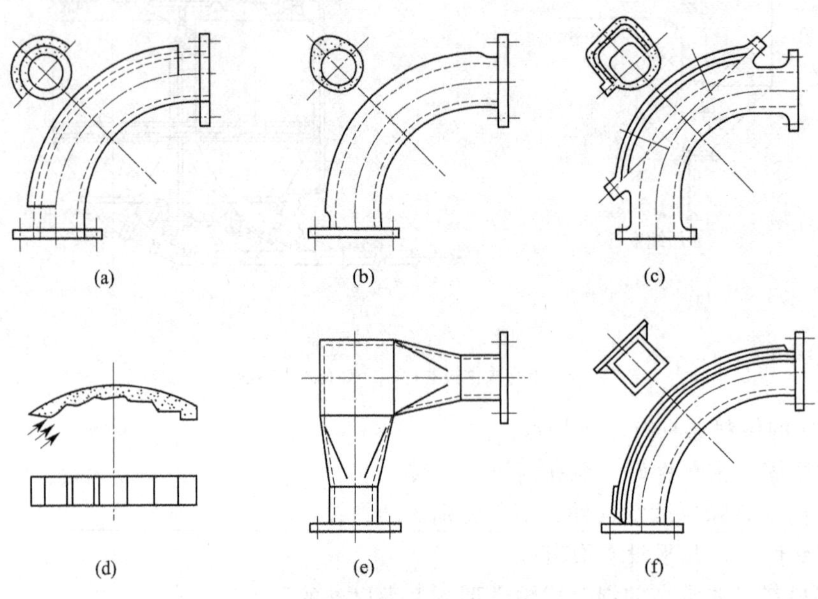


图5-47 输送弯管的结构

(3) 卸料装置 物料经管道输送到达指定地点卸料，采用分离器使气料流的流速下降，将物料颗粒从气流中分离出来。按照分离方式的特点，可分为旋风式和容积式。

旋风分离器的构造简单，压力损失小，没有运动部件，适于分离细粒的粉状物料，分离效率可达80%～90%，所以气力输送系统都用它作为第一级的分离装置。

容积式分离器只能用于分离较大颗粒的物料。

(4) 空气净化装置（收尘器） 从分离器排出粉尘，为了防止粉尘污染大气和磨损风机，必须在引入风机之前经再次净化处理。

气力输送装置中常用的除尘器有旋风除尘器、布袋除尘器、泡沫除尘器、水动力式除尘器。

5.3.2.4 气力输送装置的应用

近几年来，我国在建筑材料、交通运输、化工、电力、冶金、铸造、食品等工业部门，气力输送的应用日益增多。

随着气力输送装备的多样化、大型化，系统复杂性增加，给设计和选择能同时满足特定要求的气力输送系统带来诸多不便。同时传统气力输送设计技术已无法满足这些新需要，而降低能耗和提高系统可靠性则是当前气力输送设计选型的两大基本任务。

(1) 系统选择

① 正压及负压系统。国内水泥厂内气力输送基本上均采用正压系统，用于输送生料、煤粉及水泥等粉状物料。特别是立窑水泥厂扩建中常利用气力输送，将老（新）线水泥磨制备水泥输送到新（老）线水泥库中。而新型干法水泥厂中生料入窑或入均化库、将煤磨制备

煤粉分别输送到窑头和窑尾预分解炉的多个燃烧点中，则无一例外地采用了正压系统。

负压系统在国内小型散装水泥驳船的卸料过程中应用较多。带挠性软管的负压吸嘴从船舱内抽吸水泥，并送至岸边散装水泥罐中。

② 混合系统。混合系统结合了正负压系统二者的优点，它在大中型散装水泥船的卸料过程中应用较多。该系统利用中间仓把正负压系统分开，并把正负压系统所需气源分成两个独立供气装置，这样可以分别选择最佳的真空泵和空压机。

（2）供料装置

① 螺旋泵。螺旋泵被广泛应用于输送水泥、生料、煤粉和粉煤灰等粉状物料。老式螺旋泵有空气泄漏现象。新型富乐螺旋泵采用两端支承、减螺距的螺旋，并在泵的卸料端装有一个能自由移动的翻板阀，从而不但控制了空气泄漏，还大大降低了泵动力消耗和螺旋的磨损。

② 仓式泵。仓式泵的适用范围较广。其主要优点是可利用高压气源作超长距离输送；缺点是所需净空高，且不能连续稳定地输送物料。仓式泵主要用于间歇输送，但通过两个单仓泵串联也能用于连续输送。仓式泵本身没有运动部件，因而常被用于输送水泥等磨琢性物料，而且维修也较为简单。仓式泵在每一个输送周期结束时会产生一个较大的气体冲击波，因而需选择较大的空气分离器。

③ 旋转叶片供料器。旋转叶片供料器适用于正负压系统并能提供一个均匀的供料器。但空气泄漏是旋转叶片供料器的主要问题，特别对粉状物料，这种现象比较严重。此外，旋转叶片供料器不适宜处理磨琢性物料。

④ 其他供料器。除了上述三种主要供料器外，常用的还有文丘里式、双翻板阀及负压吸嘴等供料器。文丘里式供料器允许的最大管线操作压力较大，因而限制了它的输送能力。双翻板阀供料器适宜于正压和负压系统。由于该供料器是间歇式操作，故仅使用在稀相输送系统中。负压吸嘴适宜于从船上卸出散装物料和清除溢出物。

（3）空压机　对低压系统中轴流式或离心式风机都是适宜的。这类风机常用于稀相输送作为文丘里式和旋转叶片供料器的供气源。当排气压力$<$100kPa时，罗茨鼓风机被广泛使用。它有宽大的体积流量范围和恒定的速度曲线，当传递压力增大时体积流量仅轻微减少。当排气压力$>$100kPa时，往复式和螺杆式空压机都能满足气力输送所需最高压力。单级回转滑片式空压机的工作压力可达到400kPa（表压）。对于负压系统，如真空不大，常使用离心式通风机和罗茨鼓风机。对于较高真空，采用水环式真空泵更适宜。

（4）料气分离器　料气分离器主要取决于压力降、料气输送比、物料颗粒分布范围、收集效率、设备投资和操作费用。分离器类型主要有重力沉降室、旋风分离器和袋式收尘器。

重力沉降室适用于颗粒较大（粒径$>$3mm）和密度较大（$>$1000kg/m$^3$）且不含有细粉的散状物料。旋风分离器用来清除相对较小的颗粒（粒径约为1mm）。袋式收尘器常用来搜集密度较小的细粉（密度$<$1000kg/m$^3$、粒径$<$10$\mu$m），有时候它被用作旋风分离器后的第二级空气过滤。

## 5.3.3 空气输送斜槽

### 5.3.3.1 工作原理及构造

空气输送斜槽是利用空气使固体颗粒在流态化的状态下沿着斜槽向下流动的输送设备。

由于流态化的固体颗粒的空隙率并不很大，故为密相气力输送设备。其空气的耗量较稀相气力输送设备少，故生产费用较低。

空气输送斜槽（图 5-48）用钢板制造。整个斜槽沿输送方向按一定斜度布置，槽的截面用透气层 3 分隔为顶槽 1 及底槽 2 两部分。用通风机 4 经调节阀 6 及软管 7 把空气送到底槽中。空气穿过多孔的透气层，使经加料斗 8 喂入到顶槽上的物料充气而流态化。流态化的物料在重力的作用下沿斜槽向下滑动，由卸料端 9 卸出。工作后的空气经过槽盖上面的绒布过滤装置 5 排到大气中。

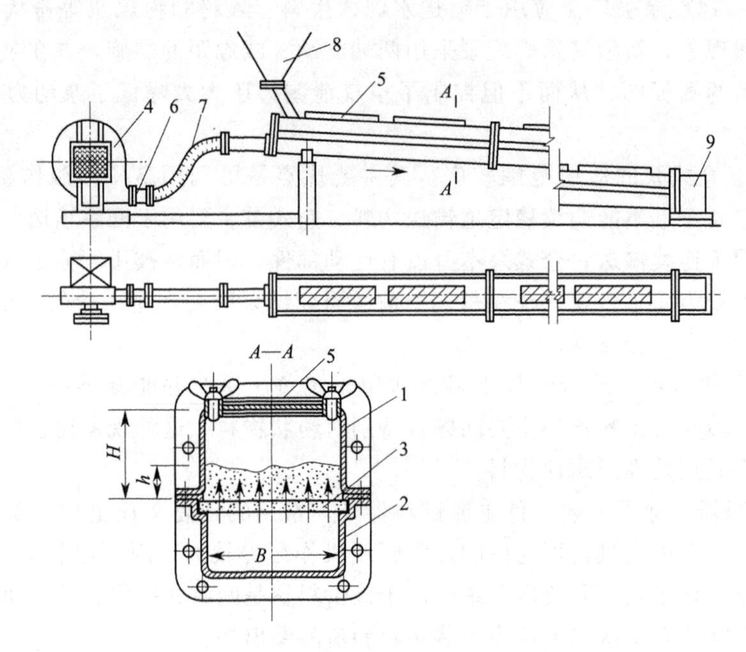


图 5-48 空气输送斜槽

1—顶槽；2—底槽；3—透气层；4—通风机；5—过滤装置；6—调节阀；7—软管；8—加料斗；9—卸料端

透气层是用来承托输送物料，并使空气均匀地透过透气层将物料流态化的零件，目前常用的透气层材料有多孔板及纤维织物两种。多孔板有陶瓷多孔板及水泥多孔板两种。多孔板的结构应均匀，孔的大小应符合要求(输送水泥时孔的大小以 40～80μm 较佳)；通过空气的阻力要小且透气率要高，要有相当的机械强度；具有抗湿性；机械加工容易，且能容易恢复其过滤性。多孔板表面平整，耐热性好，但是机械强度低，性脆，怕冲击，易碎裂，制造中难以保证透气性一致。

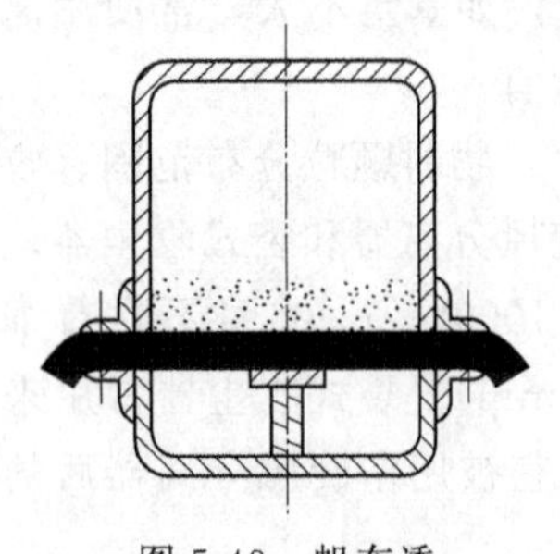

图 5-49 帆布透气层的装配

纤维织物的透气层一般用 21 支纱帆布三层缝制，帆布下面用铁丝或冲孔薄钢板衬托。帆布与斜槽的装配如图 5-49 所示，帆布透气层已广泛应用，它具有结构简单、价廉、不易破损及维修方便等优点。它的主要缺点是耐热性能差。

斜槽一般用 2～4mm 的钢板制造。壳体由数段标准槽、非标准槽、分支槽及弯槽等组合而成。壳体一般为矩形断面。为了保证物料顺利流动、顶槽顺畅地排风，底槽压降不要太大。斜槽正常操作时，顶槽压强要保持零压（表压）左右。顶槽高宽比$\frac{H}{B}=0.6\sim0.8$，顶槽与料层的高度比$\frac{H}{h}\approx4$，底槽高一般为75～100mm。

标准槽的长度为2m，作为整个斜槽的基本段节，各段用法兰互相连接。为了满足工艺布置尺寸中不足标准槽长度的部分，制有非标准槽，其长度一般按250mm的倍数选取。

在输送线路的拐弯处可装设弯槽。弯槽的弯曲角有15°、30°、45°及90°几种。为了便于制造，弯槽一般制成不带斜度的平槽。为了保证物料流动，平槽部分的长度应尽量减小，因此，弯槽的曲率半径应取小值。90°弯槽的曲率半径为200～450mm。物料通过弯槽时，会出现外侧聚集现象，使阻力增加，影响输送效率。为了避免出现这种现象，可将弯曲部分做成“堤岸”形式。当输送线路上有分支时，可装设带有改向闸板的三通槽或四通槽。

当斜槽一部分操作一部分停用时，为了保证物料充气用风量和节约耗气量，在底槽中设有截气阀，用于截断下槽的气流，同时关小风机节流阀以减少耗气量。

槽体上方或隔一定距离应设置气体过滤层，以便让余气排出或用专用除尘器净化余气。

为了观察槽内物料流动情况，及时避免堵槽事故，在距进料口2～3m处、出料口、弯槽、分支槽的前面，在顶槽便于观察的一侧，均设有窥视窗。

整个斜槽由槽架支撑。由于斜槽的热胀冷缩，斜槽应活装在槽架上。一般约4m斜槽设置一个槽架。

空气输送斜槽的规格用槽宽$B$表示。

#### 5.3.3.2 工作参数的确定

（1）输送槽斜度　输送槽的斜度是决定槽内物料流动的基本条件。它取决于物料的性质、工艺布置、建筑设计及设备选型经济性等。斜度小，有利于工艺布置及建筑设计，斜度大则物料流动快，输送量大，可节省动力及设备投资。因此，在工艺布置允许的条件下，采用较大的斜度对输送有利。输送槽的斜度一般取4%～6%。对于输送水泥及生料粉，斜度可采用4%～6%。对于输送闭路循环磨机的粗粉时，建议斜度不小于10%。

（2）输送能力　空气输送斜槽的输送能力受很多因素影响，往往变化很大，其值可按下式(5-85)估算：

$$G=3600KA\upsilon_{p}\rho_{s}' \tag{5-85}$$

式中　$K$——物料流动阻力系数，一般取$K=0.9$；

$A$——槽内料层的横截面积，$m^2$；

$\upsilon_p$——槽内物料流动速度，m/s；

$\rho_s'$——流态化堆积密度，$\rho_s'=0.75\rho_s$，$\rho_s$为物料的堆积密度。对于水泥，$\rho_s'=0.75\sim1.05t/m^3$；对于生料，$\rho_s'=0.7\sim1.0t/m^3$。

槽内料层的横截面积按式(5-86)计算：

$$A=BL\ (m^2) \tag{5-86}$$

式中　$B$——斜槽宽度，m；

$h$——斜槽高度，m。

输送时料层高度往往是变化的。料层过高或过低都不利于物料通畅输送。

（3）耗气量　耗气量是根据物料开始呈流态化时的风速来确定的。耗气量与物料的性质、透气层、斜槽斜度等因素有关。可按式(5-87) 来计算：

$$Q=60qBL \tag{5-87}$$

式中 $q$——$1m^2$透气层的耗气量，一般多孔板的耗气量为 $1.5m^3/(m^2 \cdot min)$，三层帆布的透气层的耗气量为 $2.0m^3/(m^2 \cdot min)$；

$B$——斜槽宽度，m；

$L$——斜槽长度，m。

(4) 风压 空气输送斜槽所需风机的风压，用于克服透气层阻力、物料层阻力和送风管网的阻力。斜槽在正常操作时，顶槽的压强应保持在零压（表压）左右。因此，风压可按式(5-88) 计算：

$$\Delta p=\Delta p_1+\Delta p_2+\Sigma\Delta p_3 \tag{5-88}$$

式中 $\Delta p_1$——透气层的阻力，对于多孔板透气层，$\Delta p_1 \approx 2kPa$，对于纤维织物透气层，$\Delta p_1 \approx 1kPa$；

$\Delta p_2$——物料层阻力，$\Delta p_2=h\gamma'_s$，Pa；

$\Sigma\Delta p_3$——送气管网的阻力之和，Pa；

$h$——料层高度，m；

$\gamma'_s$——流态化物料的松重度，$\gamma'_s=\rho'_s g$，$N/m^3$；其中 $g$ 为重力加速度，$m/s^2$；$\rho'_s$ 为流态化物料的松密度，对于水泥，$\rho'_s=0.75 \sim 1.05t/m^3$。

根据实践经验，风压一般为 3.5～6.0kPa。透气层选用帆布时可用低值，选用多孔板，或大规格、长斜槽时可用高值，一般可选取 5kPa。

(5) 功率 根据计算的风量和风压，可以选择风机的型号、规格及计算所需功率。空气输送斜槽所需风机的功率，亦可用下述经验公式来计算：

$$N=0.59+0.00081LV \tag{5-89}$$

式中 $V$——斜槽的输送能力，m/h；

$L$——斜槽长度，m。

#### 5.3.3.3 性能及应用

空气输送斜槽与螺旋输送机、带式输送机等输送设备相比，优点是：设备简单，质量轻；无运动部件，密闭好；无噪声，磨损小；操作管理方便；输送能力大；空气消耗量小(因是密相气力输送)；空气压强可小些（因靠重力作用输送粉料），一般可采用通风机送风，动力消耗少，容易改变输送方向，适于多点喂料及多点卸料。其缺点是：不能输送块状、黏湿或吸湿性强的物料；不能向上输送，在一定的斜度下才能输送，输送距离长了，落差就大，会造成工艺布置及土建设计上的困难，故只适于短距离输送，输送距离一般不超过100m。

空气输送斜槽适用于尺寸为 3～6mm 以下的非黏性颗粒状物料的输送。在硅酸盐工业中，主要用来输送生料粉及水泥等物料。

# 分离

## 6.1 概述

从广义上讲分离是将成分不同的混合物（诸如粒径、颗粒形状、颗粒密度、化学成分、表面性状、磁性、静电特性、颜色等）或相混合物（诸如气-固相、液-固相、固-固相等）分成成分或相组分不同的两部分以上的过程。所以分离应该包括分级、分选、分离等。

### 6.1.1 分级

在生产中根据产品工艺和经济效果的要求，往往要求粉碎机生产的产品的粒度分布在一定的范围内，然而，实际上粉碎机生产出的产品的粒度分布比要求的粒度范围更广泛，超出了所要求的粒度范围，难以满足要求，为了从中选出符合要求的粒度，采用的方法就是分级。所以，分级是指将粉碎产品按某种粒度大小和形状的差别进行分离的操作。

### 6.1.2 分离

在粉体处理过程中，无论是破碎、研磨、分级、输送、贮存还是雾化等，都会产生粉尘或雾珠，其来自：

① 运载介质的分子扩散，流体流动作用引起的系统扩散。

② 尘雾颗粒的布朗扩散，颗粒间的作用力，即范德华力；电荷间的吸引与排斥力，即库伦力。

③ 磁力、机械力和重力、惯性力（包括离心力）及声波等。

在这些力作用下使颗粒悬浮在气体或液体中。

这些颗粒有的就是生产的产品、半成品或原料，若任其飞失，不仅增加原料、燃料和动力消耗，提高产品的成本，加速机械设备的磨损，而且粉尘进入大气会毒化环境，直接影响人的身体健康和农业生产。解决和避免这些问题，通常采用的方法是分离。所以，分离是指把任何形状或密度的固体颗粒或液珠（$10^{-3}\sim10^{-8}\mu m$）从流体介质中分离出来的操作。

### 6.1.3 分选

在生产中往往会要求将不同性质的混合物中的某一种物质从中选出作为产品，解决这一问题的方法通常采用分选，所以，分选是将不同性质的混合物，按性质的不同将其分离的操作。

# 6.2 分离结果的评价

## 6.2.1 总分离效率

### 6.2.1.1 牛顿分离效率

用工业装置分离不同的颗粒混合物为粗、细两个组分时，可以用牛顿分级效率表示和评价分离装置的工作效率，其模型如图 6-1 所示。

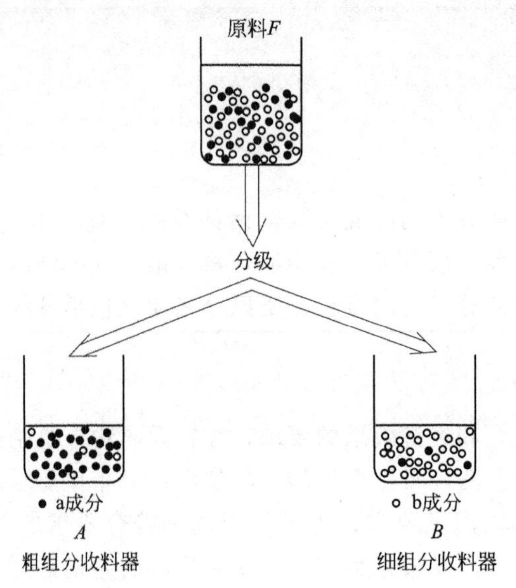


图 6-1 a 成分和 b 成分分级

设：$a$——原料中粗组分颗粒的含量；

$b$——粗组分中粗颗粒的含量；

$c$——细组分中粗颗粒的含量；

$A$、$B$——颗粒混合物分级后进入粗组分收料器和细组分收料器的质量，kg；

$F$——原料质量，kg。

在理想分离装置中，粗组分收料器中应只有粗颗粒，细组分收料器中应只有细颗粒。但实际分离很难达到这种效果，而是相互混杂，粗组分颗粒中有细颗粒，细组分颗粒中有粗颗粒。

为了评价实际分离过程的分离效果，将加料中的粗组分颗粒实际被收入粗组分收料器中的质量比称为粗颗粒的回收率，用 $\gamma_A$ 表示：

$$\gamma_A = bA/aF \tag{6-1}$$

将加料中的细组分颗粒实际被收入细组分收料器中的质量比称为细颗粒的回收率，用 $\gamma_B$ 表示：

$$\gamma_B = (1-c)B/[(1-a)F] \tag{6-2}$$

由式(6-1)和式(6-2)可知：$\gamma_A \geqslant 0$，$\gamma_B \geqslant 0$，但是，倘若出现当 $\gamma_A = 1$，$\gamma_B = 0$ 时，其意义为：

$\gamma_A=1$，表示粗组分颗粒已全部被粗组分收料器所回收。

$\gamma_B=0$，由 $\gamma_B=(1-c)B/(1-a)F$ 可知，只能$(1-c)B=0$，因为，只有 $B=0$，说明细组分收料器中无颗粒，其全部混入粗组分收料器中。因此，当 $\gamma_A=1$，$\gamma_B=0$ 时，分离效率为零。

由此可知，仅用 $\gamma_A$ 表示分离效率是不全面的，所以，必须同时采用 $\gamma_A$ 和 $\gamma_B$ 来评价。为此，牛顿分离效率定义为：

$$\eta_N=\text{有用成分回收率}-\text{无用成分回收率}$$

设粗组分为有用成分，细组分为无用成分，对细组分而言，由于 $\gamma_B$ 是以原料中的细组分质量为分母，所以无用成分没有被回收的含量就应为 $1-\gamma_B$，则牛顿分离效率的表达式为：

$$\eta_N=\gamma_A-(1-\gamma_B)=\gamma_A+\gamma_B-1 \tag{6-3}$$

需要指出的是：①所谓有用成分，无论是粗粉或细粉均一样；②（$1-\gamma_B$）也可以看作残留在粗组分收料器中的细组分颗粒，或细组分收料器中粗组分颗粒的含量，但这个粗组分颗粒没回到粗组分收料器中，而是被粗组分收料器中的细组分颗粒占据着。

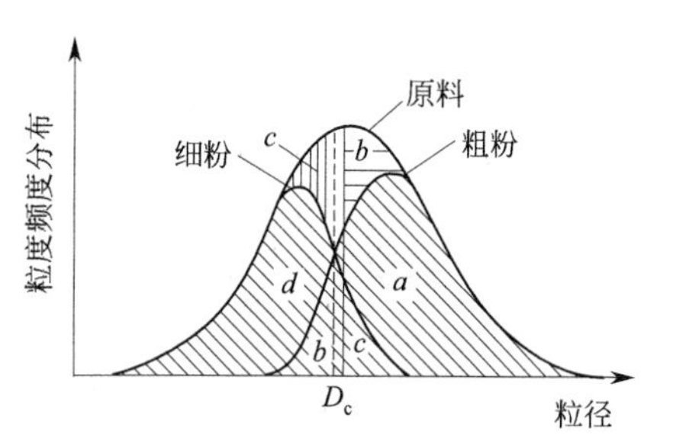

图 6-2 用频度表示的分离结果

如果以粗细频度分布错位量相等的粒径（如图 6-2所示，称为平衡粒径 $D_c$）为分级界限，即$<D_c$为细颗粒，$>D_c$ 为粗颗粒。

错位量相等，即原料中没进入细粒产品的细粒等于产品中的粗粒，以 $D_c$ 为界，$b=b$ 或 $c=c$，则牛顿分离效率可用式(6-4)表示。

$$\eta_N=\frac{a}{a+b}+\frac{d}{c+d}-1 \tag{6-4}$$

式中 $a$——粗粉中的粗颗粒含量；

$b$——细粉中的粗颗粒含量（实际上应是粗粒中的细粒含量，由于错位量相等，$b=b$，即相当于原料中含量为 $b$ 的粗颗粒没有进入粗粒中，而进入了细粒中，进入细粒中的粗粒等于粗粒中含有的细粒，所以称错位量）；

$c$——粗粉中的细颗粒含量；

$d$——细粉中的细颗粒含量。

式中，粗粉和细粉系指分离后的产品。一般而言，细粉包含大部分细颗粒和一部分粗颗粒，而粗粉则包含大部分粗颗粒和一部分细颗粒。

牛顿分级效率为：

$$\eta_N=\gamma_A+\gamma_B-1=\gamma_{\text{粗}}+\gamma_{\text{细}}-1 \tag{6-5}$$

牛顿分离效率的物理意义表示进料中能实现理想分离的质量比。

#### 6.2.1.2 牛顿分离效率的适用计算式

如图 6-1 所示，根据物料平衡：

$$F=A+B \tag{6-6}$$

$$aF=bA+cB \tag{6-7}$$

联立求解：

$$\frac{B}{F}=\frac{b-a}{b-c} \tag{6-8}$$

$$\frac{A}{F}=\frac{a-c}{b-c} \tag{6-9}$$

$$\gamma_A=\frac{bA}{aF}=\frac{b(a-c)}{a(b-c)} \tag{6-10}$$

$$\gamma_B=\frac{(1-c)B}{(1-a)F}=\frac{(1-c)(b-a)}{(1-a)(b-c)} \tag{6-11}$$

牛顿分离效率的定义式为：

$$\eta_N=\frac{\text{粗粒产品中的粗粒质量}}{\text{原料中的粗料质量}}+\frac{\text{细粒产品中的细粒质量}}{\text{原料中的细粒质量}}-1$$

$$\eta_N=\frac{(b-a)(a-c)}{a(1-a)(b-c)} \tag{6-12}$$

上式用于仅据 $a$ 或 $b$ 的含量比计算 $\eta_N$ 的场合。

### 6.2.2 部分分离效率

如图 6-3 所示，假设吸尘器 1 中待分离的物料中大颗粒多，小颗粒少，其吸尘效率为 $\eta_N=90\%$；而吸尘器 2 中待分离的物料中小颗粒多，大颗粒少，其吸尘效率为 $\eta_N=80\%$。哪一种分离器性能更好？通过什么参数来评价？

虽然一般分离器的总效率，总地说明分离器的捕集分离性能，但在粉尘颗粒密度一定的情况下，分离效率的高低与颗粒的大小和分散度有密切的关系，一般来说，粒径越大，分离效率也越高。因此，单独地用总分离效率来描述某一分离器的分离性能是不够的，还必须对不同大小颗粒的分离效率进行了解。这种对于某一粒级颗粒的分离效率称为部分分离（分级）效率。严格地说，所谓部分分离效率，系指粒度、密度或化学成分等特性值为连续变量的场合，将特性划分为若干区间。如何来定义特性值为连续变量的场合的部分分离效率？如图 6-4(a)所示。

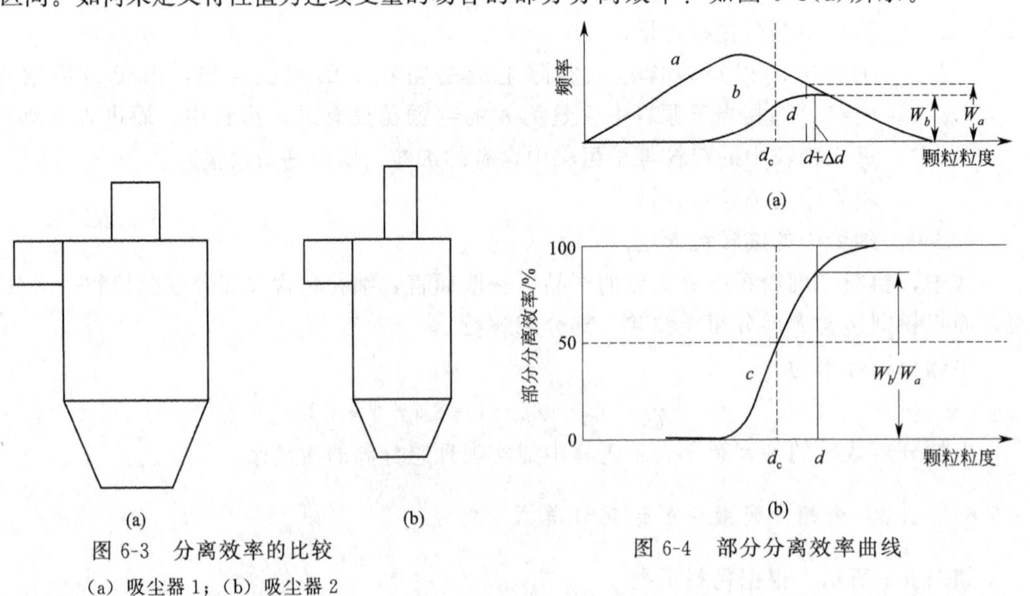


图 6-3 分离效率的比较

(a) 吸尘器 1；(b) 吸尘器 2

图 6-4 部分分离效率曲线

曲线 $a$ 表示粉末原料的粒度频率分布曲线；曲线 $b$ 表示分级后粗粉部分的粒度频率分布曲

线；$W_a$ 表示粒度 $d \sim d+\Delta d$ 间的原料质量；$W_b$ 表示粒度 $d \sim d+\Delta d$ 间的粗粒质量。

则部分分离效率为

$$\eta_T = T = \frac{W_b}{W_a} \tag{6-13}$$

在图 6-4(b)中按相同粒度计算 $W_b / W_a$ 值，绘制曲线，该曲线称为部分分级效率曲线，又称为 Tromp 分配曲线。

那么如何表示 $W_a$、$W_b$？如何作 Tromp 分配曲线？

可用数学函数的形式表示，对于固体与固体的分离过程，通常可采用颗粒特性（粒度、密度、化学成分）分布频度来描述。

设：$f_A(\xi)$、$f_K(\xi)$、$f_G(\xi)$分别为原料、细产物和粗产物颗粒特性分布频度；

$m_A$、$m_K$、$m_G$ 分别为原料、细产物、粗产物质量（kg）；

$R_{m_K} = \frac{m_K}{m_A}$、$R_{m_G} = \frac{m_G}{m_A}$分别为分离的细产物和粗产物质量比。

则分离函数：

$$T_G(\xi) = \frac{R_{m_G} f_G(\xi)}{f_A(\xi)} \tag{6-14}$$

$$T_K(\xi) = \frac{R_{m_K} f_K(\xi)}{f_A(\xi)} \tag{6-15}$$

$$T_G(\xi) + T_K(\xi) = \frac{R_{m_K} f_K(\xi)}{f_A(\xi)} + \frac{R_{m_G} f_G(\xi)}{f_A(\xi)} = \frac{f_A(\xi)}{f_A(\xi)} = 1$$

令

$$T_G(\xi) \equiv T(\xi) \tag{6-16}$$

则

$$T(\xi) + T_K(\xi) = 1 \tag{6-17}$$

当 $T(\xi)=0$ 时，由 $T_G(\xi)+T_K(\xi)=1$，知 $T_K(\xi)=1$，即产物 K 中，特性区间 $\xi \sim \xi + d\xi$ 实现完全分离，即部分分离效率为 100%，也就是该 $\xi \sim \xi + d\xi$ 区间内应分到 K 中的全部得到分离。

当 $T(\xi)=1$ 时，由 $T_G(\xi)+T_K(\xi)=1$，知 $T_K(\xi)=0$，即产物 G 中，特性区间 $\xi \sim \xi + d\xi$ 实现完全分离，也就是该 $\xi \sim \xi + d\xi$ 区间内应分到 G 中的全部得到分离。

由式(6-14)知，$f(\xi)$频度函数无法求得，由于在研究特性分布函数或特性分布频度时，必须采用相应的分析方法（例如粒度分析、密度分析等），故而不能将特性区间选取任意小，为此，采取相互连接的分级界限 $\xi_{i-1}$ 和 $\xi_i$ 来表述。

因为

$$F(\xi) = \int f(\xi) d\xi \tag{6-18}$$

所以

$$f(\xi) = \frac{dF(\xi)}{d\xi} \tag{6-19}$$

根据平衡值计算法则，其密度函数为：

$$f(\xi_i) \cong \frac{F(\xi_i) - F(\xi_{i-1})}{\xi_i - \xi_{i+1}} \approx \frac{\Delta\mu_i}{\Delta\xi_i} \tag{6-20}$$

或

$$f(\xi_{i-1} \cdots \xi_i) = \frac{F(\xi_i) - F(\xi_{i-1})}{\xi_i - \xi_{i+1}} = \frac{\mu_i}{\Delta\xi_i} \tag{6-21}$$

将式(6-21)代入式(6-15)得：

$$T_K(\xi)=\frac{R_{m_G}\dfrac{\mu_{iK}}{\Delta\xi_i}}{\dfrac{\mu_{iA}}{\Delta\xi_i}}=\frac{R_{m_G}\mu_{iK}}{\mu_{iA}} \tag{6-22}$$

式中　$\mu_i$——第 $i$ 级质量比。

对应于分级界限 $\xi_i\cdots\xi$ 的分离函数 $T_i$ 按照约定为

$$T(\xi_{i-1}\cdots\xi_i)=T_i=\frac{R_{m_G}\mu_{iG}}{\mu_{iA}} \tag{6-23}$$

### 6.2.3 分离界限与分离精度

#### 6.2.3.1 分离界限

为了评价分离效果，实际生产中，除用分离效率和分离函数评价分离效率外，还可以采用其他方法进行评价。通常采用如下指标。

中位分离点（$\xi_{50}$，$\xi_T$）：分离函数 $T(d)=0.5$，表示分离概率相等，也就是分离的两部分产物具有相等的组分或质量时对应的特性值 $\xi_{50}$ 或 $\xi_T$ 称为中位分离点（图 6-5）。

从理论分析，对某一类型的分离器，根据其分离作用力的不同，能捕集分离颗粒的粒径是有一定数值的，即大于这一粒径的颗粒应该都可以全部被捕集分离，而小于这一粒径的颗粒都不能被捕集分离，这种粒径被称为临界粒径。因此，部分分离效率的理论曲线应该是平行于纵坐标的直线。但实际分离器的分离过程很复杂，使得部分分离效率以 50% 为分界，即除有一临界粒径 $d_{50}$ 外，还有上临界粒径 $d_{c1}$ 和下临界粒径 $d_{c2}$，如图 6-6 所示。

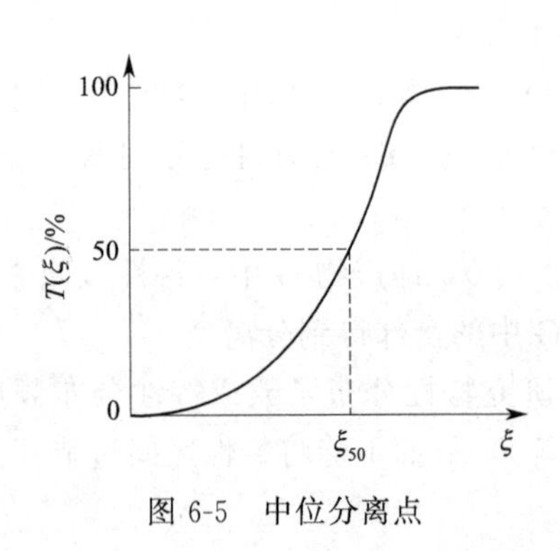


图 6-5　中位分离点

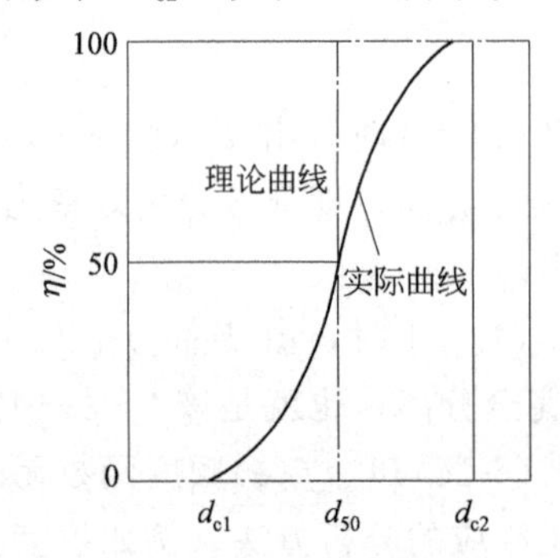


图 6-6　部分分离效率理论曲线与实际曲线

从等概率概念出发，定义部分分级效率为 50% 处所对应的颗粒粒度 $d_{50}$。从物理意义上讲，粒度为 $d_{50}$ 的颗粒被分到粗粒产品中和被分到细粒产品中的机会相等，所以称 $d_{50}$ 为等概率粒度。例如，颗粒作粒度分级时，进入粗粉和细粉的质量数值相等的颗粒粒径即称为中位径 $d_{50}$。

#### 6.2.3.2 平衡分离点

根据分离错位质量相等的特性值为平衡分离点，即用某一孔径的筛子筛分，其粗粉的筛下量与细粉的筛上量相等时，这时的筛孔尺寸 $d_p$ 为平衡分离点（分级粒径），如图 6-7 所示。

图 6-8 的纵坐标为累计产率，横坐标为粒度。曲线 1 是分级后的细产品中的粗粒累计产率，曲线 2 是分级后的粗产品中的细粒累计产率，两条曲线相交于 $C$。

按这种关系表示分级效率的方法，点 $C$ 横坐标规定为分级粒度 $d_T$，纵坐标为错误粒级的含量，这个含量的大小，用来表示分级效率的高低。

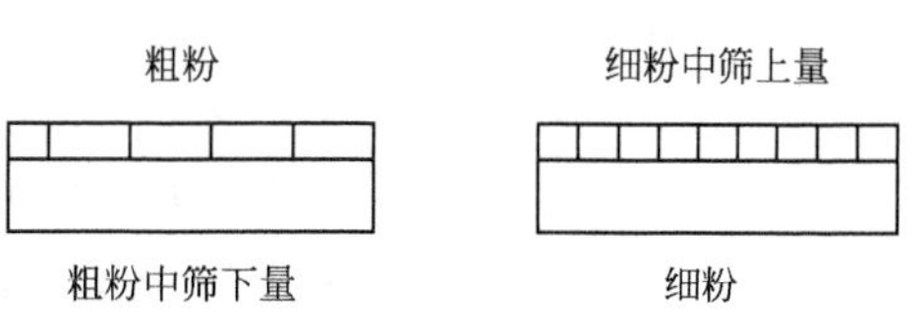

图 6-7　错位量相等

错误粒级的含量用 $\beta'$ 表示，它意味着粗产品中含有 $\beta'$ 的细颗粒，或细产品中含有 $\beta'$ 的粗颗粒，$\beta'$ 值越低，分级越完善，当 $\beta'$ 趋近于零时，分级接近理想状态，即粗产品和细产品截然分开，粗产品中不含任何粒度小于 $d_T$ 的细颗粒物料，细产品中不含任何粒度大于 $d_T$ 的粗粒级物料。故错误粒级的 $\beta'$ 值，可以定量地表示分级效率。

#### 6.2.3.3　分离精度

所谓分离精度即理想部分分离效率曲线与实际部分分离效率曲线偏差的大小，如图 6-9 所示。

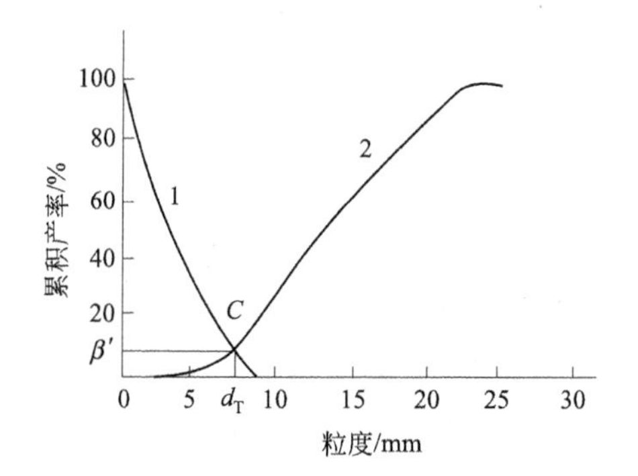

图 6-8　用误差粒级的含量来表示分级效率

1—细产品中的粗粒累计产率；2—粗产品中的细粒含量累计产率

图 6-9　偏差度和分离锐度

图 6-9 中画出剖面线的面积即表示偏差度的大小，而分离函数的斜率则表示分离效率的大小。

设给料由＜10μm、10～25μm、25～63μm、63～80μm、80～100μm、100～125μm、125～160μm、160～200μm、200～250μm、＞250μm 10 个粒级组成，其分级结果得出粗粒级和细粒级两种产品，如表 6-1 所示。

**表 6-1　给料和分级产品的粒度组成和粒级的分配率**

| 粒级/μm | 粒级含量/% | 在粗产品中的分配率/% | 在细产品中的分配率/% | 粗产品的粒级含量/% | 细产品的粒级含量/% |
|---|---|---|---|---|---|
| ＜10 | 13.1 | 0 | 100 | — | 20.3 |
| 10～25 | 18.2 | 0.4 | 99.6 | 0.2 | 27.9 |
| 25～63 | 23.8 | 0.8 | 99.2 | 0.5 | 36.5 |
| 63～80 | 10.1 | 7.4 | 92.6 | 2.1 | 14.5 |
| 80～100 | 3.8 | 86.1 | 13.9 | 9.4 | 0.8 |
| 100～125 | 5.0 | 100 | 0 | 14.1 | — |
| 125～160 | 5.6 | 100 | 0 | 15.8 | — |
| 160～200 | 6.8 | 100 | 0 | 19.2 | — |
| 200～250 | 8.1 | 100 | 0 | 23.1 | — |
| ＞250 | 5.5 | 100 | 0 | 15.6 | — |
| 总计 | 100 | 100 | 0 | 100 | 100 |

由于分级效率的原因，粗产品中夹杂有一些细粒级，细产品中夹杂有一些粗粒级。但对各粒级而言，较粗的粒级主要集中于粗产品中，较细的粒级主要集中于细产品中，粒级分配于粗产品或细产品中的分配率，分别称为粗产品或细产品的分配率。表 6-1 列出了各粒级在粗产品和细产品中的分配率。以粒度为横坐标，粒级在粗（或细）产品中的分配率绘成曲线，称为分配率曲线，如图 6-10 所示。

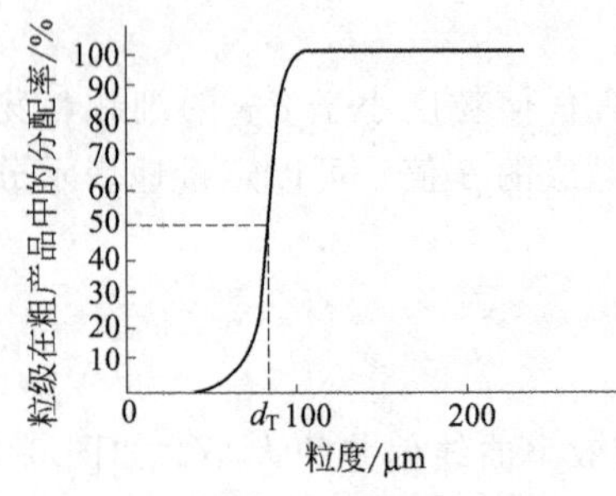

图 6-10 粒度分配曲线和分级粒度

相当于分配率为 50％的粒度，称为分级粒度 $d_T$。粒度大于 $d_T$ 的各粒级，在粗产品中的分配率大于 50％，即该粒级主要集中于粗产品中；反之，粒度小于 $d_T$ 的各粒级，在粗产品中的分配率小于 50％，即该粒级主要集中于细产品中。粒度为 $d_T$ 或与 $d_T$ 相近的粒级的物料，则进入粗产品或细产品中的分配率各占一半，故 $d_T$ 可称为分级粒度。

相当于分配率为 75％或 25％的粒度 $d_{75}$ 或 $d_{25}$ 也可用来表示分级效率，一种方法是用分配率误差（偏差度）表示：

$$E_T=\frac{d_{75}-d_{25}}{2} \tag{6-24}$$

按粒级分配率的定义，分配率在 25％～75％的各粒级，其分级的精度较低，因为这些粒级进入粗产品或细产品中的分配率都较高，意味着没有彻底分开；反之，如数值较小，则只有少量的粒级未能有效地分开，因此，$d_{75}$～$d_{25}$ 可用来作为分级是否有效，即分级效率的一个标志。

为了便于量化，另一种方法采用部分分离效率为 75％和 25％ 时所对应的粒径 $d_{75}$ 和 $d_{25}$ 的比值，用分离锐度（分离精度指数）$E_T'$ 来表示：

$$E_T'=d_{75}/d_{25} \text{ 或 } E_T'=d_{25}/d_{75} \tag{6-25}$$

式(6-25) 实际是一个说明效率曲线陡直程度的数值，该值越接近于 1，则说明分级越理想；反之亦然。实际分级情形时，$E_T'$ 值在 1.4～2.0，分级状态良好；$E_T'<1.4$ 时分级状态很好。而等于 1 即意味着效率曲线自 25％到 75％是陡升的，颗粒度没有变化，这当然是不实际的，也是不可能的。

当粒度分布范围较宽时，可用 $\chi=\xi_{90}/\xi_{10}$ 或 $\chi=\xi_{10}/\xi_{90}$；而粒度分布范围较窄时，可用 $\chi=(\xi_{90}-\xi_{10})/\xi_{50}$ 表示。显然，$\chi=1$ 为理想分离过程，$\chi$ 越偏离 1，其分离精度越差。

由此可见，尚无统一的表示分级效率和分级粒度的方法。而且，这些方法大多是表示分级后粉体物料的分级效率，表示分级机本身分级效率的方法则很少。因此，在使用时，应注明表示分级效率和分级粒度的方法。

颗粒分级已成为近代分离技术中的主要课题之一，由于目前对分级效率尚没有一个为大家所公认的统一定义和计算公式，以至于对各种分离技术、分离设备以及过滤介质等难以进行相互间的性能比较。

判断分级设备的分级效果需要从上述几个方面综合评价，譬如，当 $\eta_N$、$E_T$ 或 $E_T'$ 或 $\chi$ 相同时，$d_{50}$ 越小，分级效果越好，当 $\eta_N$、$d_{50}$ 相同时，$E_T$ 或 $E_T'$ 或 $\chi$ 值越小，即部分分级效率越陡峭，分级效果越好。如果分级产品按粒度分为二级以上，则在考虑牛顿分级效率的同时，还应考虑各级别的分级效率。

# 6.3 筛分

## 6.3.1 筛分机理

利用筛分的方法进行分级所使用的筛分机大致上分为以下两种。

振动筛是指筛面有垂直振动，振动次数 600r/min 以上，适用于附着性较差的毫米级粗料。摆动筛是指摆动方向沿筛面方向，振动次数 400r/min 以下，适用于附着性较强的 0.5mm 以下的物料。图 6-11 为典型的振动形式。

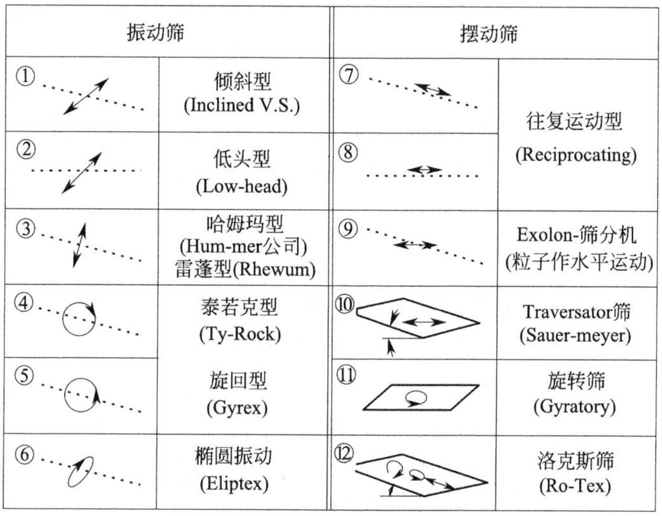

| 振动筛 | | 摆动筛 | |
|---|---|---|---|
| ① | 倾斜型 (Inclined V.S.) | ⑦ | 往复运动型 (Reciprocating) |
| ② | 低头型 (Low-head) | ⑧ | |
| ③ | 哈姆玛型 (Hum-mer公司) 雷蓬型(Rhewum) | ⑨ | Exolon-筛分机 (粒子作水平运动) |
| ④ | 泰若克型 (Ty-Rock) | ⑩ | Traversator筛 (Sauer-meyer) |
| ⑤ | 旋回型 (Gyrex) | ⑪ | 旋转筛 (Gyratory) |
| ⑥ | 椭圆振动 (Eliptex) | ⑫ | 洛克斯筛 (Ro-Tex) |

图 6-11 典型的振动形式

我们知道，要使物料在筛面上分散并通过筛孔，物料与筛面间静止是不行的，必须有相对运动，根据机械振动输送原理，如图 6-12 所示，通过激振器强迫筛框按一定方向作周期性的简谐振动或近似于简谐振动。筛框的运动轨迹可以呈圆形、椭圆形或往复直线形，但大多数筛框作定向直线往复运动。在向前运动时，物料由足够的摩擦力带动伴随筛框一起运动；当变为向后运动时，由于摩擦力变小，物料在惯性力作用下，在筛框中作微小的滑动或跳动，以一定的节奏断续地向前运送。

为了便于研究，首先对单颗粒物料在筛面上的运动进行分析。如图 6-13 所示，设物料的重力和质量分别为 $G$ 和 $m$，筛框与水平面的夹角为 $\alpha$，筛框沿 $S$ 形作简谐振动，振动方向线与筛框之间夹角称为振动角 $\beta$。根据振动原理，其运动方程为

$$S=\lambda \sin\omega t \tag{6-26}$$

$$V=S'=\omega\lambda \cos\omega\lambda \tag{6-27}$$

$$a=S''=V'=-\omega^2\lambda \sin\omega t \tag{6-28}$$

当 $\sin\omega t=1$ 时，加速度的值为

$$a=\omega^2\lambda \tag{6-29}$$

式中 $S$——位移，m；

$\omega$——振动角频率，s；

λ——振幅，m；

$t$——时间，s；

$V$——速度，m/s；

$a$——加速度，$m/s^2$。

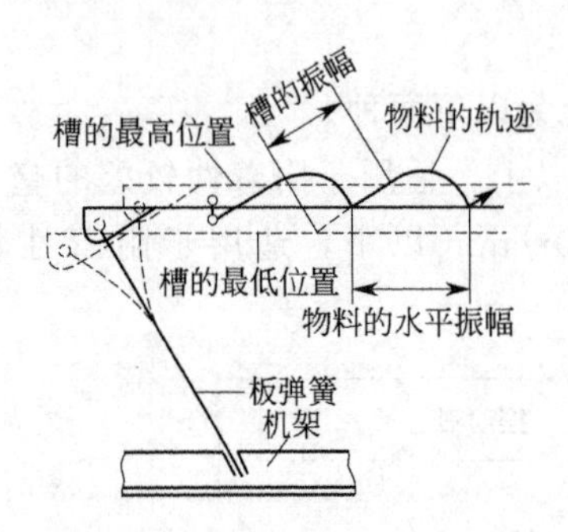


图 6-12 振动筛机的物料运动轨迹

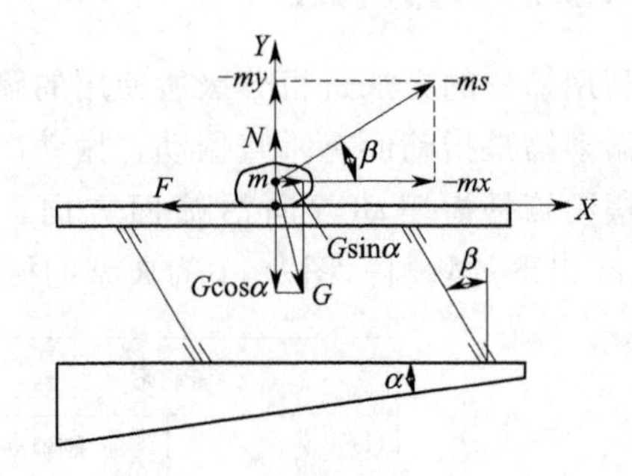


图 6-13 振动筛机运动原理

所以，筛分效果取决于筛面的振动次数和振幅，以及振动加速度 $\lambda\omega^2$ 与重力加速度之比，即振动强度 $K$：

$$K=\omega^2\lambda/g \tag{6-30}$$

振动强度 $K$ 必须大于 1，否则物料振不起来，物料不能得到筛分。

图 6-14 为不同 $K$ 值时，振动次数-振幅-振动强度的关系。

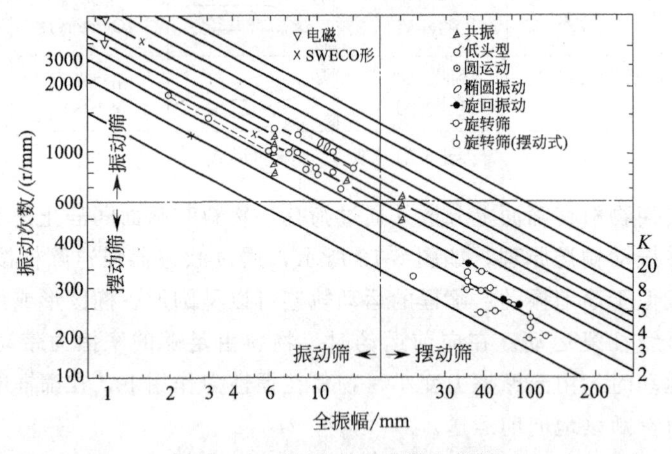


图 6-14 适用的振动次数和振幅

需要说明的是：①不同 $K$ 值时，振动筛和摆动筛的振幅和振动次数将发生变化；②振幅越高，频率越小，振动强度越小。

## 6.3.2 筛分效率

筛分效率是评定筛分过程的重要质量指标，它表示筛分过程进行的完全程度和筛分产物的质量，筛分效率有总筛分效率和部分筛分效率两种表示方法。

### 6.3.2.1 总筛分效率

总筛分效率是指筛下级别的筛分效率，即指筛下物料量与原料中筛下级别物料量的比值。

设：$Q_1$ 为过筛前的物料量；$Q_2$ 为筛下物的物料量；$Q_3$ 为未能过筛的物料量；$\alpha_1$ 为过筛前物料中筛下级别的含量百分率；$\alpha_2$ 为筛下物中筛下级别的含量百分率；$\alpha_3$ 为未能过筛物料中筛下级别的含量百分率。则总筛分效率为

$$\eta=\frac{Q_2\alpha_2}{Q_1\alpha_1}\times100\% \tag{6-31}$$

在工业生产中，筛分过程是连续的，筛分前后物料的称量不易准确，而只能采用取样的方法测定筛分物料的粒度，因此，应将公式改变成仅仅有粒度表示的形式。

根据物料衡算：

$$Q_1=Q_2+Q_3 \tag{6-32}$$

$$Q_1\alpha_1=Q_2\alpha_2+Q_3\alpha_3 \tag{6-33}$$

将式(6-32) 代入式(6-33)，得

$$Q_1\alpha_1=Q_2\alpha_2+(Q_1-Q_2)\alpha_3$$

化简得

$$\frac{Q_2}{Q_1}=\frac{\alpha_1-\alpha_3}{\alpha_2-\alpha_3} \tag{6-34}$$

则总筛分效率为

$$\eta_{总}=\frac{(\alpha_1-\alpha_3)\alpha_2}{(\alpha_2-\alpha_3)\alpha_1}\times100\% \tag{6-35}$$

在正常操作中，筛面没有破损，则 $\alpha_2=100\%$，故式(6-35) 可写成

$$\eta_{总}=\frac{(\alpha_1-\alpha_3)\times100\%}{(100\%-\alpha_3)\alpha_1}\times100\% \tag{6-36}$$

由此，只要测得 $\alpha_1$ 和 $\alpha_3$，就很容易计算出总筛分效率。在工业生产中，筛分的平均效率一般为 60%～70%，振动筛的筛分效率较高，可达到 95%以上。

#### 6.3.2.2 部分筛分效率

部分筛分效率不是指整个筛下级别筛分效率，而是指筛下级别中某一粒级范围的分离效率。若将式中 $\alpha_1$、$\alpha_2$ 和 $\alpha_3$ 表示为筛下级别的某一粒级范围中的含量，部分筛分效率 $\eta_{部}$ 仍可以利用式(6-35) 进行计算。

总筛分效率来评定筛机的操作时，常会因物料的粒度分布不同而得出不正确的结论。如用同一筛机筛分两种物料，它们的筛下级别总含量相同，但粒度分布不同，所测的总筛分效率将不相同，此时如果计算其各部分粒度的部分筛分效率，将有助于正确评定筛机的操作情况。

### 6.3.3 筛分原理

固体颗粒物料的筛分过程，可以看作由两个阶段组成：①筛下级别的颗粒通过筛上级别颗粒所组成的物料层到达筛面上；②筛下级别的颗粒透过筛孔而分离。要使这两个阶段能够实现，物料与筛面必须有适当的运动特性，一方面使筛面上的物料呈松散状态，有利于运动中的物料层产生离析（按粒度大小分层），最大的颗粒处在最上层，最小的颗粒位于筛面上，进而透过筛孔；另一方面使堵塞在筛孔上的颗粒脱离筛面，进入物料层上部，让出细粒透过

的通道。因此，凡是促使物料分层的运动也都能提高筛分效率。

下面以单个粒子通过筛孔的特性来进一步分析筛分过程。

6.3.3.1 粒子通过筛孔的概率

假设筛孔为金属丝组成的方形孔，筛孔每边净长为 $D$，筛丝的直径为 $b$，如图 6-15 所示。筛分物料的粒子设为球形，直径为 $d$，当筛分时粒子垂直落向筛面，要使粒子能顺利通过筛孔，其球心应在画有虚线的面积 $(D-d)^2$ 之内。而球粒在该筛孔上可能出现的位置应为 $(D+b)^2$ 的面积。根据概率定义，任意事件的概率等于有利于该事件出现的机会次数与可能出现的全部机会次数之比值。因此，球粒通过的概率为

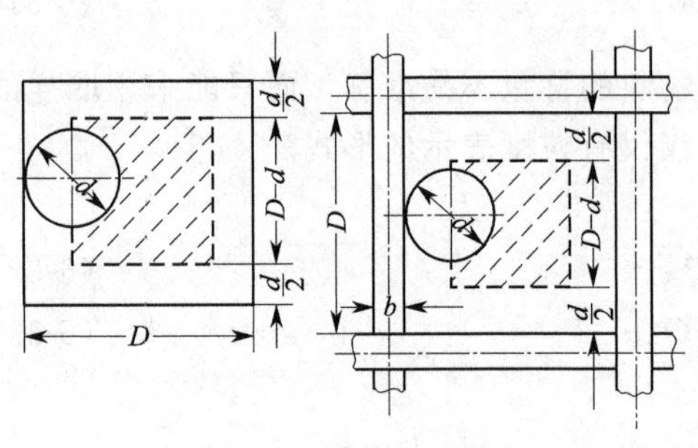


图 6-15 颗粒通过概率

$$P=\frac{(D-d)^2}{(D+b)^2}$$

由于筛丝直径 $b$ 与筛孔每边净长相比很小，上式可以简化为

$$P=\frac{(D-d)^2}{D^2} \tag{6-37}$$

式(6-37) 说明，筛孔尺寸越大，筛丝和粒子直径越小，则粒子通过筛孔的概率越大。表 6-2 列出了两种 $b/D$ 下，不同 $d/D$ 值时的概率 $P$，当 $d/D$ 大于 0.8 时，粒子通过的概率就很小，即很难过筛，常把这类粒子称作“难粒”。

**表 6-2 粒子通过的概率**

| $d/D$ | $P/\%$ | |
|---|---|---|
| | $b=0.25D$ | $b=0.5D$ |
| 0.1 | 51.92 | 36.00 |
| 0.2 | 41.00 | 23.44 |
| 0.3 | 31.41 | 21.77 |
| 0.4 | 23.08 | 16.00 |
| 0.5 | 10.10 | 11.11 |
| 0.6 | 10.24 | 7.14 |
| 0.7 | 5.76 | 4.00 |
| 0.8 | 2.56 | 1.77 |
| 0.9 | 0.64 | 0.45 |
| 1.0 | 0.00 | 0.00 |

当筛面倾斜设置，如图 6-16 所示，则筛孔 $D$ 只以它的投影面积起作用，即 $D'=D\cos\alpha$，因此球形粒子通过筛孔的机会势必减少。反之，筛面是水平放置的，而球粒的运动方向不垂直筛面，则同样会产生类似的影响。当粒子的形状不是球形，而是正方形、长方形或其他不规则形状，其通过筛孔的概率也会减少。

在实际情况下，球形粒子通过筛孔的概率要比上述分析的大，其原因可以从图 6-17 中看出。当球形粒子的下落位置即使在 $(D-d)^2$ 之外，但因粒子与筛丝碰撞时其重心仍在筛孔面积内，这时粒子完全可能通过筛孔。倘若其重心不在筛孔内，粒子经与筛丝相撞而弹跳起来，当其第二次落到筛面时，仍有落入筛孔而通过的可能。

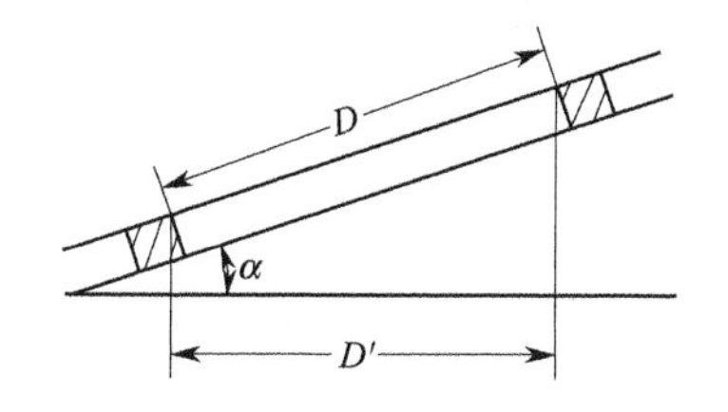


图 6-16 倾斜筛面对通过的影响

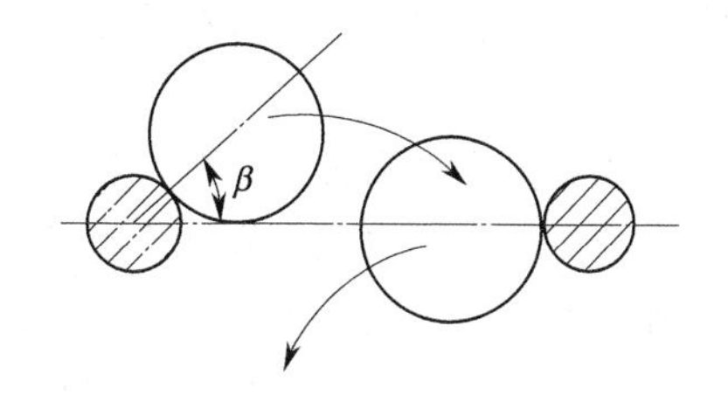


图 6-17 颗粒弹跳通过筛孔

#### 6.3.3.2 粒子运动速度分析

当球形粒子沿筛面运动时，它的运动速度为 $x$，如图 6-18 所示。由于重力作用，粒子的运动轨迹呈抛物线形，其运动方程可表示为

$$x=vt \tag{6-38}$$

$$y=\frac{1}{2}gt^2 \tag{6-39}$$

当 $x=D-\frac{d}{2}$时，如果 $y \geqslant d/2$，则粒子可以通过筛孔。反之，$y<d/2$，粒子就不能通过筛孔。

粒子在垂直方向下落 $y=d/2$ 的距离所需时间为

$$t=\sqrt{\frac{2y}{g}}=\sqrt{\frac{d}{g}} \tag{6-40}$$

将式(6-38) 代入式(6-40)，得到粒子能通过筛孔的最大允许速度 $v$：

$$v=\left(D-\frac{d}{2}\right)\sqrt{\frac{g}{d}}\ (\mathrm{mm/s}) \tag{6-41}$$

式中 $D$——筛孔尺寸，mm；

$d$——粒子直径，mm；

$g$——重力加速度，$\mathrm{mm/s^2}$。

当粒子的水平速度大于计算值时，粒子不能通过筛孔，而从筛孔上越过。式(6-41) 未考虑空气阻力和碰撞影响，计算是近似值。

#### 6.3.3.3 按颗粒过筛概率推定部分分离效率

如图 6-15 所示的正方形筛孔上，当球形颗粒碰撞在正方形筛孔上时，只有当颗粒（球）的重心处于虚线范围内时才能顺利通过，颗粒通过概率 $P$ 可由下式确定：

$$P=\frac{\text{发生的事件}}{\text{可能发生的事件}}$$

$$P=\frac{(D-d)^2}{D^2}=\left(\frac{D-d}{D}\right)^2=\left(1-\frac{d}{D}\right)^2 \tag{6-42}$$

当 $N$ 个颗粒分别与筛孔碰撞时：

第一次碰撞，颗粒通过筛孔个数为 $NP$

颗粒残留筛孔个数为$(N-NP)=N(1-P)$

第二次碰撞，颗粒通过筛孔个数为$(N-NP)P=N(1-P)P$

颗粒残留筛孔个数为 $N(1-P)-N(1-P)P=N(1-P)^2$

……

第 $i$ 次碰撞，颗粒通过筛孔个数为 $N(1-P)^{i-1}P$

颗粒残留筛孔个数为 $N(1-P)^i$

则筛上残留率（回收率）

$$\gamma=\frac{N(1-P)^i}{N}=(1-P)^i=\left[1-\left(\frac{D-d}{D}\right)^2\right]^i \tag{6-43}$$

以 $d/D$ 为横坐标，$\gamma$ 为纵坐标，$i$ 为参数可作出残留率曲线，此曲线即称为部分效率曲线（如以筛下物作为产品，其部分分离效率 $\eta=1-\gamma$），如图 6-19 所示，由图知，$x/a=1$ 时（$\gamma=100\%$），与筛孔同等大小的颗粒不能通过筛网，$x/a$ 值越小，越易通过。而且，颗粒与筛网碰撞次数 $i$ 越多，越易产生快速分离。也就是说，振动频率越高，筛分效果越好。

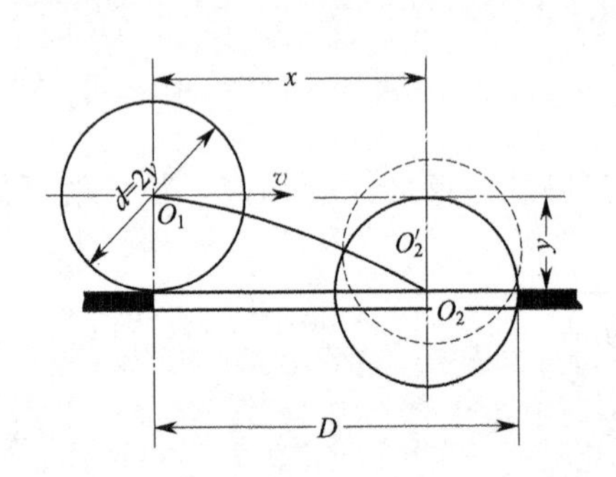


图 6-18 颗粒运动速度对通过筛孔的影响

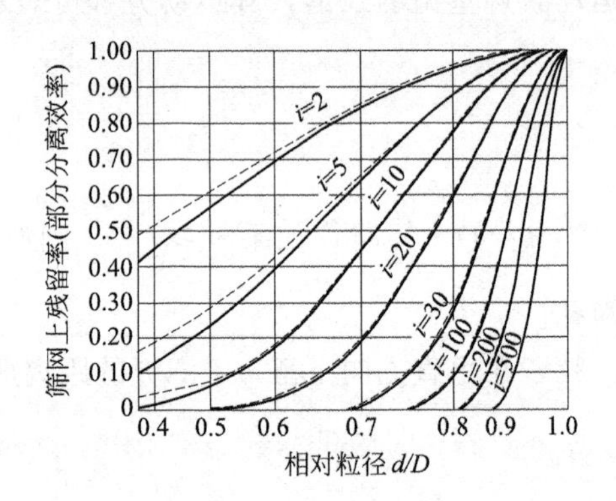


图 6-19 筛分效率曲线

#### 6.3.3.4 分级过程中位径的变化

对式(6-43) 取对数

$$\ln\gamma=i\ln\left[1-\left(\frac{D-d}{D}\right)^2\right] \tag{6-44}$$

将右侧项级数展开，则

$$\ln\left[1-\left(\frac{D-d}{D}\right)^2\right]=-\left(\frac{D-d}{D}\right)^2+\frac{1}{2}\left(\frac{D-d}{D}\right)^4-\frac{1}{3}\left(\frac{D-d}{D}\right)^6+\cdots \tag{6-45}$$

因 $(D-d)/D<1$，故仅取第一项，则得

$$\ln\gamma\approx -i\left(\frac{D-d}{D}\right)^2 \tag{6-46}$$

按上式计算的结果，如图 6-19 虚线所示，当 $i>10$ 时已足够接近。

相应于 $i=0.5$ 的粒径 $d_{0.5}$ 为中位径，由式(6-46) 可得

$$\ln 0.5\approx -i\left(1-\frac{d_{0.5}}{D}\right)^2$$

$$d_{0.5}=D-\frac{0.832D}{\sqrt{i}} \tag{6-47}$$

式(6-47) 表明，对于给定孔径的筛网，分级粒径 $d_{0.5}$ 是随颗粒碰撞次数 $i$ 而变化的，就碰撞次数而言，间歇式分级机的 $i$ 与分级时间成正比，而连续式分级机的 $i$ 则与筛网长度 $L$（图 6-20）

成正比，如取$\varepsilon_t$、$\varepsilon_L$分别表示单位时间或单位长度的试行数（筛孔个数、碰撞次数），则

间隙式分级机：
$$i \propto t$$
$$i=\varepsilon_t t \tag{6-48}$$
连续式分级机：
$$i \propto L$$
$$i=\varepsilon_L L \tag{6-49}$$

将式(6-48)、式(6-49) 代入式(6-47) 得

$$d_{0.5}=D-\frac{0.832D}{\sqrt{\varepsilon_i}}\times\frac{1}{\sqrt{t}} \tag{6-50}$$

$$d_{0.5}=D-\frac{0.832D}{\sqrt{\varepsilon_L}}\times\frac{1}{\sqrt{L}} \tag{6-51}$$

由实验求得$L$和$d_{0.5}$，并作$d_{0.5}$与$\frac{1}{\sqrt{L}}$的关系图。由图中直线斜率可求$\varepsilon_L$，截距即为$D$，$\varepsilon_L$反映筛机的性能。

### 6.3.4 影响筛分过程的因素

影响筛分效率和生产率的因素很多，归纳起来可将它们分成三类，分述如下。

#### 6.3.4.1 物料物理性质的影响

（1）物料的粒度分布　物料粒度组成对筛分生产率有着极大的影响。显然，物料中筛下级别含量大，筛机的生产率也增大。由于物料的粒度组成不同，同一筛机的生产率可相差很大，尤其当物料中筛下级别含量较少，整个筛面几乎被筛上物料所覆盖，妨碍了细粒通过，这时将明显地降低生产率。对于这种情况，可采用筛孔较大的辅助筛网预先排除过粗的粒级，然后对含有大量细级别的物料进行最终筛分，以提高筛分生产率。

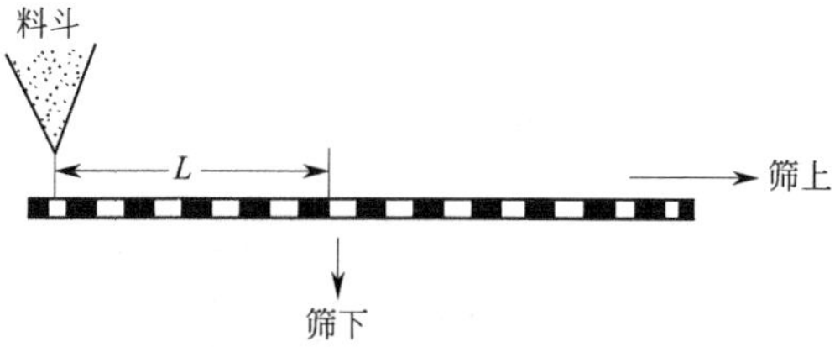

图 6-20　筛分长度

物料中筛下级别的粒度组成对筛分过程也有重大影响。实践表明，粒径小于筛孔 0.8 倍的粒子很容易透过物料层到达筛面，且很快通过筛孔。物料中这部分含量增加，生产率就会迅速上升。物料中粗粒越多，且粒度越接近筛孔，筛分效率和生产率则越来越低。

（2）物料的湿度　物料中含有水分时，筛分效率和筛分生产率都会降低。在细孔筛网上筛分时，水分的影响尤其突出。物料表面的水分使细粒相互黏结成团，并附着在大粒子上，这种黏性物料将堵塞筛孔。附着在筛丝上的水分，因表面张力作用，可能形成水膜，把筛孔掩盖起来。这样，阻碍了物料的分层和通过。

（3）物料含泥量　物料中含有结团的泥质混合物，当含水量达到 8%时就会使细粒物料黏结在一起，再经筛面摇动即滚成球团，很快就堵塞筛孔。筛分这类物料是很困难的，有时甚至不可能。为了筛分这种物料，可以采用湿式筛分，在筛分时不断向筛面物料喷水。从图 6-21 可见，物料含水量超过某一值后，筛分效率反而提高，因为这时已有部分水分开始沿

着粒子表面流动，流水有冲洗粒子和筛网的作用，改善筛分条件。

6.3.4.2 筛面运动性质及其结构参数的影响

（1）筛面运动特性 筛面与物料之间的相对运动是进行筛分必不可少的条件，这种运动可以分成两种类型：一是粒子主要是垂直筛面运动，如振动筛；二是粒子主要是平行筛面运动，如摇动筛。

实践证明，第一种运动方式的筛分效率较高。因为物料这时也作垂直筛面运动，物料层的松散度大，析离速度也大，且粒子通过筛孔的概率增大，筛分效率得以提高。筛面作垂直运动时，物料堵塞筛孔的现象有所减轻。所以工业上振动筛的筛分效率要比摇动筛高出很多。

筛面的运动频率和振动幅度对筛分效率影响很大，它影响到粒子在筛面的运动速度和通过概率。一般讲，粒度较小的物料适宜小振幅和高频率振动，最佳的振幅和频率要在实验中确定。

（2）有效筛面面积 筛孔的面积与整个筛面面积之比，叫作有效筛面面积，有效筛面面积越大，筛面的单位生产率和筛分效率都将越高。但有效筛面面积也不宜过大，否则会降低筛面强度和使用寿命。

（3）筛面长度 对一定的物料而言，筛机的生产率和筛分效率还取决于筛面尺寸，筛面宽度主要影响生产率，筛面长度则影响筛分效率。

筛面越长，粒子在筛面上停留时间也越长，增加了通过筛孔的机会，筛分效率可以提高。但过分延长筛面并不能始终有效地提高效率，图 6-22 表明了这样的情况，在筛分的最初阶段筛下物的产量增加得很快，但以后的增加就逐渐变得慢起来。因此，工业上使用的筛子其长度一般不超过宽度的 2.5～3 倍。

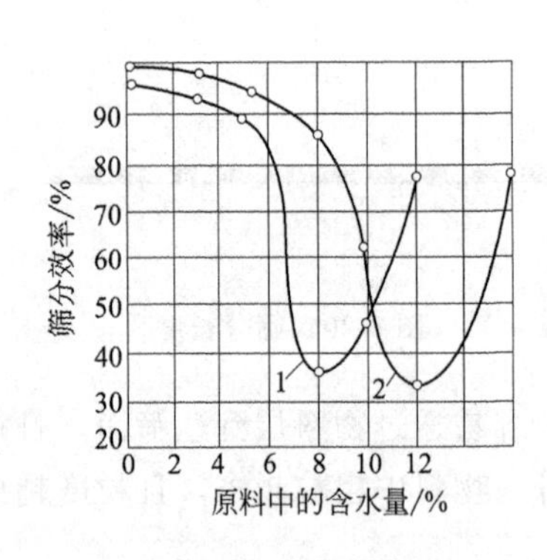


图 6-21 筛分效率与物料含水量的关系

1—吸湿性弱的物料；2—吸湿性强的物料

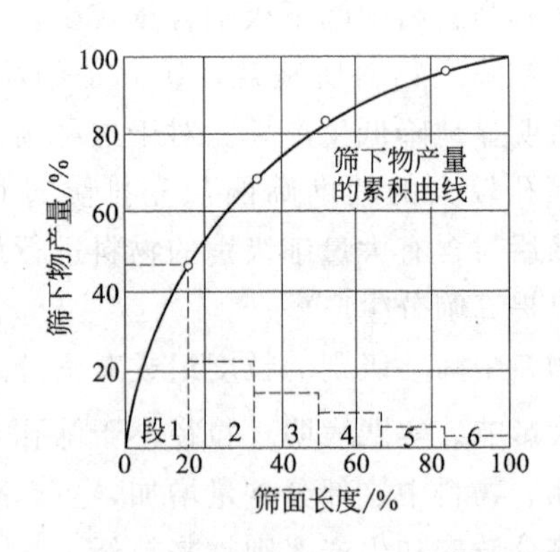


图 6-22 筛面长度对筛分过程的影响

（4）筛孔大小 筛孔尺寸越大，筛面单位面积生产率和效率也越大。图 6-23 表示了各种筛分效率下的筛孔尺寸对生产率的影响。特别在筛孔小于 1mm 时，筛分生产率将急剧下降。

6.3.4.3 操作条件的影响

（1）加料均匀性 对于加料均匀性有两方面要求，一是单位时间的加料量应该相等，二是入筛物料沿筛面宽度须均匀分布。这样使筛面保持在稳定的最佳条件下工作，整个筛面充分发挥作用，有利于提高筛分效率和生产率。在细筛筛分时，均匀性要求常显得更为突出。

(2) 料层厚度　料层的厚度控制得越薄，粒子越容易透过物料层，接触筛面的机会就越多，无疑可以提高筛分效率。但因料流量减少，降低了生产率。

(3) 筛面倾角　加大筛面倾角可以提高送料速度，生产率将有所增加，但缩短了物料在筛面上的停留时间，引起筛分效率下降。筛面最适宜的倾角应通过实验确定。

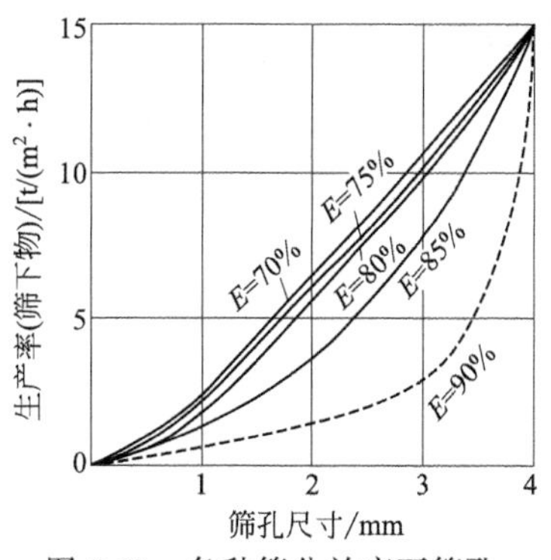

图 6-23　各种筛分效率下筛孔尺寸对生产率的影响

## 6.3.5 筛分机械

### 6.3.5.1 筒形筛

筒形筛是以筒形筛面作旋转运动的筛机。它很早就获得了广泛应用，但目前已不常见了。

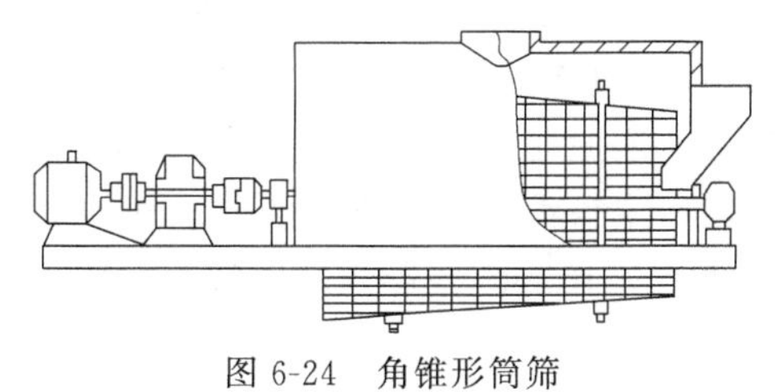
图 6-24　角锥形筒筛

筒形筛的筛面形状有圆柱形、截头圆锥、角柱形和角锥形四种。由此而得名为圆筒筛、圆锥筛、角锥筛及角柱筛，其中角柱筛中以六边形截面居多，常称六角筛。图 6-24 所示为角锥形筒筛。

筒形筛的工作原理很简单。电动机经减速器带动筛机的中心轴，从而使筛面作等速旋转。物料在筒内由于摩擦力作用而被升举至一定高度，然后因重力作用向下滚动，随之又被升举，这样一边进行筛分，一边沿着倾斜的筛面逐渐从加料端移向卸料端，细粒通过筛孔进入筛下，粗粒在筛筒的末端被收集。

筒形筛的优点是它的工作转速较低，又作连续旋转，因此工作平稳。所以它可被安装在建筑物的上层。但筒形筛缺点很多，筛孔容易堵塞，筛分效率也低，筛面利用率不高（往往只有 1/8～1/6 的筛面参与工作），而且机器庞大，金属用量大。

多角形筒筛与圆形筒筛相比，筛分效率略高一些，因为物料在筛面上有一定的翻倒现象，产生轻微的抖动。柱形筒筛在制造上比锥形筒筛容易，但为了使筒内的物料沿轴向移动，必须倾斜安装，常常使轴线与水平面夹有 4°～9°的倾角，由此给安装调整工作带来一些困难。

### 6.3.5.2 摇动筛

摇动筛通常用曲柄连杆传动机构使支撑在铰链上的筛箱作往复摆动，如图 6-25 所示。由于筛面的不均匀运动，使筛面上的物料产生惯性力，克服物料与筛面的摩擦力，因而使物料与筛面间产生相对运动，并使物料以一定速度沿卸料端移动，从而得以筛分。所以，摇动筛的特点是筛面的位移和运动轨迹都由传动机构确定，不会因筛面的载荷等动力因素的不同而变化。

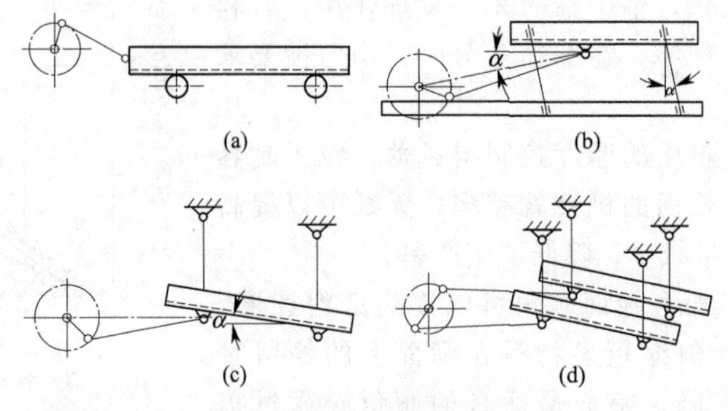


图 6-25 摇动筛的主要类型

工业上应用的摇动筛有单筛箱摇动筛和共轴双筛箱摇动筛两类。单筛箱摇动筛只有一个筛框，筛箱可以设置单层或双层筛网。因支撑形式的不同，可分为滚轮支撑的［图 6-25(a)］、吊杆悬挂的［图 6-25(c)］及弹性支杆的［图 6-25(b)］三种。共轴双筛箱摇动筛如图 6-25(d) 所示。

6.3.5.3 电磁振动筛

电磁振动筛如图 6-26 所示。筛箱 1 和筛箱上的激振器衔铁 2 组成的振动机体为筛机的工作质量 $m_1$，辅助重物 3 和激振器的电磁铁 4 组成筛机的对衡质量 $m_2$。两质量间用弹簧 5 连接。整个系统用弹簧吊杆 6 悬挂在固定的支架结构上。激振器通入交变电流时，衔铁 2 和电磁铁 4 的铁芯交替地相互吸引和排斥，使两质量机体产生振动。如果机体的质量和弹簧 5 的刚度选择适合，就可使振动系统调节到接近共振状态下工作。激振器倾斜安装在筛箱上，筛面水平或稍微倾斜安装，筛箱的振动使物料跳动，并沿筛面移动，使物料得到筛分。

6.3.5.4 气流筛

还有一种利用气流作用分级细颗粒和粉状物料的气流筛，其原理如图 6-27 所示，空气在负压作用下通过旋转喷嘴扫过筛面，使物料分散，同时将细颗粒带过筛网，实现干式分级。

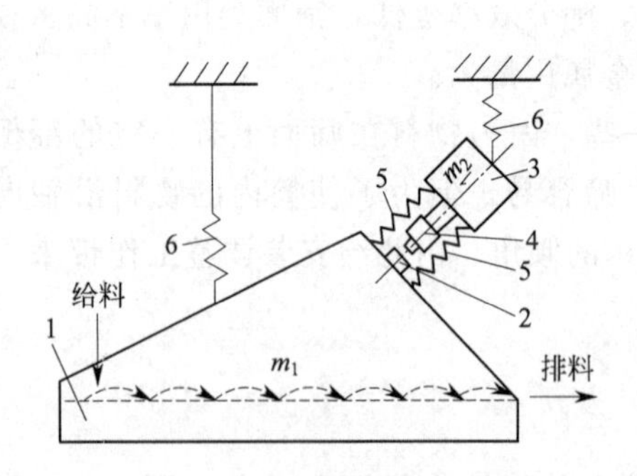


图 6-26 电磁振动筛

1—筛箱；2—衔铁；3—辅助重物；4—电磁铁；5—弹簧；6—弹簧吊杆

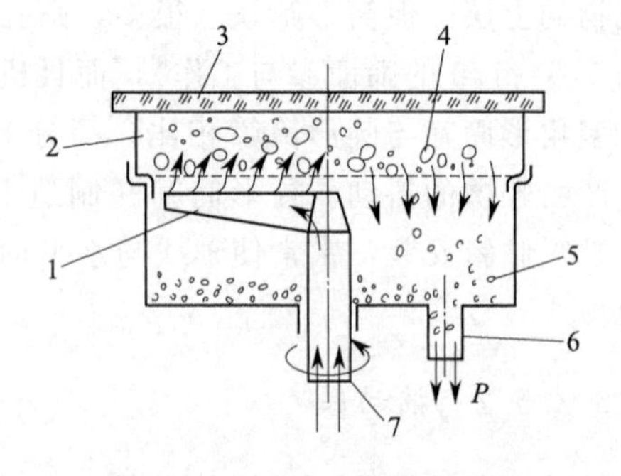


图 6-27 气流筛原理

1—旋转喷嘴；2—筛框；3—玻璃盖；4—粗颗粒；5—细颗粒；6—空气出口；7—空气入口

6.3.5.5　概率筛

通常的筛分方法的共同特点是，筛分粒度与筛孔尺寸紧密配合。这种传统的筛分方法存在的主要问题是筛面磨损厉害，单位面积筛分能力低，筛面经常堵塞，许多细粒掺杂在筛上产物里。

概率筛又称摩根森（Mogensen）筛。它虽然也是一种振动筛，但其工作原理与惯性的振动筛完全相同。其利用大筛孔、多层筛面、大倾角的原理进行筛分，因而大大地减少了难筛临界粒径以及筛上搭桥等现象。

概率筛如图6-28所示。筛箱通常用弹簧吊装在楼板或钢架上。筛箱上安置3～6层筛面，最上层筛面的筛孔尺寸最大，依次往下缩小（亦可用同样筛孔的筛面）。各筛面以不同倾角排列，倾角依次扩大。激振器可采用偏心重式惯性激振器或电磁激振器。激振器可安装在筛箱左上部或后壁下方。物料从上部喂入，当筛机振动工作时，物料被各层筛网所分级。

概率筛的筛分粒度远小于筛孔尺寸，原因是筛面倾角大，有效筛孔尺寸小于实际筛孔尺寸，概率筛利用筛网的不同倾角其筛孔投影面积不同，而使大小不同的颗粒通过筛孔的概率不等来进行分级。另外，粗颗粒通过筛孔的概率较小，而细颗粒的概率较大，当它们通过多层筛网时，细颗粒通过的层数较多，而粗颗粒则被中间筛网所截留，于是不同粒级的颗粒就被依次分开。合理布置筛网的倾角，可使概率变化的幅度进一步加大，于是筛下物的粒度又能进一步得到控制，可按要求筛分出两种以上粒度产品而筛分精度很高。

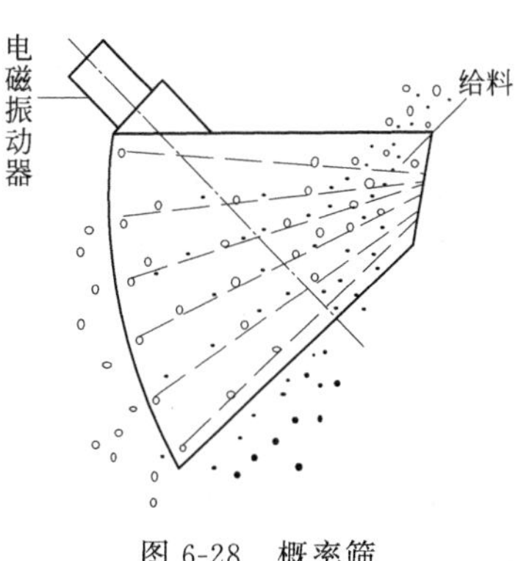

图6-28　概率筛

由于概率筛的筛孔较大，细粒级能迅速通过筛孔排出，因而不致形成阻碍过筛的料层，粗颗粒可以迅速散开并向卸料端运动，从而使筛分效率和筛分能力很高。

概率筛的特点是筛丝直径较大，强度大，寿命长；筛孔大，不易堵塞，因而单位面积的筛分能力高，为一般筛机的数倍至十多倍；筛分黏湿物料时，筛分效率也比一般筛机高得多；调解灵活性大，可根据筛分物料的粒度组成和筛分粒度要求，适当选择各层筛面的筛孔尺寸、调整筛面的倾角以及调节激振器的频率和振幅来调节筛下产品的粒度，而不像一般筛机只能更换筛网；概率筛结构紧凑，筛箱可全封闭操作，功耗及工作噪声小，是一种有发展前途的筛机。

## 6.4 固气分离

固气分离是分离捕集悬浮于气体中的固体颗粒或烟雾的操作。由于发展成以收尘为使用目的，往往称为收尘装置。收尘系统（图6-29）由装设在扬尘点的吸尘罩、管道、收尘装置和风机等组成。吸尘罩必须根据扬尘点的吸入特性进行选择，与大气相接处的风速以0.5～1m/s作为设计基础。管内风速必须保证管内的粉尘不附着堆积，通常选取10～25m/s，为了尽量减少管道内的压力损失，弯管的曲率半径应比管道直径大2倍以上，气流的分布要适当，而且应注意分支管道的选取。

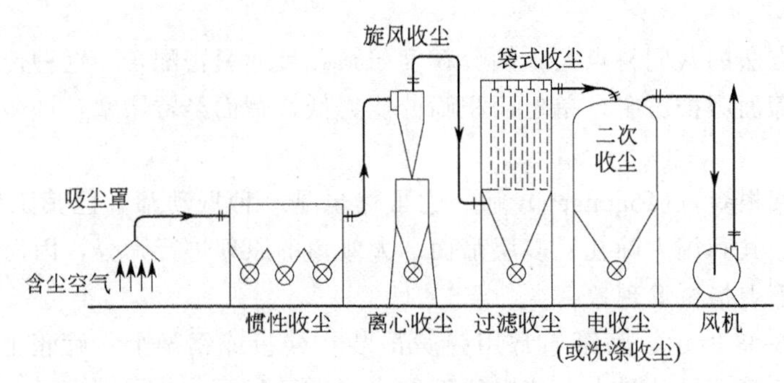


图 6-29 收尘系统举例

### 6.4.1 防尘的意义

在工业的许多生产中，尤其是在原料的粉碎、筛分、输送等配合料制备的场合，不可避免地要产生粉尘。如果不采取有效的防尘措施，势必污染作业场所和室外大气，直接危害操作工人及附近居民的身体健康，加速设备的磨损和大量有用粉尘的损失。因此开展防尘工作，改善作业环境，使作业地点经常、全面地达到国家防尘标准，防止粉尘危害，既有政治意义，又有经济意义。

### 6.4.2 粉尘的特性

粉尘是能较长时间悬浮于空气中的微细固体粒子。尺寸大于 10μm 的悬浮粒子称为粉尘，尺寸在 10～0.1μm 范围的称为尘雾，尺寸在 0.1～0.001μm 范围的称为烟尘。

粉尘除了保持其形成物质的主要物理化学性质外，尚具有下述特殊性质。

(1) 粉尘的成分　粉尘中的二氧化硅含量最高，对人体的危害也就最大，这是评价生产场所空气中粉尘危害程度的一个重要指标。

(2) 粉尘分散度　粉尘中各种粒级（某一定尘粒直径范围）的尘粒所占质量或数量的百分数分别叫作质量分散度或粒度分散度。粉尘中小颗粒所占的百分数大，称分散度高，反之称分散度低。

细微尘粒（尤其是 5μm 以下者）的硅尘对人体危害大，所以分散度越高，越要做好防尘工作。

(3) 粉尘的吸附性　在气体介质中运动的微小尘粒是很好的吸附剂。它能从所存在的气体介质周围吸附液体分子而形成一层水薄膜，而将其牢牢包裹，从而提高悬浮体在空气介质中的稳定性，阻碍尘粒之间、尘粒与水滴之间的附着和凝聚作用。分散度越小，影响就越大。

(4) 粉尘的凝聚性　微小尘粒由于产生时的高温影响，离子的表面电荷、布朗运动和声波振动以及磁力作用，使粒子相互撞击而引起凝聚。近年来发展的新型收尘设备（如超声波收尘器）都设法利用这种特性。

(5) 粉尘的润湿性　粉尘的粒子被水（或其他液体）湿润的现象，叫作润湿性。根据能够被水润湿的程度不同可分为疏水性粉尘和亲水性粉尘。但 5μm 以下的细粉尘（亲水性）只有在尘粒与水滴具有较高的相对速度的情况下才能被湿润。各种湿式收尘器，主要依靠粉尘与水的湿润效果来分离粉尘。

(6) 粉尘的荷电性　粉尘在它的产生过程中由于物料的激烈撞击、粒子彼此间或粒子与物料间的摩擦、放射性照射以及电晕放电等作用发生荷电。当尘粒荷电以后，其物理性质有所改变（凝聚性、附着现象等），同时对人体的危害也将增强。

## 6.4.3 粉尘的产生与扩散

粉尘的产生（飞扬）与扩散，主要与它在空气中的运动和空气中的流动有关。粉尘的飞扬一般是连续的两种作用的结果，即处理散状物料时，诱导空气（由于运动物料的曳引作用而随物料流动的空气）的流动将粉尘从处理物料中带出，污染局部空间；室内空气流动及设备的运行和振动造成的气流（二次气流）将落在设备、地坪及建筑物上的粉尘再次吹起。粉尘的扩散则主要是二次气流将含尘空气由局部扬尘点吹至气流所及的所有空间。因此，产生气流的原因，就是扬尘的关键所在。粉体在加工过程中，其转落比较频繁，由此而导致的扬尘机理，至少有以下几种。

### 6.4.3.1 物体的自由下落

如图6-30所示，物料（就单一颗粒而言）在自由坠落时，把阻碍它运动的下部空气排开，因而这部分空气也就有可能绕过该物料上升，占据其上部的自由空间。这些气流从物料下部的正压区 $h$ 以平均速度 $V_x$ 自物料下部向四面流出，同时以平均速度 $V_y$ 经过环状空间 $a$ 向上运动，充注于物料上部的负压区域。气流在垂直面上与水平面上的速度分布如图中虚线所示。由上所述，落体四周有一定范围的骚动气流层的存在，就是该范围内比落体小的那些尘粒被扬起的原因。

### 6.4.3.2 溜管内的料流

由实验观察可知，粉料在倾斜流槽内的流动速度是不均匀的。直接与摩擦系数较大的槽底相接触的那些粒子的速度最小，而料流的中央部分则以较大的速度运动。同时，颗粒越大的物料，其运动速度越快，物料颗粒在溜槽中发生着跳跃和腾空现象。整个料流在运动过程中逐渐加速。物料在这种运动过程中，空气产生涡流运动和同物料运动方向一致的直线运动。于是，颗粒侧面和后部的空气压力降低，使周围空气被曳引，至料层表面和料流当中，并随物料进入受料设备或密闭罩中，造成有害气流。

另外，由于物料的加速运动，管下端粒子速度总要比管上端大些，即各截面上粒子间隙在不断扩大，这些间隙的形成势必要相应的空气来填充。而溜管的两端是与大气相通的，因此空气在上端随物料吸入，被物料夹带，而由下端随料排出。遇到刚性平面时，物料恢复原来的堆积状态，孔隙减少，夹带的空气便被挤出来，造成有害气流。

被物料带入的空气量随物料下落高度的增加，粒度的变大，溜管倾角的增加，下落物料量的加大以及物料在溜管内充填度的增加而增多，所形成的含尘空气量也增大。反之，则趋向于减小。

### 6.4.3.3 卸出料流

粉料从管口卸出后的料流，同样会出现上述在溜管内由于粒子间隙增大而吸入空气的现象。但是因为卸出料流不受到关闭的限制，所以射流截面能逐步扩大，如图6-31所示。

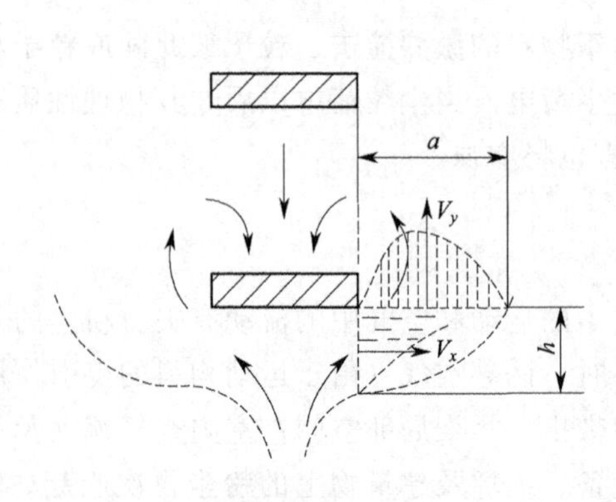

图 6-30 落体四周的气流

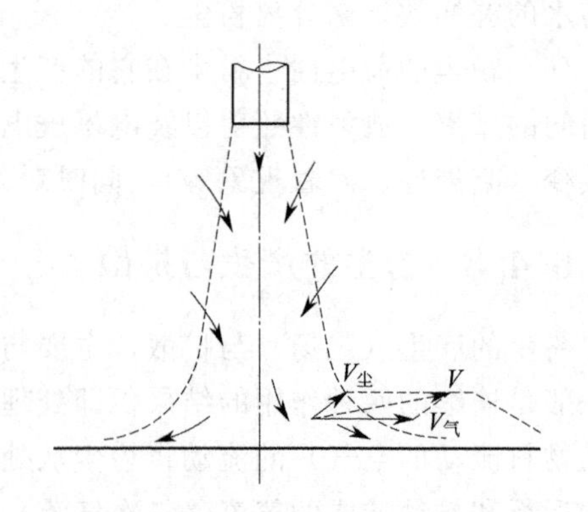

图 6-31 卸料与气流

另外，粉料流（包括所夹带的不扩大的气流）与固定平面相遇时，其中空气射流在与固定面相遇时被冲毁而沿着平面逸散。在平面附近空气射流的速度取决于射流初速以及管口至固定平面的距离。假使管口至平面的距离不大，则空气射流速度随着该距离的增大而减小。而料粒射流的最大速度不是在射流的起点，而是在与固定平面相撞处附近。换言之，该处空气射流的速度将小于料粒射流的速度。但是粒子射流被固定平面冲毁时，料粒由于撞击反射，而获得弹跳速度 $V_{尘}$。同时，作用在料粒上的还有空气射流 $V_{气}$，其方向为沿着平面滑动。若料粒较小或料粒与平面的弹性较小，则用以表示料粒撞击平面后的运动速度 $V$，几乎平行于平面，而使尘粒向四周飞扬。若为弹性体，特别是料粒较大，空气射流的作用就显得不大，其后所产生的气流现象就不难按照物体的自由坠落来推断。

应该指出，对于很大的卸出粉料射流来说，在管口处常会发生脉动现象。因此，结团状粉料的坠落，特别是高度不大时，可视为一大物体的坠落，它具备物体的自由坠落所产生的一些现象，如排气速度较大等。

6.4.3.4 机内余压

由于空气受热，空气受到进机物料的压缩以及机内运动部件的作用，致使机内产生余压。余压形成后的气流不仅使机内粉尘飞扬，更重要的是它们会依靠余压从机壳四周缝隙或出入口处向机外逸散。

由于进料而造成的机内余压，是生产上最重要且具有代表性的。归纳起来，可有下列不同情况：在机壳密闭的情况下进料时，机内空气体积被压缩减少，相应地其压力也以同等程度增大。机壳的密闭程度是有决定意义的，有不大的开口或一定的缝隙都会降低机内余压。若机壳上有相当大的开口，或者机膛是完全敞开式的，机内空气排出处空气流速很小，则机内余压微不足道，那就不成为扬尘的主要因素了。物料在快速坠落或大量散落的过程中，分散运动的物料对流体阻力很大，像活塞一样形成下压气流，特别是在间歇性快速卸料过程中会排出大量的空气，所产生的机内余压不是持续的，而是瞬时短暂的，但其程度却是比较大的。

因运动部件的作用而产生的余压大小取决于运动部件的尺寸、形状、运动速度、机壳形状以及机壳上孔口的相互位置。

必须指出，空气中所含水量（湿度）对粉尘也有一定的影响。因为粉尘在气流中被干燥降低了原有的含水量，所以在处理收尘问题时对空气的相对湿度也应予以注意。

总之，扬尘随物料的温度升高、粒度的减小而增加，随物料含水量的增加而减小。

### 6.4.4 防尘措施

综合前述粉尘性质、产生和扩散，控制和削弱扬尘程度的措施如下。

#### 6.4.4.1 改进工艺过程，采用现代化工艺设备

① 在满足生产要求的前提下，采用湿法生产或对物料增湿。

② 对易扬尘的物料，在运输过程中，应尽量采用慢速，减少其运转点，缩短运输距离，降低进出料位落差。

③ 使扬尘性物料冷却降温。

④ 对散状物料采用气力输送，减少尘源。

#### 6.4.4.2 密闭除尘

将散尘设备或地点密闭起来，从中抽出一定量的空气，造成罩内负压，使罩外的空气经罩上不严密之处流入罩内，防止粉尘外逸，称为密闭除尘。

(1) 密闭罩的形式　密闭罩的形式一般有如下三种。

① 局部密闭罩，将局部扬尘点密闭起来进行负压排尘的密闭罩。

② 整体密闭罩，除传动装置外，将散尘设备全部封闭在罩内的密闭罩。

③ 大密闭（密闭小室），将散尘设备或地点全部密闭起来的密闭罩。

(2) 合理组织罩内气流　根据扬尘机理，气流是最重要的因素。为了以最少的吸气量来达到防尘目的，则必须合理地组织罩内的气流。

密闭罩的形式应根据除尘设备的运转情况和携尘气流的运动规律确定。密闭罩上的门窗应躲开气流正压较高的部位，防止气流直接作用于孔缝溢出粉尘。为了防止吸出大量粉料，吸风点应避免正对含尘气流中心，其位置应能保持罩内产生均匀的负压。有些设备罩内压力分布很不均匀，应设几个吸风点。对于产生气流运动压力较大的场所，应采取较大容积的密闭罩。如果尘源的含尘气流速度较大时，应该在尘源的扬尘处设置栅条使含尘气流速度显著降低。也可采用双层密闭装置，从内层罩逸出的少数粉尘气流在外层罩内抽吸排出。上述结构都能以比较低的吸风速度来维持足够的罩内负压。对于运动中同一设备的不同地点，同时产生正压和负压的设备（如锤式破碎机），可设置循环风管，以减少吸风量。

处理或输送热的物料时，在一般情况下，密闭罩容积应适当地加大，吸风点可设在罩顶部的最高点。

(3) 局部吸风量　局部吸风量的确定是保证吸风防尘效果、节约投资及降低运转费用的关键。

理论上，为造成罩内负压，确定除尘吸风量时，必须满足密闭罩内进、排气量的总平衡：

$$Q=Q_1+Q_2+Q_3+Q_4+Q_5-Q_6 \tag{6-52}$$

式中　$Q$——除尘吸风量，$m^3/h$；

$Q_1$——被运动物料携入密闭罩的空气量，$m^3/h$；

$Q_2$——通过密闭罩不严密处吸入的空气量，$m^3/h$；

$Q_3$——由于设备运转鼓入密闭罩的空气量，$m^3/h$；

$Q_4$——因物料和机械加工散热而使空气热膨胀和水分蒸发增加的空气量，$m^3/h$；

$Q_5$——被压实的物料容积排挤出的空气量，$m^3/h$；

$Q_6$——从该设备排出的物料所带走的空气量，$m^3/h$。

上述六项因素中，$Q_3$ 依工艺设备类型及其配置而定，并且只有锤式破碎机等这样一些个别设备存在 $Q_3$。$Q_4$ 只在热料和物料含水率高时，才值得给予考虑。$Q_5$、$Q_6$ 的值一般很小，而且可以部分抵消。因此，大多数情况下，除尘吸风量为

$$Q = Q_1 + Q_2 \tag{6-53}$$

综合分析影响局部吸风量的各种因素，它与物料量、粒度、卸落高度、溜槽的截面和角度、密闭罩严密程度、设备运转速度以及设备下部是否设置缓冲料斗等有关。

局部吸风除尘所选用的风机的风量除局部吸风所需要的吸风量外，通常还要计入不超过5%的最小漏风量。风压也要提高10%以抵消由于漏气而造成的阻力增大。

上述局部吸风排尘仅仅迫使气流离开使尘源集中起来，随后还必须采取有效的收尘设备，将尘粒与气流分离开来。

## 6.4.5 收尘效率

收尘效率是指收尘器的工作效率，它是评价收尘装置操作性能好坏的主要指标。效率的高低与收尘装置的种类、结构，粉尘的种类、分散度、浓度及流体的负荷、湿度、温度等因素有关，收尘效率有两种常用的表示方法。

### 6.4.5.1 总收尘效率

总收尘效率简称收尘效率，是指收尘器收集的粉尘量与进入收尘器粉尘量的比率，其表达式为

$$\eta_T=\frac{G_e}{G_i}\times 100\%=\frac{C_1Q_1-C_2Q_2}{C_1Q_1}\times 100\%=\frac{C_1-C_2}{C_1}\times 100\% \tag{6-54}$$

式中 $G_i$——原来流体中的含尘量，g；

$G_e$——排放的流体中的含尘量，g；

$C_1$、$C_2$——原来流体和排放流体中的含尘浓度，$g/cm^3$；

$Q_1$、$Q_2$——原来流体和排放流体的流量，$m^3/h$。

从环保角度看，有害的粒级被排除多少受重视，所以，有时也以通过率 $\tau$（或称通过系数）作为收尘性能的另一种表示方法。所谓通过率是指净化后的气体中残余粉尘的含量与气体中原含有粉尘量之比，即

$$\tau=\frac{G_e}{G_i}=\frac{G_i-G_c}{G_i}=1-\eta_T \tag{6-55}$$

式中 $G_c$——收尘装置收下的粉尘量，g。

例如，第一台收尘设备收尘效率为 $\eta_T=90\%$，$\tau=10\%$，第二台收尘设备收尘效率为 $\eta_T=95\%$，$\tau=5\%$，两者相差一倍。

高效分离器的性能除用残余量表示效率外，还用净化系数 $f_0$ 来表示，即

$$f_0=\frac{1}{1-\eta_T} \tag{6-56}$$

当 $\eta_T=99.999\%$时，$f_0=10^5$，即净化指数，净化系数的对数值为 5。

#### 6.4.5.2 部分收尘效率

从回收产品的角度看，符合产品粒度要求的受重视。从粒度上讲，粒径大，收尘效率高，故单独用 $\eta_T$描述还不够，需要引入部分收尘效率 $\eta_x$，即

$$\eta_x=\frac{G_{ex}}{G_{ix}}\times100\% \tag{6-57}$$

按照颗粒的频度分布曲线的含义，又可写成

$$\eta_x=\frac{G_{cx}}{G_{ix}}\times100\%=\frac{G_c\mathrm{d}R_{cx}}{G_i\mathrm{d}R_{ix}}\times100\% \tag{6-58}$$

式中 $G_{cx}$——收尘粉尘中，粒径 $x$ 为中心的 d$x$ 宽度范围的颗粒含量，g；

$G_{ix}$——原流体中，粒径 $x$ 为中心的 d$x$ 宽度范围的颗粒含量，g；

$\mathrm{d}R_{cx}$——收尘粉尘中，粒径 $x$ 为中心的 d$x$ 宽度范围的颗粒含量，%；

$\mathrm{d}R_{ix}$——原流体中，粒径 $x$ 为中心的 d$x$ 宽度范围的颗粒含量，%。

通过实验测定得出的 $\eta_x$ 为

$$\eta_x=1-\mathrm{e}^{-ax} \tag{6-59}$$

式中 $a$——与收尘器有关的指数。

令 $\eta_x=50\%$，则

$$0.5=1-\mathrm{e}^{-ax_{c50}^m} \tag{6-60}$$

$$\mathrm{e}^{-ax_{c50}^m}=2^{-1} \tag{6-61}$$

取对数

$$a=0.693/x_{c50}^m \tag{6-62}$$

式中 $m$——粒径对效率的影响指数。

设 $m=1$。由实验测得 $x_{c50}$可由式(6-62) 得出不同分离器的 $a$ 值。

#### 6.4.5.3 分级分离效率与总分离效率的关系

收尘器的总收尘效率 $\eta_T$ 可由原来粉尘中各个以粒径 $x$ 为中心的 d$x$ 宽度范围内部分百分含量 $\mathrm{d}R_i$ 与其分级分离效率 $\eta_x$ 乘积的积分求得，即

$$\eta_T=\int_0^\infty\eta_x(-\mathrm{d}R_{ix})=\int_0^\infty\eta_x(-\frac{\mathrm{d}R_{ix}}{\mathrm{d}x})\mathrm{d}x \tag{6-63}$$

如果粉尘的颗粒分布基本上合乎罗辛拉姆勒函数或对数正态分布函数，那么积分可以实现，若粉尘的分布函数为

$$R_i=100\mathrm{e}^{-bx^n}$$

$$-\frac{\mathrm{d}R_i}{\mathrm{d}x}=100nbx^{n-1}\mathrm{e}^{-bx^n} \tag{6-64}$$

将式(6-64) 及式(6-59) 代入式(6-63) 得

$$\eta_T=100\int_0^\infty\eta_x(1-\mathrm{e}^{ax_\infty})(nbx^{n-1}\mathrm{e}^{-bx})\mathrm{d}x \tag{6-65}$$

$$\eta_T = 100[1 - nb\int_0^{\infty} x^{n-1}e^{-(ax+bx)}]dx \tag{6-66}$$

如果粉尘是滑石粉或水泥之类，则 $n=1$，而除尘器类型则相当于旋风器类，则 $n=1$，则上式通过积分得出

$$\eta_T = 100 - \frac{100b}{a+b}[1 - e^{-(a+b)x_{\infty}}] \tag{6-67}$$

当 $x_{\infty}$ 足够大时

$$\eta_T \approx \frac{a}{a+b} \times 100\% \tag{6-68}$$

由式(6-62) 知 $a = 0.693/x_{c50}^{m}$

由 RRB 方程可知 $b = \frac{1}{\bar{x}}$

设 $m=1$，代入式(6-68) 得

$$\eta_T = \frac{K\bar{x}}{K\bar{x} + x_{c50}} \times 100\% \tag{6-69}$$

式中 $K$——系数，等于 0.693；

$\bar{x}$——特征粒径。

由式中知，为了提高 $\eta_T$，$x_{c50}$ 应尽量降低；当 $x_{c50}$ 之值小于 $x$ 之值的 1/10 时，则 $\eta_T$ 接近 100%。

注意，式(6-69) 为经验式，推导中仅考虑分离器形式与粉磨两个主要因素，假设 $m$ 及 $n$ 为 1，所以其只能作为确定 $\eta_T$ 的参考，实际的 $\eta_T$ 应由实验确定。

#### 6.4.5.4 收尘系统的收尘效率

收尘系统工艺流程如图 6-32 所示，串联收尘系统的收尘效率为

$$\eta_{总} = \frac{m_2 + m_4 + m_6}{m_1} \times 100\% \tag{6-70}$$

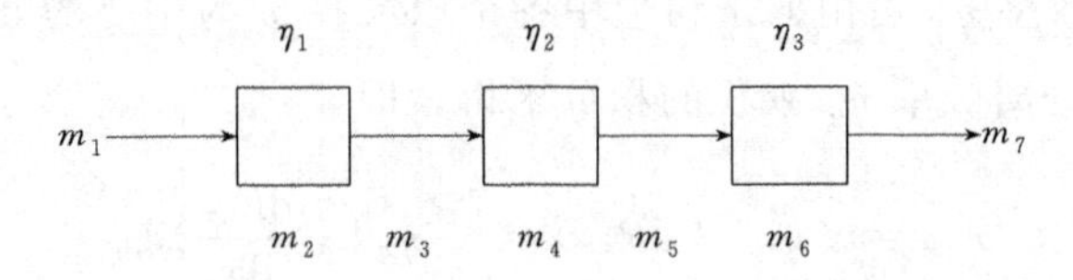


图 6-32 收尘系统

因为 $m_2 = m_1\eta_1$，$m_4 = m_3\eta_2$，$m_6 = m_5\eta_3$

所以

$$\eta_{总} = \frac{m_1\eta_1 + m_3\eta_2 + m_5\eta_3}{m_1} \times 100\% \tag{6-71}$$

又 $1 - \frac{m_4}{m_1(1-\eta_1)} = 1 - \frac{m_4}{m_1 - m_1\eta_1} = 1 - \frac{m_4}{m_1 - m_2} = 1 - \frac{m_4}{m_3} = 1 - \eta_2$

则 $$\eta_{总} = \eta_1 + (1-\eta_1)\eta_2 + (1-\eta_1)(1-\eta_2)\eta_3 \tag{6-72}$$

# 6.5 固液分离

## 6.5.1 沉降浓缩

沉降浓缩是指稀悬浊液用重力沉降成稠厚泥浆，即分离成淤泥和较澄清溢流的操作。

在处理量大的悬浊液流程中，用作过滤、离心分离、干燥等的前一工序，得到广泛应用。

不同尺寸的微小固体颗粒分布在液相中，形成了液固两相系统，按照分布在液相中的颗粒的尺寸大小可分为三大类：颗粒小于1nm的分子和离子为真溶液，它们的尺寸很小，不会引起光线散射，水溶液呈透明状；颗粒尺寸为1nm～1μm的称为胶体溶液；颗粒大于0.1μm的称为悬浮液。胶体溶液与悬浮液中的颗粒能光散射，水呈浑浊状。胶体溶液和悬浮液中的分散物质常被称为胶体颗粒。

分散在液相中的固体颗粒较大时，能比较容易地用重力沉降或其他方法进行分离，而固体颗粒在微米以下时，用普通的方法就很难将它们从液相中分离出来。这种情况下，往往采用适当的方法，使微小的粒子合并成较小的块状，然后再进行分离。

### 6.5.1.1 凝聚原理及应用

在液固两相系统中，固体颗粒通过搅拌或随液体的流动而移动，在移动时，粒子之间相互碰撞而结合，或粒子与已凝聚成的较小团块碰撞，逐步生成更大的团块，如果将高分子凝聚剂或不溶于分散介质的第二液体以及其他适当物质作为架桥物质加入到分散系颗粒群体中，并给凝聚过程提供适当的外界能量时，便生成密实构造的粒状絮凝体，以上现象称为凝聚。由凝聚生成的粒状絮凝体称为凝聚团块。凝聚过程主要是由如下三个要素构成的：

① 热运动凝聚；

② 流体扰动凝聚；

③ 机械脱水收缩。

通常把颗粒通过搅拌等而随液体流动而移动，且粒子之间碰撞结合的现象称为流体扰动凝聚。换言之，流体扰动凝聚并不只限于胶体化学中粒子依靠层流而迁移的情况，而是将层流和湍流都包括在内的，因流体的流动而移动并结合的过程都称为流体扰动凝聚，亦叫随机凝聚状态。随机凝聚状态的絮凝体，可称为随机絮凝体。

下面我们用简单明了的模型说明上述构成凝聚过程的三要素。第一要素是对颗粒在作布朗运动时的过程进行模拟化，所以可用图6-33(a)来代表热运动凝聚。热运动凝聚就是固体粒子依靠布朗运动而移动并聚合，生成随机絮凝体的过程。第二要素是对因搅拌等产生的流体的流动进行模拟化，所以用图6-33(b)代表扰动凝聚。流体扰动凝聚就是依靠搅拌引起的流体流动，生成随机絮凝体的过程。另外，一般认为在热运动凝聚和流体扰动凝聚过程中，构成絮凝体的粒子被固定在它们刚刚接触时各自的位置上，并且以后这些粒子的位置也不再起变化。第三要素是用图6-33(c)代表机械脱水收缩。机械脱水收缩是瞬时的和不均等的，而在统计学上是均等的外力作用在絮凝体的表面上，促使构成絮凝体的粒子的分布位置发生了变化，结果使粒子之间的接触点增多而絮凝体被压缩的过程。

对大量的实验结果加以整理并研究的结果，可以认为分散状态至团块凝聚状态的途径基本上有两种，图 6-34 为具体说明凝聚团块生成机理。图 6-34(a) 为流体扰动凝聚与机械脱水收缩在时间上有先后差异的串联情况，换言之，先是通过流体扰动凝聚作用而生成随机絮凝体，然后随机絮凝体通过机械脱水收缩使它逐渐被压密而成为凝聚团块。图 6-34(b) 为流体扰动凝聚与机械脱水收缩在时间上没有先后差异的并联情况，这时单个粒子或随机絮凝体逐渐附着于核的表面或业已生成的母团块的表面上，同时由于机械脱水收缩而被压密，凝聚团块越来越大，结果使生成的凝聚团块具有年轮构造。

图 6-33 凝聚过程要素模拟

(a) 热运动凝聚；(b) 液体扰动凝聚；(c) 机械脱水收缩

图 6-34 凝聚团块生成机理

(a) 串联式；(b) 并联式

凝聚分离的装置种类很多，有些是加入凝聚剂以促进凝聚分离，有些是通过搅拌和液体流动，有些则是两者兼用所谓的复合型。

#### 6.5.1.2 凝聚性悬浊液的沉降过程

在凝聚性悬浊液中，由于颗粒的表面性质和状态以及与介质的相互作用，使得颗粒间具有一定的作用力，这种作用力是造成颗粒间凝聚的基础。如果颗粒间不产生这种凝聚作用，而是相互排斥，则颗粒间无法沉降成稠厚的泥浆；另外，凝聚作用还可使小颗粒和大颗粒凝聚而产生沉降，否则小颗粒将可能悬浮在溶液之中。

把由许多颗粒组成的且具有凝聚性的泥浆倒入 1L 的量筒内，经充分搅拌后，静置观察时，有图 6-35 所示的沉降过程。

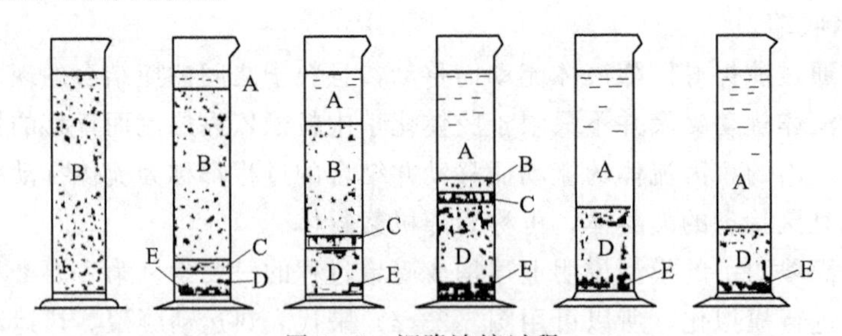


图 6-35 沉降浓缩过程

A 层：澄清层。凝聚良好时，由于沉降颗粒群的过滤作用而澄清，AB 界面明显。凝聚不佳时，因残留微粒子而成浑浊层，界面不明显。该界面高度和时间的关系可用作增稠器设计、操作的基本数据。因为大多数泥浆沉降过程可看作是间歇性的，所以，澄清界面的高度与时间的关系曲线称为间歇沉降曲线。

B 层：干扰沉降凝聚层。其浓度与悬浊液的初期浓度几乎相等，液面为连续相，高度上几乎无浓度差，AB 界面的沉降速度等于干扰沉降速度。

C 层：是 B 和 D 的过渡层。通过凝聚体堆积起来的毛细管网时，液体被挤出，颗粒的水平位置保持不变，而沿垂直方向压缩。该层液体已不是连续相。

D层：颗粒紧密堆积层，毛细管流减小的状态，沉降速度极小。

E层：粗颗粒。

B层存在时，随着时间的推移，AB界面几乎是保持线性地下沉，故称为恒速沉降区间，B层消失，达到临界点时，沉降速度逐渐减小。

6.5.1.3 间歇沉降曲线的分析

(1) 实验方法 通常用量筒来测定物料的沉降速度，实验在1L的量筒中进行。按生产上可能遇到的料浆水分的变化范围，配制3～5种水分的料浆，在恒温器中测定物料在一定温度和水分时的临界点平均沉降速度。料浆颗粒沉降过程如图6-36所示。所谓临界点平均速度是指自由沉降带消失时的澄清带高度除以从沉降开始到自由沉降带消失所需的时间。然后用式(6-73)计算所需要的池面积：

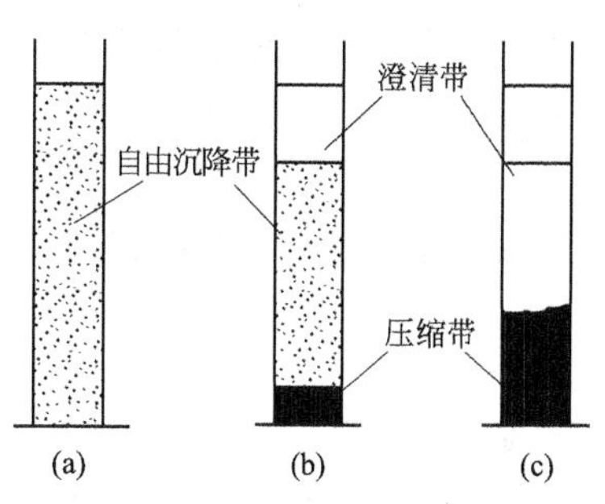


图6-36 料浆中颗粒沉降过程

(a) 沉降开始；(b) 沉降过程中；(c) 沉降结束

$$A=K\frac{W(C_1-C_2)}{3600u_0} \tag{6-73}$$

式中 $u_0$——颗粒的沉降速度，m/s；

$C_1$，$C_2$——分别为原始料浆与增稠后的料浆所含水份，kg/kg固体；

$K$——系数；

$W$——每小时处理的干固体量，t/h；

$A$——厚浆池的截面积，$m^2$。

因为沉降颗粒性质、颗粒含量和水分的不同，此法需要求出各种浓度时的间歇沉降曲线，每次实验结果只能适用于实验用的泥浆的沉降过程，故使用不甚方便。能否找出颗粒的沉降速度与浓度变化的关系？据此可以根据浓度的连续变化计算颗粒的沉降速度，解析沉降过程，确定间歇沉降曲线。

(2) 理论方法 根据沉降理论，可以做到用1次沉降实验结果，求出沉降速度与各种浓度间的关系。

设沉降管中某高度处有一微分厚度层$L$，如图6-37所示，$L$层的浓度由初期浓度起逐渐变浓，$L$层内的颗粒犹如筛网上的结点一样，上方的沉降粒子由$L$层的上方沉降进去，又从下方流出，穿流而过。为了保证该$L$层内颗粒的浓度不变，随着上方颗粒的不断沉降，$L$层被迫上移，显然，这一$L$层是从沉降管底部起移动到沉降界面上，设$L$层的上升速度为$U$。

设任意$L$层的固体浓度$C_L$为常数，如图6-37所示，该浓度时颗粒的沉降速度为$u_L$，有浓度为$C_L+\mathrm{d}C_L$，沉降速度为$u_L+\mathrm{d}u_L$的颗粒从浓度比其低的上方流入。由于该层以速度$U$向上运动，要想保持$L$层的浓度$C_L$不变，随着沉降颗粒的进入，该层会上移，因此，该层单位面积上的物料平衡式为

$$(C_L-\mathrm{d}C_L)(u_L+\mathrm{d}u_L+U)=C_L(u_L+U) \tag{6-74}$$

变形并略去二次项得

$$U=C_L\frac{\mathrm{d}u_L}{\mathrm{d}C_L}-\mathrm{d}u_L-\mu_L \tag{6-75}$$

式中，颗粒的沉降速度 $u_L$ 仅为浓度的函数，假定 $u_L=f(c)$，取 $f'(c)=\dfrac{du_L}{dC_L}$，则

$$U=C_L f'(c)-f(c) \tag{6-76}$$

因为 $C_L$ 为常数，故 $f'(c)$、$f(c)$也为常数，为此，$U$ 也是常数。

如取量筒的横截面积为 $S$，初期浓度为 $C_0$，泥浆的初期高度为 $Z_0$，则颗粒的总质量为 $C_0Z_0S$，由于 $L$ 层由底向上移动，最后到达界面，因此，圆筒内的全部固体颗粒都要穿过此层。如浓度 $C_L$ 的 $L$ 层到达澄清界面所需要的时间为 $t_L$，则穿过此层的颗粒总质量为 $C_LSt_L(u_L+U)$，其值与 $C_0Z_0S$ 相等，即

$$C_LSt_L(u_L+U)=C_0Z_0S \tag{6-77}$$

若 $t_L$ 时的界面高度为 $Z_L$，则 $U=Z_L/t_L$，将其代入式(6-77)，则得

$$C_L=\frac{C_0Z_0}{Z_L+u_Lt_L} \tag{6-78}$$

或

$$Z_L=C_0Z_0/C_L-u_Lt_L$$

根据实验数据作间歇沉降曲线，如图 6-38 所示。间歇沉降曲线上某时间 $t$ 的切线斜率表示澄清界面的下沉速度，该下沉速度即澄清界面上颗粒群的沉降速度，换言之，它表示该时间里到达澄清界面的 $L$ 层颗粒的沉降速度。

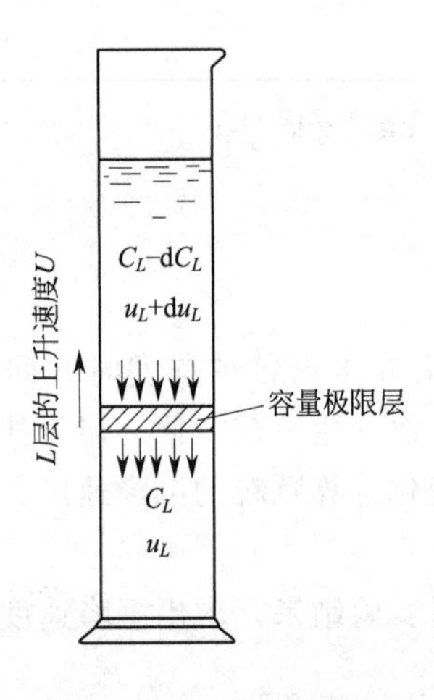


图 6-37 容量极限层

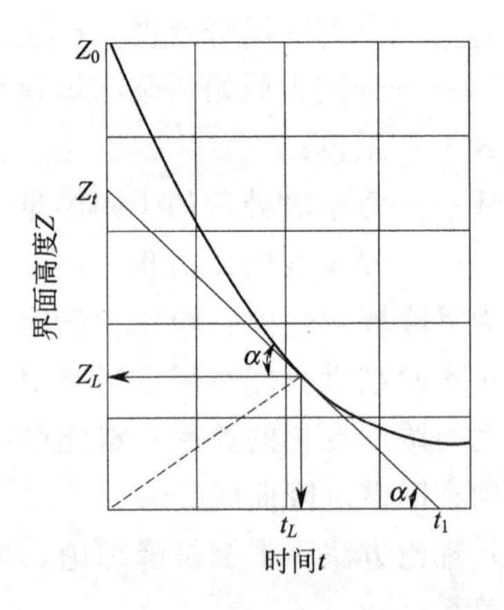


图 6-38 由间歇沉降曲线求 $u_L$ 的方法

因此，由图 6-38 可得此时的斜率

$$\tan\alpha=\frac{dz_i}{dt}=u_L=\frac{Z_t-Z_L}{t_L} \tag{6-79}$$

将式(6-79) 代入式(6-78) 得

$$C_L=\frac{C_0Z_0}{Z_i} \tag{6-80}$$

间歇沉降曲线可作为增稠器设计、操作的基本数据。

#### 6.5.1.4 增稠器 (thickener)(厚浆池)

由于它能连续地浓缩固体浓度低的大量泥浆，因此，工业上获得广泛应用。增稠器圆池的直径为 10～30m，大的可达 100m。

（1）工作原理　原液由供料筒加入，浓缩后的淤泥用池底的耙子刮到池中心，由泵排出，澄清液由上端的周边溢流出去，如图 6-39 所示。

与间歇沉降相同，在稳定状态下形成 A 层、B 层、C 层、D 层。A 层和 C 层占大部分，B 层的浓度与原液浓度相等，一般这一层极少。

（2）横截面积的计算

设：经增稠器处理的原液、溢流、底流的体积流量分别为 $Q_0$（$m^3/h$）、$V$（$m^3/h$）、$Q_u$（$m^3/h$）；

原液、溢流、底流中的固体含量分别为 $C_0$（$kg/m^3$）、$C_v$（$kg/m^3$）、$C_u$（$kg/m^3$）；

原液、溢流、底流的密度分别为 $\rho_0$（$kg/m^3$）、$\rho_v$（$kg/m^3$）、$\rho_u$（$kg/m^3$）；

悬浊液固体颗粒密度为 $\rho_p$（$kg/m^3$），液体密度为 $\rho$（$kg/m^3$）。

由图 6-40 可见，一般情况下，可假定 $C_v=0$，即以澄清液由池边溢流为条件，根据物料质量平衡得

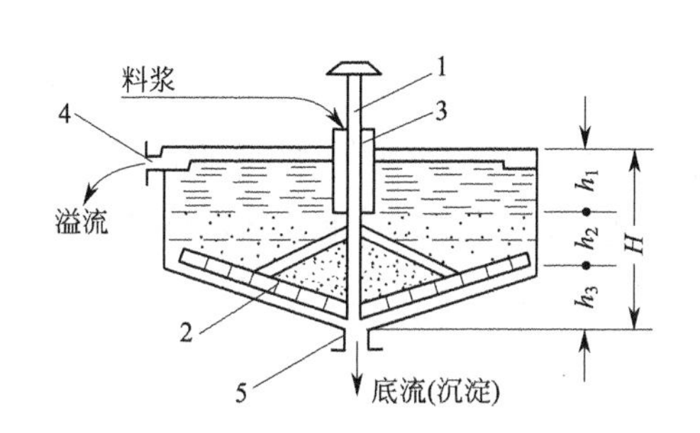


图 6-39　厚浆池

1—立轴；2—浆耙；3—喂料管；
4—溢流槽；5—排出口

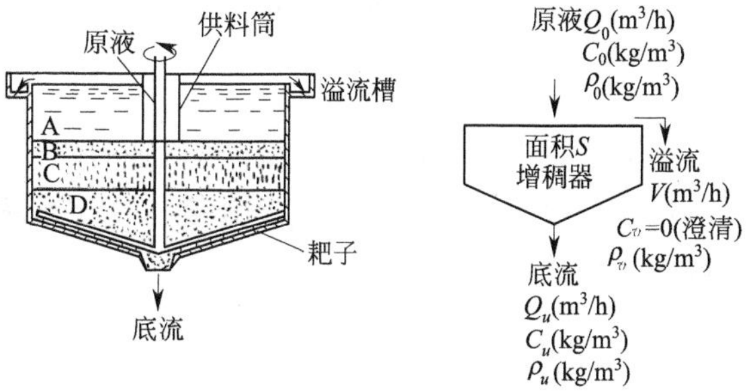

图 6-40　增稠器

固体
$$Q_0C_0=Q_uC_u \tag{6-81}$$

液体
$$Q_0(\rho_0-C_0)=V\rho_v+Q_u(\rho_u-C_u) \tag{6-82}$$

式中　$\rho_0$——原液密度，$kg/m^3$；

$\rho_u$——底流密度，$kg/m^3$。

联立上式，消去 $Q_u$ 得

$$V=Q_0C_0\left(\frac{\rho_0}{C_0}-\frac{\rho_u}{C_u}\right)\frac{1}{\rho_v} \tag{6-83}$$

方程两边除以横截面积 $S$，得

$$\frac{V}{S}=\frac{Q_0C_0}{S}\left(\frac{\rho_0}{C_0}-\frac{\rho_u}{C_u}\right)\frac{1}{\rho_v} \tag{6-84}$$

由于求 $\rho_0$ 和 $\rho_u$ 比较繁琐，各种浆液都需要测定。为了简化，可用悬浊液固体颗粒密度 $\rho_p$ 和液体密度 $\rho$ 代替 $\rho_0$ 和 $\rho_u$，而

原液密度＝液体质量/原液体积＋颗粒质量/原液体积

底流密度＝液体质量/原液体积＋颗粒质量/原液体积

则
$$\rho_0=\left(1-\frac{C_0}{\rho_p}\right)\rho+C_0 \tag{6-85}$$

式中 $\frac{C_0}{\rho_p}$——固体颗粒体积，即 $1m^3$ 原液中颗粒的体积，$m=V\rho_p$，$V=m/\rho_p$（固体的体积）；

$1-\frac{C_0}{\rho_p}$——$1m^3$ 原液中液体的体积；

$\left(1-\frac{C_0}{\rho_p}\right)\rho$——$1m^3$ 原液中液体的质量。

$$\rho_u=\left(1-\frac{C_u}{\rho_p}\right)\rho+C_u \tag{6-86}$$

将式(6-86) 代入式(6-84) 得

$$\frac{V}{S}=\frac{Q_0C_0}{S}\left(\frac{1}{C_0}-\frac{1}{C_u}\right)\frac{\rho}{\rho_v} \tag{6-87}$$

式中，澄清液溢流时 $\rho_v\approx\rho$，$V/S=V_{流}$ 为溢流澄清液的上升速度，为使澄清液不浑浊，其上升速度必须小于颗粒的沉降速度。即

$$V/S\leqslant u_L \tag{6-88}$$

如何确定颗粒的沉降速度 $u_L$？可通过沉降实验。由于颗粒沉降速度受料浆的种类和浓度的影响，也可以通过建立沉降速度、料浆浓度、沉降时间的关系式，通过间歇沉降曲线求得颗粒沉降速度。

## 6.5.2 过滤

过滤是用过滤介质捕集分离液体中不溶性悬浊颗粒的操作，或使料浆中固体颗粒与液体分离的脱水过程。

### 6.5.2.1 过滤原理

当料浆中固体颗粒不能在适当时间内，以沉降方法得到分离时，过滤将是普遍使用而有效的方法。

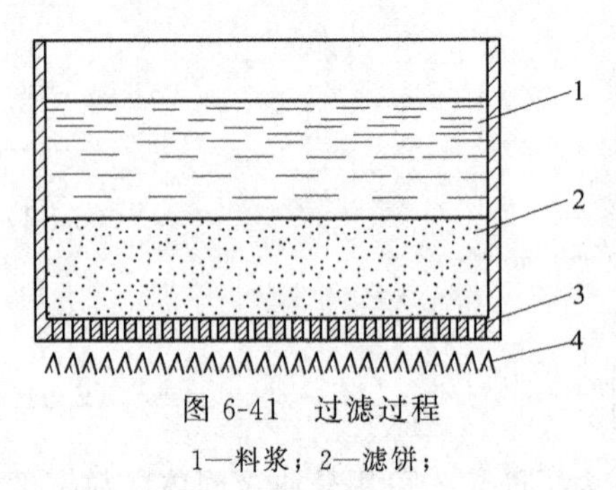


图 6-41 过滤过程
1—料浆；2—滤饼；3—过滤介质；4—滤液

过滤过程如图 6-41 所示，待过滤的悬浊液 1 称为料浆，具有许多小孔用来截留固体颗粒的多孔材料 3 称为过滤介质，通过过滤介质的液体 4 称为滤液，被过滤介质截留的物质 2 称为滤饼。当悬浊液的浓度很高，在过滤介质表面上形成的滤饼中，如有 1%以上的固体颗粒，约占 3%～20%的体积起过滤介质作用的过滤过程称为滤饼过滤。当过滤浓度为 0.1%以下至百万分之几的极稀悬浊液时，颗粒被截留在过滤介质的内部或表面，几乎不生成滤饼，其目的在于提取澄清液，该过滤过程称为澄清过滤。介于以上两者的中间浓度（0.1%～1%）悬浊液，因同时产生澄清过滤和滤饼过滤，故使过滤操作恶化，须添加硅藻土和石棉等助剂或用沉降浓缩提高浓度后再过滤。现以滤饼过滤为例，说明过滤过程。

将料浆放到过滤介质的上面，料浆中的水分能通过过滤介质中的空隙，成为澄清的滤液流出。颗粒则为过滤介质所截留，沉积为滤饼，生成的滤饼也成为过滤介质的一部分，因

此，过滤介质和滤饼对水分的流出均有阻力，随着过滤的进行，滤饼的厚度逐渐增加，过滤阻力增大，为了使过滤得以持续下去，需施以一定的动力以克服过滤阻力。动力的来源有自然过滤，依靠滤液本身的重力产生，还有用压力泵进行的压力过滤、真空过滤和离心过滤等。过滤操作进行到一定时间之后，随着滤饼的增厚，过滤速度越来越小，再继续进行下去是不经济的，必须将滤饼移走，以便使过滤介质获得再生，降低下次过滤的阻力，由此可见，过滤过程是周而复始交替进行的。

#### 6.5.2.2 过滤基本方程式

过滤设备的生产能力一般是指在一段时间内所处理的物料量。而过滤物料中包含滤浆、滤液和滤饼，故以每小时生产的滤饼质量或体积作为设备的生产能力。然而在过滤理论计算中，我们要应用流体力学的公式来导出过滤基本方程式，要用过滤量作为计算参数，那么，在不同的情况下，要分别以滤浆、滤饼、滤液量作为生产能力，这样做是不是相互矛盾？并不矛盾，如果把滤饼量定为生产能力，那么在滤浆浓度一定的条件下，含滤饼量也一定，单位时间内处理的滤浆和所得的滤饼以及滤液有一定的比例关系，可以相互换算。

下面根据流体力学的公式来推导过滤的基本方程式。

过滤速度是指单位时间内通过单位过滤面积的滤液体积。

设：滤液体积为 $V$ ($m^3$)；

过滤时间为 $t$ (s)；

过滤面积为 $A$ ($m^2$)；

过滤速度为 $u$ (m/s)，根据过滤速度的定义可以得到；

滤饼厚度为 $L$ (m)；

滤饼的压力降为 $\Delta p_c$ (Pa)；

过滤介质的压力降为 $\Delta p_m$ (Pa)；

总压力降为 $\Delta p_f$ (Pa)；

干滤饼的空隙率为 $\varepsilon$；

干滤饼的密度为 $\rho$ ($kg/m^3$)；

$1m^3$ 滤液所得的干滤饼质量为 $W$ ($kg/m^3$)。

滤饼：

干滤饼质量平衡

$$LA(1-\varepsilon)\rho_p = W(V+\varepsilon LA) \tag{6-89}$$

$$\varepsilon LA \ll V \tag{6-90}$$

$$LA(1-\varepsilon)\rho_p \approx WV \tag{6-91}$$

由 Kozeny-Carman 公式

$$V_f = \frac{1}{K''} \times \frac{\varepsilon^3}{S_V'^2 (1-\varepsilon)^2} \times \frac{\Delta p}{\mu L_0} \tag{6-92}$$

$$u = \frac{\varepsilon^3}{(1-\varepsilon)^2} \times \frac{\Delta p_c}{\mu S_V^2 LK} = \frac{1}{A} \times \frac{dV}{dt} \tag{6-93}$$

将式(6-91) 中 $L = WV/A(1-\varepsilon)\rho_p$ 代入式(6-93)

令 $\alpha = \dfrac{5(1-\varepsilon)S_V^2}{\rho_p \varepsilon}$，为体积比阻。

$$u=\frac{1}{A}\times\frac{\mathrm{d}V}{\mathrm{d}t}=\frac{\Delta p_{\mathrm{c}}}{\dfrac{\alpha\mu WV}{A}} \tag{6-94}$$

为什么 $\alpha$ 为体积比阻？由式(6-94) 得

$$\alpha=\frac{\Delta p_{\mathrm{c}}}{\dfrac{u\mu WV}{A}} \tag{6-95}$$

其物理意义是 $\mu=1$、$u=1$、$A=1$、$W=1$ 时单位质量的压降，可将质量折算成体积。

令：滤饼阻力 $R_{\mathrm{c}}=\alpha WV/A$（单位面积上所产生的滤饼的阻力），则

$$\Delta p_{\mathrm{c}}=\frac{1}{A}\times\frac{\mathrm{d}V}{\mathrm{d}t}\mu R_{\mathrm{c}} \tag{6-96}$$

为方便计算，过滤介质用当量滤液量 $V_0$ 表示（即过滤介质的体积比阻同滤饼的体积比阻相等时，过滤介质的厚度应折合成多厚的滤饼），则

$$\frac{\Delta p_{\mathrm{c}}}{\dfrac{u\mu WV}{A}}=\frac{\Delta p_{\mathrm{c}}}{\dfrac{u\mu WV_0}{A}} \tag{6-97}$$

滤饼：$WV=LA$

过滤介质：$WV_0=L_{\mathrm{e}}A$（$L_{\mathrm{e}}$：当量滤饼厚度）

则

$$u=\frac{1}{A}\times\frac{\mathrm{d}V}{\mathrm{d}t}=\frac{\Delta p_{\mathrm{c}}}{\dfrac{\alpha\mu WV_0}{A}} \tag{6-98}$$

通过过滤介质的液流可假定为层流，令过滤介质阻力为 $R_{\mathrm{m}}=\alpha WV_0/A$，由此可类推：$p_{\mathrm{m}}=\frac{1}{A}\times\frac{\mathrm{d}V}{\mathrm{d}t}\mu R_{\mathrm{m}}$。

由于液体作直流，令总压降为

$$\Delta p_{\mathrm{f}}=\Delta p_{\mathrm{c}}+\Delta p_{\mathrm{m}} \tag{6-99}$$

$$\Delta p_{\mathrm{f}}=\frac{1}{A}\times\frac{\mathrm{d}V}{\mathrm{d}t}(\mu R_{\mathrm{c}}+\mu R_{\mathrm{m}})=\frac{\Delta p_{\mathrm{f}}}{\mu(R_{\mathrm{c}}+R_{\mathrm{m}})} \tag{6-100}$$

则

$$\frac{1}{A}\times\frac{\mathrm{d}V}{\mathrm{d}t}=\frac{\Delta p_{\mathrm{f}}}{\mu(R_{\mathrm{c}}+R_{\mathrm{m}})} \tag{6-101}$$

将 $R_{\mathrm{c}}=\alpha WV/A$、$R_{\mathrm{m}}=\alpha WV_0/A$ 代入式(6-101) 得

$$\frac{1}{A}\times\frac{\mathrm{d}V}{\mathrm{d}t}=\frac{\Delta p}{\dfrac{\alpha W\mu}{A}(V+V_0)} \tag{6-102}$$

式(6-102) 即为基本过滤微分方程式，表示过滤过程中任一瞬时的过滤速度，且指出过滤速度与料浆的性质、过滤介质的结构特征以及过滤时使用的压强差等一系列因素有关。要将过滤的基本方程式用于实际计算仍有困难，还需根据具体操作情况进行积分。

# 第7章 粉体贮存

粉体物料在料仓中的贮存和卸出，都会导致粒子与粒子之间、粒子与仓壁材料之间的摩擦行为，从而构成力学现象。由于粉体的物理性质不同于固体和液体，不能简单套用固体力学和流体力学的理论来研究粉体的力学性质，所以，随着对粉体的深入研究和工农业生产的不断发展，粉体力学应运而生。除粉体贮存容器设计外，建筑物地基、江河堤坝的设计等也都离不开粉体力学。

粉体力学是粉体在力的作用下表现出的特性和力学行为所遵循的规律。

粉体流动特性和力学行为是粉体贮存、给料、输送、混合等单元操作及其装置设计的基础，例如，围绕料仓设计和使用中经常出现的强度、容量、流动状态、出料口的确定、斜壁倾角的确定、料仓结拱问题等，均需根据粉体特性和行为才能得到量化指标。其他单元操作也是如此。因此，有关粉体的摩擦性质和内聚性质以及粉体的应力状态等基本特性就成为上述单元操作能否正常进行的关键。

粉体力学主要研究粉体中颗粒之间的相互作用，以及粉体与其他物体相互作用和由此所产生的力及其位移。粉体力学包括粉体静力学和粉体动力学两部分。前者研究外界施于粉体的力和粉体粒子本身相互作用的质量力、摩擦力、压力之间的平衡关系，涉及粉体内部的压力分布、休止角、内摩擦角、壁摩擦角等粉体静力学性质；后者研究粉体在重力沉降、旋转运动、输送、混合、贮存、粒化、颗粒与流体相互作用等过程中的粒子相互间的摩擦力、重力、离心力、压力、流体阻力以及运动状态，涉及粉体流动性、颗粒流体力学性质等动力学性质。本章主要介绍在粉体的基本性质中尚未提及的与贮存过程有关的粉体静力学基本知识。

## 7.1 料仓设计理论

无论是哪种单元操作，都会出现粉体从静止状态转为运动状态和从运动状态变为静止状态的操作，这种状态的转换会有不同的表现，如料仓内静止的粉体变为流动时需要什么条件，流动的粉体倾泻到平面上变为静止时的堆积形状又取决于什么因素等。颗粒群从运动状态变为静止状态所形成的角是表征粉体力学行为和流动状况的重要参数。很自然会想到，这在很大程度上取决于粉体的摩擦特性。

### 7.1.1 粉体摩擦特性

粉体摩擦特性产生的实质是颗粒间的摩擦力和内聚力。如何来表示粉体的摩擦特性？最直接的表示方法是使用摩擦力和内聚力的大小，但为了说明问题和计算方便，常用颗粒间的摩擦力和内聚力形成的角——统称为摩擦角来表示。由于不同状态的粉体（静止、运动、干、湿），会出现不同的摩擦力和内聚力，因此会对应不同的摩擦角，所以，根据颗粒体运动状态的不同，可分为内摩擦角、休止角、壁摩擦角、滑动摩擦角和运动摩擦角。

#### 7.1.1.1 内摩擦角

粉体层受力时，如图 7-1 所示，当受力小时，粉体层外观上不产生什么变化，这是由于摩擦力具有相对性，相对于摩擦力的大小产生了克服它的应力，这两种力是保持平衡的。可是，当作用力的大小达到粉体抗剪强度极限值时，粉体层将突然出现崩坏，该崩坏前后的状态称为极限应力状态。这一极限应力状态由一对压应力和剪应力组成。换言之，若在粉体层任意面上加一垂直应力，并逐渐增加该面的剪应力，则当剪应力达到某一值时，粉体层将沿此面滑移。内摩擦角即表示该极限应力状态下剪应力与垂直应力的关系，它可用莫尔圆和破坏包络线来描述。

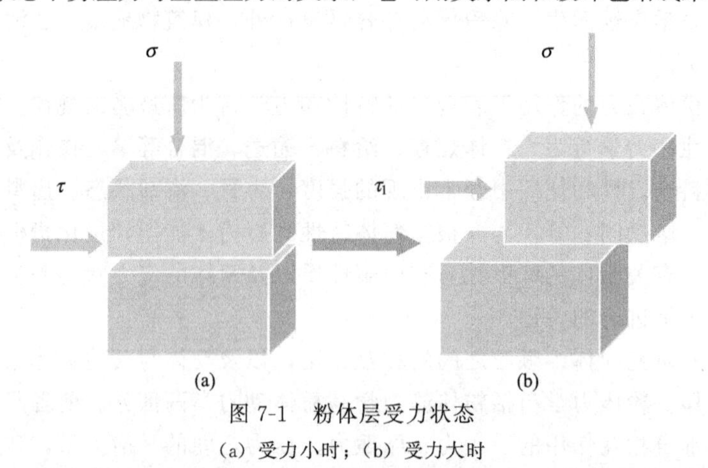


图 7-1 粉体层受力状态

(a) 受力小时；(b) 受力大时

(1) 摩擦力 如图 7-2(a) 所示，水平面上有重力为 $W$ 的物体，重力 $W$ 和反力 $R$ 平衡时，物体处于静止状态。如图 7-2(b) 所示，作用有水平力 $P$，$P$ 小时物体不动，但反力 $R$ 变成 $R'$，大小、方向均变化。随着 $P$ 增大，$\alpha$ 角达极限值 $\phi$ 时，物体突然产生滑动。如图 7-2(c) 所示，设反力 $R''$的水平和铅垂方向分力分别为 $H$ 和 $N$，则水平力 $F$ 和反力 $R''$有下列关系：

$$P=H=N\tan\phi=W\tan\phi=Wf \tag{7-1}$$

式中 $\phi$——摩擦角，(°)；

$f$——摩擦系数，$f=\tan\phi$。

因此，可以认为，摩擦力 $Wf$ 的作用在于克服水平力 $P$，如图 7-2(d) 所示。摩擦力相对于外力由零至极限值取值，可以说具有相对性。即使对于与外力保持平衡而处于静止的粉体层来说，摩擦力也起着重要的作用，能保持平衡的外力大小具有一定的范围。

(2) 应力 作用力与受力面面积的比值称应力。图 7-2(c) 中，设物体和平面的接触面积为 $A$，相应于水平力 $F$ 有水平应力 $\tau=H/A$，相对于重力 $W$ 有铅垂应力 $\sigma=W/A$，式中 $\tau$ 是沿着剪断面产生的，故称剪应力。

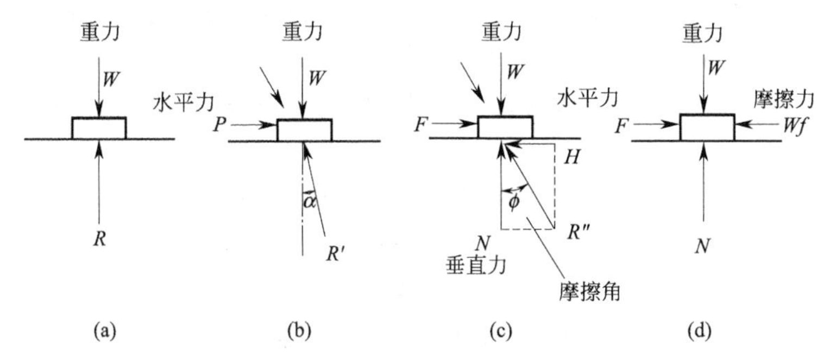


图 7-2　摩擦角和摩擦力的概念

（3）主应力　通常在外力作用下，粉体层中的任一单元都要受到二方向或三方向的拉伸或压缩，处于复杂的应力状态下。应力理论规定，$\tau=0$，即不存在剪应力时的垂直应力称为主应力，主应力作用面称为主应力面。在任何应力体的每一点都可以作三个互相垂直的主应力面，经过这三个主应力面传递三个主应力，这三个主应力中有两个具有极值。其中，最大的应力称为最大主应力 $\sigma_1$，最小的应力称为最小主应力 $\sigma_3$，尚余一个称为中间应力 $\sigma_2$，如图 7-3 所示。

当所有三个主应力都不为零时，叫三向应力状态，构成三向应力系（空间应力系）；当一个主应力等于零时，叫二向应力状态，构成二向应力系（平面应力系）；当两个主应力等于零时，叫单向应力状态。

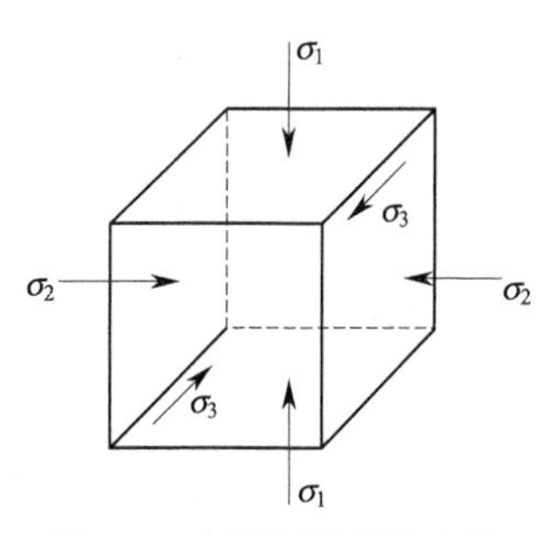


图 7-3　主平面单元立方体

通常在处理粉体应力问题时为简化起见，忽略中间应力 $\sigma_2$ 的作用，即把应力系看作是 $\sigma_1$ 和 $\sigma_2$ 的二元应力系。这时，$\sigma_2$ 的方向无应力作用，只相当于增加个压缩条件。

另外，在开始讨论粉体应力状态之前，还要作两个假设。第一，假设粉体层是完全均质的；第二，假设粉体为整体的连续介质。在此基础上建立的简化计算方法称为整体连续介质模型。

（4）莫尔圆　为用二元应力系分析粉体层中某一点的应力状态，如图 7-4(a) 所示，在粉体层中取坐标轴 $x$、$y$，并设有一小直角三角形包围着这一点，该三角形的厚度为单位长度，两直角边与斜边上的应力平衡。

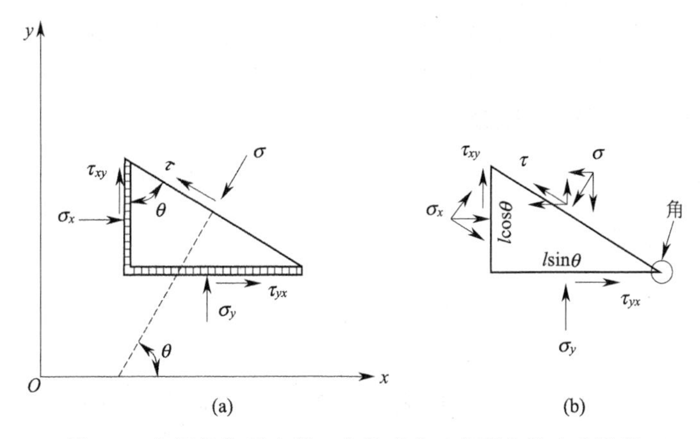


图 7-4　包围粉体层中某一点的直角三角形上的应力平衡

图 7-4(b) 表示该直角三角形的受力状态，垂直应力 $\sigma_x$、$\sigma_y$ 的下角 $x$、$y$ 表示力的方向为 $x$ 轴向、$y$ 轴向。剪切力 $\tau_{xy}$、$\tau_{yx}$ 下角的前一个字母表示受力面的垂直方向，后一个字母表示剪应力方向。$\sigma$、$\sigma_x$、$\sigma_y$ 分别垂直于受力面，朝三角形内侧的值取正值，即为压缩应力。

设斜边长度为 $L$，压应力 $\sigma$ 和 $x$ 轴的夹角为 $\theta$，力的平衡如下（式中消去 $L$）。

$x$ 方向 $$\sigma_x\times1\times(L\cos\theta)+\tau_{xy}\times1\times(L\sin\theta)=(\sigma\times1\times L)\cos\theta+(\tau\times1\times L)\sin\theta \tag{7-2}$$

$y$ 方向 $$\sigma_y\times1\times(L\sin\theta)+\tau_{yx}\times1\times(L\cos\theta)=(\sigma\times1\times L)\sin\theta-(\tau\times1\times L)\cos\theta \tag{7-3}$$

$x$ 方向 $$\sigma_x\cos\theta+\tau_{xy}\sin\theta=\sigma\cos\theta+\tau\sin\theta \tag{7-4}$$

$y$ 方向 $$\sigma_y\sin\theta+\tau_{yx}\cos\theta=\sigma\sin\theta-\tau\cos\theta \tag{7-5}$$

由上两式分别消去 $\tau$ 和 $\sigma$，则得

$$\sigma=\frac{1}{2}(\sigma_x+\sigma_y)+\frac{1}{2}(\sigma_x-\sigma_y)\cos2\theta+\frac{1}{2}(\tau_{yx}+\tau_{xy})\sin2\theta \tag{7-6}$$

$$\tau=\frac{1}{2}(\sigma_x-\sigma_y)\sin2\theta+\frac{1}{2}(\tau_{yx}-\tau_{xy})-\frac{1}{2}(\tau_{yx}+\tau_{xy})\cos2\theta \tag{7-7}$$

根据剪应力互等定理：$\tau_{yx}=\tau_{xy}$，因此，式(7-6) 和式(7-7) 可写成如下形式：

$$\sigma=\frac{1}{2}(\sigma_x+\sigma_y)+\frac{1}{2}(\sigma_x-\sigma_y)\cos2\theta+\tau_{xy}\sin2\theta \tag{7-8}$$

$$\tau=\frac{1}{2}(\sigma_x-\sigma_y)\sin2\theta-\tau_{xy}\cos2\theta \tag{7-9}$$

将上两式分别平方后相加，经整理得

$$\left(\sigma-\frac{\sigma_x-\sigma_y}{2}\right)^2+\tau^2=\left(\frac{\sigma_x-\sigma_y}{2}\right)^2+\tau_{xy}^2 \tag{7-10}$$

如将 $\sigma$、$\tau$ 分别取为横坐标和纵坐标，则上式可用圆的方程表示：

半径 $$R=\left[\left(\frac{\sigma_x-\sigma_y}{2}\right)^2+\tau_{xy}^2\right]^{1/2} \tag{7-11}$$

圆心坐标 $$\left(\frac{\sigma_x+\sigma_y}{2},0\right) \tag{7-12}$$

因此，由此圆可给出对应于任意 $\theta$ 角的 $\sigma$ 和 $\tau$ 值，该圆就称为莫尔圆。

① 最大主应力和最小主应力。$\sigma$ 值是随着 $\sigma$ 和 $x$ 轴的夹角［图 7-5(a)］而变化的，故其最大值和最小值可由式(7-8) 微分求得

$$\frac{d\sigma}{d\theta}=-(\sigma_x-\sigma_y)\sin2\theta+2\tau_{xy}\cos2\theta=0$$

令此时的 $\theta$ 为 $\psi$，则

$$\tan2\psi=\frac{\tau_{xy}}{\dfrac{\sigma_x-\sigma_y}{2}} \tag{7-13}$$

将此式代入式(7-9) 时，$\tau=0$，即表示无剪力时的垂直应力即主应力。将其代入式(7-8)，求得最大主应力 $\sigma_1$ 和最小主应力 $\sigma_3$ 如下：

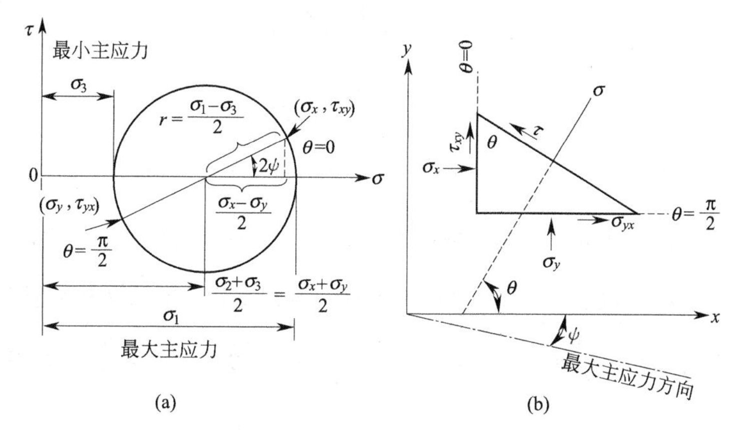


图 7-5　莫尔圆和粉体层坐标轴的对应关系

$$\sigma_1 \text{或} \sigma_3 = \frac{\sigma_x + \sigma_y}{2} \pm \frac{1}{2}(\sigma_x - \sigma_y)\cos 2\psi \pm \frac{1}{2}(\sigma_x - \sigma_y)\tan 2\psi \sin 2\psi$$

$$= \frac{\sigma_x + \sigma_y}{2} \pm \frac{1}{2}(\sigma_x - \sigma_y)\frac{\cos^2 2\psi + \sin^2 2\psi}{\cos 2\psi}$$

或将$\dfrac{1}{\cos 2\psi} = (1 + \tan^2 2\psi)^{1/2} = \left[1 + \dfrac{4\tau_{xy}^2}{(\sigma_x - \sigma_y)^2}\right]^{1/2}$代入上式得

$$\sigma_1 \text{或} \sigma_3 = \frac{\sigma_x + \sigma_y}{2} \pm \left[\frac{1}{4}(\sigma_x - \sigma_y)^2 + \tau_{xy}^2\right]^{1/2} \tag{7-14}$$

由图 7-5 中可以看出，若已知 $\sigma_1$ 和 $\sigma_3$，即可作出莫尔圆，其半径为 $r = \dfrac{\sigma_1 - \sigma_3}{2}$，圆心坐标为$\left(\dfrac{\sigma_1 + \sigma_3}{2}, 0\right)$。

② 莫尔圆与粉体层的对应关系。图 7-5(a) 反映了上述关系，为了研究莫尔圆和粉体层的对应关系，试同图 7-5(b) 作一对照比较，在 $x$、$y$ 坐标中，$\sigma_x$、$\tau_{xy}$ 相当于作用在 $\theta=0$ 的面上，$\sigma_y$、$\tau_{yx}$ 相当于作用在 $\theta=\dfrac{\pi}{2}$ 的面上，而在相应的莫尔圆中，它们是处在圆心的对称位置上位相仅相差 $\pi$。一般地说，$x$、$y$ 坐标中的 $\theta$，相当于莫尔圆中的 $2\theta$。$\psi$ 角为粉体层的 $x$ 轴与最大主应力作用方向的夹角。

因此，可以写出如下关系：

$$\sigma_x = \frac{\sigma_1 + \sigma_3}{2} + \frac{\sigma_1 - \sigma_3}{2}\cos 2\psi \tag{7-15}$$

$$\sigma_y = \frac{\sigma_1 + \sigma_3}{2} - \frac{\sigma_1 - \sigma_3}{2}\cos 2\psi \tag{7-16}$$

$$\tau_{xy} = (\sigma_1 - \sigma_3)\sin 2\psi / 2 \tag{7-17}$$

如果将 $x$ 轴取在最大主应力面上，$y$ 轴取在最小主应力面上，则在该主应力面上的主应力分别为最大主应力 $\sigma_1$ 和最小主应力 $\sigma_3$，此时，式(7-8) 和式(7-9) 中的 $\sigma_x = \sigma_1$，$\sigma_y = \sigma_3$，而 $\tau_{xy} = 0$，则式(7-8) 和式(7-9) 可写成式(7-18)：

$$\sigma=\frac{\sigma_1+\sigma_3}{2}+\frac{\sigma_1-\sigma_3}{2}\cos2\theta \tag{7-18}$$

$$\tau=\frac{(\sigma_1-\sigma_3)}{2}\sin2\theta \tag{7-19}$$

由式(7-18) 可知，当 $\theta=0°$时，$\cos2\theta=1$，$\sigma=\sigma_1$ 为最大值；$\theta=90°$时，$\cos2\theta=-1$，$\sigma=\sigma_3$ 为最小值。另外，当 $\theta=45°$时，$\sin2\theta=1$，$\tau=\frac{\sigma_1-\sigma_3}{2}$为最大值；当 $\theta=0°$或 $\theta=90°$时，$\sin2\theta=0$，$\tau=0$。因此，以 $\sigma_1$、$\sigma_3$ 的方向为坐标，画出如图 7-6 所示的粉体层对应的任意点处的受力的莫尔圆，其画法是：取 $on=\sigma_1$，$ok=\sigma_3$，以 $om=\frac{\sigma_1+\sigma_3}{2}$为圆心坐标、$km=\frac{\sigma_1-\sigma_3}{2}$为半径作圆即成。与 $\sigma_1$ 的作用面成 $\theta$ 角面上的应力 $\sigma$ 的大小为 $oq$，其方向为 $pn$。$\tau$ 的大小为 $pq$，方向为 $pk$，合力 $\eta$ 的大小为 $op$，其方向和 $\sigma$ 的作用方向成 $\alpha$ 角（$\angle pok$）。粉体层的破坏是当 $\alpha$ 角为最大时发生的。如图 7-7 所示的 $p$ 点，在 $op$ 为圆的切线时的 $\sigma$、$\tau$ 作用下，粉体层发生破坏。

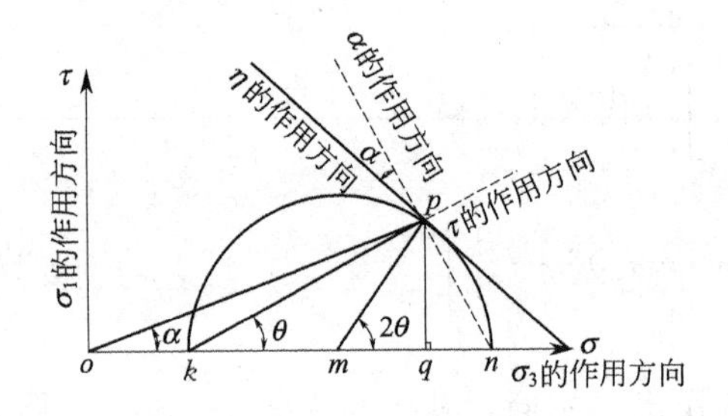


图 7-6 粉体层相对应的莫尔圆

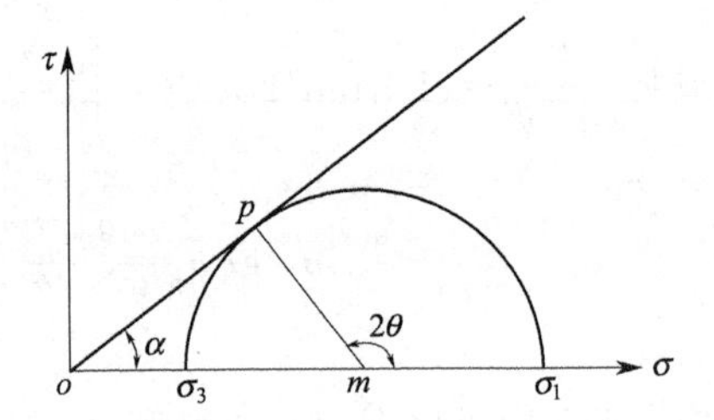


图 7-7 莫尔圆倾角 $\alpha$ 为最大的状态

③ 莫尔圆的图解法。已知最大主应力 $\sigma_1$ 和最小主应力 $\sigma_3$，最小主应力与 $x$ 轴的夹角为 $\psi$ 时，可由作图求得任意方向面 $AB$ 上所作用的应力。在图 7-8(b) 中，由已知的 $\sigma_3$，即 $C$ 点，作与 $\sigma$ 轴成 $\psi$ 角的直线和莫尔圆相交，交点设为 $P$（极点）。由 $P$ 点作 $AB$ 的平行线和莫尔圆相交于 $Q$，$Q$ 点的坐标即为作用于 $AB$ 面上的应力 $\sigma$、$\tau$。为什么可以这样作图呢？其理由是：$\angle QPC$ 和 $\angle QFC$ 分别为弧 $QC$ 的圆周角和圆心角，$2\angle QPC=\angle QFC$，而且 $\angle QPC=\angle BAO=(\pi/2)-\theta$，$\angle QFC=\pi-2\theta$，因此，$\angle QFD=\pi-\angle QFC=2\theta$。在上述求极点 $P$ 时，如通过 $D$ 点作最大主应力面的平行线亦可得到相同的结果。

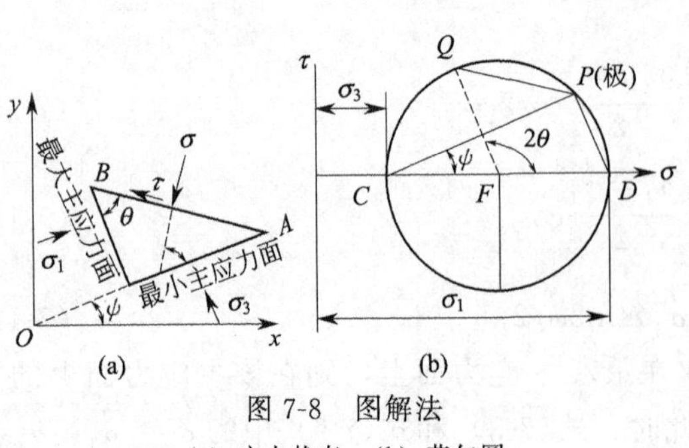


图 7-8 图解法

(a) 应力状态；(b) 莫尔圆

(5) 内摩擦角的确定

① 三轴压缩试验。三轴压缩试验作为粉体内摩擦系数的测定方法，如图 7-9(a) 所示，将粉体试料填充在圆筒状橡胶薄膜内，然后放在压力试验机的底座上。由于这一试验的试料必须能竖立不倒，因此，要选取自重下不崩坏的试料进行试验。从橡胶薄膜的周围均匀地施加流体压力，并由上方用活塞加压，由上方施加的铅垂压力为最大主

应力，周围的水平压力为最小主应力，$\sigma_1$ 达到极限值时，粉体层产生崩坏。记录水平压力变化时铅垂压力相应的极限值，表 7-1 为以沙为例的测定值。

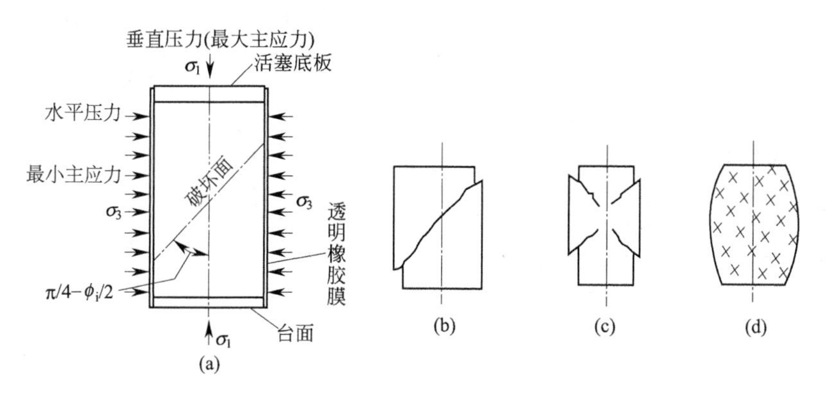


图 7-9 三轴压缩试验原理和试料的破坏形式

**表 7-1 三轴压缩试验测定实例**

| 水平压力 $\sigma_1$/Pa | 13.7 | 27.5 | 41.2 |
|---|---|---|---|
| 铅垂压力 $\sigma_3$/Pa | 63.7 | 129 | 192 |

根据表 7-1 的数据作莫尔圆如图 7-10 所示，该圆称为破坏圆。这些圆的切线称为破坏包络线。它与 $\sigma$ 轴的夹角 $\phi_i$ 称为内摩擦角。

试料的破坏面有各种形式，图 7-9(b) ～(d) 是其代表的图形。如最大主应力方向取作 $x$ 轴，最小主应力方向取作 $y$ 轴，如图 7-11(a) 所示，现与莫尔圆图 7-11(b) 作对比，根据前述的图解法求极点，极点和 $A$ 点连接时，同 $\sigma$ 轴的夹角为 $\pi/4-\phi_i/2$，该角是崩坏面与铅垂方向的夹角。

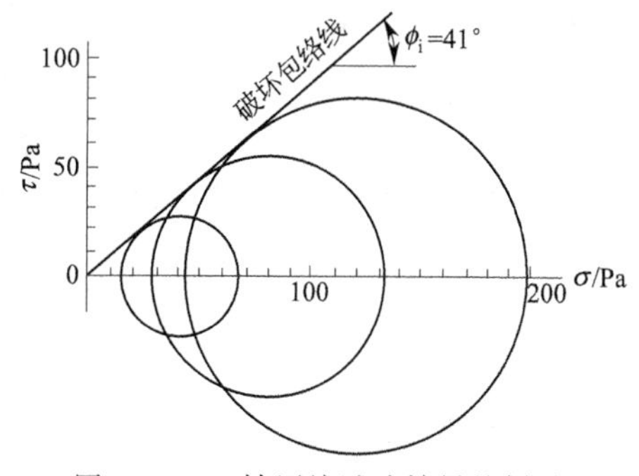


图 7-10 三轴压缩试验结果的例子

② 直剪试验。把圆盒或正方形盒重叠起来，将粉体填充其中，在铅垂压力 $\sigma$ 的作用下，在对上盒［图 7-12(a)］或中盒［图 7-12(b)］施加剪切力，逐步加大剪切力，当达到极限应力状态时，重叠的盒子错动，测定错动瞬时的剪切力，求 $\sigma$ 与 $\tau$ 的关系。破坏包络线与 $\sigma$ 轴之间的夹角 $\phi_i$ 即内摩擦角。图 7-13 为测定的实例，数据见表 7-2。

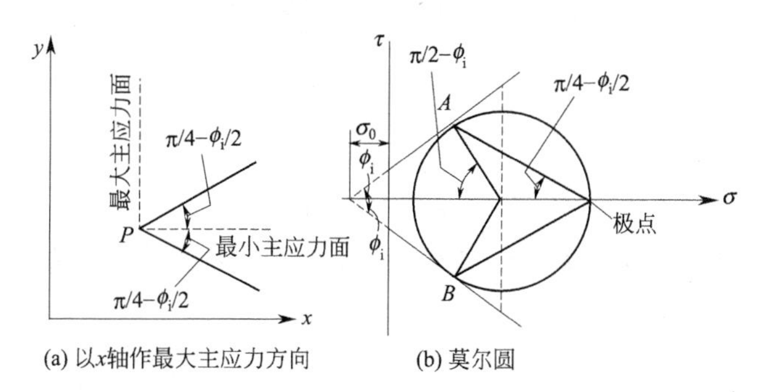


图 7-11 三轴压缩试验破坏面的角度

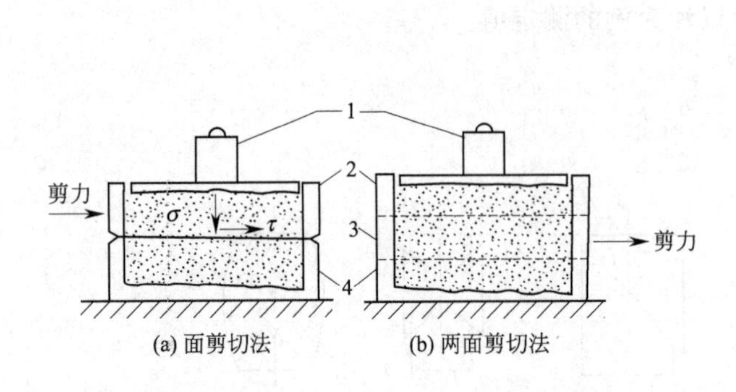


图 7-12 直剪试验

1—砝码；2—上盒；3—中盒；4—下盒

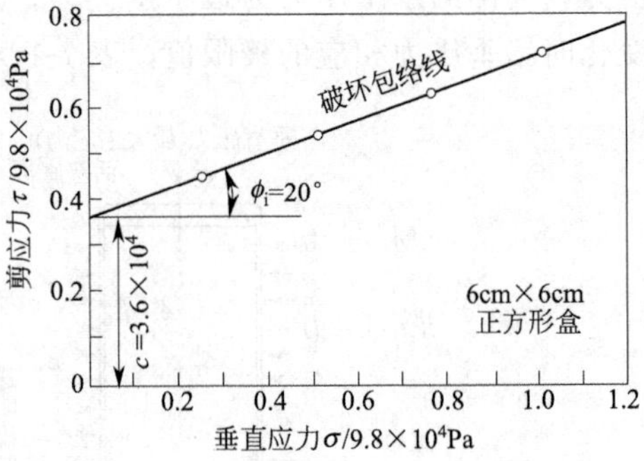

图 7-13 剪切试验结果

**表 7-2 直剪试验测定实例**

| 垂直应力 $\sigma/9.8\times10^4$Pa | 0.253 | 0.505 | 0.755 | 1.01 |
|---|---|---|---|---|
| 剪切应力 $\tau/9.8\times10^4$Pa | 0.450 | 0.537 | 0.629 | 0.718 |

③ 库仑（Coulomb）公式。用直线表示破坏包络线时，可写成如下公式

$$\tau=\sigma\tan\phi_i+C=\mu_i\sigma+C \tag{7-20}$$

此式称为库仑公式，式中内摩擦系数 $\mu_i=\tan\phi_i$，呈直线性的粉体称为库仑粉体。无附着性粉体，内聚力 $C=0$。对于附着性粉体，由于内聚力的作用，引入 $C$ 项，如图 7-14 所示，将 $\sigma_a$ 看作表观抗张强度，则可写成

$$\tau=(\sigma+\sigma_a)\tan\phi_i \tag{7-21}$$

有的粉体试验得到的破坏包络线，在 $\sigma$ 值小的区域不再保持直线，而呈下弯曲线。由于 $\mu_i$ 为 $\sigma$ 的函数，因此，将其切线对 $\sigma$ 轴的斜率作为内摩擦系数：

$$\mu_i=\frac{d\tau}{d\sigma} \tag{7-22}$$

对库仑粉体（图 7-14）$\sigma_a=0$ 时，有如下关系式：

$$\frac{\frac{\sigma_1+\sigma_3}{2}}{\sin\phi_i}=\frac{\sigma_1+\sigma_3}{2} \tag{7-23}$$

变形后得下式：

$$\frac{\sigma_3}{\sigma_1}=\frac{1-\sin\phi_i}{1+\sin\phi_i}=\frac{\sqrt{1+\mu_i^2}-\mu_i}{\sqrt{1+\mu_i^2}+\mu_i} \tag{7-24}$$

$\sigma_a\neq0$ 时：

$$\frac{\sigma_3-\sigma_a}{\sigma_1-\sigma_a}=\frac{1-\sin\phi_i}{1+\sin\phi_i} \tag{7-25}$$

内摩擦角的测定方法还有流出法、抽棒法、活塞法、慢流法、压力法等多种，最主要的是剪切盒法。

### 7.1.1.2 休止角

休止角也称安息角，是指粉体粒度较粗的状态下由自重运动所形成的角。其分为静休止

角和动休止角。

静休止角是物料自由撒落所形成的料面与水平面之间的夹角。

静休止角可以用多种方法测定，如排除角法、注入角法、滑动角法以及剪切盒法等。图7-15表示了（a）、（b）、（c）、（d）、（e）、（f）几种静休止角的测定方法。

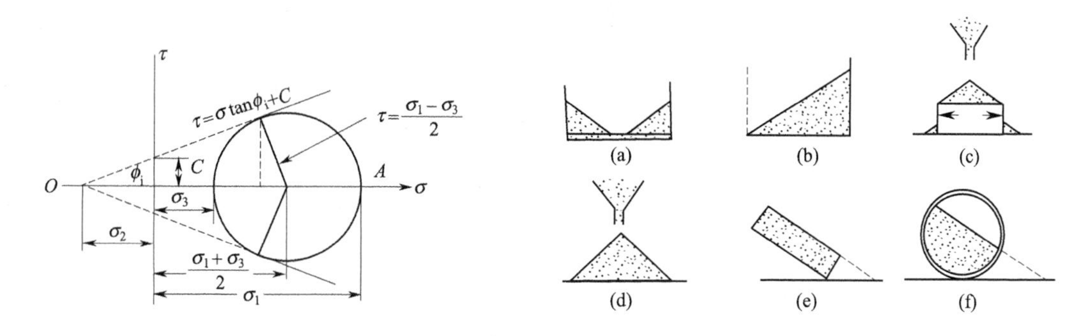


图7-14 库仑粉体

图7-15 静休止角的测定

应该指出，用不同方法测得的休止角数值有明显差异，即使是同一方法也可能得到不同值。这是粉体颗粒的不均匀性以及试验条件限制所致。

对同一种物料而言，粒径越小，则静休止角越大，这是由于微细颗粒相互间黏附性增大的缘故。而且颗粒越接近球形，静休止角越小，且绝大多数物料在松散充填时的空隙率与静休止角具有下列关系：

$$\phi_r = 0.05\,(100\varepsilon + 15)^{1.57} \tag{7-26}$$

对于无附着性的粉体而言，静休止角与内摩擦角虽然在数值上几近相等，但实质上却是不同的，内摩擦角系指粉体在外力作用下达到规定的密实状态，在此状态下受强制剪切时所形成的角。

动休止角是振动条件下的休止角。若物料不是松散下落充填，而是经过振动下落，则静休止角减小，流动性增加。且颗粒越大的物料，通过振动下落效果越显著。

动休止角的测定方法如图7-16所示。

在器皿1上放置一平板2，板的一侧装有活动指针3，板的另一侧装有圆弧形状标尺4，平板上方装有漏斗5，漏斗口下边距离平板250mm。将漏斗打开后，物料自然流出逐渐在平板上堆起（多余的物料落入器皿中）。料放完后，将质量为110g的钢锤6自175mm高处落下振动平板。然后将指针贴在料堆料面上，读出动休止角的度数。

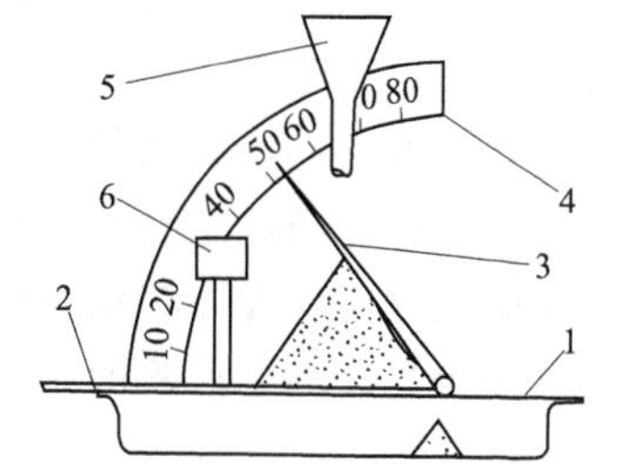


图7-16 动休止角的测定

1—器皿；2—平板；3—指针；4—标尺；5—漏斗；6—钢锤

#### 7.1.1.3 壁摩擦角和滑动摩擦角

壁摩擦角 $\phi_w$ 是粉体与壁面之间的摩擦角，滑动摩擦角 $\phi_{sd}$ 是指置粉体于某材料制成的斜面上，当倾斜至粉体开始滑动时，斜面与水平面间所形成的夹角。显然，它们属于粉体的外摩擦属性。

壁摩擦角和滑动摩擦角的测定方法与剪切试验完全相同，仅需用壁面材料替代下剪切盒内的粉体即可。如图7-17所示，图7-17(a)为壁摩擦角，图7-17(b)为滑动摩擦角。

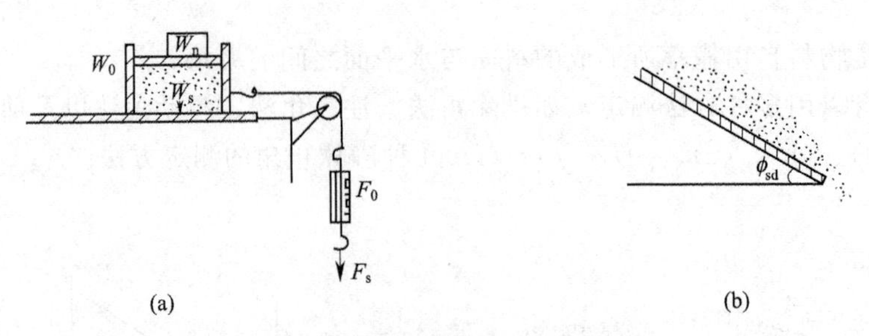


图 7-17 壁摩擦角和滑动摩擦角的测定

$$f_w=\frac{F_0+F_s}{W_0+W_w+W_s} \tag{7-27}$$

$$\phi_w=\tan^{-1}f_w \tag{7-28}$$

式中 $F_0$——弹簧秤自重；

$F_s$——弹簧秤读数；

$W_0$——木框所受重力；

$W_w$——重块所受重力；

$W_s$——物料所受重力。

一般来说，$\phi_{sd}>\phi_w$，对于没有黏附性的物料，$\phi_i\geqslant\phi_w$，$\phi_w\geqslant\phi_{sd}$，当壁面粗糙度等于或超过粒子尺寸时，则等式成立。

在设计贮仓、料槽、高浓度的气力输送装置时，$\phi_w$ 是很重要的物理量，要求能预先知道确切的数值。

#### 7.1.1.4 运动摩擦角

粉体在流动时空隙率增大，这种空隙率在颗粒静止时可形成疏充填状态、颗粒间相斥等，并对粉体的弹性率产生影响。目前尚难以分析这种状态的摩擦机理，通常是通过运动摩擦角来描述粉体流动时的这一摩擦特性。

运动摩擦角的测定是在测量内摩擦角的直剪法中，随着剪切盒的移动，剪切力逐渐增大，当剪切力达到几乎不变的状态即所谓动摩擦状态，这时所测的摩擦角即可归类于运动摩擦角，也称为动内摩擦角。

动内摩擦角测定装置如图 7-18 所示。由压力表测定对应于每一垂直压力下的剪切力，由千分表测定颗粒体移动时由空隙率变化而导致的高度变化，并测量其体积的增减。

由上述动剪切试验的系列数据，可作出如图 7-19 所示的屈服轨迹。该轨迹线与水平轴

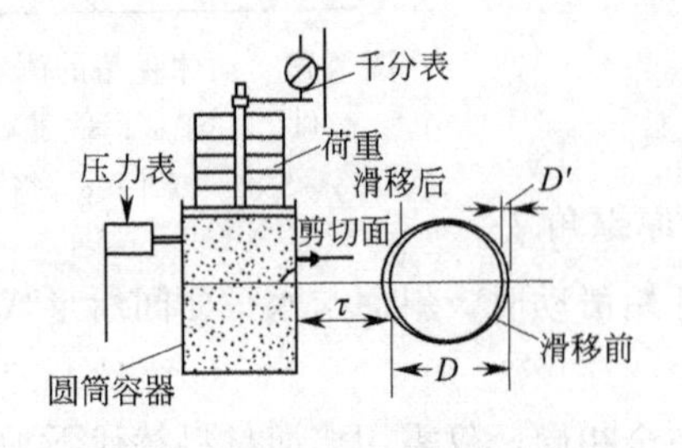


图 7-18 动内摩擦系数的测定

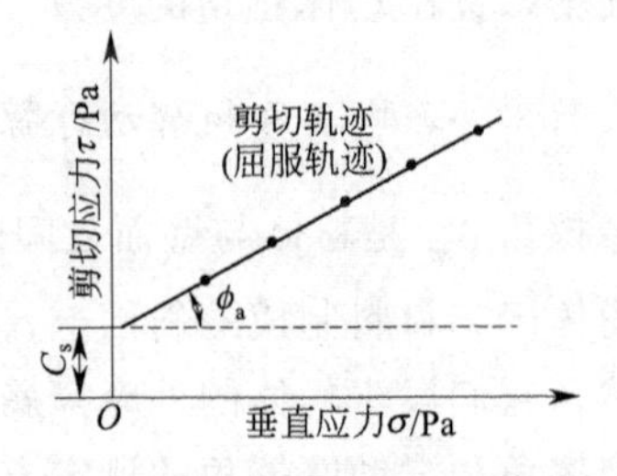


图 7-19 动摩擦剪切轨迹

的夹角 $\phi_a$ 即为动内摩擦角，其与纵轴的截距 $C_s$ 即为动摩擦状态下的内聚力。实际屈服轨迹存在着非线性状态。

## 7.1.2 粉体压力计算

### 7.1.2.1 筒仓内粉体压力计算

液体容器中，压力与液体的深度成正比，同一水平面上的压力相等，而且，帕斯卡原理和连通器原理成立。但是，对于粉体容器却完全不同，詹森（Janssen）建立了粉体压力计算公式。为此作如下假定：

① 容器内的粉体层处于极限应力状态；

② 同一水平面的铅垂压力相等；

③ 粉体层的物性和填充状态均一，因此，内摩擦系数为常数。

图 7-20 表示一圆筒容器，现讨论粉体容积密度 $\rho_B$ 的粉体均匀填充时，深度 $h$ 处的粉体压力。设容器壁和粉体间的摩擦系数为 $\mu_w$，取铅垂方向的力平衡，可写出下式：

$$\frac{\pi}{4}D^2 p_v + \frac{\pi}{4}D^2 \gamma \mathrm{d}h = \frac{\pi}{4}D^2(p_v + \mathrm{d}p_v) + \pi D \mu_w \mathrm{d}h p_h \tag{7-29}$$

整理后得

$$p_h = K_a p_v \tag{7-30}$$

$$(D\gamma - 4\mu_w K_a p_v)\mathrm{d}h = D\mathrm{d}p_v \tag{7-31}$$

积分之：

$$\int_0^h \mathrm{d}h = \int_0^{p_v} \frac{1}{\rho_B - \dfrac{4\mu_w K_a}{D_T} p_v} \mathrm{d}p_v \tag{7-32}$$

$$h = -\frac{D_T}{4\mu_w K_a} \ln\left(\rho_B - \frac{4\mu_w K_a}{D_T} p_v\right) + C \tag{7-33}$$

当 $h=0$ 时，$p_v=0$，故得积分常数 $C=\dfrac{D_T}{4\mu_w K_a}\ln\rho_B$

$$h = \frac{D_T}{4\mu_w K_a} \ln\left(\frac{\rho_B}{\rho_B - 4\mu_w K_a \dfrac{p_v}{D_T}}\right) \tag{7-34}$$

因此，可得如下所示的铅垂压力 $p_v$ 和水平压力 $p_h$ 的表达式：

$$p_v = \frac{\rho_B D_T}{4\mu_w K_a}\left[1 - \exp\left(-\frac{4\mu_w K_a}{D_T} h\right)\right] \tag{7-35}$$

$$p_h = K_a p_v \tag{7-36}$$

式(7-35) 称为 Janssen 公式。

由式(7-35) 可知，$p_v$ 如图 7-21 所示，按指数曲线变化，当 $h \to \infty$ 时，$p_v \to p_\infty = \dfrac{\rho_B D_T}{4\mu_w K_a}$，即当粉体填充高度达到一定值后，$p_v$ 趋于常数，这一现象称为粉体压力饱和现象。例如，一般 $4\mu_w K_a$ 为 0.35～0.90，如取 $4\mu_w K_a = 0.5$，$h/D_T = 6$，则 $p_v/p_\infty = 1 - e^{-3}$

$=0.9502$，也就是说，当 $h=6D_T$ 时，粉体层的压力已经达到最大压力 $p_\infty$ 的95%。

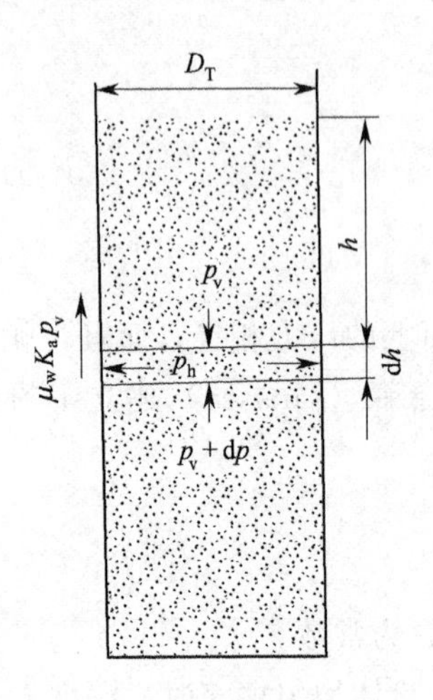


图7-20 圆筒容器的粉体压力

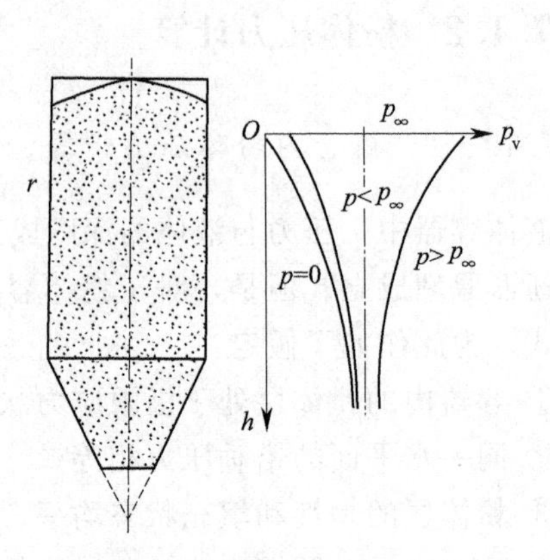


图7-21 筒仓粉体压力分布

测定表明，大型筒仓的静压同Janssen理论值大致一致，但卸载时压力有显著的脉动，离筒仓下部约1/3高度处，壁面受到冲击，反复荷载的作用，其最大压力可达静压的3～4倍。这一动态超压现象，将使大型筒仓产生变形或破坏，设计时必须加以考虑。

如果粉体层的表面作用有外载荷 $p_0$，即当 $h=0$，$p=p_0$ 时，式(7-35)变成：

$$p_v=p_\infty+(p_0-p_\infty)\exp\left(-\frac{4\mu_w K_a}{D_T}h\right) \tag{7-37}$$

式中 $p_\infty=\dfrac{\rho_B D_T}{4\mu_w K_a}$。压力分布仍按指数曲线变化。

必须指出，除Janssen公式外，赖姆伯特还假定 $K_a$ 不是常数，对公式作了进一步推导，得出压力分布为双曲线。这一理论在筒仓设计中也获得应用。

7.1.2.2 料斗的压力分布

倒锥形料斗的粉体压力可照Janssen法进行推导。如图7-22(a)所示，以圆锥顶点为起点，取单元体部分粉体沿铅垂方向力平衡，图7-22(b)为 $p_h$ 和 $p_v$ 沿圆锥壁垂直方向的分解图。

壁面垂直方向单位面积的压力为

$$p_h\cos^2\phi+p_v\sin^2\phi=p_v(K_a\cos^2\phi+\sin^2\phi) \tag{7-38}$$

沿壁面单位长度的摩擦力为

$$p_v(K_a\cos^2\phi+\sin^2\phi)\mu_w\left(\frac{dy}{\cos\phi}\right) \tag{7-39}$$

因此，单元体部分粉体沿垂直方向的力平衡为

$$\begin{aligned}&\pi(y\tan\phi)^2(p_v+dp_v+\rho_B dy)\\&=\pi(y\tan\phi)^2p_v+2\pi y\tan\phi\left(\frac{dy}{\cos\phi}\right)\mu_w(K_a\cos^2\phi+\sin^2\phi)p_v\cos\phi\end{aligned} \tag{7-40}$$

变形后

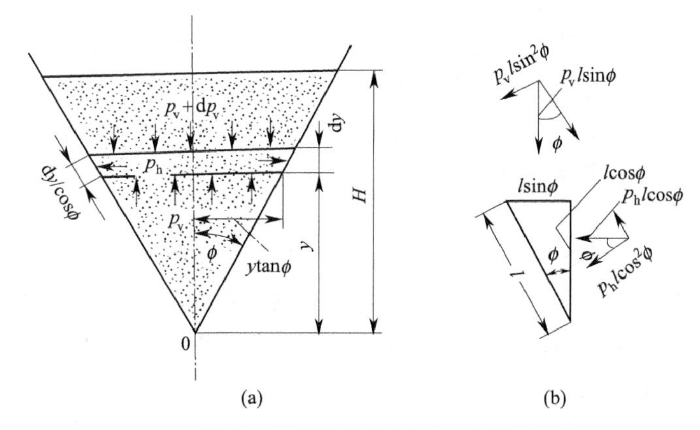


图 7-22 料斗粉体压力的分析

$$
\begin{aligned}
& y\tan\phi \mathrm{d}p_{\mathrm{v}}+y\tan\phi\rho_{\mathrm{B}}\mathrm{d}y \\
& =2\mu_{\mathrm{w}}(K_{\mathrm{a}}\cos^2\phi+\sin^2\phi)\mathrm{d}yp_{\mathrm{v}} \frac{\mathrm{d}p_{\mathrm{v}}}{\mathrm{d}y}+\rho_{\mathrm{B}} \\
& =\frac{p_{\mathrm{v}}}{y}\times\frac{2\mu_{\mathrm{w}}}{\tan\phi}(K_{\mathrm{a}}\cos^2\phi+\sin^2\phi)
\end{aligned}
\tag{7-41}
$$

令：

$$\alpha=\frac{2\mu_{\mathrm{w}}}{\tan\phi}(K_{\mathrm{a}}\cos^2\phi+\sin^2\phi)$$

则

$$\frac{\mathrm{d}p_{\mathrm{v}}}{\mathrm{d}y}=-\rho_{\mathrm{B}}+\alpha\left(\frac{p_{\mathrm{v}}}{y}\right) \tag{7-42}$$

当 $y=H$ 时，$p_{\mathrm{v}}=0$，解此微分方程可得

$$p_{\mathrm{v}}=\frac{\rho_{\mathrm{B}}y}{\alpha-1}\left[1-\left(\frac{y}{H}\right)^{\alpha-1}\right] \tag{7-43}$$

图 7-23 为 $H=1$ 时，取 $\alpha=0.5°$、$1°$、$2°$、$5°$时按式(7-43) 计算所得到的料斗压力分布图。如图 7-23 所示，由图中可知，图中曲线都汇合于原点。实际上，出口有一定大小，因此，出口处压力可能为零。在确定出口流量时，出口压力是个重要因素。

## 7.1.3 粉体的重力流动

粉体在重力作用下的流动具有许多特点，只因为这些特点，造成了上述的粉体流动困难问题。

### 7.1.3.1 流动形式

松散物料由于自身重力克服料层内力所具有的流动性质，称为重力流动性，物料从料仓卸出就是靠这种流动性。有时料仓中物料不能自由流出，这主要是由于料层内力大于重力。所谓内力，系由内部摩擦力、黏结性和静电力等构成的。这种内力导致松散物料的结拱和结管，影响物料卸出。

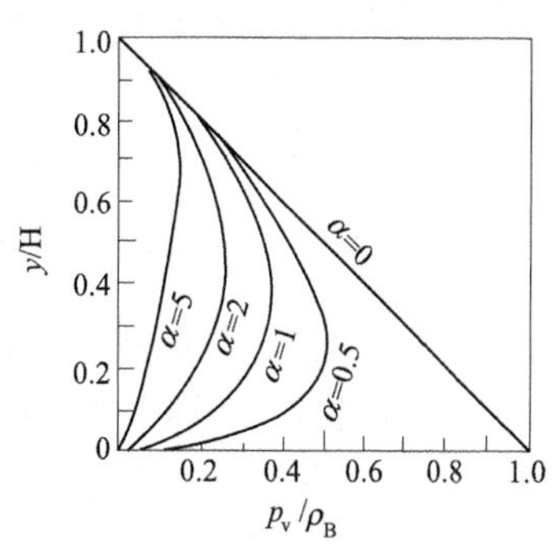


图 7-23 料斗沿铅垂方向的粉体压力分布

对于仓流现象，在理论上有着不同的分析，主要有布朗-霍克斯雷-克瓦毕尔（Brown-Howksley-Kvapil）的椭圆

体流动理论和詹尼克的塑性流动理论。

料仓中松散物料重力流动的试验，是将粉体容器出口的纵断面上装设玻璃，容器内层状地填充着经染色的不同颜色的物料粒子，如图 7-24 所示，然后打开卸料口，让物料自行流出，染色粒子所呈现的流出断面的形式即流动形式。排出口的正上方部分先流出；然后逐渐扩大流动范围，流动范围之外的部分静止不动，如图 7-24 所示，布朗（Brown）和霍克斯雷（Hawksley）将卸料口附近物料分成为 D、C、A、B、E 五个区，D 为颗粒自由降落区，C 为颗粒垂直运动区，B 为颗粒擦过 E 区向出口中心方向缓慢滑动区，A 为颗粒擦过 B 区向出口中心方向迅速滑动区，E 为颗粒不流动区。显然，在图 7-25 中，凡处在大于休止角处的颗粒均产生流向出口中心的运动，C 区的形状像一个小椭圆体，B、E 区的交接面也像一个椭圆体。为此，Kvapil 提出流动椭圆体的概念，图 7-25 所示的流动椭圆体 $E_N$ 和 $E_G$ 分别代表上述两个椭圆体。流动椭圆体 $E_N$ 内的颗粒产生两种流动，第一位的垂直运动和第二位的滚动运动，边界椭圆体 $E_G$ 以外的颗粒层不产生运动。另外 $E_N$ 的顶部为流动锥体 $E_0$，显然，料仓出口料流如能形成上述椭圆体流动形式将是所期望的。

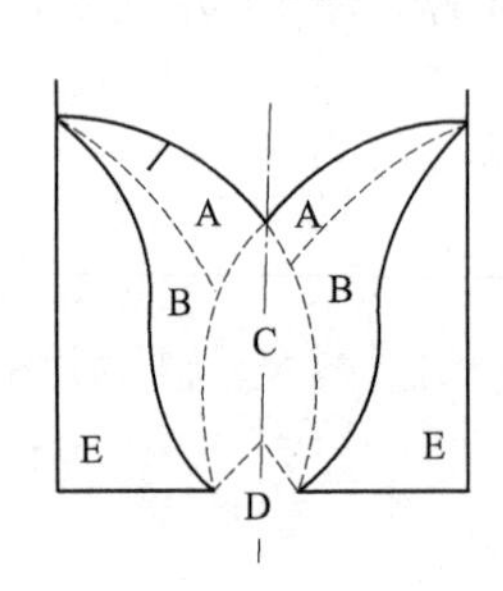


图 7-24 粉料的重力流动性试验

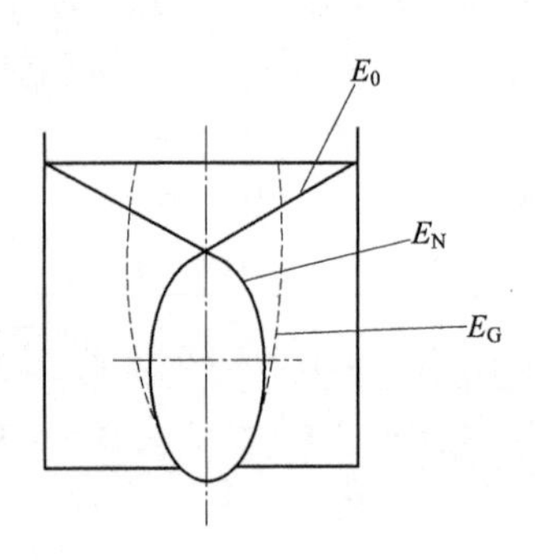


图 7-25 流动椭圆体

布朗-霍克斯雷-克瓦毕尔的椭圆体流动理论对贮仓的设计有一定指导意义，但尚未达到定量的描述和计算。

对于料斗的流动形式，通过摄影可观察到如图 7-26 所示流动形式。图 7-26(a) 表示料斗锥顶 $\theta$ 角小的流动形式，a、b 为方向不同的滑动线，它们在比较短的时间内传播到顶部，整个料斗全为流动区的流动形式。图 7-26(b) 表示 $\theta$ 角大的料斗流动形式，滑动线 a 周围的流动区是间断地形成、排除，逐渐地传播到顶部的流动形式。一般由于粉体的流动过程迅速而且连续，因此，难以观察到滑动线，但采用 X 射线利用粉体层的密度差则可观察之。图 7-26(c) 为筒仓垂直部分高而料斗锥较大的场合，流动十分流畅，但斗、仓交界处仍存在滞留的形式。流动区与滞留区的交接线即为滑动线。滑动线内侧还有一流动速度极慢的准流动区。主流动区与准流动区的交界即流动速度差用速度特性线表示。

#### 7.1.3.2 整体流与漏斗流

(1) 整体流 粉体在重力作用下自料仓流出的形式有整体流和漏斗流两种类型，如果料仓内整个粉体层能够大致均匀地下降流出，如图 7-27 所示，这种流动形式称为整体流（或质量流），其特点是“先进先出（first in first out）”，即先进仓的物料先流出，仓内无死角、无结管、均匀、平稳、能混合、不偏析，但是料仓高度大，磨损比较严重。流动性优良的粉体或细粒散粒一般可实现整体流。

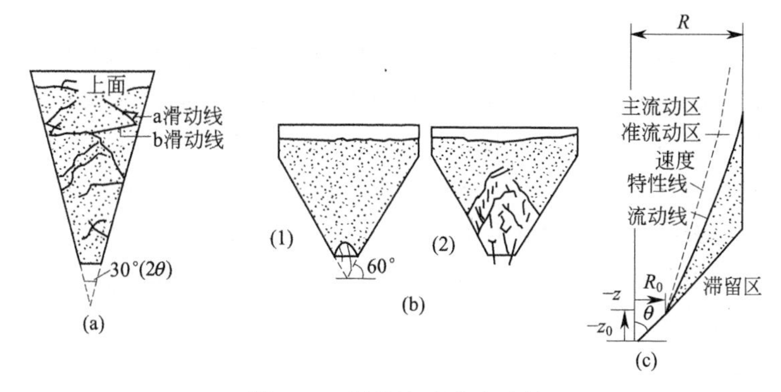


图 7-26 料斗流动形式示例

这种流动发生在带有相当陡峭而光滑的料斗筒仓内，物料从出口的全面积上卸出（为了出现整体流，出口必须全部有效）。整体流中，流动通道与料仓壁或料斗壁是一致的，全部物料都处于运动状态，并贴着垂直部分的仓壁和收缩的料斗壁滑移，如图 7-27 所示。如果料面高于料斗与圆筒转折处上面某个临界距离，那么料仓垂直部分的物料就可以栓流形式均匀向下运动。如果料位降到该处以下，那么通道中心处的物料将流得比仓壁处的物料快。这个临界料位的高度还不能准确确定，但是，它显然是物料内摩擦角、料壁摩擦力和料斗斜度的函数。在整体流中，流动所产生的应力作用在整个料斗和垂直部分的仓壁表面上。

与漏斗流相比，整体流料仓具有许多重要的优点：①避免了粉料的不稳定流动、构流和溢流；②消除了筒仓内的不流动区；③形成了先进先出的流动，最大限度地减少了贮存期间的结块问题、变质问题或偏析问题；④颗粒的偏析被大大地减少或杜绝；⑤颗粒料的密度在卸料时是常数，料位差对它根本没有影响，这就有可能用容量式供料装置来很好地控制颗粒料，而且还改善了计量式喂料装置的性能；⑥因为流量得到很好的控制，因此任意水平横截面上的压力将可以预测，并且相对均匀，物料的密实程度和透气性能将是均匀的，流动的边界将可预测，因此可以很有把握地用静态流动条件进行分析。

（2）漏斗流　如果料仓内粉体层的流动区域呈漏斗形，使料流顺序紊乱，甚至有部分粉体滞留不动，造成先加入的物料后流出，如图 7-28 所示，即“先进后出(first in last out)”，这种流动形式称为漏斗流。其特点是料仓高度小、无磨损、有死角、有结管、不均匀、不平稳、不

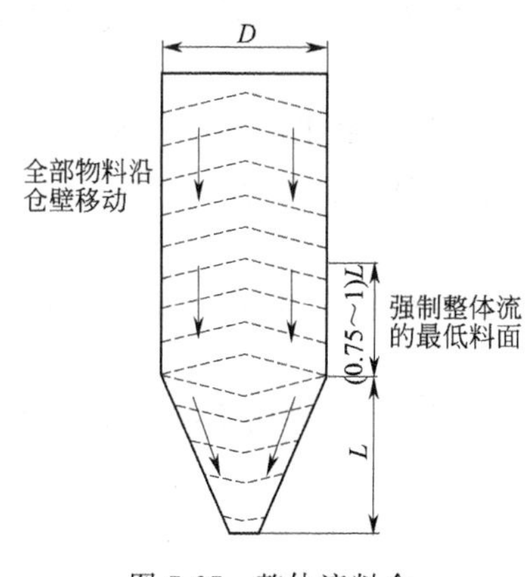


图 7-27 整体流料仓

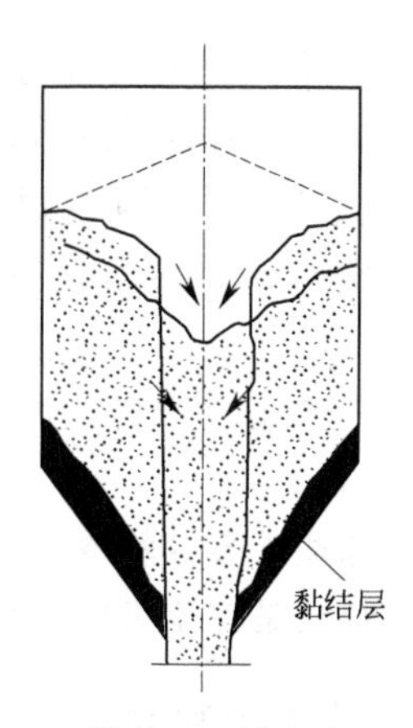


图 7-28 漏斗流

能混合、偏析现象严重。

这种流动有时还称为“核心流动”。它发生在平底的料仓中或带料斗的料仓中，但由于这种料斗的斜度太小或斗壁太粗糙以致颗粒料难以沿着斗壁滑动，颗粒料通过不流动料堆中的通道到出口，这种通道常常是圆锥形的，下部的直径近似等于出口有效面积的最大直径。当通道从出口处向上伸展时，它的直径逐渐增大，如图 7-29(a) 所示。如果颗粒料在料位差压力下固结时，物料密实且表现出很差的流动特性，那么有效的流动通道卸空物料后，就会形成穿孔或管道，如图 7-29(b) 所示。情况严重时，物料可以在卸料口上方形成料桥或料拱，如图 7-29(c) 所示。

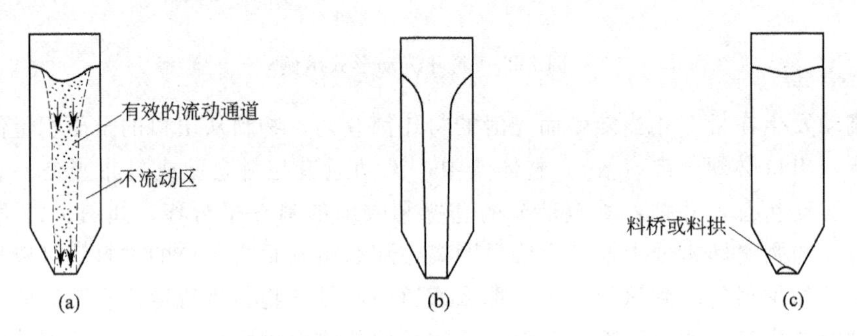


图 7-29 漏斗流的不正常流动现象

(a) 贯穿整个料仓的漏斗流；(b) 有效的流动通道卸空物料后形成的穿孔和管道；
(c) 横跨流动通道形成的料拱或料桥

这种流动通道周围的物料可能是不稳定的，在这种情况下，物料将产生一停一开时的流动、脉冲式流动或不平稳的流动。然而在卸料频率高时，这些脉冲可以导致结构的损坏。颗粒料连续地从表面滑坍下来进入通道，那么料仓就出空了（假定物料没有密实到形成一个稳定的穿孔）。如果颗粒料从顶部加入，同时又从底部卸出，那么进入的颗粒料将立即经过通道出口。

漏斗流料仓存在以下缺点。

① 出料口的流速可能不稳定，因为料拱一会儿形成，一会儿碎裂，以致流动通道变得不稳定。由于流动通道内的应力变化，卸料时粉料的密度变化很大，这可能使安装在卸料口的容积式给料器失效。

② 料拱或穿孔崩坍时，细粉料可能被充气，并无法控制地倾泄出来。存在这些情况时，一定要用正压密封卸料装置或给料器。

③ 密实应力下，不流动区留下的颗粒料可以变质或结块。如果不流动区的物料强度增大到足够大，留在原处不动，那么流动通道泄空物料后，就可以形成一个稳定的穿孔或通道。

④ 沿料仓壁的长度安装的料位指示器置于不流动区的物料下面，因此不能正确指示料仓下部的料位。

对于贮存那些不会结块或不会变质的物料，且卸料口足够大，可防止搭桥或穿孔的许多场合，漏斗流料仓是完全可以满足要求的。

### 7.1.4 整体流料仓设计原理

由前述知，料仓内的粉体由于粉体压力和颗粒间的附着、凝聚力等的作用，往往造成卸料口结拱、堵塞现象，使粉体处理过程的连续化和自动化出现故障。20世纪60年代初詹尼克以粉体力学为基础，将粉体层看作塑性物料，对这一现象进行了理论研究，并提出了可以定量设计的方法。

#### 7.1.4.1　开放屈服强度和粉体的流动函数

(1) 开放屈服强度

① 开放屈服强度试验。由于料仓内的粉体仍处在一定的压力作用之下，因此，具有一定的团结强度。当然，团结强度除取决于压力之外，还与温度、湿度以及压力作用时间有关。如果卸料口形成了稳定的料拱，该料拱的团结强度，即物料在自由表面上的强度就称为开放屈服强度。

如图7-30(a) 所示，在一个筒壁无摩擦、理想的圆柱形圆筒内，使粉体在一定的预加压应力 $\sigma_1$（称为团结主应力，即造成粉体团结强度的主应力，或称为密实应力）作用下压实，然后，撤去圆筒，在不加任何侧向支撑的情况下，如果被压实的粉体试件不倒塌，如图7-30(b)所示，则说明其具有一定的团结强度，这一团结强度就是开放屈服强度 $f_c$；倘若试件倒塌了，如图7-30(c) 所示，则说明这种粉体的开放屈服强度 $f_c=0$。显然，开放屈服强度 $f_c$ 小的粉体，流动性好，不易结拱。

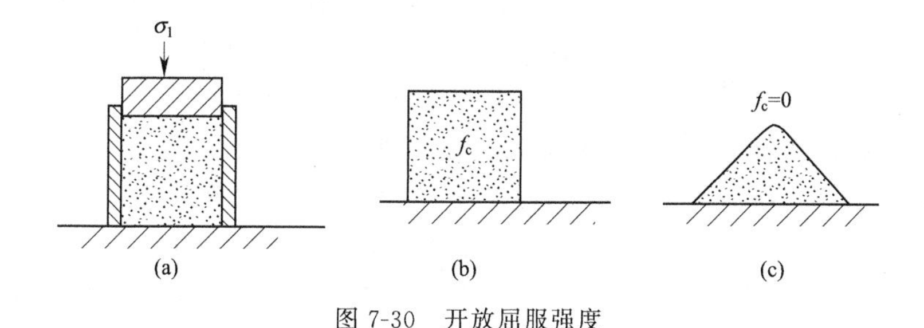

图7-30　开放屈服强度

② 屈服轨迹。屈服轨迹可由剪切测定仪确定，如图7-31所示，剪切测定仪由剪切盒和一套应力应变自动记录装置组成。为了模拟仓内粉体受到上层自重而压实的状态，试样先经压实处理，以一定大小的荷重恒定垂直施加于试样上，经一定时间后，将压实荷重（团结主应力）解除，此时试样已具有一定的密实强度。在较压实荷重为小的垂直荷重 $N$ 的作用下进行剪切试验，并测得其剪切力 $S$。在不同的荷重 $N$ 下（每次荷重均小于压实荷重），对其他试样进行重复测定。对求得的 $N$ 和 $S$ 除以剪切环体的内截面积 $A$，就可得到垂直应力 $\sigma_N$ 和剪切应力 $\tau$，于是可作为屈服轨迹 YL［图7-32(a)］，屈服轨迹常是一条接近直线的曲线，屈服轨迹的截距 $C$ 表示物料的凝聚力，$\phi$ 表示斜率角。虚线部分表示张力 $T$，系由粉体的张力测定仪测得。用不同的压实荷重可得到许多条屈服轨迹［图7-32(b)］，将这些屈服轨迹的终点连接起来为一直线（即破坏包络线），其斜率 $\delta'$ 表示在不同预压实状态下的破坏条件。

例如，一组粉体样品在同样的垂直应力条件下密实，然后在不同的垂直压力下，对每一个粉体样品进行剪切破坏试验。在这种特殊的密实状态中，得到的粉体的破坏包络线，称为该粉体的屈服轨迹，如图7-33所示。$E$ 代表初始状态下密实状态的垂直应力和剪切应力 $(\sigma,\ \tau)$，$E$ 点称为该屈服轨迹的终点。在小于终点的应力下，所对应的三组破坏点上的应力数值分别为：$(\sigma_1',\ \tau_1')$，$(\sigma_2',\ \tau_2')$ 和 $(\sigma_3',\ \tau_3')$。

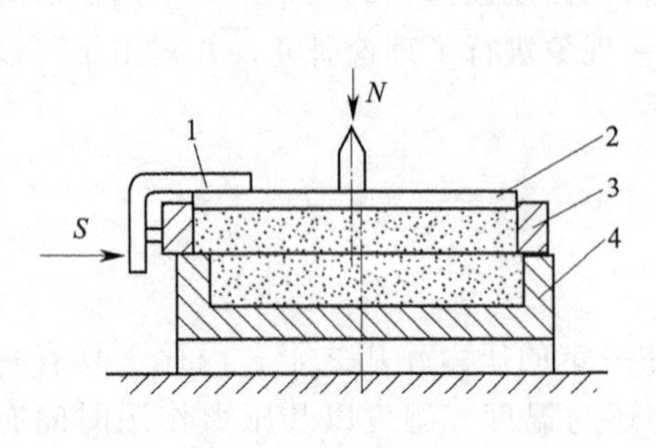


图 7-31 剪切测定仪

1—悬臂荷重杆；2—顶盖；3—环体；4—底座

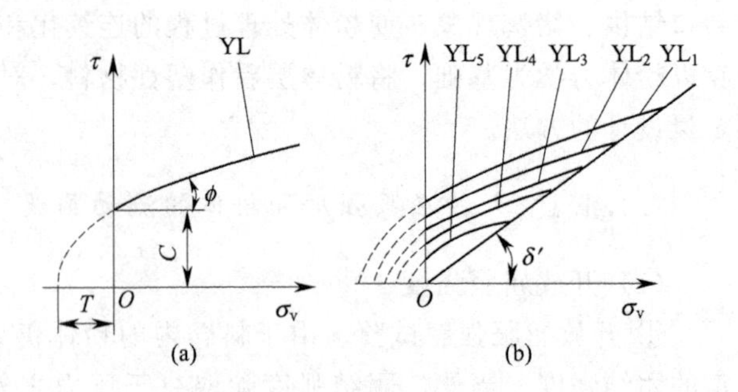


图 7-32 粉体物料的屈服轨迹

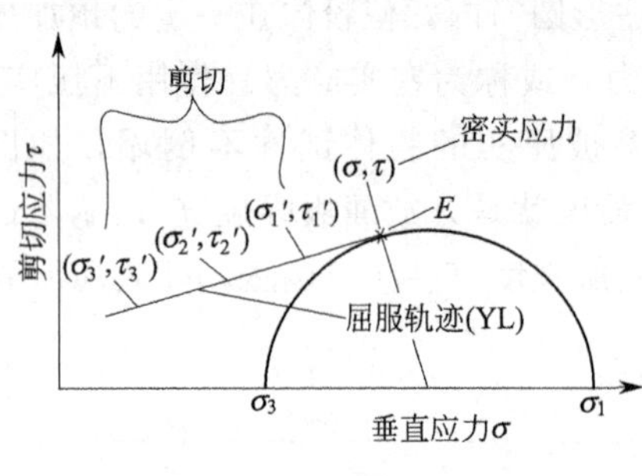


图 7-33 屈服轨迹的终点

松散粉体内任意平面上的应力状态都可以用莫尔圆来表示。对于任何与屈服轨迹相切的莫尔圆所代表的应力状态来讲，松散粉体都处于屈服状态；并且这种状态下的密实最大主应力和密实最小主应力都由半圆与 $\sigma$ 轴的交点来确定。$E$ 点描述了密实期间的状态，屈服轨迹终止在与通过 $E$ 点的莫尔圆相切的切点上。若这个圆与 $\sigma$ 轴相交在最大主应力 $\sigma_1$ 点和最小主应力 $\sigma_3$ 点，那么粉体样品就在这种应力条件下密实。

为了模拟稳定流动时出现的应力状态，对粉体样品先进行密实处理，然后才是对粉体样品的剪切处理。

密实如图 7-34(a) 所示，它再现了稳态条件下（$E$ 点），具有给定应力的流动现象。首先在底座与剪切环中填充满粉体试样，把顶盖放到粉料上方，通过加载杆施加密实载荷 $V$ 和剪切力 $S$。剪切一直延续到剪切力密实是充分的，不再施加剪切力，加载杆缩回。这时颗粒上的应力，若画成 $\tau$ 对 $\sigma$ 的图线，就在莫尔圆上的 $E$ 点，如图 7-35 所示。

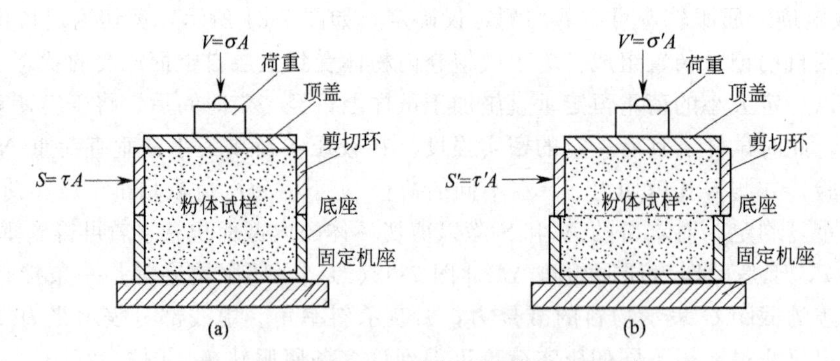


图 7-34 在密实应力条件下的剪切试验程序

还需要其他几个点以构成屈服轨迹线。中间值 $V'$ 通过数据检查或判断来选择，以便保证沿着屈服轨迹至少有三个间隔距离很好的点。选定的最低的 $V'$ 值应该不小于最大密实载荷 $V$ 的 1/3。屈服轨迹上的每一个点都是首先把粉体样品密实到点（$V$，$S$）而得到的，点（$V$，$S$）代表稳态流动状态，然后在较低的 $V'$ 值（$V'_2$，$V'_3$）等下剪切开裂。图 7-35 表示了可取值的范围。通过（$V'_1$，$S'_1$）、（$V'_2$，$S'_2$）……点的屈服轨迹常常是形成稍有凸起的半圆形。

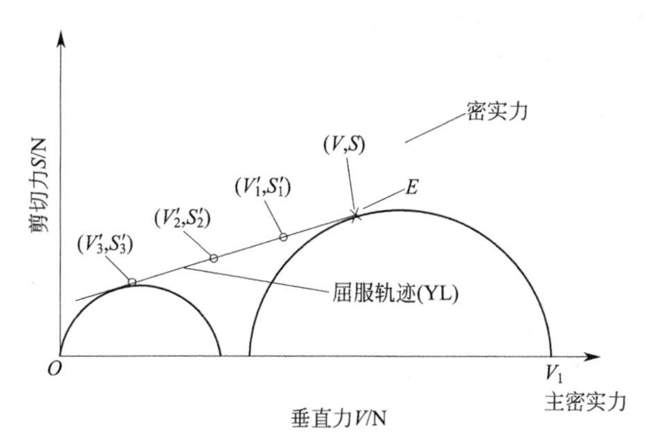


图 7-35 用力的单位画出的屈服轨迹

但是为了分析工业用料仓的面积，这条轨迹常常用一条直线来逼近。与屈服轨迹相切并通过密实点（$V$，$S$）的莫尔圆与$V$轴交点为最大密实主应力，其值为$V_1=\sigma_1 A$。

剪切前把粉体样品密实到不同的垂直应力等级，就可确定一组屈服轨迹。图 7-36 和图 7-37 展示了两个屈服轨迹试验的例子。$YL_a$ 和 $YL_b$ 如图 7-36、图 7-37 所示，分别代表在载荷 $V_a$ 和 $V_b$ 下密实所得到的屈服轨迹，画成图线表示在（$\sigma$，$\tau$）坐标系中。

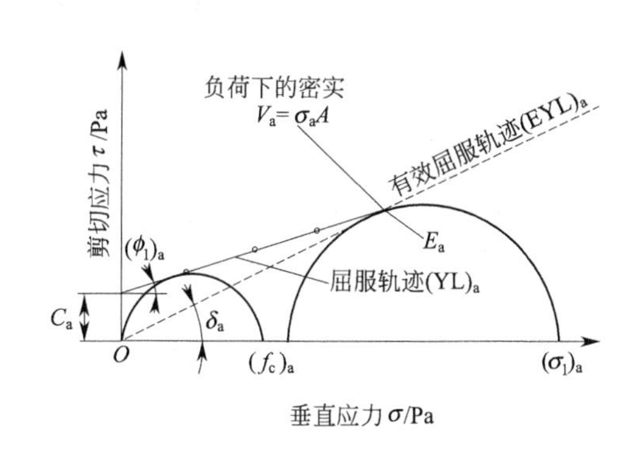


图 7-36 在密实应力 $\sigma_a$ 下的屈服轨迹

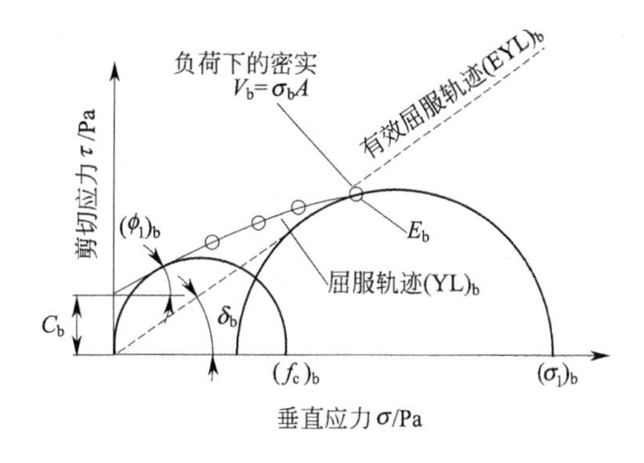


图 7-37 在密实应力 $\sigma_b$ 下的屈服轨迹

在做粉体的屈服轨迹时，因剪切盒有一个水平移动极限，所以粉体样品在密实阶段必须做相应的准备，这样密实和剪切就可以在这个极限内完成。如果在一组粉体样品内，发现稳态密实时所得出的一组$S$值，其值的波动超过了它的中间值的10%，那么应该把粉体样品重新做试验。

③ 开放屈服强度确定方法。由于圆筒的粉体物料自由表面上的主应力和剪应力均为零，如果将该应力状态画在莫尔圆上，这就相当于莫尔圆上的最小主应力$\sigma_3=0$，剪应力$\tau=0$，当最大主应力$\sigma_1=f_c$（或粉体物料自由表面上经受得住的最大应力为$\sigma_1$）时即达到极限应力状态。因此，通过坐标原点，并与屈服轨迹 YL 相切的莫尔圆中的$\sigma_1$即为$f_c$，如图 7-38 所示。相应的团结主应力$\sigma_1$值可通过与屈服轨迹 YL 终点相切的莫尔圆来确定。当密实应力增大时开放屈服强度$f_c$也增大，如图 7-36 和图 7-37 所示。

（2）流动函数　影响粉体流动特性的因素还有很多，如粉体加料时的冲击，冲击处的物料应力可以高于流动时产生的应力；温度和化学变化，高温时颗粒可能结块或软化，而冷却时可能产生相变，这些都会影响它的流动性；湿度，湿料可以影响屈服轨迹和壁摩擦系数，而且还能引起料壁黏附；粒度，当颗粒变细时，流动性常常降低，而壁摩擦系数却趋于增大；振动，细颗粒的物料在振动时趋于密实，在振动时特别容易因为物料的密集而引起流动的中断，所以用振动器加速物料流动时，应该仅限于物料在料斗中流动的时刻。

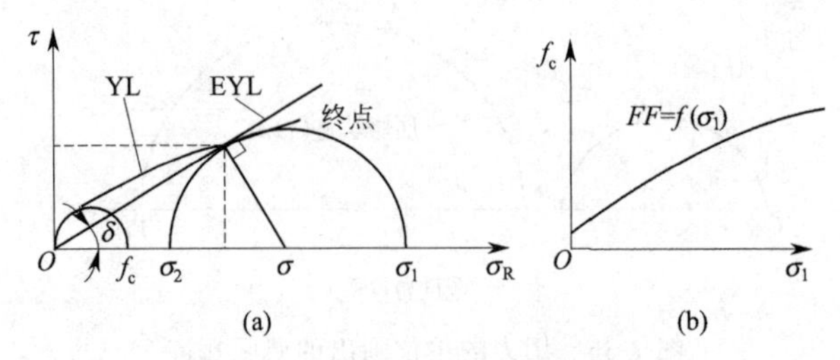


图 7-38 开放屈服轨迹和流动函数

团结主应力 $\sigma_1$ 与开放屈服强度 $f_c$ 之间存在着一定的函数关系，Jenike 将其定义为流动函数，即

$$FF=\frac{\sigma_1}{f_c} \tag{7-44}$$

$FF$ 表征着仓内粉体的流动性，当 $f_c=0$ 时，$FF=\infty$，即粉体完全自由流动，也就是说，在一定的团结主应力 $\sigma_1$ 作用下，所得开放屈服强度 $f_c$ 小的粉体，即 $FF$ 值大者，粉体流动性好。流动函数 $FF$ 与粉体流动性的关系见表 7-3。

**表 7-3 流动函数 FF 与粉体流动性的关系**

| $FF$ 值 | 流动性 | $FF$ 值 | 流动性 |
| --- | --- | --- | --- |
| $FF<1$ | 凝结(如:过期水泥) | $4\leqslant FF<10$ | 易流动(如:湿沙) |
| $1\leqslant FF<2$ | 强附着性、流不动(如:湿粉末) | $FF\geqslant 10$ | 自由流动(如:干沙) |
| $2\leqslant FF<4$ | 有附着性(如:干的、未过期水泥) | | |

#### 7.1.4.2 有效屈服轨迹与有效内摩擦角

Jenike 实验表明，散粒物料作稳定流动时（即粉体层崩坏），任何一点的应力状态都必须处于屈服轨迹的终点。因此，为便于数学处理，将与通过屈服轨迹终点的各莫尔圆相切的直线称为有效屈服轨迹 EYL，如图 7-38 所示。横坐标与有效屈服轨迹 EYL 之间的夹角称为有效内摩擦角 $\delta$。它与粉体物料的内摩擦角有关，这是粉体物料处于流动状态时，衡量流动阻力的一个参数。当 $\delta$ 增大时，颗粒的流动性就降低。对于给定的粉体物料，这个值常常随密实应力的降低而增大，当密实应力很低时，甚至可达到 90°。对于大多数实验物料，$\delta$ 值的范围为 25°～70°。有效内摩擦角 $\delta$ 与屈服轨迹终点连线的斜率 $\delta'$ 相差约 5°，也就是说，可以采用 EYL 来表示不同预压状态下的破坏条件，其误差不大。

根据图 7-38 的几何关系，EYL 可以用下面的方程来定义

$$\sin\delta=\frac{\dfrac{\sigma_1-\sigma_3}{2}}{\sigma_3+\dfrac{\sigma_1-\sigma_3}{2}}$$

化简为
$$\frac{\sigma_1}{\sigma_3}=\frac{1+\sin\delta}{1-\sin\delta} \tag{7-45}$$

7.1.4.3 料斗流动因数

Jenike的流动与不流动判据提供了一种极为有用的方法来预测颗粒在料仓中的重力流动或不流动，已经形成了正常工程允许的设计基础。

这个判据指出，如果颗粒在流动通道内形成的屈服强度不足以支撑住流动的堵塞料（这种堵塞料以料拱或穿孔的形式出现），那么在流动通道内将产生重力流动，这可以参照图7-39说明如下。

假定物料在整体流料仓内流动，那里的物料连续地从顶部流入，随着一个物料单元体向下流动，它将在料仓内密实主应力 $\sigma_1$ 的作用下密实并形成开放屈服强度 $f_c$。

密实应力先是增大，然后在筒仓的垂直部分达到稳定，在过渡段有一个突变，然后一直减小，到顶点时为零，与此同时，开放屈服强度 $f_c$ 也作如图7-39所示的类似变化。

料斗形状、仓壁摩擦系数等决定着料仓的流动性质，Jenike以料斗流动因数 $ff$ 表示，并定义为料斗内粉体团结主应力 $\sigma_1$ 与作用于料拱脚的最大主应力 $\sigma_{拱}$ 之比，即

$$ff=\frac{\sigma_1}{\sigma_{拱}} \tag{7-46}$$

已经表明稳定料拱的拱脚上作用着主应力 $\sigma_{拱}$，它与料拱的跨距 $B$ 成正比，其变化如图7-40所示。

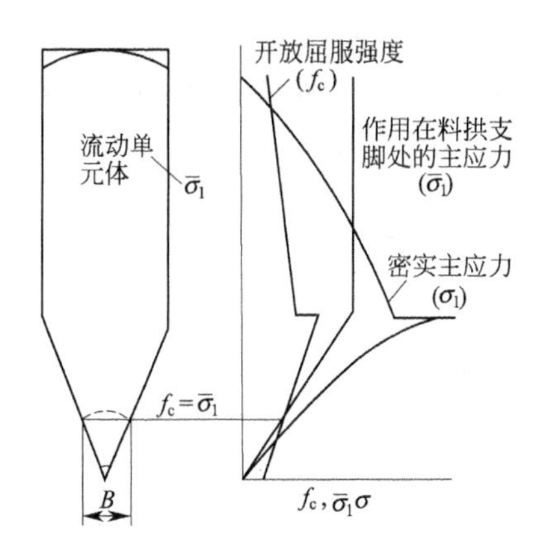


图7-39 结拱临界条件

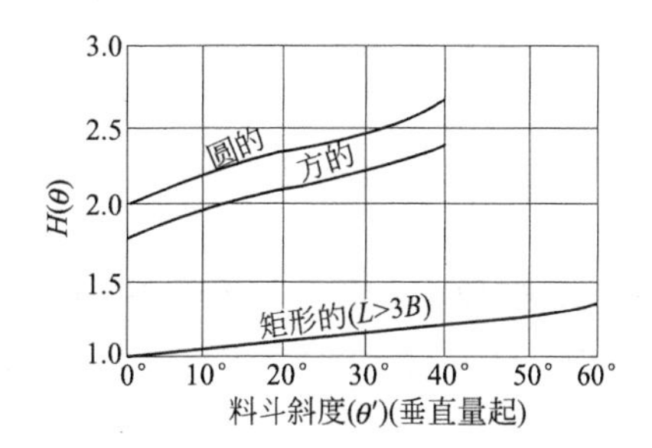


图7-40 料斗半顶角函数 $H(\theta)$

Jenike已经指出作用于料拱脚的最大主应力 $\sigma_{拱}$ 可由式(7-47)确定：

$$\sigma_{拱}=\frac{\gamma B}{H(\theta)} \tag{7-47}$$

式中 $\gamma$——物料容积密度，$kg/m^3$；

$B$——卸料口宽度，m；

$H(\theta)$——料斗半顶角 $\theta$ 的函数，可按图7-40查得或按下式近似计算：

$$H(\theta)=(1+m)+0.01(0.5+m)\theta$$

式中 $m$——料斗形状系数，轴线对称的圆锥形料斗，$m=1$；平面对称的楔形料斗，$m=0$。

对于一定形状的料斗，$\sigma_1$ 与 $\sigma_{拱}$ 均同料斗直径成线性关系，根据应力分布的理论分析可得

$$ff=\frac{H(\theta)(1+\sin\delta)}{2\sin\theta}(1+m) \tag{7-48}$$

由上可知，$ff$ 值越小，料斗的流动条件越好。料斗设计时要尽力获得 $ff$ 值小的料斗。

7.1.4.4 料斗卸料口的确定

贮仓内起拱的原因是贮仓中散粒物料在粉体压的作用下，压实应力 $\sigma_1$ 较高，相应的密实强度 $f_c$ 亦高，而作用于料拱脚上的应力 $\sigma_{拱}$ 较低，这意味着贮仓的流动性差，此时，散粒物料已被压实至具备了足以支撑住被堵塞料重力的强度而引起结拱。所以，只有作用于料拱脚上的应力大于其密实强度时，才不起拱而通畅地流动。可见，不起拱而流动的条件是：

$$FF>ff \tag{7-49}$$

或

$$f_c<\sigma_{拱} \tag{7-50}$$

如图 7-41 所示，某一贮仓的料斗流动因数为 $ff$。三种物料各有不同的流动函数 $FF$，它们在该贮仓内流动情况各有不同，物料 a 在 $A$ 点之下部分易结拱，物料 c 不会流动，物料 b 处处不会结拱。

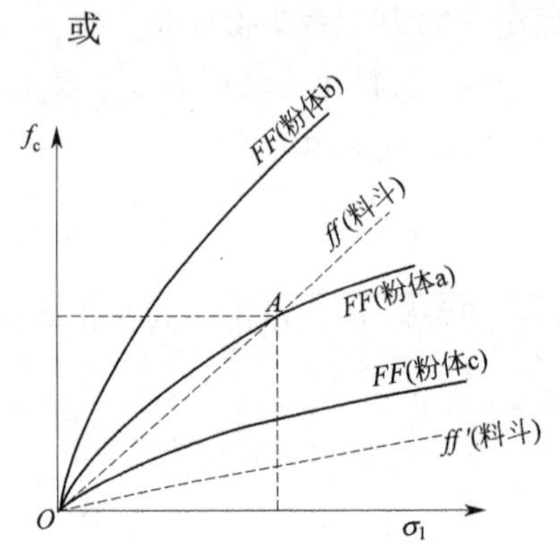

图 7-41 贮仓起拱的临界条件

如何调整料斗设计，以获得较小的 $ff$ 值，由式(7-49) 和式(7-50) 可知，如果将 $ff$ 调整为 $ff'$，物料 a 和物料 c 也能流动，不会产生结拱。

根据 Jenike 理论，质量流料仓的卸料口径取决于粉体流动函数和料斗流动因数的比值，显然，结拱的临界条件为

$$FF=ff \tag{7-51}$$

如以 $f_{ccrit}$ 表示结拱时临界开放屈服强度，则可写成

$$\sigma_{拱}=f_{ccrit} \tag{7-52}$$

上述结拱的临界条件如图 7-39 所示。

将式(7-52) 代入式(7-47)，即得料斗最小卸料口径为

$$B=\frac{f_{ccrit}H(\theta)}{\gamma} \tag{7-53}$$

必须指出，尽管料仓在卸料时要出现动态、压力峰，其值要比静态压力大 3～5 倍，但因其位置是在筒仓与料斗的结合处，而料斗出口处的静态压力仍然大于动态压力，因此，上述公式中的 $\sigma_1$ 应以静态压力为准。

另外，Jenike 理论原则上适用于细颗粒物料（粒径小于 0.84mm)，因为粗颗粒物料不存在屈服强度。

尽管容器底部卸料口的尺寸大大地大于粒子的大小，但往往流不出，或流出常常终止，这种现象称为闭塞现象。粒子间形成结拱结构，而闭塞的现象称为架桥现象。

综上所述，贮仓设计步骤可以概括为：

① 对粉体做剪切测定，在 $\sigma$-$\tau$ 坐标上画出屈服轨迹，求得有效内摩擦角 $\delta$、开放屈服强度 $f_c$ 和壁摩擦角 $\phi_w$。

② 由 $\delta$ 和 $\phi_w$ 值在 $H(\theta)$ 和 $\theta$ 关系图中选择料仓半顶角 $\theta$ 值，并由此确定料斗的流动因数 $ff$。

③ 从相应的莫尔圆上确定 $f_{ccrit}$ 及 $\sigma_1$ 值，计算出流动函数 $FF$，在 $f_c$-$\sigma_1$ 坐标图上画出 $ff$ 和 $FF$ 曲线，$ff$ 和 $FF$ 的交点即为临界开放屈服强度。

④ 由 $f_{ccrit}$ 和 $H(\theta)$ 算得最小卸料口径 $D_c$。

## 7.2 粉体贮存技术

粉体贮存技术包括：粉体贮存及与其关联的加料、卸料和控制设备，可以消除生产中各环节之间的不平衡；排出因设备检修而造成的生产间断和因生产管理、工作班制的差异所构成的干涉，保证生产的连续性。

### 7.2.1 贮料设备

现代工业生产中为了使生产连续进行，凡涉及粉体的粉碎、筛分、混合、均化等单元操作时，均广泛设置贮料设备。目前，贮存已成为粉体工程中的一个不可或缺的组成部分和生产中的一个相当重要的环节。随着对贮存及其设备不断深入地研究，其功能和作用将日益显著。

贮料设备或称贮仓，是接收、贮存和供给散粒物料的大型容器装置。在粉体处理过程中，为了使生产连续进行，广泛设置贮料设备。它是均衡生产的重要设施，不仅起着贮存作用，而且在改变物料的输送方向、调整物料的输送速度、物料均化等整个生产过程中，都起着重要作用。贮料设备种类繁杂，分类方法较多。

#### 7.2.1.1 物料贮存的分类

按粉体物料的粒度分类，贮料设备可分为两大类：用于存放粒状、块状料的堆场与吊车库；用于贮存粉粒状料的贮料容器。

堆场有露天和堆棚（库）两种。露天堆场的特点是投资省、使用灵活，但占地大、劳动条件差。为了实现机械化，必须配用铲斗车等堆取料。某些场合为了避免泥土的混入污染物料，必须使用混凝土地坪。堆棚（库）和吊车库在不少方面优于堆场，它可以用吊车等专用机械卸料和取料。而大型预均化堆场对生产质量的控制更具有较大的优越性。

贮料容器种类繁多，分类方法亦较多。

按贮料器相对厂房零点标高的位置，可以分地上的和地下的两种。

按建造材质不同，可将贮料设备分为砖砌的、金属的和钢筋混凝土的，或是砖石混凝土复合的四种。以后三种较为常见。

按用途性质和容量大小，可将贮料容器分成以下三种。

（1）料库　容量最大，使用周期达周或月以上，主要用于生产过程中原料、半成品或成品的贮存。容积变化较大，如钢板贮库容积可达 6 万立方米，混凝土料库有直径 37m、高 52m 的，更大的直径为 46m 的混凝土库正在设计中。

（2）料仓　容量居中，使用周期以天或小时计。主要用来配合几种不同物料或调节前后工序物料平衡。其结构多为组合式的（见图 7-42）。

(3) 料斗　即下料斗（见图 7-43)，容量较小，用以改变料流方向和速度，使其能顺利地进入下道工序设备内。

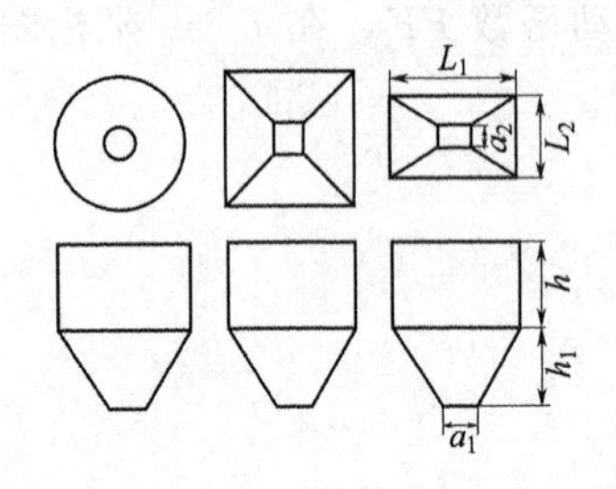

图 7-42　料仓的形状

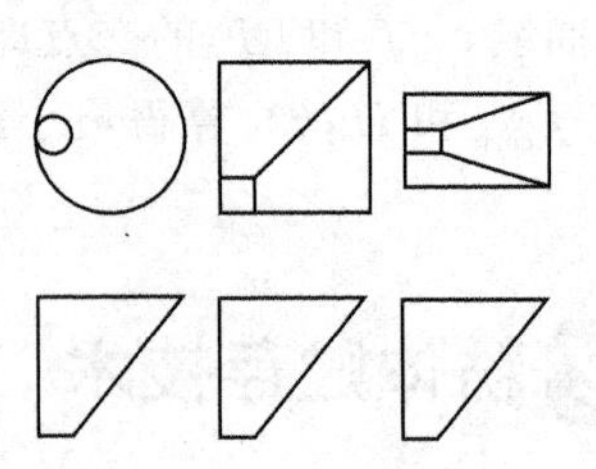
图 7-43　料斗的形状

料仓和料斗在形状和结构上并没有严格的界限。如料仓是由筒仓和料斗两部分组合而成的，其主要贮料部分是筒仓。这是本章主要讨论的内容。

#### 7.2.1.2　物料贮存的作用

在生产过程中，由于下列因素造成了物料在工序间贮存的必要性。

(1) 外界条件的限制　由于受矿山开采、运输以及气候季节性的影响，原料进厂总是间歇性的。因此，厂内必须贮存一定量的原料，以备不时之需。此时，可采用露天堆场、吊车库和料库等。

(2) 设备检修和停车　为了保证连续生产，各主机设备在检修与停车时，均应考虑有满足下道工序的足够贮存量，如各种料仓。

(3) 质量均化　进厂的原料或半成品不能保证水分、组分或化学成分十分均匀，经在一定范围内有计划和有控制地贮存可使之进一步均匀化。最典型的设备有预均化堆场和均化库。

(4) 设备能力的平衡　一般讲，各主机设备的加工能力、生产班制和设备利用运转率是不一致的，为保证上下工序间的匹配和平衡，必须增设各种料仓来解决。

#### 7.2.1.3　料仓形式的确定

一般垂直料仓是由横断面一定的筒形上部和料斗组成，最常用的横断面形状有方形、矩形和圆形。在卸料方式上有中心卸料、侧面卸料、角部卸料和条形卸料。对于料仓形状的设计应以被处理物料的流动性为基础，例如，在料斗方面，除通常的形状外，有复式卸料口、双曲线卸料口等，都是为了卸料的通畅。研究表明，料仓的横断面形状对生产率没有影响。

料斗的设计对于料仓功能的好坏是非常重要的，料斗改变了料仓中物料的流动方向，同时料斗构造和形式决定了物料流向卸料口方向的收缩能力，图 7-44 所示为几种常见料斗的形状，通常的形状是与圆形料仓结合使用的圆锥形料斗，加大卸料口的尺寸、采用小半顶角及偏心料斗均不易产生结拱，有利于物料的流动。在图 7-44 中，附着性粉体的排出难易程度顺序由易到难为(c)＞(b)＞(a)＞(d)＞(e)。

关于料斗的高度与生产率的研究表明，当物料高度超过料仓直径的 4 倍时，单位时间的排料量是常数，生产率发生的小变化是由于贮存物料的密度波动造成的，当料面低时，生产率的变化就很明显，另外料斗倾斜度越陡生产率越高。

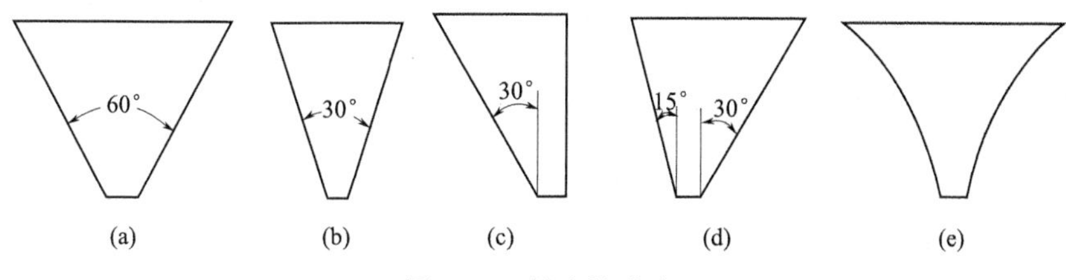


图 7-44 料斗的形式

料斗的仓壁倾斜度对料仓内物料的流动类型有很大影响，一般来说，料斗仓壁的斜度至少要等于贮存物料的休止角或大于休止角，在理论上料斗的最小倾斜度应当与物料和仓壁的摩擦角相等，但这仅仅能够保证卸空，并不一定能形成适合于整体流动的条件。

料仓的一般设计程序如下。设计时，一般所要考虑的内容有：占地条件，包括形状和大小，地耐力如何；物料性质，如真密度、松装密度、休止角、内摩擦角、壁摩擦角和含水率等；使用条件，包括总容量和卸料量；规范法规，建筑规范和施工条件、建筑标准、消防规定等。

在掌握上述情况后，需要确定以下问题：单个料仓或多个料仓的组合、每个料仓的容量、料仓的形状、料仓的材料，最后确定高度的上限，从而决定料仓的高度和直径。

料仓的设计目标：一要确保安全，二要能够通畅排料，三要做到经济合理。从单位容量的投资来看，容量越大越省钱，但又不能盲目追求大料仓，以致料仓不能经常处于满仓的状态而造成浪费。所以，应根据贮存物料的种类来比较单位处理量投资效率最佳的贮仓容量，最好能给出容量与直径、高度、仓壁厚度的关系图，选择最佳点。

## 7.2.2 料仓的计算及布置

### 7.2.2.1 料仓的计算

前面叙述的粉状物料的性质和料仓的结构，为料仓的容量设计计算提供了依据和必要的参数。一般工厂希望设计整体流动的料仓。所谓整体流动，就是在卸料时整个料仓中的物料都在流动，保证先加入料仓的物料先卸出。

(1) 料仓容积的计算　物料输入料仓时的进料位置一定，由于物料在仓内堆积形成休止角（图 7-45），因此，物料堆积的有效容量总是小于料仓的总容积，产生损失容量。

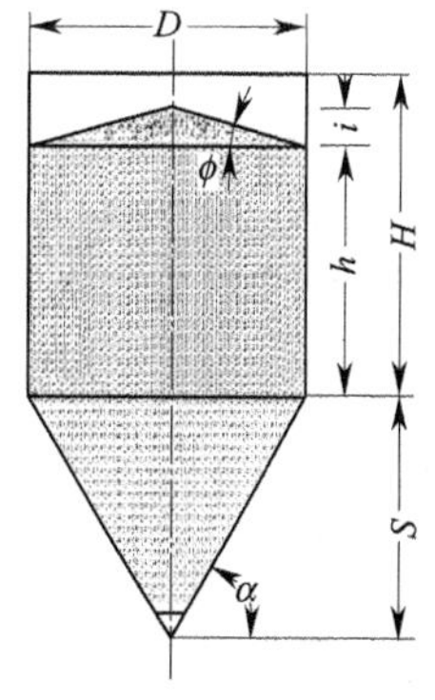


图 7-45 料仓的容积

矩形组合料仓的容积可以看成是一个平行六面体和一个截头角锥体容积之和。如图7-43所示，如果它的卸料口为正方形，则料仓的总容积为

$$V_{矩}=hl_1l_2+\frac{S}{6}[l_1l_2+(l_1+a)(l_2+a)+a^2] \tag{7-54}$$

式中　$V_{矩}$——料仓的容积，$m^3$；

$h$——料仓平行六面体的高，m；

$l_1$——料仓的长，m；

$S$——料仓锥形部分的高，m；

$l_2$——料仓的宽，m；

$a$——卸料口的边长，m。

圆形组合料仓容积的计算，可用式（7-55）：

$$V_{圆}=\frac{\pi}{4}D^2H+\frac{\pi}{12}D^2S=\frac{\pi}{4}D^2\left(H+\frac{D}{6}\tan\alpha\right) \tag{7-55}$$

式中 $V_{圆}$——料仓的容积，$m^3$；

$D$——料仓圆筒的内径，m；

$H$——料仓圆筒的高度，m；

$S$——圆锥部分的垂直高度，m；

$\alpha$——圆锥部分外侧角，(°)。

设物料的容积密度为 $\rho_v$，贮存的物料总容积可由式(7-57) 求得：

$$V_s=\frac{\pi}{4}D^2h+\frac{\pi}{12}D^2S+\frac{\pi}{12}D^2l \tag{7-56}$$

$$V_s=\frac{\pi}{4}D^2\left(h+\frac{\pi^2}{6}\tan\alpha+\frac{D}{6}\tan\phi_r\right) \tag{7-57}$$

式中 $\alpha$——圆锥形侧角；

$\phi_r$——物料的休止角。

物料质量 $m_s$ 为

$$m_s=\rho_v V_s \tag{7-58}$$

料仓的容积为

$$V_L=\frac{\pi}{4}D^2H+\frac{\pi}{12}D^2S=\frac{\pi}{4}D^2\left(H+\frac{\pi^2}{6}\tan\alpha\right) \tag{7-59}$$

因为料仓的上部一般要装有料粒计和安全阀等，故通常料仓上部要留有一定空间，所以，贮存物料容积与料仓容积的比通常为

$$\frac{V_s}{V_L}=0.85\sim0.95 \tag{7-60}$$

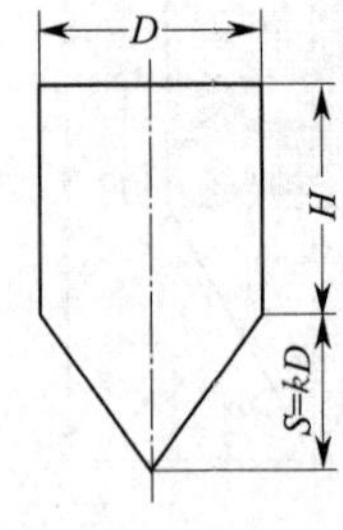

图 7-46 料仓各部位尺寸

(2) 直径与高度的关系　料仓的形状首先要满足使用条件，在此基础上要尽可能经济地确定直径与高度的关系和比例。

组合式料仓的直径与高度之比（或宽与高之比）关系着基建费用的多少。下面探讨一下它们最经济的比值。

一般料仓如图 7-46(a) 所示。设料仓单位表面积的基建费为 $E$，其中侧壁为 1，顶部为 $i$，圆锥部为 $j$，则

$$E=\pi DH+\frac{\pi}{4}D^2i+\frac{\pi}{4}Dj\sqrt{D^2+4S^2} \tag{7-61}$$

将式(7-59) 代入式(7-61)，消去 $H$，并设 $S=kD$，则

$$E=4\frac{V_{圆}}{D}-\frac{\pi}{3}kD^2+\frac{\pi}{4}D^2i+\frac{\pi}{4}D^2j\sqrt{1+4k^2} \tag{7-62}$$

把式(7-62) 对 $D$ 偏微分，并令它等于 0，再用式(7-55) 消去 $V_{圆}$，则得

$$H=D\left(\frac{i+j\sqrt{1+4k^2}-2k}{2}\right) \tag{7-63}$$

式中 $k$——与料仓外侧角有关的系数；

$i$——料仓单位表面基建费用在顶部的费用；

$j$——料仓单位表面基建费用在锥部的费用；

$H$——料仓圆筒部的高度，m；

$D$——料仓圆筒的内径，m；

$S$——料仓圆锥部分垂直高度，m。

式(7-63) 就是最经济的料仓直径 $D$ 和侧壁高 $H$ 的关系。

当 $i=1$，$k=1$ 时，有

$$H=0.62D \tag{7-64}$$

$$H+S=1.62D \tag{7-65}$$

若设 $i=1$，$j=1$，$k=1$，则得

$$H=2.62D \tag{7-66}$$

$$H+S=3.62D \tag{7-67}$$

式(7-66) 和式(7-67) 是有下裙的料仓的情况。

即最经济的比例是高度为直径的 3.62 倍。

圆形平底料仓同上条件时

$$H=D \tag{7-68}$$

实际上，料仓的形状确定要综合考虑以下因素：物料入库的方式及所要空间、粉体的壁摩擦角、卸料方式、占地限制、地基强度、地震风压及与其他设备的关系。

料仓的容积是由生产上要求的贮料量、料仓的卸料能力、物料的密实程度及现场条件来决定的。如果某种物料所需料仓的容积过大，可将其均匀地分为两个或多个料仓，以便于众多料仓整齐排列。

料仓的有效容积与物料的休止角和加料点多少有关，考虑到安装料位测定装置，设置安全阀、排气口和人孔等，计算所得的料仓容积总要比实际需要的小，因此，一般将计算所得数据加大到 1.05～1.18 倍。

(3) 料仓卸料能力的计算　如果料仓设计精心、卸料口大小适宜、贮存的物料流动性好，则料仓的卸料能力可由式(7-69) 求出：

$$V=3600Fv \tag{7-69}$$

式中　$V$——料仓的卸料能力，$m^3/h$；

$F$——卸料口面积，$m^2$；

$v$——物料的卸出速度，m/s。

物料卸出速度与物料的粒度、均一性系数、水分、颗粒强度及料仓的装料高度有关。在概略计算时可取 $v=0.5\sim2.0$m/s。

(4) 卸料装置的荷载　料仓的卸料装置（相对于下一道工序是给料或供料装置）是料仓系统不可分割的组成部分，料仓和卸料装置这两部分不论哪一部分设计不当，都将影响整个系统功能的完成。卸料装置的种类很多，有皮带机、分格轮、圆盘给料机、振动给料机等。

目前，料仓荷载还没有一定的计算方法，从众多的实验工作可知，实验的压力数值往往高于理论计算数值，这可能是由于卸料装置的振动使得物料进一步密实，用仓壁压力方程式[式(7-70)] 计算出的卸料装置与实测的压力较一致。可采用仓壁压力方程式来计算带式卸料装置的荷载：

$$\sigma'=C\gamma B \tag{7-70}$$

式中 $\sigma'$——仓壁压力；

$B$——卸料口的宽度；

$C$——取决于料斗几何形状和物料性质的一个因数；

$\gamma$——物料的容重。

仓壁压力方程式仅仅反映在稳定流动条件下的卸料装置的荷载。在料仓进料时，卸料装置的压力急剧增大，然后达到某一定值，且进料点的冲击位置和进料速度对装料压力都有影响，因此，在设计时应考虑对卸料机静力荷载加一系数，可估计为稳定流动时卸料压力的2～4倍；但料仓中存在一定高度的物料再进料时，则装料压力仅为卸料压力的10%～20%。

为了减轻卸料口上方的物料压力和进料时的冲击压力，可采取如下措施：一是使卸料机的安装与卸料口错开一定的位置；二是在料斗与卸料装置之间使用溜子连接；三是尽可能减小卸料口的面积，但要注意的是卸料口面积的减小会影响物料在仓内的流动类型，因此要以物料的特性为依据。

经验数据认为，当卸料口的宽度小于1m时，可把卸料口上方1m左右高度的物料静压当作卸料机荷载来考虑。

#### 7.2.2.2 料仓的布置

现代化的工厂的原料车间都有料仓群。料仓群的排列可分为两大类，即排仓和群仓。图7-47所示为排仓，图7-48所示为群仓（或称塔仓、蜂窝仓）。

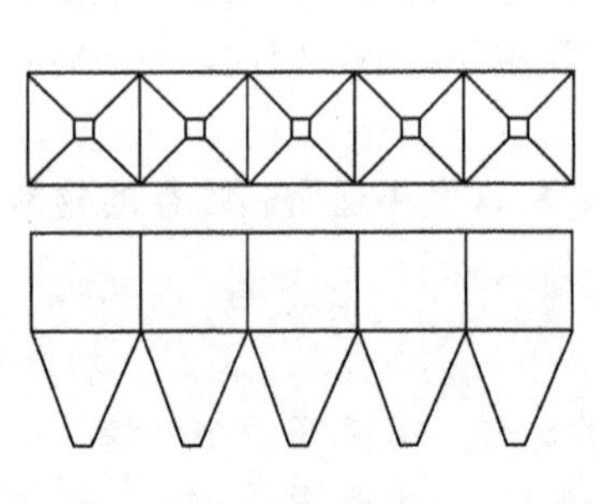

图7-47 排仓

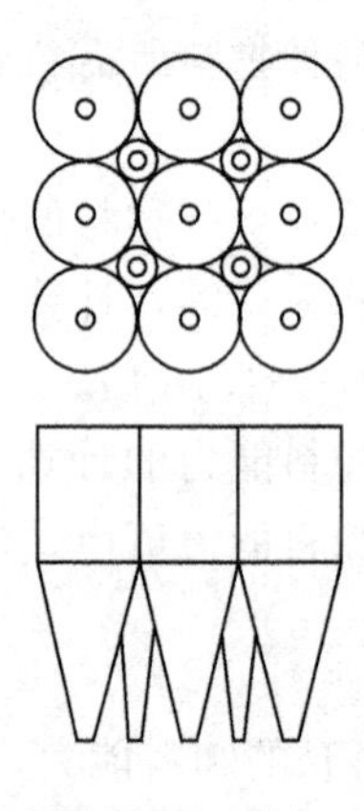

图7-48 群仓

料仓群的排列方法要根据生产要求、厂房条件、加料和卸料方法等因素来考虑确定。

排仓的流程路线较长，占地面积较大，建造费用较高，但运输方便，操作容易。群仓流程路线较短，占地面积小，适用于气力输送，机械加料和卸料都比较困难。

### 7.2.3 粉体拱的类型及防拱措施

#### 7.2.3.1 结拱类型

粉体料仓结拱的类型一般有四种，如图7-49所示。图7-49(a)所示为压缩拱，粉体因受料仓压力的作用，使团结强度增大而导致起拱；图7-49(b)所示为楔形拱，颗粒状物料因颗粒块相互啮合达到力平衡所至；图7-49(c)所示为黏结黏附拱，黏结性强的物料因含水、吸潮或静电作用而增强了物料与仓壁的黏附力所至；图7-49(d)所示为气压平衡拱，料仓回转卸料器因气密性差，导致空气泄入料仓，当上下气压力达到平衡时形成拱。

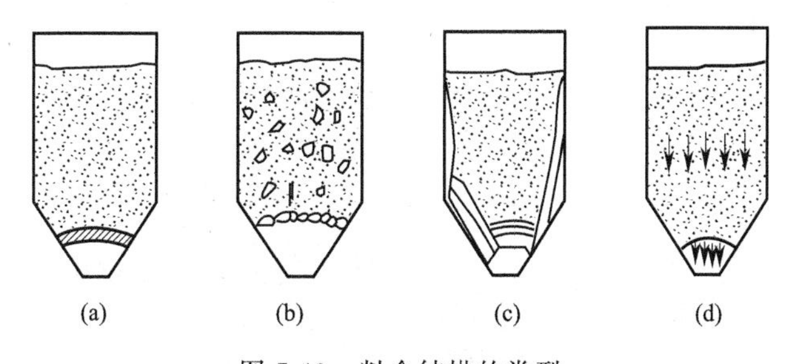


图7-49 料仓结拱的类型

(a) 压缩拱；(b) 楔形拱；(c) 黏结黏附拱；(d) 气压平衡拱

7.2.3.2 防止结拱的措施

导致料仓结拱的因素很多，如料仓壁与料粒的滑动摩擦情况、物料粒度及分布情况、物料的水分含量、卸料口尺寸集料仓底部形状等。借助图7-50分析结拱的力学原理。料仓壁上受物料的垂直压力为$N$，此力在料仓壁面与物料之间产生摩擦力$F$，上述两力$N$、$F$构成了结拱所必需的支承力$P$，$P$垂直于拱的曲率直径$R$。为了防止结拱，可采取如下措施。

(1) 改善物料的流动性　散粒物料的流动性取决于物料颗粒间内摩擦力和黏聚力的大小。这两种力随着物料所含水分的减少、颗粒级配均一程度的提高而减小，因而物料的流动性可提高。

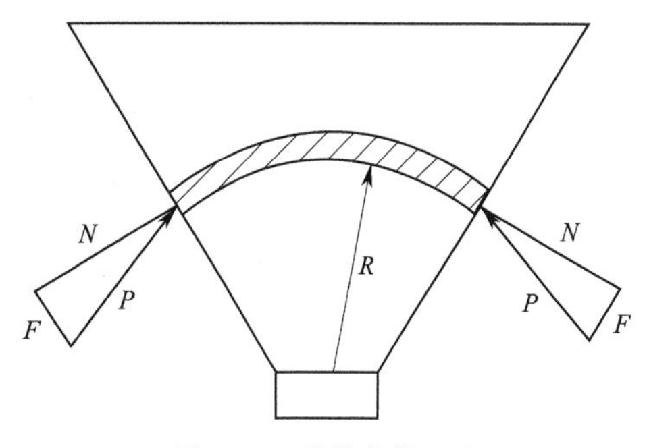


图7-50 结拱的作用力

温度也是影响物料流动性的因素之一，若仓内的物料温度过高，反映在微观上是分子的运动加剧时颗粒间的黏聚作用增强，与仓壁的吸附作用也增大，物料的流动性下降。所以，诸如刚从热工设备出来的矿渣、黏土、熟料以及出磨的水泥和生料等，在工艺流程中应设有冷却过程，使熟料得到自然或强制冷却，避免熟料直接入仓。在贮仓的结构上应在其上部仓壁和顶部开设数个排气孔，便于物料的进一步散热。

(2) 改善料仓的几何形状及其尺寸　根据詹尼克理论，找出把贮仓内流动变为整体流的方法，减小贮仓顶角和增大卸料口尺寸，都有利于防止料拱的形成。但是，加大卸料口有一定限度，它必须与卸料闸门及卸料机等相适应。壁面的倾斜角必须大于物料的自然休止角，倾角越大则物料卸落越容易。但是，在改变倾角前，必须考虑结拱的原因，同时改变倾角后贮仓的容量将缩小。多设卸料口或采用偏心卸料口，使其避免垂直或非对称性壁面，这样可以减小该处的垂直压力，起着拆除拱脚的作用。

(3) 改流体　改流体的设置如图7-51所示。改流体有圆锥形、角锥形、圆板形和圆柱形等，如图7-52所示。可根据贮仓的结构进行选用。在原有贮仓内添设改流体是一种改变漏斗流为整体流的有效措施。

(4) 改善摩擦条件　贮仓内壁尽可能光滑，例如减小壁面的不平整度、焊缝或接缝及突出部位，对壁面进行除锈、喷砂处理。如果仓壁材料与物料之间不能产生最佳摩擦条件，可采用内加衬板或仓壁涂层等来改善物料的流动性。在仓内加装隔板，可以适当改变料仓内粉体压力的分布，降低料仓内粉体压力，也可以减少颗粒内部摩擦，改善散粒物料的流动性。

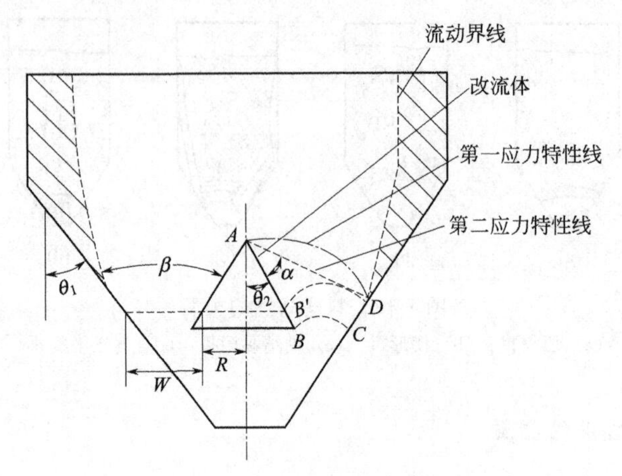


图 7-51 设置改流体的贮仓

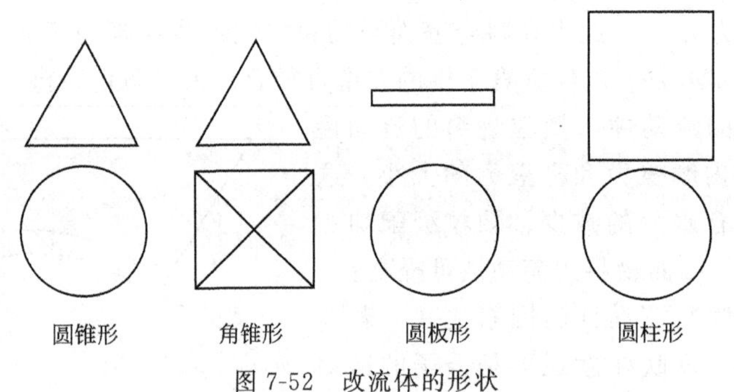


图 7-52 改流体的形状

（5）弹性卸料口和仓壁垂直插板 在易结拱的部位预先设置弹性卸料口，也可设置垂直插板，如图 7-53 和图 7-54 所示。

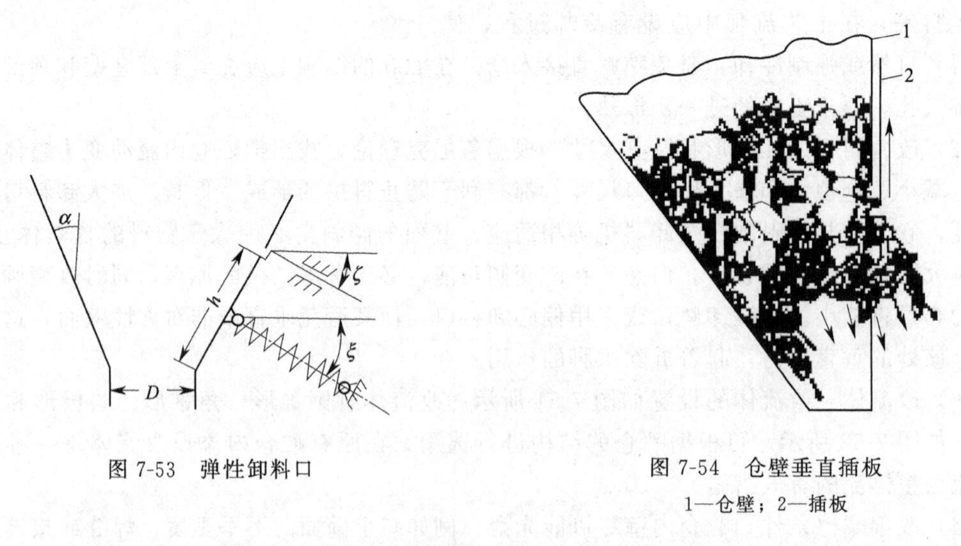


图 7-53 弹性卸料口

图 7-54 仓壁垂直插板

1—仓壁；2—插板

（6）气流助动装置 用压缩空气吹松松散物料，使之流态化助流，方法有三种：①用气枪穿过仓壁，安装在经常结拱和结管的区间，以突然射出的射流使物料塌落（例如空气炮）；②以缓和均匀的气流使物料流态化助流，如图 7-55 所示；③使贮仓助卸气垫装置充气产生鼓胀助流。

（7）振动器　对贮仓进行振动可消除结拱和助流，实验表明，散粒物料在振动情况下的壁摩擦系数仅为静态下的 1/10，其内部摩擦阻力也可减少，有利于整体流的形成。消除贮仓结拱的振动器有电动的、气动的和电磁驱动的。振动装置的振动方式为仓壁振动，即在仓壁上装设有振动器，使仓壁产生局部振动，图 7-56 所示为金属仓外壁的振动器，图 7-57 所示为料仓内壁振动器。

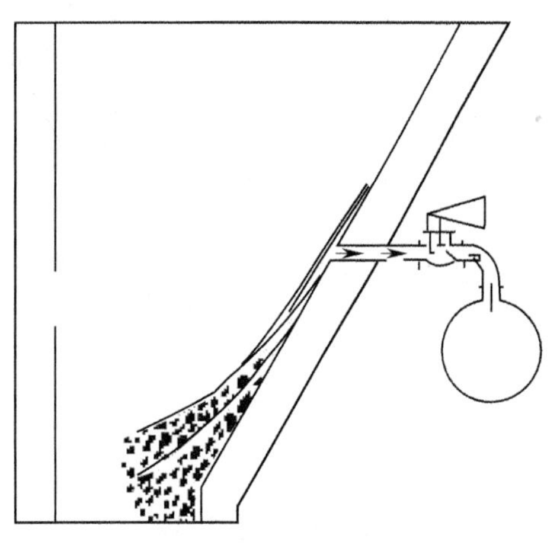

图 7-55　射流助流装置

外装振动器分为两类：电磁振动器和回转偏心振动器，后者可以是电力驱动的，也可以是压缩空气驱动的。

在刚性料仓（如钢筋混凝土料仓）的条件下，可在料仓内壁安装振动器-振动壁板。

图 7-57 表示了料仓内壁安装振动器的方法和位置：①料仓仓壁设有安装振动器的孔洞；②振动器的壁板安装在料仓内壁凹陷部分中，而振动器安装在仓壁上的孔洞中；③振动壁板和振动器用螺栓连接；④料仓壁与振动壁板之间平滑过渡，阻碍程度降至最低。

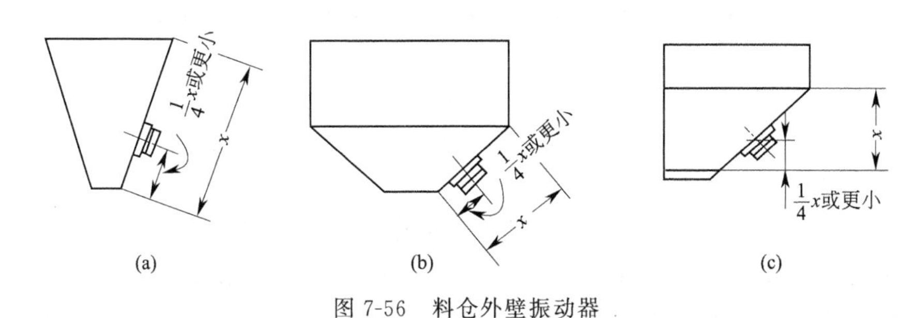


图 7-56　料仓外壁振动器

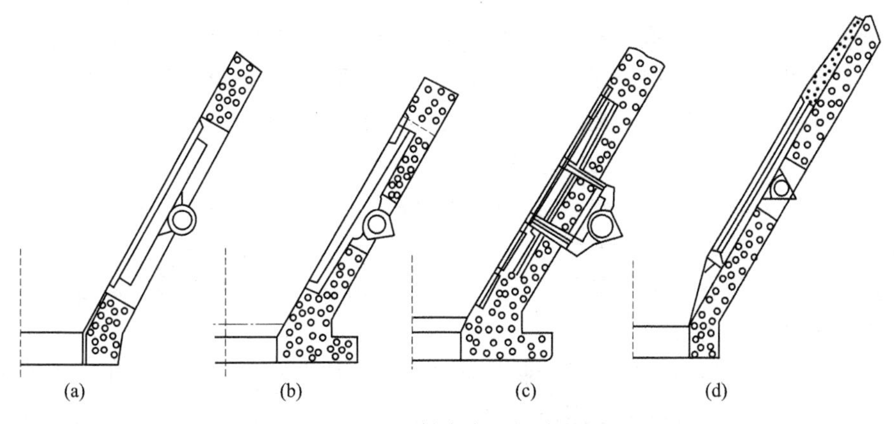


图 7-57　料仓内壁振动器

（8）振动料斗　如图 7-58 所示。振动料斗的作用与在仓内置入改流体相似，能使物料流动活化。但是贮仓外壁上还安装有激振器，使料斗及圆锥产生强烈的回旋振动，使物料内外摩擦因数及内聚力大大减小，而使仓内物料呈整体流，像流水一样不断地从卸料口顺利流出，从而消除存仓内物料的起拱、穿孔、离析等现象。振动料斗适用于具有附着性的细粉的贮仓，而且贮仓高度远比一般顶角较小的整体流贮仓为低，增加了贮仓容量。

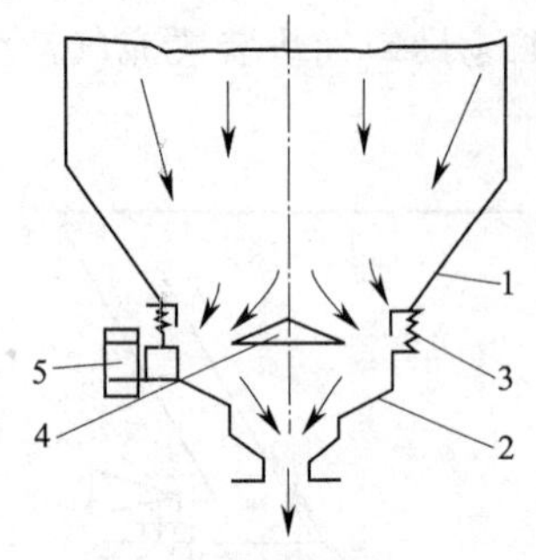

图 7-58　振动料斗

1—贮仓；2—活动斗体；3—软连接（隔振吊挂和密封装置）；4—活化锥；5—激振器

（9）搅拌装置　该方法最适合虽经振动而不能卸落的附着性粉体，贮仓锥部安装旋转螺旋，在搅拌物料的同时将其卸出。

应该指出，虽然有各种助流装置和方法可供选择和采用，但是设计整体流贮仓才是最为经济的方法，助流装置只是一种辅助手段。

### 7.2.4　料位测定装置

测定料仓中料面高度，可以采用各种指示器。指示器的选择主要根据物料的化学、物理性质和现场的具体条件。料位测定指示器有两种：一种是料位连续测定，另一种是料位极限测定。前者采用连续料位测定装置，可配自动记录仪。后者只测某些特定点（如最高和最低料位位置），可与加料机联锁，以达到自动给料的目的。

（1）探锤　在一机械传动的绞筒上的钢丝另一端系铅锤，当绞筒转动后，铅锤下降，待它接触物料面时，钢丝立即松弛而发出一个信号，并把料仓中的物料高度记录下来，如图 7-59(a) 所示。

（2）回转翼轮　用电动机驱动的翼轮在没被物料卡住以前不停地回转，当它停止转动时，产生一个信号，表明物料面已经达到翼轮高度，如图 7-59(b) 所示。这种装置主要用于流动性良好的物料。

（3）隔膜料位控制器　将不锈钢、氯丁二烯橡胶或聚四氟乙烯塑料制成的隔膜，安装在料仓内壁上，当料面接触隔膜时，隔膜挠曲并产生一个行程，这样就可以接通电路发出灯光或声响，也能控制料仓的装料和卸料，如图 7-59(c) 所示，它属于压力式控制器。

（4）电容料位指示器　将电极装在料仓内部，即将棒状或绳索式探钎安装在料仓的中央，它和料仓壁及粉状物料构成了一个电容器，可根据测得的电容量的变化确定料面的高度。它既可用于连续料位测定，又能用于极限料位测定，如图 7-59(d) 所示。

（5）同位素料位控制器　它的原理是以贮存物料吸收放射线。放射源的 $\gamma$ 射线横穿料仓，被接收器接收并将它变成脉冲电流［见图 7-59(e)］。如果放射源和接收器可在料仓壁上垂直移动，还能进行连续料位测定。

同位素料位控制器，对于测定器不能安装在料仓内部（如高腐蚀性、高磨蚀性、高温或过大粒度等）的情况极为有利。

（6）超声波料位测定器　因大部分物料能够很好地吸收声波，则可利用超声波进行料位测定和控制。图 7-59(f) 所示为以声波在空气中的传播为基础，测定料仓内感受器与料面的距离，其精确程度可达±(1～2)cm。

料位的测定方法还有很多，在选择时主要考虑下述四个因素。

① 记录方法，就地记录或遥控。

② 料仓尺寸、结构、材质和位置，给料机和卸料机的类型。

③ 物料的粒度、流动性等物理和化学性质。

④ 料仓内压力条件。

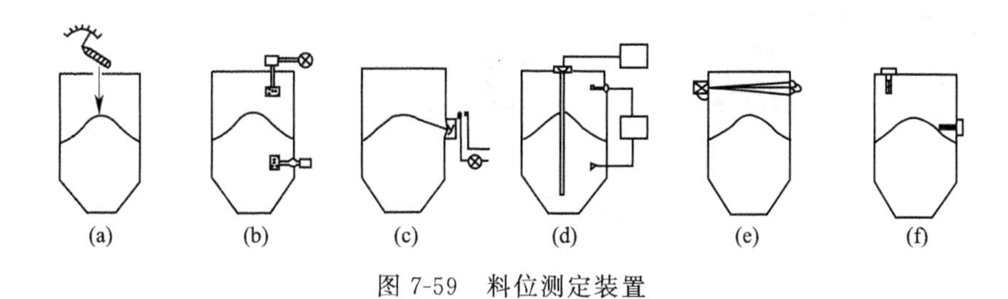


图 7-59　料位测定装置

# 混　合

## 8.1 混合过程

### 8.1.1 混合目的

就粉体混合操作而言，存在搅拌、捏合、混练、均化和混合之说。混合与搅拌的区别并不严格，习惯上把同相之间的移动叫混合，不同相之间的移动叫搅拌。又把高黏度的液体和固体相互混合的操作叫捏合或混练，这种操作相当于混合及搅拌的中间程度。从广义上讲，这些操作统称为混合。

粉体的处理以固固相为主，但固液相、固气相体系在粉体工程中也占有重要的地位。

物料的混合目的多种多样。总括说来，是为了生产质地均匀、高质量的产品。例如，水泥、陶瓷原料的混合是为固相反应创造良好条件；如膨胀系数相同，难熔物料聚在一起，在干燥、焙烧、煅烧熟料中，则使应力分布不均，反应不充分，导致制品龟裂，产量和质量下降。

玻璃原料的混合是为窑内熔化反应配制适当的化学成分，即为熔化反应创造条件，如条纹、气泡、结石往往是混合不均（硅砂颗粒富集）造成的，解决的办法是鼓泡、搅拌。

耐火材料和制砖生产中的混合是为了获得所需的强度，制备有最紧密填充状态的颗粒配合料，为强度创造条件。

绘画和涂料用颜料的调整、合成树脂与颜料粉末的混合是为了调色。

粉末冶金中金属粉和硬脂酸之类的混合以及焊条中焊剂的混合等是为了调整物理性质。

调料咖喱粉等香辣调味品生产中，将涉及数十种味和香料的均匀混合。

饲料工业中营养成分的配比（混合），要求所用量间的变化极小。

医药品和农用药剂的制剂，要使极微量的药效成分与大量增量剂进行高分散率混合。

上述操作都属于粉体混合过程。虽然物料混合的目的多种多样，对混合程度的要求和评价方式也不一样，但是混合过程的基本原理是相同的。

混合是指物料在外力作用下运动速度和方向发生改变，使得各组分粒子得以均匀分布的操作，亦称为均化过程。

要详尽而准确地描述混合状态是较困难的。混合状态的模型如图 8-1 所示。

设将两组分的物料颗粒看作黑白两种立方体颗粒，图 8-1(a) 所示为两种颗粒未混合时

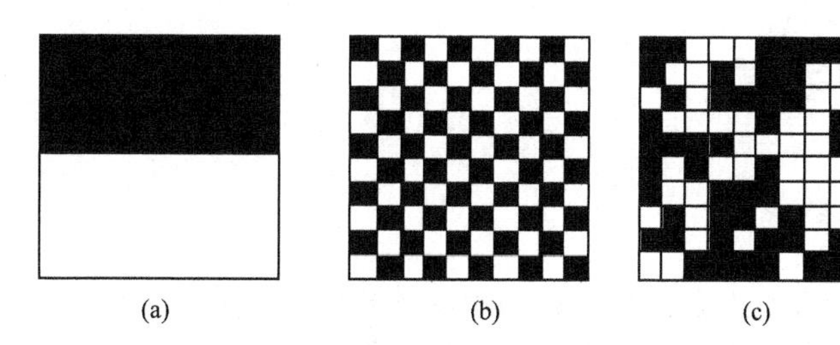


图 8-1 混合状态模型

(a) 原始未混合状态；(b) 理想完全混合状态；(c) 随机完全混合状态

的状态。经过充分混合后，理论上应该达到相异颗粒在四周都相间排列的状态，如图 8-1(b) 所示，显然这时两种颗粒的接触面积最大，这种状态称为理想完全混合状态。但是，这种绝对均匀化的理想完全混合状态在工业生产中是不可能达到的。实际混合的最佳状态，如图 8-1(c) 所示，是物料颗粒无序不规则排列。这时，无论将混合过程再进行多长时间，从混合料中任意一点的随机取样中，同种成分的浓度值应当是接近一致的，这样一种过程称为随机混合，它所能达到的最佳状态称为随机完全混合状态。这种随机完全混合状态是怎样实现的？

### 8.1.2 混合作用

在混合机中，物料的混合作用方式一般认为有以下几种。

(1) 对流混合（或称移动混合） 物料在外力作用下产生类似流动的移动，颗粒从物料中的一处移到另一处，位置发生移动，所有颗粒在混合机中的流动产生整体混合。

(2) 扩散混合 把分离的颗粒散布在不断展现的新生料面上，如同一般扩散作用那样，颗粒在新生成的表面作微弱的移动，使各组分的颗粒在局部范围扩散达到均匀分布。

(3) 剪切混合 在物料团块内部，由于颗粒间的相互滑移，如同薄层状流体运动那样，引起局部混合。

上述三种混合作用是不能决然分开的，各种混合机都是以上述三种作用起主导作用，各类混合机的混合作用见表 8-1。

**表 8-1 各类混合机的混合作用**

| 混合机类型 | 对流混合 | 扩散混合 | 剪切混合 |
|---|---|---|---|
| 重力式(容积旋转) | 大 | 中 | 小 |
| 强制式(容积固定) | 大 | 中 | 中 |
| 气力式 | 大 | 中 | 小 |

各种混合作用在混合过程中，是如何发挥作用的？物料在混合机中从最初的整体混合达到局部的混均状态。在前期进行迅速地混合，达到最佳混合状态后，要向相反方向变化，使混合状态变劣，而偏析和混合则反复地交替进行着，在某个时刻达到平衡。此后，混合均匀度不会再提高，一般再也不能达到最初的最佳混合状态。这种反常现象，认为是由混合过程后期出现的反混合所造成的。实际的情况，往往是混合质量先达到一最高值，然后又下降而趋于平衡。混合过程要经过混合质量优于平衡状态的暂时过混合状态。这是有利于生产的，即在较短的混合时间内可以达到较高的混合程度。

## 8.2 混合均匀度

### 8.2.1 样品合格率

在我国的企业中，有不少企业对原料、半成品和成品的质量控制，用计算合格率的方法来表示样品质量及均齐性，合格率的实际含义是物料中若干个样品在规定质量标准上下限之内的百分率，即在一定范围内的合格率。这种计算方法虽然也在一定的范围内反映了样品的波动情况，但并不能反映出全部样品的波动幅度，更没有提供全部样品中各种波动幅度的情况。譬如有两组同样是$CaCO_3$含量在90%～94%、合格率都是60%的石灰石样品，每组十个样品的实验结果见表8-2。

表8-2 样品组的$CaCO_3$含量

| 样品编号 | 1 | 2 | 3 | 4 | 5 | 6 | 7 | 8 | 9 | 10 |
|---|---|---|---|---|---|---|---|---|---|---|
| 第一组 | 99.5 | 93.8 | 94.0 | 90.2 | 93.5 | 86.2 | 94.0 | 90.3 | 98.9 | 85.4 |
| 第二组 | 94.1 | 93.9 | 92.5 | 93.5 | 90.2 | 94.8 | 90.5 | 89.5 | 91.5 | 89.9 |

第一组样品平均值为92.58%，第二组样品平均值为92.03%。

这两组样品的合格率都一样，平均值也相近，但是仔细比较这两组样品，其波动幅度相差很大。第一组中有两个样品的波动幅度都在平均值±7%左右，即使是合格的样品，不是偏近上限，就是接近下限。另一组的样品波动要小得多。用这两组原料去制备水泥生料，对水泥生料的波动影响当然会大不相同。实际质量相差较大，但用合格率去衡量它们，却得到相同的结果，这就说明必须使用其他更为有效的计算方法。

由前述可知，在混合机中任意点处的随机取样中，某种成分的浓度值应该是一个随机变量。这是由于在每次测定之前无法确定它们的数值，每次测定都有其偶然性。经过大量实验统计表明，单个随机事件的出现固然有其偶然性的一面，但就现象的总体来说，还遵循一定的统计规律。因此，可以采用数理统计中的几种特征数——标准偏差$S$、成分的浓度测定值$x_i$和成分的浓度测定值的算术平均值$\overline{X}$来描述混合的均匀度。

### 8.2.2 标准偏差

标准偏差系指一组测量数据偏离平均值的大小。怎样理解标准偏差？

图8-2所示为某混合机（或混合过程）中混合质量的离差曲线，混合过程以机长$L$或混合时间$t$表示。

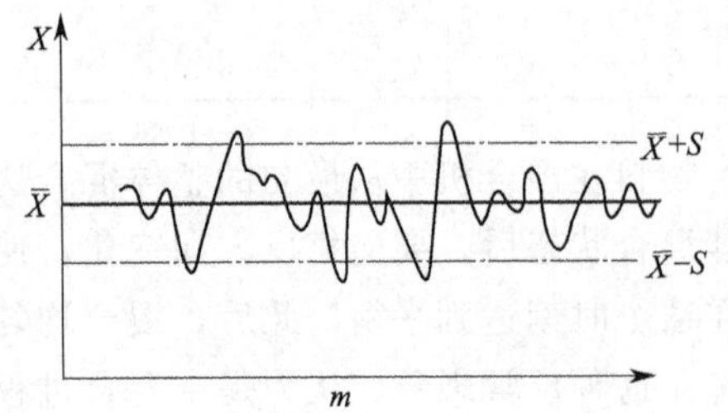

图8-2 混合质量的离差曲线

标准偏差$S$系指成分各值偏离平均值的大小，标准偏差$S$越小，成分各值越接近平均值；$S$越大，成分各值越分散。

如何求得$S$？任意采取$n$个试样，由各测定数值$x_i$算出其平均值：

$$\overline{X}=\frac{1}{n}\sum_{i=1}^{n}x_i \tag{8-1}$$

当测试次数趋于无穷大时，$\overline{X}$的极限为$a$，被视为某组分的测定真值：

$$a=\lim_{n\to\infty}\left(\frac{1}{n}\sum_{i=1}^{n}x_i\right) \tag{8-2}$$

真值无法得到，取 $(x_i-a)$ 为离差。离差可能是正数，也可能是负数，离差相加时，正负会相抵消。将各离差平方，即 $(x_i-a)^2$，求出方差，并以测定值个数 $n$ 除之，则得各离差平方和的算术平均数，然后开方所得均方根离差称为标准偏差。各次测定值 $x_i$ 对于真值的标准偏差为

$$\sigma=\sqrt{\frac{1}{n}\sum_{i=1}^{n}(x_i-a)^2} \tag{8-3}$$

对于有限次测定，$\overline{X}$是最接近真值的，各次测定值 $x_i$ 对$\overline{X}$的标准偏差为

$$S=\sqrt{\frac{1}{n-1}\sum_{i=1}^{n}(x_i-\overline{X})^2} \tag{8-4}$$

由图 8-2 可知，$S$ 越小，$x_i$ 越接近$\overline{X}$；$S$ 越高，$x_i$ 越远离$\overline{X}$，各成分分布越分散，故可根据 $S$ 说明混合质量。图 8-3 表示测定值 $x_i$ 的密度函数曲线，从图中可知，$S$ 值越大，曲线就越平坦，这意味着某组分浓度测定值 $x_i$ 的离散程度大，偏离算术平均值$\overline{X}$的距离较大，即在混合机中各处的混合程度不均匀；$S$ 值越小，测定数据的集中程度就越高。各次测定值也就越接近算术平均值$\overline{X}$，混合的均匀程度就越好。

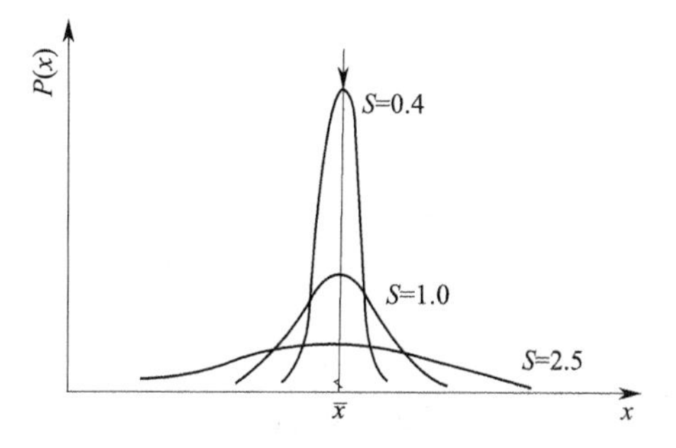

图 8-3 浓度的概率密度函数曲线

是否可以说 $S$ 越小，混合的均匀程度就越好？其实不然，例如，某组分在混合料中含量（算术平均值）为 50%，经测定其标准偏差为 0.02；而在另一种混合料中的含量（算术平均值）仅为 5%，若测得其标准偏差也为 0.02 的话，则不易区别出各组分在混合料中的混合均匀程度。实际上，上述两种场合下的标准偏差虽然相同，但是混合料的混合质量是不同的。前一种组分在混合料中是均匀分布的，而后一种组分则还未混合均匀。

采用标准偏差值只反映出某组分浓度的绝对波动情况，还不能充分说明混合的程度如何。因此，用标准偏差来表示混合程度仍有缺点。

上述表征混合质量尺度的量均未涉及试样大小的影响。然而，实际的随机完全混合状态只反映了总的均匀性，而局部并不是均匀的。当取样相当大时，又可能掩盖了局部的不均匀性；而取样较小，又可能用局部的不均匀性抹杀了整体的均匀性。

另外，由式(8-4) 可知，取样测定的次数越多（即 $n$ 值越大），$\overline{X}$值越接近真值$a$，算出的 $S$ 值就越可靠。但一般要视测试的条件即需要而定。在取样容易、分析测定所需时间短的条件下尽可能地增加取样测试次数对保证混合质量是有利的。一般取样在 20～50 个左右，试样质量 2g 为宜。同时，取样要尽可能遍及整个料罐或混合机的拌料空间，以使试样具有代表性。

除了没有把取样大小的影响包括进去外，当用于组成量相差悬殊的不同混合物时有误差。例如，组成量相差悬殊的不同混合物 A 和 B：

50kg(A)＋50kg(B)＝100kg

$$95kg(A)+5kg(B)=100kg$$

后一种混合料比前一种混合料的误差要大。由此可知，标准偏差 $S$ 只与各测定值相对 $x_i$ 值的离差有关（$S-x_i$），而与各测定值本身的大小无关。

### 8.2.3 离散度和均匀度

单独使用 $S$ 和$\overline{X}$特征数还不足以全面客观地反映混合质量，而需要这两种特征数联合来表征。为此，引入离散度作为衡量一组测定值相对离散程度的特征量。离散度即不均匀度(或称变异系数)，定义为一组测量数据偏离平均值的大小：

$$C_v=\frac{S}{\overline{X}} \tag{8-5}$$

例如，上述两种组分中，第一种组分的相对离散度只有 0.02/0.5=4%，而第二种组分的相对离散度则达 0.02/0.05=40%。这样，将组成的算术平均值含量百分数也包含进去，就可以比较确切地反映出某组分在混合料内部的离散程度。与此相对应的均匀度定义为一组测量数据靠近平均值的程度，即均匀度：

$$H_S=1-C_v \tag{8-6}$$

第一种组分：$H_S=1-4\%=96\%$。

第二种组分：$H_S=1-40\%=60\%$。

上述只适用于描述混合的均匀度，而各种原料在混合过程中达到随机混合状态的进程快慢是怎样的？

### 8.2.4 混合指数

由于标准偏差的测定值随着组成与试样大小的不同而异，为了便于不同场合下的均匀度比较，提出混合指数 $M$ 这一特征量，用来表征混合质量从混合前的完全离散状态到最佳的随机完全混合状态的进程。

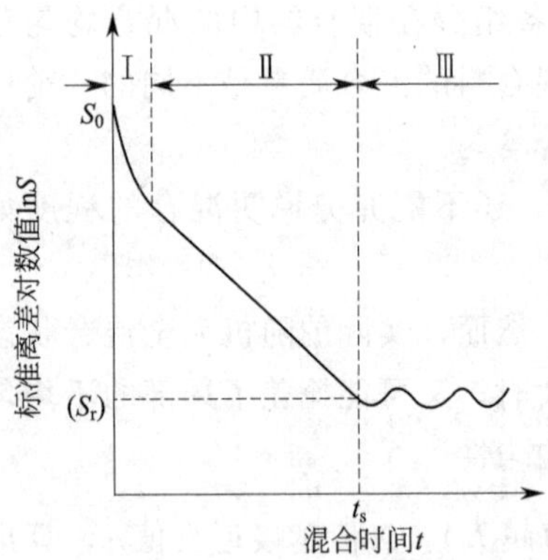

图 8-4 混合过程曲线

图 8-4 表示了混合过程中标准偏差值随时间的变化曲线。由图可见，混合初期为 $\ln S$ 值沿曲线下降部分，然后是 $S$ 值沿直线减小的阶段，在某一个有效时间 $t_s$ 处 $S$ 值达到极小值 $S_r$。在这之后，尽管再增加混合时间，$S$ 值也只是以 $S_r$ 为中心作微弱的增大或减小。这时达到动态平衡，也就是前面所说的随机完全混合状态。在整个混合过程中，初期Ⅰ区是以对流混合为主，显然这一阶段的混合速度较大；在图中区域Ⅱ则是以扩散混合为主，在全部混合过程中剪切混合都起着作用。

为了描述图 8-4 的混合过程以及表示混合从 $S_0$ 的起始状态向随机完全混合状态 $S_r$ 推进了多长的路程，将 $S_0$、$S_r$ 及 $S$ 三者组合，给出混合指数的概念。这就是采用某个瞬间的 $S$ 值与混合之前及随机完全混合状态下的标准偏差 $S_0$ 及 $S_r$ 同时进行比较，用于描述混合进行的程度。混合指数一般用式(8-7) 表示：

$$M=\frac{S_0^2-S^2}{S_0^2-S_r^2} \tag{8-7}$$

$M$ 值为无量纲量。未混合时，$S_0=S$，$M=0$；达到随机完全混合状态时，$S_0=S_r$，$M=1$。实际的随机混合为 $0<M<1$。$M$ 越趋近于1，混合进程越快。

式(8-7) 的缺点在于当稍微做些混合时，$M$ 值十分接近于1，无法表示出混合的微量程度，故可将式(8-7) 改为

$$M=\frac{\ln S_0^2-\ln S^2}{\ln S_0^2-\ln S_r^2} \tag{8-8}$$

### 8.2.5 混合速度

从图8-4可知，随着混合过程的进行，标准偏差逐渐减小，标准偏差 $S$ 是时间 $t$ 的函数，要使混合过程能够有效地进行，混合时间 $t$ 时的标准偏差 $S^2$ 值要比混合前的 $S_0^2$ 为小，而且越小越好。用某瞬时 $t$ 的标准偏差 $S^2$ 与达到随机完全混合状态的标准偏差 $S_r$ 的接近程度来表示混合速度，即

$$\frac{\partial S^2}{\partial t}=-\Phi(S^2-S_r^2) \tag{8-9}$$

令：$u=S^2-S_r^2$，$du=dS^2$，则

$$\int_{S_r}^{S}\frac{du}{u}=\int_0^t-\Phi dt$$

积分上式得

$$\ln\frac{S^2-S_r^2}{S_0^2-S_r^2}=\ln(1-M)=\Phi t \tag{8-10}$$

或
$$1-M=e^{-\Phi t} \tag{8-11}$$

$1-M\rightarrow 0$，混合速度越快。

由于 $S_0$ 及 $S_r$ 为已知数，则 $S_0^2-S_r^2=K$ 为常数，故式(8-11) 又可写为

$$S^2-S_r^2=Ke^{-\Phi t} \tag{8-12}$$

式中 $\Phi$——混合速度系数，$min^{-1}$，与混合机大小、形状、物料性质及混合机操作条件等有关。

## 8.3 粉体混合技术

### 8.3.1 常用混合机及其分类

混合机按照其工作方式分类，可以分为间歇式和连续式。现在常用的是间歇式操作，但连续式操作对生产的自动化具有重要意义。对间歇式混合机，按其工作原理可分为重力式和强制受力式两种，重力式为物料受重力作用产生复杂运动相互混合；强制受力式是物料在桨叶等的强制推动下，或在气流的作用下产生复杂运动而相互混合。按照形式分为旋转容器和固定容器。

当选用混合机时必须充分比较其混合性能。例如，混合均匀度的好坏，混合时间长短，粉料物理性质对混合机性能的影响，混合机所需动力及生产能力，加料和卸料是否方便简单，对粉尘的预防等等。这些问题需要统筹考虑以适应生产的需要。

图8-5所示为国内所使用的各类混合机。图8-5中的（a）～（d）为回转容器型混合机。

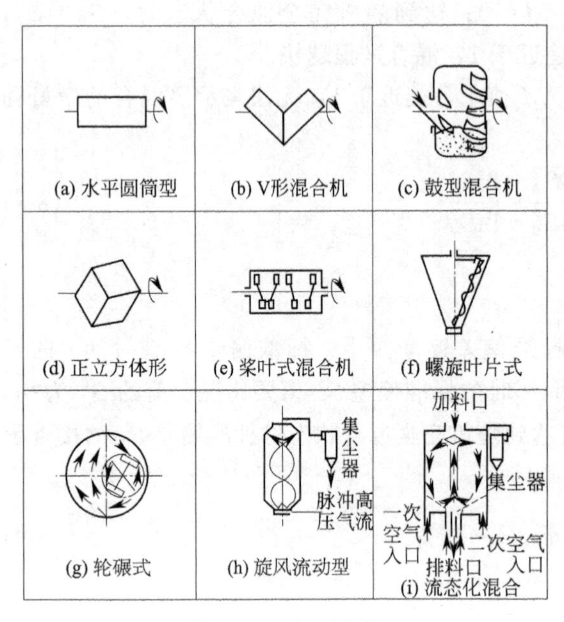


图 8-5 各类混合机

它们有如下的特点：

① 几乎全部为间歇操作，装料比 $F/V$ 比固定容器型的小。

② 物料随容器的转动发生混合，因而当粉料流动性较好而且其他物理性质差异不大时，可以得到较好的均匀度。其中以 V 形混合机的混合均匀度为高。

③ 可用于磨琢性较强的物料的混合作业，多用于品种多、批量较小的生产中。

④ 混合机的加料和卸料，要求容器在固定的位置停止回转。因而需要加装定位机构。

⑤ 容器内不容易清扫。

图 8-5(e)～(g) 为容器固定型混合机，其特点如下：

① 在搅拌桨叶的强制作用下引起物料的循环对流和剪切位移，达到物料均匀混合。混合过程中可添加水分。

② 一般这类混合机混合速度较高，可以得到比较满意的混合均匀度。

③ 由于混合时可加水，因而可防止粉尘飞扬和发生粉料。

④ 这类混合机容器内部的清理较难。

⑤ 以桨叶旋转搅拌物料，因而搅拌部件的磨损较大。

图 8-5(h) 和 (i) 为流态化混合的原理。用脉冲高速气流使粉料受到强烈的翻动，或者由于高压气流在容器中形成粉料对流流动引起物料的混合。这种混合机的混合速度快，混合均匀度较高，但对混合凝聚性较强的物料不宜使用。

## 8.3.2 机械搅拌粉料混合机

### 8.3.2.1 涡桨式混合机

图 8-6 为固定容器型的强制受力式 QH 式混合机简图，其结构简单，维修方便，密封较好，不易产生粉尘。

涡桨是由电机通过二级行星轮减速带动涡桨臂而驱动的，当涡桨转动后，在上罩的加料口处投料，同时开启加水装置，向配合料中均匀喷洒定量的雾状水。在涡桨叶片的搅拌作用下，物料被强制翻搅而成均匀的配合料。然后配气盘中电磁换向阀动作，推动卸料门上的气缸开门机构，使卸料门摆动 120°，混合好的配合料在涡桨和刮板作用下排出混合机。

图 8-6 中所示的刮板 4，共有两块，装在离盘底 250mm 的位置上，用来刮除黏附在内壳体上的物料。六片涡桨沿圆周均分地安装在与减速器相连的托臂上。在启动涡桨之前应检查和调节涡桨上的铲片及刮板与内壳之间的间隙，并应启动润滑装置，使减速器中保持一定量的润滑油。在涡桨正常运转后，从供料口 9 投料，待混合均匀后，开启卸料门，当物料被排净后才可以停车。这些都是为了防止较大的物料颗粒卡住涡桨或刮片，损坏机器。

定期检查内外衬板、底面衬板及涡桨的磨损情况，及时更新以保证混合质量。

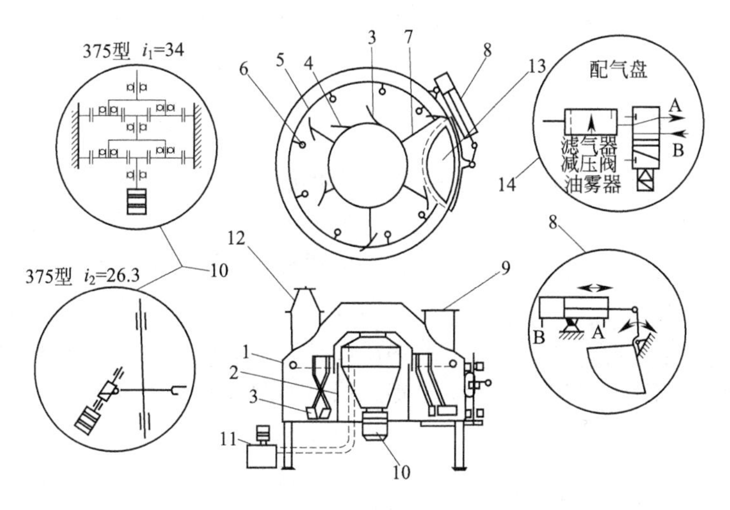


图 8-6　QH 式混合机

1—外壳体；2—内壳体；3—涡桨；4—刮板；5—水管；6—喷嘴；7—涡桨托臂；8—卸料门气缸；9—供料口；10—主电机及减速器；11—润滑系统；12—除尘；13—卸料料门；14—配气盘

这种混合机经使用被认为是一种比较好的混合设备。但是由于涡桨的线速度达到 3m/s，磨损较大，而且卸料门容易卡住而漏料，不适宜加入碎玻璃进行混合。

8.3.2.2　行星式混合机

行星式混合机有单转子的和双转子的两种。图 8-7 为双转子行星式混合机的结构原理。在耐火材料及陶瓷工厂中用于必须保证泥料成分和水分均一时的混合和增湿。筒形圆盘 1 装在机架的辊子上，并绕垂直中心线旋转。圆盘外面固装有齿圈 2 与圆盘两侧的两个齿轮 3 啮合。水平轴 5 是传动轴，由电动机通过胶带轮 7 传动。当轴 5 转动时，经圆锥齿轮 6、立轴 4、齿轮 3 使圆盘 1 转动。水平轴还装有两个圆锥齿轮 8，与装在立轴 9 上端的另外两个圆锥齿轮啮合。每根轴的下端都固定有两个桨叶及一个辊子。当水平轴转动时，圆盘、辊子及刮板均转动。为了将物料推到混合用桨叶及辊子下面，在圆盘底附近的支撑架上还固定有六个不动的桨叶。

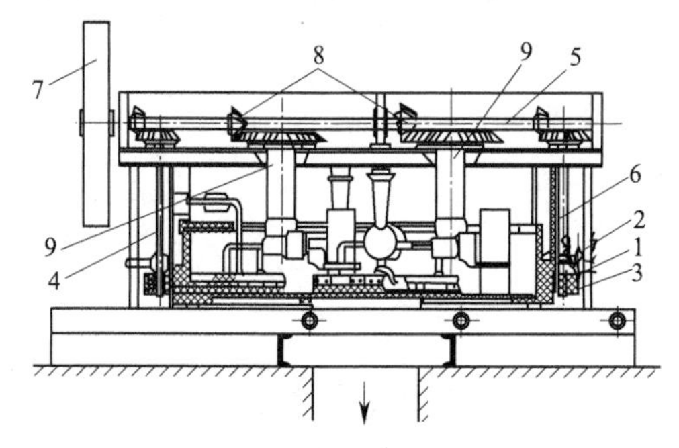


图 8-7　双转子行星式混合机

1—筒形圆盘；2—齿圈；3—齿轮；4,9—立轴；5—水平轴；6,8—圆锥齿轮；7—胶带轮

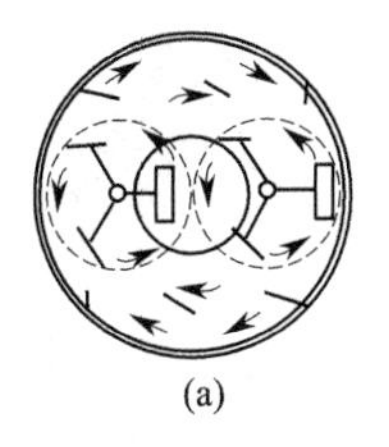
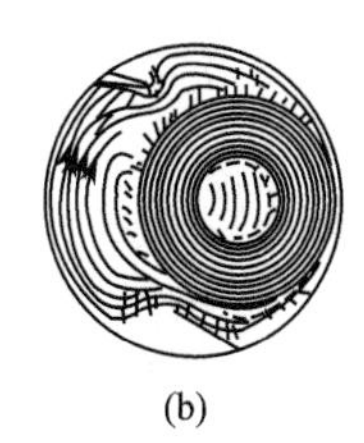
(a)　(b)

图 8-8　物料在行星式混合机中混合

(a) 双转子；(b) 单转子

混合机是间歇操作的，需要进行混合和增湿的物料分批送入。当圆盘与进行混合用的桨叶和辊子相逆旋转时，物料在固定桨叶的作用下沿着复杂的螺旋线由周边向中心移动而被充

分混合［图 8-8(a)］。混合好的物料由刮板拨入圆盘上的卸料口卸出，由混合机下面的输送机运走。

#### 8.3.2.3 艾里赫式混合机

艾里赫式混合机如图 8-9 所示，是玻璃工厂使用的一种混合效率较高的行星式混合机。混合机的圆盘与两根各装有三个桨叶的立轴作相逆旋转，旋转桨叶与圆盘的相对运动为复杂的内摆线。物料随圆盘运动同时受到桨叶搅拌，实现复杂的螺旋涡流运动。混合机内的每一颗粒都自圆盘周围经过螺旋线形的途径移向盘的中心，同时每个颗粒所经历的路径不相重合，促使了强烈的混合。

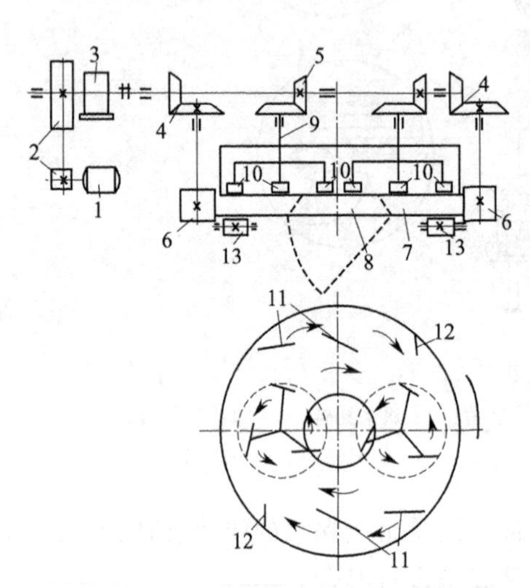


图 8-9 艾里赫式混合机传动原理

1—电动机；2—皮带轮；3—减速器；4—主传动圆锥齿轮；5—搅拌桨叶圆锥齿轮；6—圆柱齿轮；7—带外齿圈的圆盘；8—卸料门；9—搅拌立轴；10—旋转桨叶；11—固定桨叶；12—刮刀；13—支承滚子

混合机装有环状喷雾加水装置。在旋转桨叶或固定桨叶上都装有扭力弹簧（图 8-10），以防止较大的、硬的物料在混合过程中损坏桨叶。在安装桨叶时预先扭紧弹簧，使桨叶与圆盘的相对运动受到较大阻力时，由扭力弹簧承受此力，以保护桨叶。对固定桨叶应经常调整其安装角度，以使物料受到较为剧烈的翻搅。对于两根立轴上的六个旋转桨叶，也应调整其底边与回转中心轴线的夹角，使三个旋转桨叶的 $\beta$ 角各不相同，可使物料的运动速度及方向得到较剧烈的改变，而且卸料速度加快。桨叶与料盘平面所夹的 $\alpha$ 角（图 8-11），大于或等于 90°时阻力较大；小于 90°时，除了使阻力减小外，还增加对物料的翻搅作用。由于物料在圆盘内的运动速度及方向都发生复杂而又迅速的改变，因而在较短的时间内就可以将一批配合料混合好。一般混合时间以 3～4min 为宜，装卸料和混合周期约为 5min，混合均匀度可达 98.7%～99.5%。

这种混合机的缺点是结构比较复杂，清扫较难，修维也不便；运转过程中振动较大；料门的加工和安装要求精度较高，否则料门关闭不严；桨叶磨损大，需要经常修换和调整。

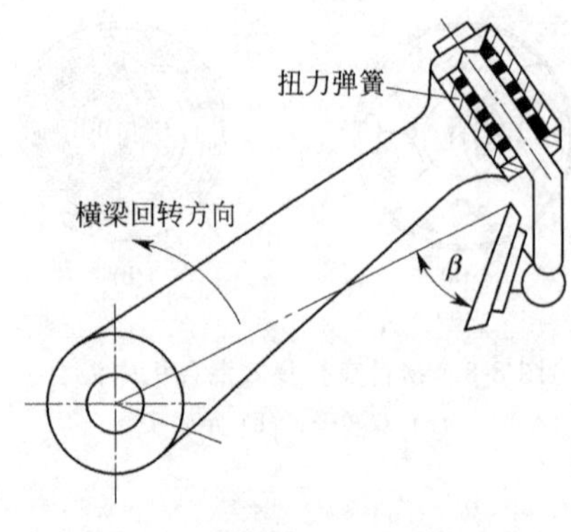


图 8-10 旋转桨叶的安装及调整

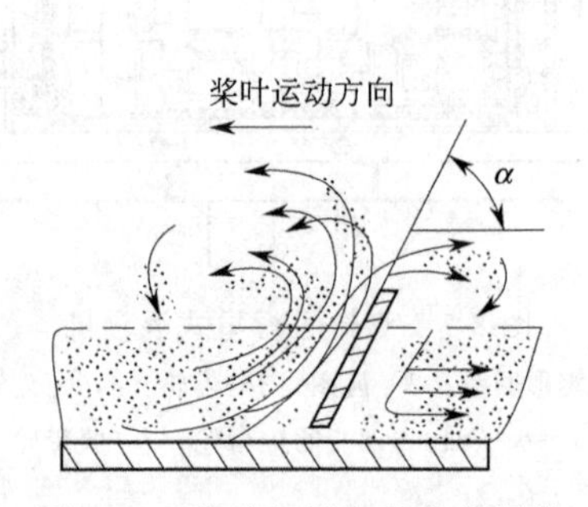


图 8-11 桨叶与料盘夹角的调整

### 8.3.3 气力搅拌混合设备

多组分物料的混合采用湿法较为充分，可以获得均质的料浆。气体力学领域的进展，使有可能利用气力混合设备获得与湿法混合相同的均质混合料。

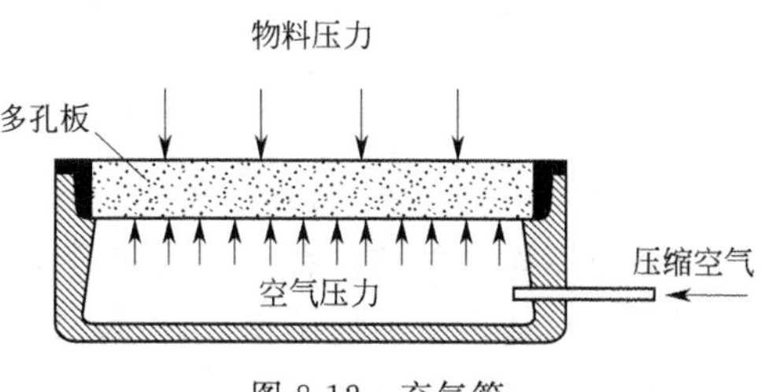


图 8-12 充气箱

气力混合设备的主要部件是设于混合库（或称均化库）底的各种形式的充气箱。充气箱的主要部件为多孔板，如图 8-12 所示，多孔板是半透性的，压缩空气穿过多孔板向上流，而当停止充气时，粉料不能通过多孔板掉落。多孔板采用多孔透气陶瓷板、多微孔铸型金属陶瓷板或各种纤维材料制成的织物。气力混合装置的共同特点是，向装在库底的充气箱送入压缩空气，通过多孔板产生空气细流，使粉料流态化，然后只在库底的一部分加强充气而形成剧烈涡流。混合库底部的充气面积约占整个库底面积的 55%～75%。

#### 8.3.3.1 切流变混合混合设备

库底结构如图 8-13 所示。混合库底铺设一层充气箱，这些充气箱按一定形式排列组成若干充气区，各区都有独立的进气管道。进行混合时，首先向各区同时通入一定压强的净化压缩空气，使库内粉料充分流态化，然后轮流改变各区的进气压力（或进气量），使流态化

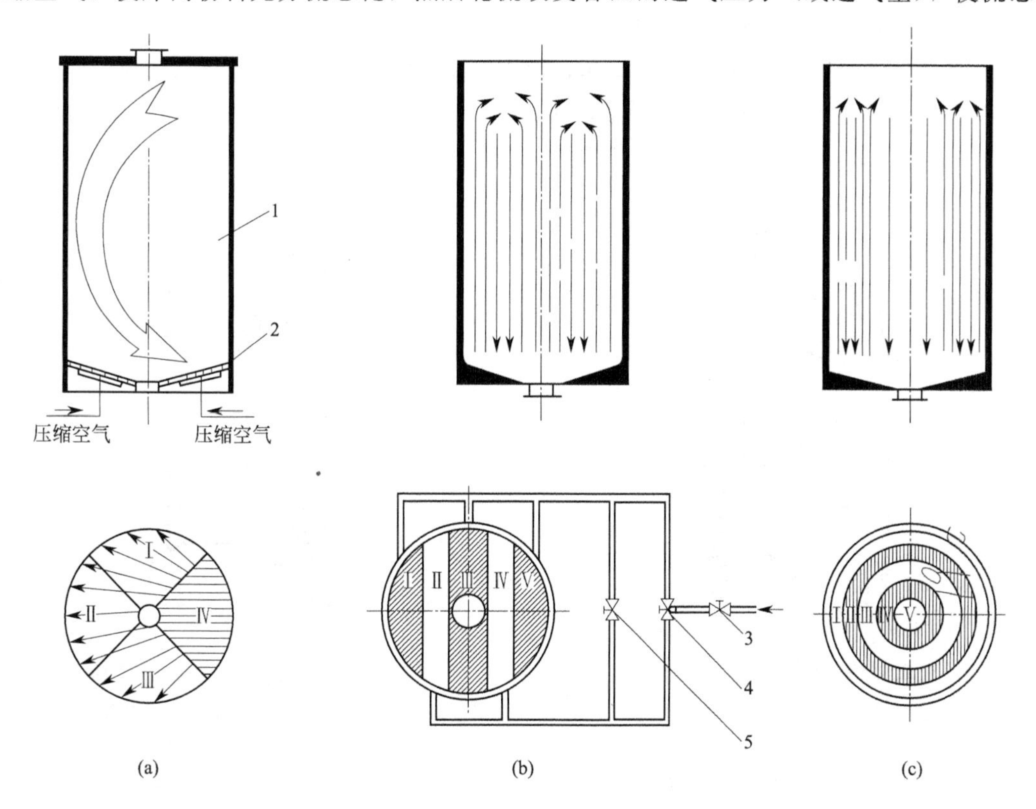


图 8-13 分区充气混合设备

1—混合库；2—充气箱；3—总阀；4—转向阀；5—旁路阀

粉料在压力差或速度差的作用下不断改变对流方向，以致全库物料都得到充分的混合。分区充气混合设备常用的分区方法有扇形、条形和环形三种以及由扇形演变而来的切变流混合库。

扇形分区充气箱混合设备如图 8-13(a) 所示，充气混合系统采用四分混合法。库底的充气装置由四个扇形体组成，在每个扇形体依次作混合时，其他三个扇形体则在进行充气。由空气压缩机供应充气和混合所需的空气。导入混合扇形体用于混合的空气量为空气供应总量的 75%，其余 25%空气量则导入三个充气的扇形体。因此在混合的扇形体上面形成一个充气非常透彻的稀薄料柱。在充气的扇形体上面比较密集的粉料不断地与该稀薄的料柱混合并向上移动，这样产生粉料的垂直快速环流。经过一定时间后自动依次转换扇形体充气，可获得近乎完全均匀的混合料。

条形分区充气装置混合设备如图 8-13(b) 所示。混合库的库底被分成 5 个混合条带，条带Ⅰ、Ⅲ和Ⅴ构成一组，而Ⅱ和Ⅳ构成另一组，每组负担 50%的充气区域。两组交替自动充气，使库内物料不断地流动而混合均匀。

环形分区充气混合设备如图 8-13(c) 所示。库底分为 5 个充气圈，其混合作用与条形混合法相似，进行混合和充气的顺序亦相同。

切流变混合库如图 8-14 所示。库底分成四个充气区。在一定时间内只有一个区以强气流（搅拌空气）充气，其余三个区则以弱气流充气（非搅拌空气）。这样产生一股上升的空气与粉料的湍流，而在其余三个区同时产生向下的切流变。混合质量取决于混合库的大小及搅拌空气的压强和流量，尤其取决于粉料的性质。混合库可设在贮存库的顶部，这样可使混合好的物料依靠重力直接卸入贮存库内。

分区充气混合设备的优点是设备简单，操作可靠，均化效果好，允许入库混合料成分的质量波动大（±5%），而输出混合料的质量波动小。其缺点是建造费用较高，动力消耗较大。由于以上优点，这种混合设备发展较快，推广应用也较广。

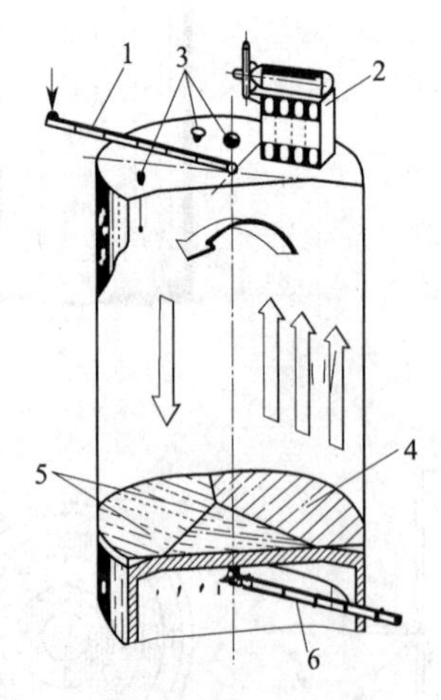


图 8-14 切流变混合库

1—空气输送斜槽；2—收尘器；3—混合库辅助装置（人孔、高低压安全阀、料位高度极限指示器、库侧入口）；4—搅拌区；5—非搅拌区；6—空气输送斜槽

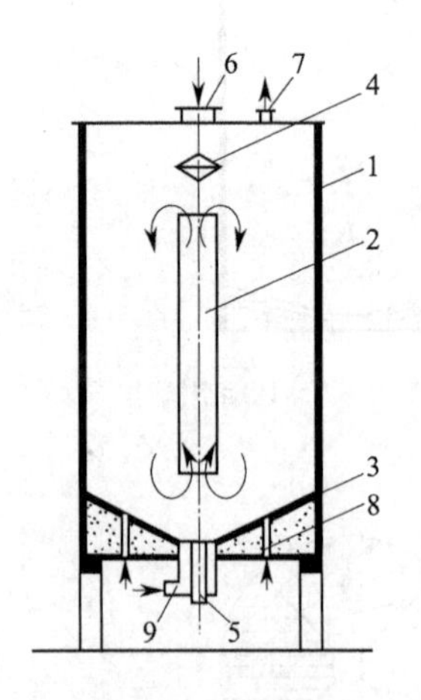


图 8-15 内管重力式混合设备

1—混合库；2—内管；3—充气箱；4—反射罩；5—卸料口；6—加料口；7—排气口；8—一次空气进口；9—二次空气进口

#### 8.3.3.2 内管重力式混合设备

内管重力式混合设备如图 8-15 所示。通过库底充气箱 3、箱库中的内管 2 以及其周围同时送风，一次风使库内粉料充分流态化，二次风则以较大的风速在内管中向上喷射。位于内管顶部的反射罩 4 也具有同样的分散物料作用。向四周辐射状分散的物料借重力下落，最后集聚混合至内管底部，随即又从内管中依靠气力上升，库内物料按图 8-15 中箭头方向进行对流循环运动。循环速度与二次风速成正比，通常二次风速是一次风速的 5～10 倍。对流动性不好的物料，即对其周围部分进行周期性的间歇通风，或带有压力差的周期性通风，这样对黏性较大的粉料也能得到某种程度的混合。

带内管重力式混合设备可以使对流混合、扩散混合和剪切混合三种混合在库内相互叠加，故混合效率较高，同时通过内管和反射罩的调节作用，用少量的压缩空气就可获得良好的混合效果。这种混合设备结构简单，无运动部件，事故少，维修易，一次投资和常年维修费用低；由于进行整体对流循环，故粉料粒径和密度对混合效果没有影响，不会产生离析分层现象；单位充气面积处理量大，压缩空气消耗量少。

#### 8.3.3.3 双层库混合设备

为了简化工艺流程，缩短粉料输送周期，可采用双层混合库（图 8-16）。双层库的上层库 1 为混合库，下层库 3 为贮存库。双层库工艺流程简单，操作方便，设备较少。但是，土建造价较高，故近年来已逐渐被连续混合设备所取代。

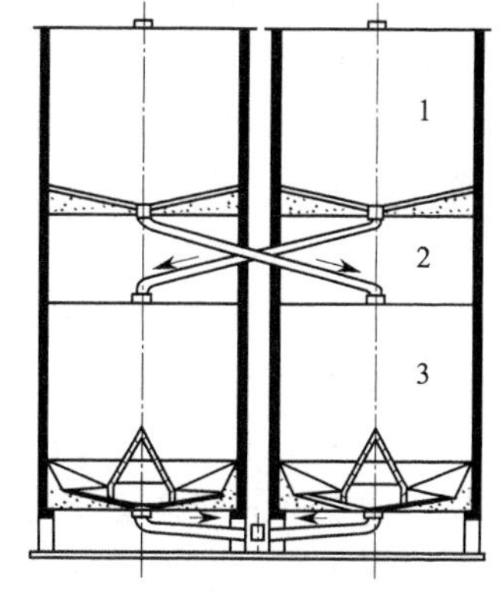

图 8-16 双层混合库

1—主库；2—混合室；3—分配器

#### 8.3.3.4 混合式连续混合设备

混合式连续混合设备如图 8-17 所示，是四分混合库和贮存库的气力卸料系统的组合形式。在主库 1 的中心下部有一个圆锥形混合室 2，粉料经库顶分配器 3 和辐射并联的小空气输送斜槽 4 分送入库内，以获得最适宜的不同料层。主库底侧壁做成 65°的大斜坡，并划分为 8～12 个区，每个区沿径向装有条形充气箱 5，混合室下部亦开有 8～12 个进料孔。被覆盖在库底中央的混合室对主库区起着降压作用。底层充气区的控制阀轮流启动，当轮流向各区送入低压空气时，条形空气箱上的粉料产生循环流态化混合料层，并流入混合室中。主库内粉料呈漏斗状或旋涡状一个接一个地形成塌落，穿过各料层，在粉料下移过程中发生重力混合，轮流分区地充气引起主库内大量料层的重力预混合。已经预混合的粉料进入混合室后受到强烈的交替充气而使料层流态化，这样得到进一步气力混合。通过主库区产生的漏斗性重力混合过程和接着在混合室内的气力混合过程，配合料得到充分混合。混合后粉料自库底的隧道从库侧卸料口卸出。在卸料隧道内粉料又可得到进一步气力混合。混合料出口处的卸料斜槽 6 上装有能控制流量的控制阀，库底环形充气区、混合室和卸料隧道都有单独的罗茨鼓风机供气。混合室逸出的空气经隧道顶部和库侧排气管 7 进入库顶收尘器 8，净化后空气排入大气。

与间歇式混合库相比，连续式混合库同时用于连续混合过程和粉料的贮存，工艺流程简单，操作管理方便，单位产品电耗和基建投资都较省。但是由于其混合效率较低、入库配合料成分无调节余地，故要求喂入粉料成分只能有小范围的短期波动。因此，矿山原料成分稳定或备有原料预均化混合堆场是设置连续均化库的先决条件，否则较难保证满足工艺要求。在水泥厂中，在设置有预均化混合堆场和带电子计算机X射线荧光分析仪自动控制系统的条件下，连续式混合库完全能满足均化的质量要求。

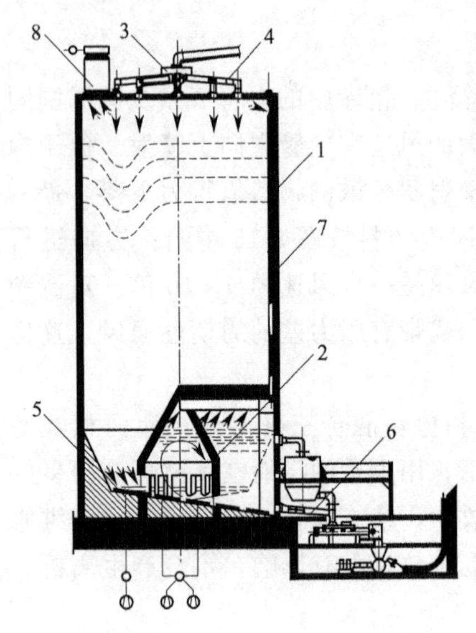


图 8-17　混合式连续混合设备

1—主库；2—混合室；3—分配器；4—空气输送斜槽；5—充气箱；6—卸料斜槽；7—排气管；8—收尘器

8.3.3.5　多料流式均化库

多料流式均化库的作业原理实际上就是尽可能在库内产生良好的料流重力混合作用，以提高均化效果。基本上不用气力均化，以节约动力和简化设备。混合式均化库在库内只有一个轮流充气区，向搅拌仓内混合进料，而多料流式均化库则有多处平行的料流，漏斗料柱以不同流量卸料，在产生纵向重力混合作用的同时，还进行了径向混合，因此，一般单独库也能使均化效果等于进料和出料标准偏差。由于基本上没有气力均化，因而，动力消耗很低。这一类均化库很适合没有原料预均化堆场，而且出磨生料波动较小的水泥企业。

如图 8-18 为伯利鸠斯多料流式均化库（Polysius MuHiflow silo，简称 MF 库），这种均化库进料系统同前两种一样，经过分配器和斜槽，已取得生料的水平层卸料。库底是锥形，略向中心倾斜。中部有一中心室，位置低于库底。容积也不大，中心室上部与库底连接的四周开有许多小孔，中心室与库壁之间的库底分为 10～16 个充气区，每区设 2～3 条装有充气箱的卸料槽。槽面沿径向铺有若干块盖板，形成 4～5 个卸料孔。卸料时，库底分区向两个相对区轮流充气，于是在卸料口上方出现多个漏斗凹陷，漏斗沿直径排成一列，随充气的变换面旋转角度。这样不仅产生重力混合，而且，因漏斗卸料速度不同，也使库底生料产生径向混合。生料从库底卸入中心室后，中心室底部连续充气，使混合后的生料又获一次混合。

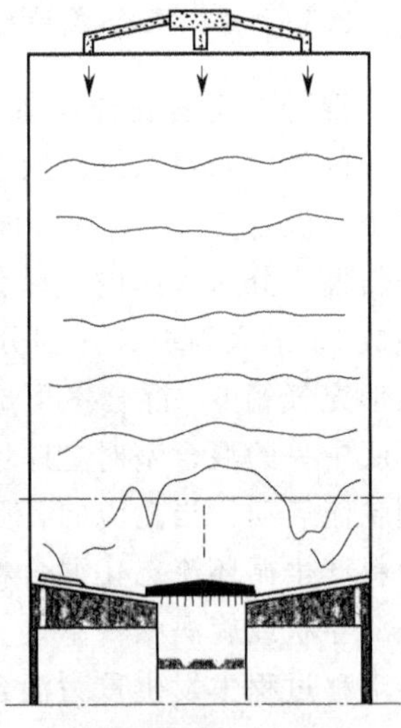

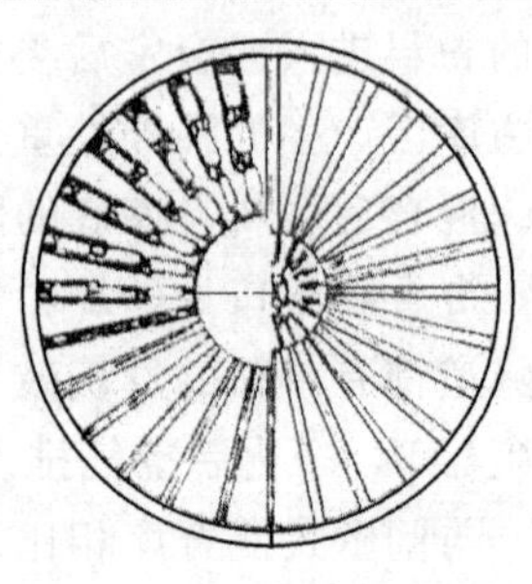

图 8-18　多料流式均化库

## 8.3.4　料浆搅拌机

泥浆、釉浆和料浆的均一性是制备优质产品的必要条件。均匀料浆的配制是在各种搅拌机械设备内实现的。

搅拌机按搅拌动力来分，有机械搅拌的和气力搅拌的两类。前者利用适当形状的桨叶在料浆中的运动来达到搅拌的目的，后者利用压缩空气通入浆池使料浆受到搅拌。按搅拌桨叶的配置，有水平的和立式的两种。水平的多作混合或碎解物料之用，立式的多作搅拌之用。按搅拌桨叶的形状来分，有桨式、框式、螺旋桨式、锚式和涡轮式等（图 8-19）。按桨叶运动特点来分，有定轴转动的和行星运动的等。它们使料浆产生不同特性的运动。应依搅拌工艺要求来选取。

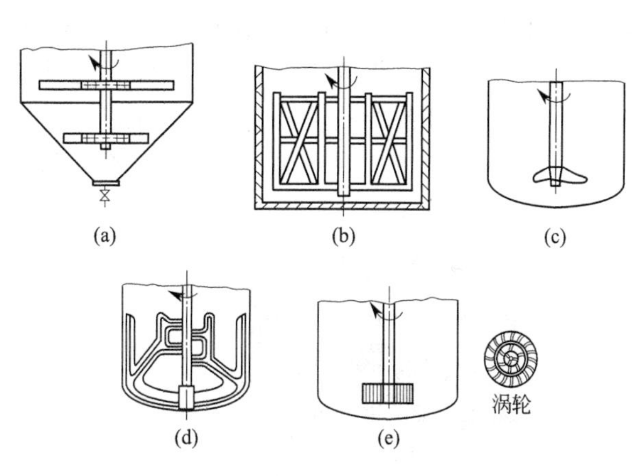


图 8-19 搅拌机的类型

(a) 桨式搅拌机;(b) 框式搅拌机;(c) 螺旋桨式搅拌机;
(d) 锚式搅拌机;(e) 涡轮式搅拌机

8.3.4.1 机械搅拌机

(1) 水平桨式搅拌机 水平桨式搅拌机在陶瓷厂中用来碎解黏土。搅拌机如图 8-20 所示,贮浆池 1 用木材、混凝土或钢板制造,内表面衬有瓷板。水平轴 2 从贮浆池中间穿过,轴上装有十字搭扳 4,用橡木条制造的桨叶 3 固定在搭板上。水平轴的轴承 5 安装在贮浆池外面的支架或基础上。在轴穿过贮浆池端壁处设有填料函 6,以防料浆泄漏。搅拌桨叶由电动机通过胶带传动装置 7 和齿轮传动装置 8 来带动。密集在搅拌机底部的黏土起始是被桨叶端搅拌,然后被其中部搅拌,最后是被整个桨叶所搅拌。此时,搅拌机的运转是比较平稳的。

这种搅拌机是间歇工作的,为了使电动机的负载均匀和防止桨叶损坏,每批原料应逐渐加入贮浆池中,每次份量不能过多。搅拌好的料浆通过装设在池端底部的旋塞 9 放出。另设有排出孔排去搅拌机聚集的粗粒物料。

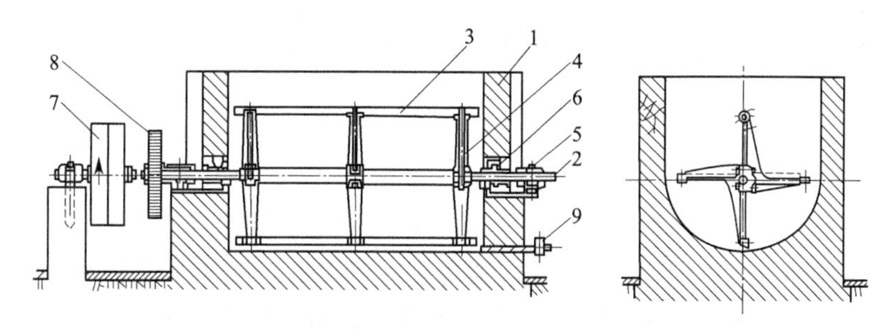


图 8-20 水平桨式搅拌机

1—贮浆池;2—水平轴;3—桨叶;4—十字搭板;5—轴承;
6—填料函;7—胶带轮;8—齿轮;9—旋塞

(2) 行星式搅拌机 行星式搅拌机属立式搅拌机。如图 8-21 所示,搅拌机构为两副装成框架的桨叶 1,桨叶的轴 5 在水平导架(或称行星架)3 的轴承 2 中转动。轴 5 上装有齿轮 4。当导架由传动机构带动旋转时,它就在装在空心支柱 7 上的固定齿轮 6 上滚动。于是桨叶一方面绕支柱 7 公转,同时又绕自身的立轴 5 自转,作行星运动。这种行星运动能引起料浆激烈的湍流运动,有利于搅拌的进行。在不大的圆形贮浆池里装设一套行星式搅拌机;在大的椭圆形贮浆池里,装设两套;而在更大的正方形贮浆池里则装四套。

行星式搅拌机在陶瓷厂中用来搅拌泥浆及釉料,以防止固体颗粒的沉淀。但不宜用来碎解黏土,因为沉积在池底部的泥团会使桨叶受到很大的弯矩,容易损坏。

(3) 旋桨式搅拌机 旋桨式搅拌机如图 8-22 所示,搅拌机构是用青铜或钢材制造的带有2～4片桨叶的螺旋桨1。螺旋桨安装在立轴2上，整套搅拌机构，包括传动机构在内，都安装在贮浆池6上面的横梁3上。立轴由电动机经三角胶带5来传动，靠桨叶的转动产生强烈的湍流运动来搅拌、混合及潮解黏土。贮浆池一般为混凝土砌筑，通常制成三角形或八角形，以消除料浆的旋回运动，从而提高搅拌效率。

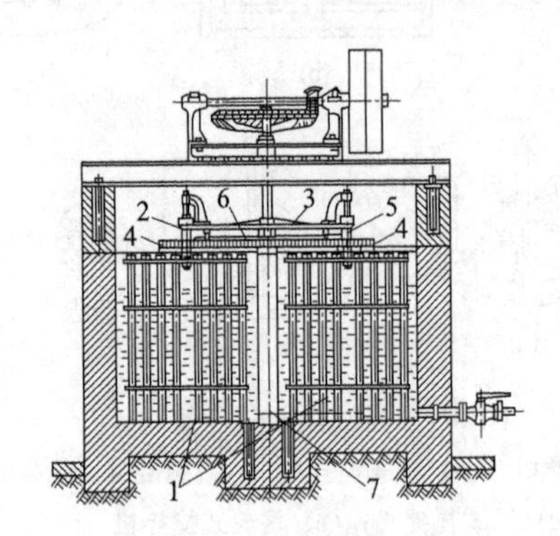


图 8-21 行星式搅拌机

1—桨叶；2—轴承；3—水平导架；4—齿轮；5—立轴；6—固定齿轮；7—支柱

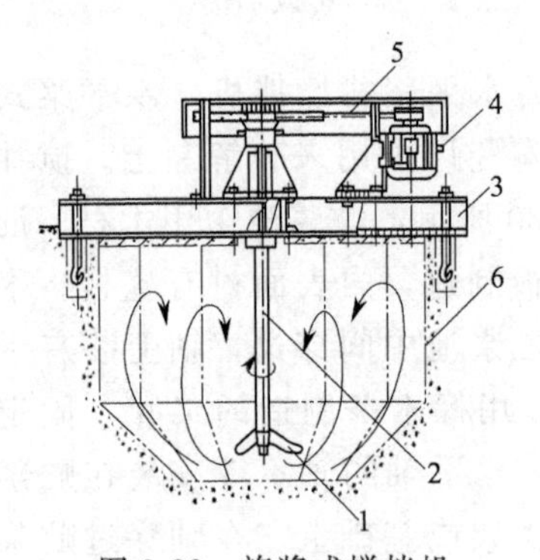


图 8-22 旋桨式搅拌机

1—螺旋桨；2—立轴；3—横梁；4—电动机；5—三角胶带；6—贮浆池

螺旋桨叶的主轴是悬臂安装的，转动时受很大的扭转作用，应有足够的强度和扭转刚度。浆池直径 $D$ 要与螺旋桨的运动特性和尺寸 $d$ 相匹配，通常取 $D=(3\sim4)d$，而浆池深度 $H\approx\left(1-\frac{2}{3}\right)D$。由于螺旋桨的运动特性，桨的下方流线密集，底部四周流速较小，容易造成死角，故通常池底做成倒棱锥面，半锥角为45°，池底直径为 $D_1=0.5D$。

用来碎解黏土的旋桨式搅拌机，转速可用下列经验公式来确定：

$$n=\frac{125}{d}+80 \quad (\text{r/min}) \tag{8-13}$$

式中 $d$——螺旋桨直径，m。

搅拌机一般有1～3级转速可供选择。500r/min以上者为高转速，100～500r/min者为中转速，小于100r/min者为低转速。高转速用于泥料碎解，低转速主要用于搅拌。

搅拌桨所消耗的功率，主要用于克服桨叶在运动过程中所遇到的流体阻力。所需功率与搅拌机的结构尺寸、料浆性能、桨叶转速和安装位置等有关。从理论上可推得

$$N=K\rho n^3d^5 \quad (\text{W}) \tag{8-14}$$

式中 $\rho$——料浆密度，kg/m³；

$n$——桨叶转速，r/min；

$d$——桨叶直径，m；

$K$——功率系数，由实验测出。

三叶、单层螺旋桨式搅拌机所需功率，可用式(8-15)来估算：

$$N=(1.4\sim2.8)\times10^{-6}\rho n^3d^5 \tag{8-15}$$

式中 $\rho$——料浆密度，t/m³，其他符号意义同前。

旋桨式搅拌机的规格以桨叶直径表示。例如LJ750螺旋桨式搅拌机，其桨叶直径为750mm。由于旋桨式搅拌机的结构简单紧凑，搅拌效率高，故这种搅拌机广泛用于陶瓷工业中。

8.3.4.2 气力搅拌设备

气力搅拌设备是利用压缩空气通入浆池，使料浆产生强烈的湍流运动而得到搅拌。它特别适合于高深的料浆池应用。料浆池较高，可有效地利用上升气流进行料浆搅拌。

为了使料浆成分混合均匀，并防止沉淀，可在料浆库内设置压缩空气管道进行吹气搅拌。管道布置形式通常有单管吹气和双管吹气两种（图 8-23）。前者库内的压缩空气管道为直径 80～150mm 的单管，后者为两根 $\phi$80mm 的压缩空气管，其中一根稍长，伸延至库底出料阀附近，另一根稍短。料浆库内的空气搅拌是间歇进行的，利用空气分配器对几个库轮流导入压缩空气进行搅拌。

8.3.4.3 混合式搅拌机

为了加强搅拌效应，往往在同一设备中同时进行机械搅拌和气力搅拌（图 8-24）。水泥厂的水平料浆池，由于容积较大，使用可沿料浆池移动的行星式搅拌机。这种搅拌机既有机械搅拌又有气流搅拌，可得到十分均一的料浆。

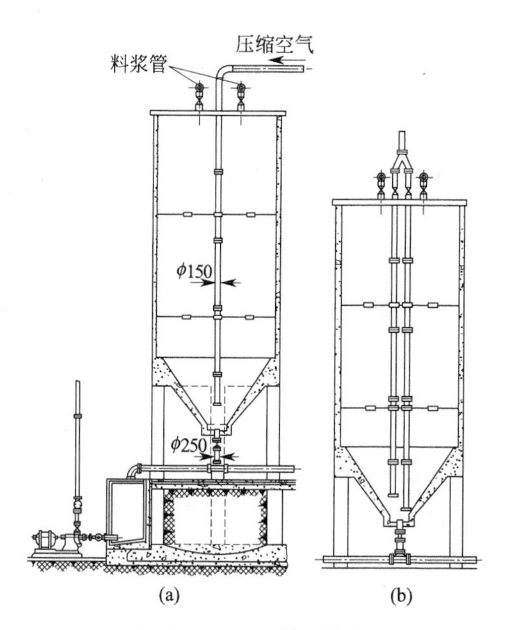


图 8-23 气力搅拌设备

（a）单管吹气；（b）双管吹气

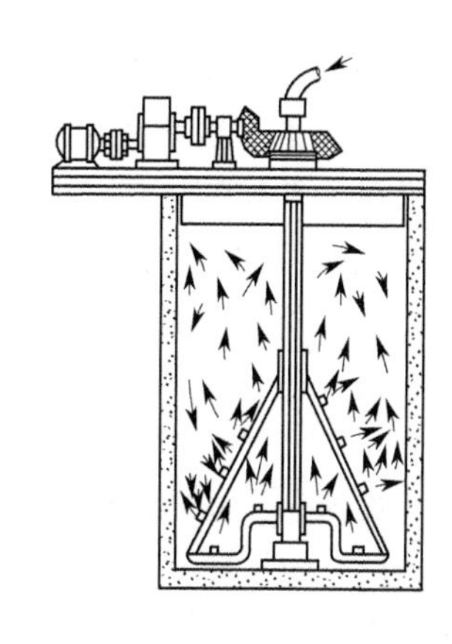

图 8-24 带螺旋桨叶的气力搅拌机

# 纳米粉体

纳米粒子的尺寸一般定义为1～100nm，这是一般显微镜看不见的微粒。血液中的红细胞大小为200～300nm，一般细菌（例如大肠杆菌）长度为200～600nm，引起人体发病的病毒尺寸一般为几十纳米，因此，纳米微粒的尺寸比红细胞和细菌还小许多，与病毒大小相当或略小些，如此小的粒子只能用高倍的电子显微镜观察，所以定义用电子显微镜观察能看到的微粒称纳米微粒。

纳米微粒具有大的比表面积、表面原子数、表面能和表面张力，它们随粒径的下降急剧增加，从而表现出小尺寸效应、表面效应、量子尺寸效应及宏观量子隧道效应的特点，使它具有不同于常规固体的新特性，从而导致纳米微粒的力、热、光、磁、敏感特性和表面稳定性等不同于正常粒子，这就使得它具有广阔的应用前景。

今天人们已经能够制备包含几十个到几万个原子的纳米粒子，并把它们作为基本结构单元，适当排列成零维的量子点、一维的量子线、二维的量子阱和三维的纳米固体，创造出相同物质的传统材料所不具备的奇特性能。纳米材料的制备科学与技术在当前纳米材料科学研究中占据极为重要的地位。纳米材料，包括纳米颗粒、纳米纤维、纳米薄膜及块体材料的合成方法、制备工艺和过程的研究与控制，对纳米材料的微观结构和性能具有重要影响。

纳米微粒在催化、滤光、光吸收、医药、磁介质、新材料等方面有广阔的应用前景，同时也将推动基础研究的发展。如20世纪60年代，Ryogo Kugo等指出，金属超微粒子中电子数较少，因而不再遵循费米统计，小于10nm的纳米微粒强烈地趋向于电中性，这就是Kugo效应。Kugo效应对微粒的比热容、磁化强度、超导电性、光和红外吸收等均有影响。正因为如此，有人把纳米微粒与基本粒子、原子核、分子、大块物质、行星、恒星和星系相提并论，认为团簇和纳米微粒是由微观世界向宏观世界过渡的区域，许多生物活性由此产生和发展。

## 9.1 纳米颗粒特性

### 9.1.1 小尺寸效应

当超微颗粒尺寸不断减小，在一定条件下，会引起材料宏观物理、化学性质上的变化，称小尺寸效应。其原因是当超微粒子的尺寸与光波波长、德布罗意波波长，以及超导态的相干长度或透射深度等物理特性尺寸相当或更小时，周期性的边界条件将被破坏，声、光、电磁、热性能呈现新的尺寸效应。归纳起来，小尺寸效应会带来如下性质的变化。

9.1.1.1 特殊的力学性能

陶瓷材料在通常情况下呈现脆性，而由纳米超微粒制成的纳米陶瓷材料却具有良好的韧性，这是由于纳米超微粒制成的固体材料具有大的界面，界面原子排列相当混乱。原子在外力变形条件下自己容易迁移。因此，表现出甚佳的韧性及一定的延展性，使陶瓷材料具有新奇的力学性能。这就是一些展销会上推出的所谓“不破的陶瓷碗”的原因。

氟化钙纳米材料在室温下可大幅度弯曲而不断裂，人的牙齿之所以有很高的强度，是因为它是由磷酸钙等纳米材料构成的。纳米金属固体要比传统的粗晶材料硬 3～5 倍，至于金属-陶瓷复合材料则可在更大的范围内改变材料的力学性质，应用前景十分广阔。

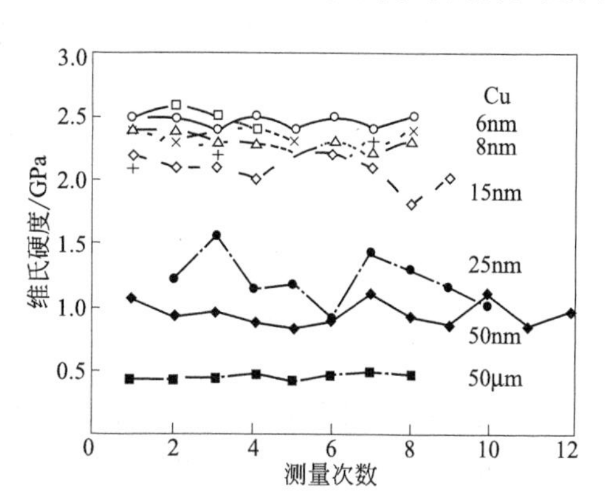


图 9-1 几个纳米铜样品与退火的 50μm 晶粒的 Cu 样品的维氏硬度测量比较

图 9-1 表明了几个纳米铜样品的微观硬度与粗晶粒铜的微观硬度比较，由图中可以看出，最小晶粒尺寸（6nm）的样品比粗晶粒样品（50μm）的硬度增大了 500%。

具有 5～10nm 晶粒尺寸的纳米钯样品比粗晶粒（100μm）的样品的硬度增大了 4 倍，屈服应力也有相应地增大，在纳米相铜和钯中共同发现的增强行为表明，这种变化是普遍存在的，至少对于面心结构的材料是这样。

这样的力学行为对于纳米相金属更是普遍存在。对于机械法球磨制备的纳米相金属合金的观察也表明强度增大很多，例如，当纳米相 Fe 和 $Nb_3S_n$ 的晶粒尺寸由 100nm 减小到 6nm 时，纳米 Fe 的硬度增大了 4～5 倍，纳米 $Nb_3S_n$ 的硬度增大了 1.2 倍。

9.1.1.2 特殊的热学性质

当人们极大地减小组成相的尺寸的时候，由于在限制的原子系统中的各种弹性和热力学参数（热熔、传热系数等）的变化，平衡相的关系将被改变，例如，被小尺寸限制的金属原子簇熔点的温度被大大降低到传统固体材料的熔点之下。

纳米微粒的熔点、开始烧结温度和晶化温度均比常规粉体低得多。由于颗粒小，纳米微粒表面能高，表面原子数多，这些表面原子近邻配位不全、活性大以及纳米微粒体积远小于大块材料，因此，纳米微粒熔点急剧下降。例如，大块铅的熔点为 600K，20nm 球形铅微粒的熔点为 288K，当 Au 团簇尺寸从 100nm 降到 25nm 时，熔点由 1300℃降到 900℃。图 9-2 显示了这个效应。

银的常规熔点为 690℃，而银的超微粒的熔点仅为 100℃。因此，银超细粉制成的导电浆可在低温下烧结。这样，元件基片不必采用耐高温的陶瓷，可用塑料代替。采用超细银浆料制成的膜均匀，覆盖面积大，既省料质量又好。例如采用 0.1～1μm 的铜、镍超微粒制成的导电浆料可代替钯、银等贵金属。

DTA 实验表明，平均粒径为 40nm 的纳米铜微粒的熔点由 1053℃降低到 750℃，降低

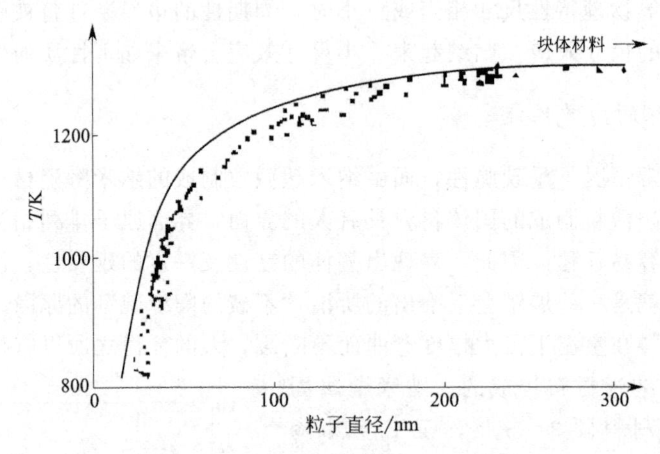


图 9-2 金粒子的熔点与尺寸的关系

了 300℃左右。这是由 Gibbs-Thomson 效应而引起的，该效应在所限定的系统中引起较多的有效压强作用。

超微粒的熔点下降，对粉末冶金工业具有一定的吸引力，例如，在钨颗粒中加入 0.1%～0.5%质量分数的纳米 Ni 粉，烧结温度可从 3000℃降为 1200～1300℃，大大降低了对设备条件的苛刻要求，从而大幅度降低了产品的成本。

纳米微粒尺寸小，表面能高，压制成块后的界面具有高能量，在烧结中高的界面能成为原子运动的驱动力，有利于界面中的孔洞收缩，因此，在较低温度下烧结就能达到致密化的目的，即烧结温度降低。例如，常规氧化铝烧结温度 1700～1800℃，纳米氧化铝烧结温度 1150～1400℃；常规氮化硅烧结温度 1800℃，纳米氮化硅烧结温度可降低 27～127℃；纳米氧化钛在 1273K 加热呈现出明显的致密化，而晶粒仅有微小的增大，致使纳米微粒氧化钛在比大晶粒样品低 873K 的温度下烧结就能达到类似的硬度。

#### 9.1.1.3 特殊的光学性质

纳米粒子的一个最重要的标志是尺寸与物理的特征量相差不多。例如，当纳米粒子的粒径与超导相干波长、波尔半径以及电子的德布罗意波波长相等时，小颗粒的量子尺寸效应十分显著。与此同时，大的比表面积使处于表面态的原子、电子与处于小颗粒内部的原子、电子的行为有很大的差别。这种表面效应和量子尺寸效应对纳米微粒的光学特性有很大的影响，甚至使纳米微粒具有同质的大块物体所不具备的新的光学特性。主要表现在以下几个方面。

（1）宽频带强吸收　大块金属具有不同颜色的光泽，这表明它们对可见光范围各种颜色（波长）的反射和吸收能力不同。当尺寸减小到纳米量级时各种金属纳米微粒几乎都呈黑色，黄璨璨的黄金变成黑色，银白色的白金（铂）变成黑色，美丽的紫铜变成黑色，铬变成铬黑，镍变成镍黑。总之，所有金属超微颗粒都是黑色，可谓黑色统一。

因为它们对可见光的反射率极低，而对光的吸收率大大提高，一般高于 90%，大约有几纳米的厚度即可消光，例如铂纳米粒子的反射率为 1%，金纳米粒子的反射率小于 10%，这种对可见光低反射率、高吸收率导致粒子变黑。

纳米氮化硅、碳化硅及氧化铝粉对红外有一个宽频带强吸收谱。这是因为纳米粒子大的比表面积导致了平均配位数下降，不饱和键和断键增多，与常规大块材料不同，没有一个单一的、择优的键振动模，而存在一个较宽的键振动模的分布，在红外光场作用下它们对红外线吸收的频率也就存在一个较宽的分布，这就导致了纳米粒子红外吸收带的宽化。

利用此特性可制作高效光热、光电转换材料，可高效地将太阳能转化为热电能。此外，又可作为红外敏感元件、红外隐身材料等，在军事上把超微颗粒材料涂在兵器上就成为飞机、火炮的隐身材料。

(2) 蓝移现象　与大块材料相比，纳米微粒的吸收带普遍存在蓝移现象，即吸收带移向短波方向。

例如，纳米碳化硅颗粒和大块碳化硅固体的峰值红外吸收频率分别是 $814cm^{-1}$ 和 $794cm^{-1}$，纳米碳化硅颗粒的红外吸收频率较大块固体蓝移 $814-794=20cm^{-1}$；纳米氮化硅颗粒和大块氮化硅固体的峰值红外吸收频率分别是 $949cm^{-1}$ 和 $935cm^{-1}$，纳米氮化硅颗粒的红外吸收频率比大块固体蓝移 $949-935=14cm^{-1}$。利用这种蓝移现象可以设计波段可控的新型光吸收材料。在这方面纳米材料可以大显身手。

(3) 发光现象　纳米微粒出现了常规材料不出现的新的发光现象，例如，硅是具有良好半导体特性的材料，是微电子的核心材料之一。可美中不足的是硅材料不是好的发光材料，这对在微电子学中一直占有“霸主”地位的硅材料来说，确实是极大的缺憾，这使灰色的硅材料在光电子这一关键的信息领域显得暗淡无光，作为微电子的支柱材料之一的硅能给光电子领域增加新的光彩一直是人们梦寐以求的目标。

从 20 世纪 70 年代末期开始，为了使灰色硅变得鲜艳夺目，人们一直致力于硅的改头换面的研究工作。非晶硅的出现以及它在光电转换、效率的提高上发挥出单晶硅所无法比拟的作用，使人们看到了硅的“闪光点”。非晶硅近红外波段发光带的出现，尽管发光强度较弱的红外荧光人的肉眼无法看见，但确实证明了灰色的硅由于原子状态的改变是可以闪光的。

1990 年，日本佳能公司首次在 6nm 大小的硅颗粒的试样中在室温下观察到波长 800nm 附近有一强的发光带，随着尺寸减小到 4nm，发光带的短波侧已延伸到可见光范围，淡淡的红光使人们长期追求硅发光的努力成为现实。

作为微电学的明星材料，半导体的硅表现出半导体特性，在量子空间，由于导带底和价带顶的垂直跃迁是禁阻的，通常没有发光现象，但当硅的尺寸达到纳米级 6nm 时，在靠近可见光范围内，就有较强的光致发光现象。

另外，肯汉在多孔硅中看到了在可见光范围发红光的现象，这是目前为止硅家族中发强光的最重要的硅材料。尽管多孔硅发光机理尚有争论，但是有一点是可以肯定的，这就是随着多孔硅的孔隙率的增大，硅在多孔硅中是以纳米尺度的量子线存在。可以这样说，多孔硅的发光与纳米尺度的量子线有密切关系，即使强调多孔硅的表面效应，表面的硅量子点也可能是多孔硅发光的原因之一。不管怎样，这一发现使硅如虎添翼，可能成为新世纪的有重要应用前景的光电子材料。类似的现象在许多纳米微粒中均被观察到，例如在纳米氧化铝、氧化铁、氧化锆中也观察到常规材料根本看不到的发光现象。这使得纳米微粒的光学性质成为纳米科学研究的热点之一。

#### 9.1.1.4　特殊的磁性

大家知道蜜蜂会辨别方向，实际上鸽子、蝴蝶、海豚和水中的某些细菌等都有辨别方向的能力。研究表明，这些生物体内存在有磁性超微粒，实际上起到生物罗盘的作用，所以，在地磁场的导航下能辨别方向，出游后有回归的本领。对趋磁细菌体内进行电子显微镜观测，发现其体内有直径 2nm 的磁性氧化物超微粒，其磁性能比纯铁高 1000 倍。研究表明，小尺寸超微粒子的磁性比大块材料强许多倍。

纳米微粒奇异的磁性特性主要表现在它具有超顺磁性或高的矫顽力上，纳米微粒尺寸小到一定临界值时进入超顺磁状态。例如，$\alpha$-铁、四氧化三铁和 $\alpha$-三氧化二铁粒径分别为5nm、16nm 和 20nm 时变成超顺磁体；20nm 的纯铁粒子的矫顽力是大块铁的 1000 倍，但当尺寸再减小到 6nm 时，其矫顽力反而又下降到零，表现出所谓的超顺磁性。

纳米微粒的磁化强度 $J$ 可以用朗之万公式来描述，当 $PH_c/k_BT \ll 1$ 时，有

$$J=P^2H_c/3k_BT \tag{9-1}$$

式中 $P$——粒子磁矩；

$H_c$——矫顽力；

$T$——热力学温度；

$k_B$——比例系数。

在居里点附近没有明显的 $\chi$（磁化率）值突变，例如，粒径为 85nm 的纳米镍微粒，矫顽力很高，表明处于单畴状态；而粒径小于 15nm 的镍微粒，矫顽力 $H_c \to 0$，这说明它们进入了超顺磁状态。

超顺磁状态的起源可归为以下原因，由于在小尺寸下，当各向异性能减小到与热运动能可相比拟时，磁化方向就不再固定在一个易磁化方向，磁化方向将呈现起伏，结果导致超顺磁性的出现。不同种类的纳米磁性微粒显现超顺磁的临界尺寸是不相同的。

纳米微粒尺寸高于超顺磁的临界尺寸，当处于单畴状态时，通常呈现高的矫顽力，例如，用惰性气体蒸发冷凝的方法制备的纳米铁微粒，随着颗粒变小，饱和磁化强度 $J_x$ 有所下降，但矫顽力却显著地增大，粒径为 16nm 的铁颗粒，矫顽力在 5.5K 时达 $1.6\times10^6/4\pi$ A/m；室温下铁颗粒的矫顽力仍保持 $1.6\times10^6/4\pi$ A/m；常规的 Fe 块体的矫顽力通常低于 $1000/4\pi$ A/m；Fe-Co 合金的矫顽力高达 $2.0\times10^6/4\pi$ A/m。

小粒子的矫顽力，可用图 9-3 来说明矫顽力与粒子尺寸的函数关系。当粒径较大时，粒子为多畴，磁反转受畴支配，较为容易，因此，矫顽力较小；然而，随粒径的减小，矫顽力满足如下经验方程，直至达到单畴尺寸：

$$H_c=a+\frac{b}{D} \tag{9-2}$$

式中 $H_c$——矫顽力；

$a$、$b$——常数；

$D$——粒子尺寸，mm。

式(9-2) 还不能很好地给予理论上的解释。在单畴尺寸下会发生最大的矫顽力现象，低于此尺寸时，因为各向异性能垒的热激化导致 $H_c$ 下降，产生了在 $H_c=0$ 的超顺磁尺寸点发生超顺磁现象。

图 9-3 所代表的行为在图 9-4 的真实体系中也同样得到证实。

所以，利用超微粒子具有高矫顽力的性质，已做成高存储密度的磁记录粉，用于磁带、磁盘、磁卡及小磁性钥匙等，利用超顺磁人们研制出应用广泛的磁流体，用于密封等。

#### 9.1.1.5 引人注目的化学性质

与传统材料相比具有高比表面积的纳米材料的化学活性也是相当惊人的。例如，气相沉积的原子簇具有高比表面积，再借助于固化组装在这些自发的样品中可以实现对总的比表面

积的控制，因此，人们可能得到很高的比表面积和可能最大限度地增大孔隙率，或者能消除孔隙率，或为了进行低温掺杂或其他工艺保留一些孔，或使得纳米相材料完全致密化；可以实现成分的控制，例如，在500℃烧结纳米相 $TiO_2$ 上的 $H_2S$ 的分解实验说明纳米相材料具有相当好的化学活性。

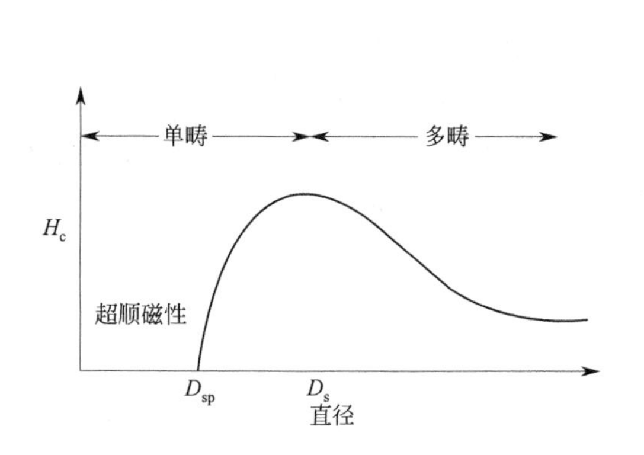


图 9-3 粒子的矫顽力与尺寸（直径）的关系曲线

$D_{sp}$—超顺磁尺寸；$D_s$—单畴尺寸

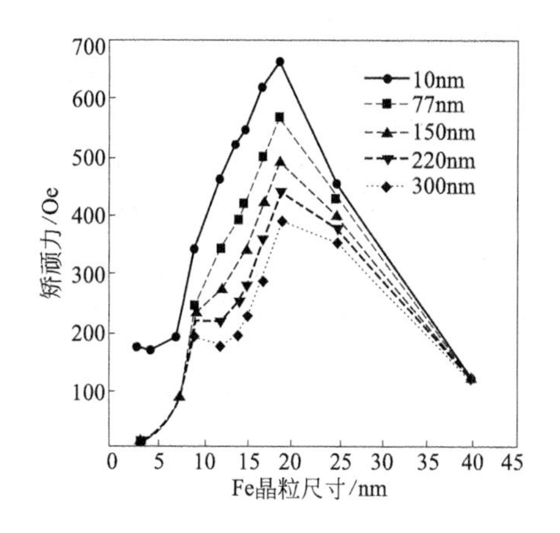


图 9-4 镁包覆的铁粒子的矫顽力与尺寸的关系曲线

图 9-5 表明纳米相 $TiO_2$ 催化 $H_2S$ 除去 S 的催化活性，并与工业应用的金红石、锐钛矿结构的微米 $TiO_2$ 比较。从图中可以看到纳米相的样品有高得多的活性。这种大大增强的活性是由纳米材料独特的并可控制的特性的结合决定的。也就是说，高比表面积与金红石结构相结合，与氧缺陷的成分相结合。

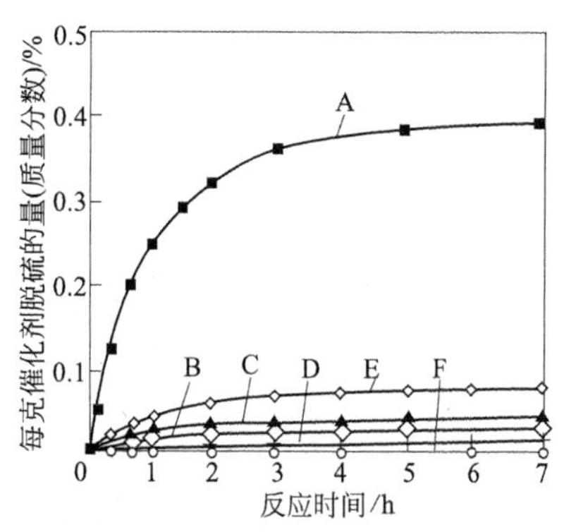


图 9-5 纳米相 $TiO_2$ 与商用 $TiO_2$ 催化 $H_2S$ 脱硫的催化活性

A—纳米金红石结构比表面积 $76m^2/g$；B—纳米锐钛矿结构比表面积 $61m^2/g$；C—商业使用金红石结构比表面积 $2.4m^2/g$；D—商业使用锐钛矿结构比表面积 $30m^2/g$；E—商业使用金红石结构比表面积 $20m^2/g$；F—$Al_2O_3$

因为，纳米金属粒子与催化剂的制备有密切的关系，对它的化学活性的研究近年来引起人们很大的注意。当粒子悬浮于气相或惰性溶剂中时，它们常常表现出比传统配位化合物团簇（金属中心被不同的配位体配位）高得多的化学活性。

随着纳米粒子尺寸的减小，比表面积明显增大，化学活性也明显增强，图 9-5 说明了使用不同比表面积的 $TiO_2$ 作为脱硫催化剂，并在 $H_2S$ 分解实验中评估了不同催化剂的催化活性的反应结果。

当粒子尺寸减小到团簇时，可以看到更明显的变化。

Al 团簇对于 $H_2$、$D_2O$（重水）、CO、$CH_3OH$、$O_2$ 的化学活性作为 Al 团簇尺寸的函数发生变化，但是对于不同的反应物，化学活性是不同的。作为总体来说，反应活性大致顺序为 $H_2 > O_2 > CH_3OH > CO > D_2O > CH_4$，而且发现 Al 团簇与 $CH_4$ 不发生反应。

人们研究了以过渡金属团簇为催化剂的许多化学反应，例如，V、Fe、Co、Ni、Cu、Nb、Pt 团簇与氢的反应。人们还研究了过渡金属团簇与其他化学试剂的反应，其中包括 Pt

（铂）和 Nb（铌）团簇与碳氢化合物的反应，Co、Fe、Nb 团簇与 $N_2$、Co 的反应，Fe 与 $O_2$的反应等。

9.1.1.6 导电性

纳米微粒物性的一个最大特点是与颗粒尺寸有很强的依赖关系，对于同一种纳米材料，当颗粒达到纳米级时，电阻、电阻温度系数都发生了变化。

我们知道银是优异的良导体，而 10～15nm 的银微粒电阻突然升高，已失去了金属的特征，变成了非导体；典型的共价键结构的氮化硅、二氧化硅等，当尺寸达到 15～20nm 时电阻却大大下降，导电性加强。用扫描隧道显微镜观察时不需要在其表面镀上导电材料就能观察到其表面的形貌，这是常规氮化硅和二氧化硅等物质根本没有的新现象。

纳米铜、纳米孪晶铜与粗晶粒铜的电阻率温度关系如图 9-6 所示。

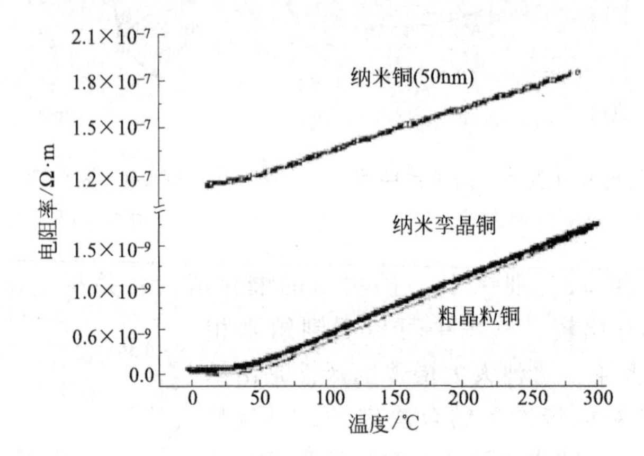


图 9-6 纳米铜、纳米孪晶铜与粗晶粒铜的电阻率温度关系

## 9.1.2 表面与界面效应

9.1.2.1 表面原子数

纳米微粒尺寸小，表面能高，位于表面的原子占相当大的比例。而且随着粒径减小，引起表面原子数迅速增加，例如，如果按照一般的经验，原子与原子之间的距离为 0.2nm 左右，可以估计出在尺寸为 1nm 的“立方体颗粒”中，“立方体颗粒”的每一边上只能排列 5 个原子，总共可容纳 125 个原子，但是，其中 98 个原子在表面上，这是由于粒径小、表面积急剧变大所致。表面原子数与纳米粒子粒径的关系见表 9-1 和图 9-7。

表 9-1 纳米微粒尺寸与表面原子数的关系

| 纳米颗粒尺寸 $d$/nm | 包含总原子数 | 表面原子所占比例/% | 纳米颗粒尺寸 $d$/nm | 包含总原子数 | 表面原子所占比例/% |
|---|---|---|---|---|---|
| 10 | $3\times10^4$ | 20 | 2 | $2.5\times10^4$ | 80 |
| 4 | $4\times10^3$ | 40 | 1 | 30 | 99 |

9.1.2.2 比表面积

不难估算出：粒径为 10nm 时，比表面积为 $90m^2/g$；粒径为 5nm 时，比表面积为 $180m^2/g$；粒径下降到 2nm 时，比表面积猛增到 $450m^2/g$。众所周知，表面上的原子十分活泼，这样高的比表面积，大大增强了纳米粒子的活性。例如，金属的纳米粒子在空气中会燃烧，实验发现，如果将铜或铝做成几个纳米的颗粒，一遇到空气就会燃烧，发生爆炸；有人认为纳米颗粒的粉体燃料，可以用作新型火箭的固体燃料，也可用作烈性炸药；另外，用纳米金属颗粒粉体作催化剂，可加快化学反应过程，大大地提高合成的产率；如果把金属纳米材料颗粒粉体制成块状金属材料，它会变得十分结实，强度比一般金属高十几倍，同时又可以像橡胶一样富于弹性，会制造出神奇的纳米钢材和纳米铝材，用这种材料制造汽车、飞机或轮船，会使它们的质量减少到 1/10；无机的纳米粒子暴露在空气中会吸附气体，并与气体进行反应。

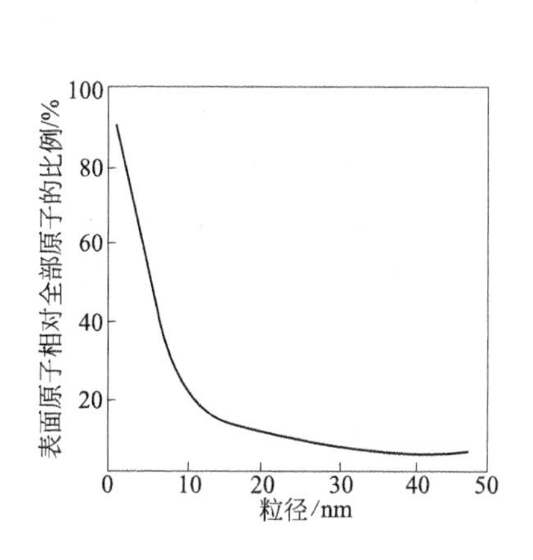


图 9-7　表面原子数占全部原子数的比例与纳米微粒粒径之间的关系

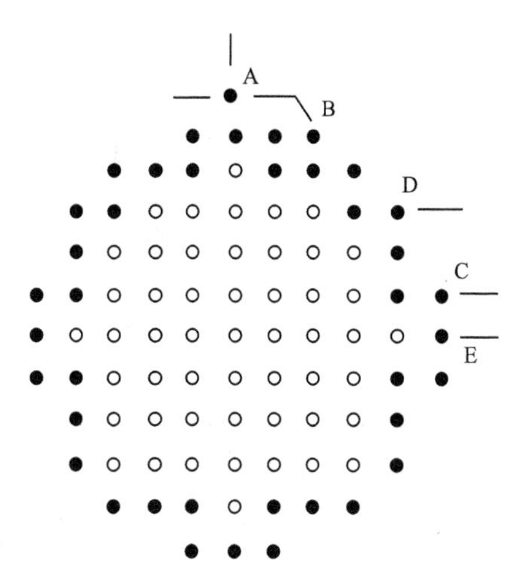


图 9-8　球形超微粒配置模型

表面原子具有高的活性的原因在于它缺少近邻配位的表面原子，使处于表面的原子数越来越多，原子配位不足及高表面能，使这些表面原子具有高活性，极不稳定，很容易与其他原子结合。这种表面原子的活性不但引起纳米粒子表面原子输运和结构的变化，同时也引起表面电子自旋构象和电子能谱的变化。图 9-8 给出了一个简单的模型，说明了处于表面的原子（A、B、C、D 和 E）比处于内部的原子的配位数有较明显减少，如 A 原子缺少三个近邻，B、C、D 原子各缺少两个近邻，E 原子缺少一个近邻，它们均处于不稳定状态，近邻缺位越多越容易与其他原子结合。

### 9.1.3　量子尺寸效应

量子尺寸效应在微电子学和光电子学中一直占有显赫的地位，根据这一效应已设计出许多优越特性的器件。这一效应最核心的问题是，材料中电子的能级或能带与组成材料的颗粒尺寸有密切的关系，对于一个宏观大块金属通常用准连续的能级描述金属的电子态。半导体的能带结构在半导体器件设计中十分重要。研究表明，随着半导体颗粒尺寸的减小，价带和导带之间的能隙有增大的趋势，这就说明即使是同一种材料，它的光吸收或者发光带的特征波长也不同。

超微粒子的量子尺寸效应早在 1963 年就从理论上进行了研究，当时给出的量子尺寸效应的定义是，当粒子尺寸下降到某一值时，金属费米能级附近的电子能级由准连续变为离散能级的现象以及纳米半导体微粒存在不连续的最高被占据分子轨道和最低未被占据的分子轨道能级而使能隙变宽的现象均称为量子尺寸效应。

能带理论表明，金属费米能级附近电子能级一般是连续的，这一点只有在高温或宏观尺寸情况下才成立。对于只有有限个导电电子的超微粒子来说，低温下能级是离散的。

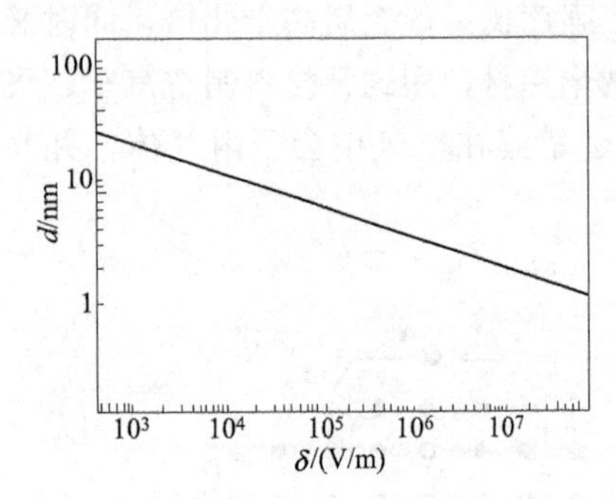


图 9-9　粒径与能级间隔的关系

图 9-9 给出了金属粒子能级间隔随粒径减小而增大的关系。

能级间距和金属颗粒直径的关系：

$$\delta=\frac{4}{3}\times\frac{E_F}{N} \tag{9-3}$$

式中　$\delta$——能级间隙；

$E_F$——费米能级；

$N$——总电子数。

对于宏观物体包含无限个原子（即导电电子数 $N\rightarrow\infty$），由式(9-3) 可得能级间距 $\delta\rightarrow 0$，即对于大粒子或宏观物体能级间距几乎为零（准连续能级）；而对于纳米微粒，所包含原子数有限，$N$ 值很小，这就导致 $\delta$ 有一定值，即能级间距发生分裂（离散能级）。

块状金属的电子能谱为准连续能带，当能级间距大于热能、磁能、静磁能、静电能、光子能量或超导态的凝聚能时，这时要考虑量子尺寸效应，这会导致纳米微粒磁、光、声、热、电以及超导电性与宏观特性有着显著的不同。

有人利用久保关于能级间距的公式估计了 Ag 微粒在 1K 时出现量子尺寸效应（由导体→绝缘体）的临界粒径 $d_0$ 以及 Ag 的电子数密度 $n=6\times10^{22}\text{cm}^{-3}$，由公式

$$E=\frac{\hbar^2\kappa_F^2}{2m}=\frac{\hbar}{2m}(3\pi^2 n)^{2/3} \quad 和 \quad \delta=\frac{4}{3}\times\frac{E_F}{N} \tag{9-4}$$

$$\frac{\delta}{k_B}=\frac{8.7\times10^{-18}}{d^3} \tag{9-5}$$

当 $T=1\text{K}$ 时，能级最小间距 $\delta/k_B=1$，根据久保理论，只有 $\delta>k_B T$ 时才会产生能级分裂，从而出现最小尺寸效应，即

$$\frac{\delta}{k_B}=\frac{8.7\times10^{-18}}{d^3}>1 \tag{9-6}$$

当粒径 $d<14\text{nm}$，Ag 纳米微粒变为非金属绝缘体，如果温度高于 1K，则要求 $d\ll14\text{nm}$ 才有可能变为绝缘体。这里应当指出，实际情况下金属变为绝缘体除了满足 $\delta>k_B T$ 外，还需电子寿命 $\tau>\frac{11}{\delta}$ 的条件。实验表明，纳米 Ag 的确为绝缘体，这就是说，纳米 Ag 满足上述条件。

1993 年，美国贝尔实验室在 Cd-Se（硒化镉）中发现，随着颗粒尺寸的减小，发光的颜色：红色→绿色→蓝色。这就是说，发光带的波长由 690nm 移向 480nm。这种发光带或者吸收带由长波移向短波的现象称为蓝移（blue shift），如图 9-10 所示。把随着颗粒尺寸减小，能隙加宽发生蓝移的现象称为量子尺寸效应。

1994 年，美国加利福尼亚伯克利实验室利用量子尺寸效应制备出了 Cd-Se 可调谐的发光管，这种发光二极管就是通过控制纳米 Cd-Se 的颗粒尺寸达到在红、绿、蓝光之间的变

化，这一成就使纳米颗粒在微电子学和电子学中的地位变得十分显赫。

近年来，人们还发现纳米微粒在含有奇数或偶数电子时，显示出不同的催化性质。如纳米微粒的比热容、磁化率与所含的电子奇偶性有关。光谱线的频移、催化性质以及导体变绝缘体等，也与粒子所含电子数的奇偶有关。

上述三个效应是纳米微粒与纳米固体的基本特性，它使纳米微粒和纳米固体呈现出许多奇异的物理、化学性质，出现一些反常现象。例如，金属为导体，但纳米微粒在低温下由于量子尺寸效应会呈现电绝缘性，一般 $PbTiO_3$、$BaTiO_3$ 和 $SrTiO_3$ 等是典型铁电体，但当其尺寸进入纳米数量级就会变成顺铁电体，这是由于铁磁性的物质进入纳米级（约 5nm），由于由多磁畴变成单磁畴而显示极强的顺磁效应；当粒径为十几纳米的氮化硅微粒组成了纳米陶瓷时，已不具有典型共价键特征，界面键结构出现部分极性，在交流电下电阻很小；化学惰性的金属铂制成纳米微粒（铂黑）后却变成活性极好的催化剂；众所周知，金属由于光反射显现各种美丽的特征颜色，金属的纳米微粒光反射能力显著下降，通常可降低1%，这是由于小尺寸和表面效应使纳米微粒对光吸收表现出极强的能力；由于纳米微粒组成的纳米固体在较宽频谱范围内显示出对光的均匀吸收性，纳米复合多层膜在 7～17GHz 频率的吸收峰高达 14dB，在 10dB 水平的吸收频宽为 2GHz；颗粒为 6nm 的纳米 Fe 晶体的断裂强度较多晶 Fe 提高 12 倍；纳米 Cu 晶体自扩散是传统晶体的 $10^{16}$～$10^{19}$ 倍，是晶界扩散的 $10^{13}$ 倍；纳米金属铜 Cu 的比热容是传统纯 Cu 的 2 倍；纳米固体 Pb 热膨胀性提高 1 倍；纳米磁性金属的磁化率是普通金属的 20 倍，而饱和磁化率是普通金属的 1/2。

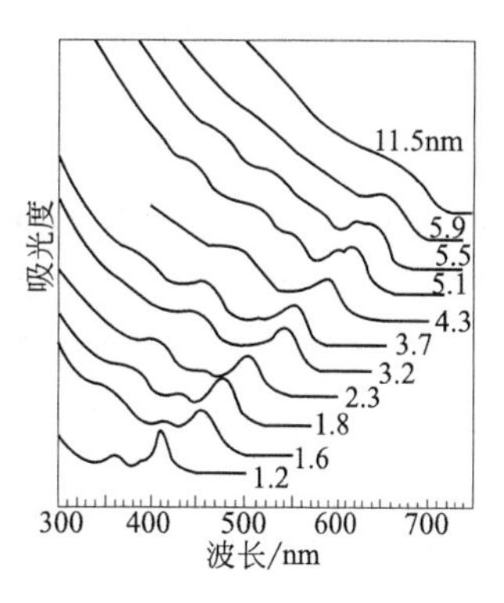


图 9-10　不同尺寸 CdSe 纳米粒子的吸收光谱

### 9.1.4　宏观量子隧道效应

微观粒子具有贯穿势垒的能力称为隧道效应。近年来，人们发现一些宏观量，例如微颗粒的磁化强度、量子相干器件中的磁通量等具有隧道效应，称为宏观的量子隧道效应。早期曾用来解释超细镍微粒在低温继续保持超顺磁性。

宏观量子隧道效应的研究对基础研究及实用都有着重要意义。它限定了磁带、磁盘进行信息存储的时间极限。量子尺寸效应、隧道效应将会是未来微电子器件的基础，或者它确立了现存微电子器件进一步微型化的极限。当微电子器件进一步细微化时，必须考虑到上述量子效应。

综上所述，纳米微粒具有大比表面积，表面原子数、表面能和表面张力随粒径的下降急剧增加，表现出小尺寸效应、表面效应、量子尺寸效应及宏观量子隧道效应等特点，从而导致纳米微粒的热、磁、光、敏感特性和表面稳定性等不同于正常粒子，这就使得它具有广阔的应用前景。

## 9.2 纳米粉体制备技术

### 9.2.1　概述

纳米材料按自然界中存在的方式可分为自然和人工制备两大类。

自然界中早就存在纳米微粒和纳米固体。研究自然界中自然存在的纳米材料可以了解海洋、生命的起源以及获得开发海洋资源的信息；研究生物体内的纳米颗粒对于了解生物的进化和运动行为很有意义。

例如，磁性超微颗粒的发现对于螃蟹的进化历史提供了十分有意义的科学依据。据生物学家研究指出，人们非常熟悉的螃蟹原先并不像现在这样“横行”运动，而是像其他生物一样前后运动。这是因为亿万年前螃蟹第一对触角里有几颗用于定向的磁性纳米颗粒，就像是几只小指南针。螃蟹的祖先靠这种“指南针”堂堂正正地前进后退，行走自如。后来，由于地球的磁场发生多次剧烈的侧转，使螃蟹体内的小磁粒失去了原来的定向作用，于是使它们失去了前后行动的能力，变成了现在的“横行霸道”。

蜜蜂的体内也存在磁性的纳米粒子，这种磁性的纳米粒子具有罗盘的作用，可以为蜜蜂的活动导航。以前人们认为蜜蜂是利用北极星或通过摇摆舞向同伴传递信息来辨别方向的，英国科学家发现蜜蜂的腹部存在磁性纳米粒子，这种磁性纳米颗粒具有指南针的作用，蜜蜂利用这种“罗盘”来确定其周围环境在自己头脑中的图像而判明方向。具体过程是：当蜜蜂靠近自己的蜂房时，它们就把周围环境的图像存储起来，当它们外出采蜜归来时，就启动这种记忆，实质上就是把自己存储的图像与所看到的图像进行对比和移动，直到这两个图像完全相一致时，它们就明白自己又回到家了。

真正利用磁性纳米微粒导航，进行几万公里长途跋涉的是大海龟。我们知道海龟是世界上稀有珍贵的动物，美国科学家对东海岸佛罗里达的海龟进行了长期研究，发现了一个十分有趣的现象：这就是海龟通常在佛罗里达的海边产卵，幼小的海龟为了寻找食物通常到大西洋的另一侧靠近英国的小岛附近的海域生活。从佛罗里达到这个岛屿的海面再回到佛罗里达的路线不一样（人在航海时都常常迷失方向），相当于绕大西洋一圈，需要5～6年的时间，这样准确无误的航行靠什么导航？为什么海龟的迁移路线总是顺时针？美国科学家发现海龟的头部有磁性纳米颗粒，它们就是凭借这种纳米微粒准确无误地完成几万里的迁移。

这些生动的实例告诉我们，研究纳米微粒对研究自然界的生物也是十分重要的，同时，还可以根据生物体内的纳米粒子得到启发，为我们设计纳米尺度的新型导航器提供有益的依据，这也是纳米科学研究的重要内容，也是我们要制备人工纳米材料的意义所在。

人工制备纳米材料的历史至少可以追溯到1000多年前，我国古代的劳动人民早就掌握了用简单方法获得纳米材料。著名的文房四宝中的墨就包含了碳的纳米微粒，他们用石蜡做成蜡烛，用光滑的陶瓷在蜡烛火焰的上方收集烟雾，经冷凝后变成很细的碳粉，这种方法获得的碳粉实际上就是纳米粉体，但在当时的条件下，他们并不知道纳米材料的概念，也没有任何手段来分析这些纳米小颗粒，然而，他们知道用这种方法获得的超细碳粉所做成的墨具有良好的性能，应该说这种方法是制备纳米材料的最简单方法。同时，也可以利用这种方法得到炭黑用于着色的染料。

上述案例就是最早的纳米材料。

另外，中国古代铜镜表面的防锈层，经检验证实为纳米氧化锡颗粒构成的一层薄膜。但当时人们并不知道这是由人的肉眼根本看不到的纳米尺度小颗粒构成的。

在科学技术高度发展的今天，人工制备纳米材料的方法得到了很大的发展。就纳米块体材料而言，大致有两个不同的途径：一是先获得纳米级小颗粒，然后经压制和烧结纳米粉体获得大块的纳米固体，简单地说是“由小变大”；二是将宏观的大块固体经特殊的工艺处理，例如高能球磨非晶化等获得纳米晶固体，这种方法是“由大变小”。前者称为第一类纳米固体，后者称为第二类纳米固体。纳米薄膜和颗粒膜的制备方法也是多种多样的，只要把制备常规薄膜的方法稍加改进，控制必要的参数就可以获得纳米薄膜和颗粒膜。

由上述可知，纳米材料可划分为两个层次：一是纳米颗粒，二是纳米固体（包括薄膜），其大部分都是用人工制备的，属人工材料。

纳米微粒的制备方法可从不同的角度进行分类。按反应物状态可分为干法和湿法；按反应介质可分为固相法、液相法、气相法；按反应类型可分为物理法和化学法，这也是一种常见的分类方法。其中物理法主要有蒸发-冷凝法、溅射法、液态金属离子源法、机械合金化法、非晶晶化法、气动雾化法（又名超声膨胀法）、固体相变法、压淬法、爆炸法、低能团簇束沉积法、塑性形变法、蒸镀法等；化学法有沉淀法、溶胶-凝胶法、微乳液法、溶液热反应法（水热法，非水溶液热合成）、溶液蒸发法、溶液还原法、电化学法、光化学合成法、超声合成法、辐射合成法、模板合成法、有序组装技术、化学气相反应法［包括激光诱导化学沉积（LICVD）、等离子体诱导化学气相沉积（PICVD）、热化学气相沉积等］、火焰水解法、超临界流体技术、熔融法等，其中有些化学法实际上是综合了物理法和化学法。

## 9.2.2　团簇的制备方法

20世纪80年代末期，由60个碳原子组成的像足球的结构引起了人们的极大兴趣，掀起了探索$C_{60}$特殊的物理性质和微结构的热潮。研究结果发现，$C_{60}$的60个碳原子排列于一个截角20面体的顶点上构成足球式的中空球形分子。换句话说，它是由32面体构成，其中20个六边形，12个五边形，$C_{60}$的直径为0.7nm。

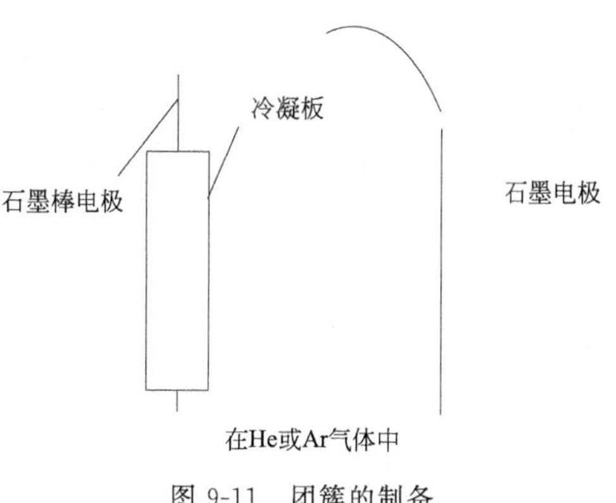

图9-11　团簇的制备

如图9-11所示，常用的制备方法是采用两个石墨棒在惰性气体（He、Ar）中进行直流放电，并用围于碳棒周围的冷凝板收集挥发物。这种挥发物中除了由60个碳原子构成的$C_{60}$外，还含有$C_{20}$等其他碳团簇。进一步研究表明，构成碳团簇的原子数（称为幻数）为20、24、28、32、36、50、60和70的具有高稳定性，其中又以$C_{60}$最稳定。因此，可以用酸溶去其他碳团簇，从而获得较纯的$C_{60}$，但往往在$C_{60}$中还混有$C_{70}$。

## 9.2.3　气相法制备纳米微粒

### 9.2.3.1　气体冷凝法

此种方法是在低压的氩、氦等惰性气体中加热金属，使其蒸发后形成超微粒（1～1000nm）或纳米微粒，加热源有以下几种：电阻加热法、等离子喷射法、高频感应法、电子束法、激光法。

这些不同的加热方法使得制备出的超微粒的量、品种、粒径及分布等存在一些差别。

低压气体中蒸发法是早在1963年又上田良二及其合作者研制出的，即通过在纯净的惰性气体中的蒸发和冷凝过程获得较干净的纳米微粒。

20世纪80年代初，德国萨尔大学格莱特等人首先提出将气体冷凝制得具有清洁表面的纳米微粒，在超高真空条件下紧压致密得到多晶体（纳米微晶），气体冷凝法的原理见图9-12。整个过程在超高真空室内进行。通过分子涡轮泵使其达到0.1Pa以上的真空度，然后充入低压（约2kPa）的纯净惰性气体（He或Ar，纯度约为99.9996%）。欲蒸发的物质（例如，金属、$CaF_2$、NaCl、$FeF_2$等离子化合物、过渡族金属氧化物及氧化物等）置于坩埚内，通过钨电阻加热器或石墨加热器等加热装置逐渐加热蒸发，产生原物质烟雾，由于惰性气体对流，烟雾向上移动，并接近充液氮的冷却棒（冷阱）。在蒸发过程中，由原物质发出的原子与惰性气体原子碰撞，因迅速损失能量而冷却，这种有效的冷却过程在原物质蒸气中造成很高的局域过饱和，这将导致均匀成核过程。因此，在接近冷却棒的过程中，原物质蒸气首先形成原子团簇，然后形成单个纳米微粒。在接近冷却棒表面的区域内，由于单个纳米微粒的聚合而长大，最后在冷却棒表面上积聚起来，用聚四氟乙烯刮刀刮下并收集起来获得纳米粉。

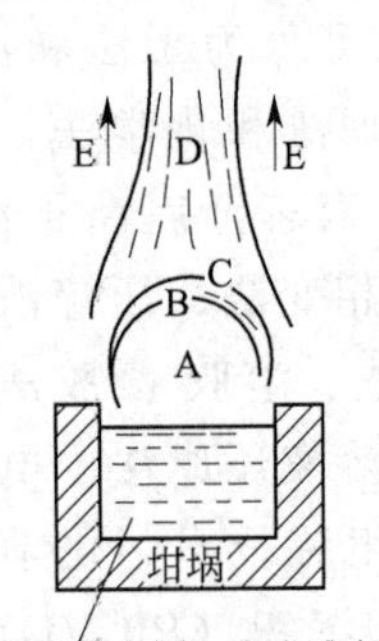


图9-12　气体冷凝法制备纳米微粒的原理

A—蒸气；B—刚生成的超微粒子；C—成长的超微粒子；D—连成链状的超微粒子；E—惰性气体（Ar、He气等）

9.2.3.2　活性氢-熔融金属反应

含有氢气的等离子体与金属间产生电弧，使金属熔融，电离的N、Ar等气体溶入熔融金属，然后释放出来，释放的气体中携带金属原子，金属原子在气体中形成了金属超微粒子，用离心收集器、过滤式收集器使微粒与气体分离而获得纳米微粒。此种制备方法的优点是超微粒的生成量随等离子气体的氢气浓度增加而上升，例如，Ar气（作为载气）中的$H_2$占50%时，电弧电压为30～40V，电流为150～170A的情况下每秒钟可获得20mgFe超微粒子。

为了制取陶瓷超微粒子，如TiN及AlN，则将掺有氢的惰性气体改为采用$N_2$，被加热蒸发的金属为Ti、Al。

9.2.3.3　激光诱导化学气相沉积法

LICVD法制备超细粉是近几年兴起的。LICVD法具有清洁表面、粒子大小可精确控制、无黏结、粒度分布均匀等优点，并容易制备出几纳米至几十纳米的非晶态或晶态纳米微粒。

目前，LICVD法已制备出多种单质、无机化合物和复合材料超细粉末。LICVD法制备超细微粉目前已进入规模生产阶段，美国的麻省理工学院（MIT）于1986年已建成年产几十吨的装置。

激光制备超细微粒的基本原理是利用反应气体分子（或光敏剂分子）对特定波长激光束的吸收，引起反应气体分子激光光解（紫外光解或红外光解）、激光热解、激光光敏化和激光诱导化学合成反应，在一定的工艺条件下（激光功率密度、反应池压力、反应气体配比和流速、反应温度等），获得超细粒子空间成核和生长，例如用连续输出的$CO_2$激光（10.6μm）辐射硅烷气体分子（$SiH_4$）时，硅烷分子很容易热解。

$$SiH_4 \longrightarrow Si(g) + 2H_2$$

热解生成的气相硅Si(g)在一定温度和压力下开始成核和生长，形成纳米微粒。

用$SiH_4$除了能合成纳米Si微粒外，还能合成SiC和$Si_3N_4$纳米微粒，粒径可控范围为几纳米至70nm，粒度分布可控制在几纳米以内。合成反应如下：

$$3SiH_4(g)+4NH_3(g) \longrightarrow Si_3N_4(s)+12H_2(g)$$

$$SiH_4(g)+CH_4(g) \longrightarrow SiC(s)+4H_2(g)$$

式中 g——气态；

s——固态。

激光制备纳米粒子装置一般有两种类型：正交装置和平行装置。其中正交装置使用方便，易于控制，工程实用价值大（图9-13），激光束与反应气体的流向正交。用波长为10.6μm的二氧化碳激光，最大功率为150W，激光束的强度在散焦状态为270～1020W/cm²，聚焦状态为$10^5$W/cm²，反应室气压为8～101kPa，激光束照在气体上形成了反应焰，经反应在火焰中形成微粒，由氩气携带进入上方微粒捕集装置。由于纳米微粒比表面积大、表面活性高、表面吸附强，在大气环境中，上述微粒对氧有严重的吸附（1%～3%），粉体的收集和取拿要在惰性气体环境中进行，对吸附的氧可在高温下（>1273K）通过HF或$H_2$处理。

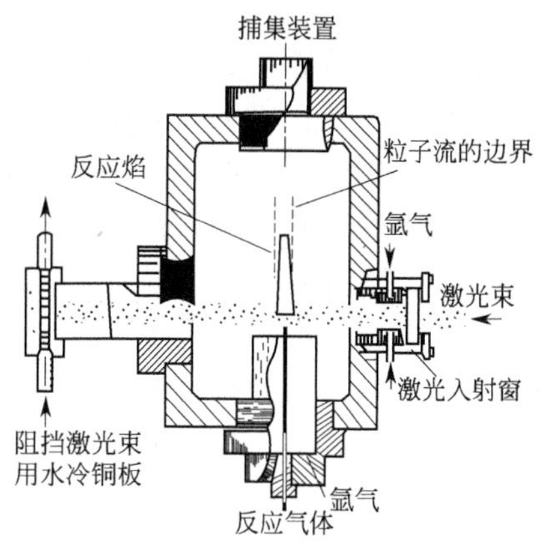


图9-13 LICVD合成法制备纳米粉装置

#### 9.2.3.4 化学蒸发凝聚法

这种方法主要是通过有机高分子热解获得纳米陶瓷粉体。具体原理是利用高纯惰性气体作为载气，携带有机分子原料，例如六甲基硅烷，进入钼丝炉，温度为1100～1400℃，气氛的压力保持在1～10mbar（1bar=$10^5$Pa）的低气压状态，在此环境下原料热解形成团簇，进一步凝聚成纳米级颗粒，最后附着在一个内部充满液氮的转动的衬底上，经刮刀刮下进行收集，如图9-14所示。这种方法的优点是产量大、颗粒尺寸小、分布窄。

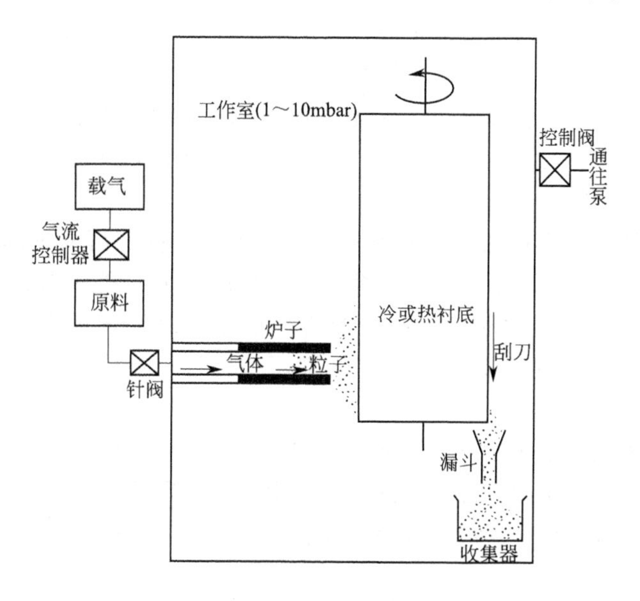


图9-14 化学蒸发凝聚法制备装置

（1bar=$10^5$Pa）

### 9.2.4 液相法制备纳米微粒

液相法是目前实验室和工业上最为广泛采用的合成超细颗粒的方法，与固相法相比，液相法的主要特征是：①精确控制化学成分；②容易添加微量有效成分，制成多种成分的均一微粉体；③超细颗粒表面活性好；④容易控制颗粒的形状和粒径；⑤工业化生产成本较低。

9.2.4.1 沉淀法

沉淀法是液相化学反应合成金属氧化物超细颗粒最普通的方法，它是指利用各种在水中溶解的物质，经反应生成不溶性的沉淀物，再将沉淀物加热分解，得到所需最终化合物。根据最终产物的性质，也可不进行热分解工序，但沉淀过程必不可少。沉淀法可以广泛用来合成单一或复合氧化物超细颗粒。该法的突出优点是：反应过程简单，成本低，便于推广到工业生产。它主要包括直接沉淀法、共沉淀法、均匀沉淀法、醇盐加水分解法和特殊沉淀法。

（1）直接沉淀法　直接沉淀法是利用各种在水中溶解的物质，经反应生成不溶性的氢氧化物、碳酸盐、硫酸盐、醋酸盐等。

例如，在盛有少量 0.1mol/L $Na_2CO_3$ 溶液的试管中，逐渐加入 0.1mol/L $BaCl_2$ 溶液，则有白色沉淀 $BaCO_3$ 生成，并且 $BaCO_3$ 沉淀的量由少到多。该反应的离子方程式如下：

$$Ba^{2+} + CO_3^{2-} \rightleftharpoons BaCO_3 \downarrow$$

（2）共沉淀法　许多电子陶瓷是含有两种以上金属元素的复合氧化物，其原料粉末必须是纯度高、组成均匀、烧结性良好的超细颗粒。传统的制备方法，即按一般的混合、固相反应、粉碎制备原料时，存在纯度不高和组成不均匀等问题，粒度也达不到要求。共沉淀法可以排除这些缺点而合成性能优良的原料粉末。

所谓共沉淀法是在混合的金属盐溶液（含有两种或两种以上的金属离子）中加入合适的沉淀剂。由于解离的离子是以均一相存在于溶液中，所以经反应后可以得到各种成分具有均一组成的沉淀，再进行热分解得到高纯超细颗粒。

共沉淀法的优点是：①通过溶液中的各种化学反应能够直接得到化学成分均一的复合粉料；②容易制备粒度小且较均匀的超细颗粒。

例如，1956 年，Clabough、Sniggard 和 Giclrist 以四水草酸钛钡为原料首次用共沉淀法合成了高纯钛酸钡粉体。发展至今，已被广泛用来合成 PLZT 材料、$BaTiO_3$ 系材料、敏感材料、铁氧体及荧光材料。

（3）均匀沉淀法　一般的沉淀过程是平衡的，但如果控制溶液中的沉淀剂浓度，使之缓慢地增加，则使溶液中的沉淀处于平衡状态，且沉淀能在整个溶液中均匀地出现，这种方法称为均相沉淀法。通常通过溶液中的化学反应使沉淀剂慢慢地生成，从而克服了由外部向溶液中加沉淀剂而造成沉淀剂的局部不均匀性，使沉淀剂不能在整个溶液中均匀进行的缺点。

均匀沉淀法是利用某一化学反应溶液中的构晶离子（构晶阴离子或构晶阳离子）由溶液中缓慢地、均匀地产生出来的方法。在这种方法中，加入到溶液中的沉淀剂不立刻与被沉淀组分发生反应，而是通过化学反应式沉淀剂在整个溶液中均匀地释放出来，从而使沉淀在整个溶液中缓慢均匀地析出。

例如，制备 $\gamma$-$Fe_2O_3$ 磁性粉末，$\alpha$-$Fe_2O_3$ 是磁记录介质的原料粉末，它要求产品超细（0.3$\mu$m）、针状（轴比大于 8）、表面特性好（易分散在磁浆中）。一般制备过程：

$$\underset{\text{(硫酸亚铁)}}{FeSO_4} + 2NaOH \longrightarrow \underset{\text{(氢氧化亚铁)}}{Fe(OH)_2} \downarrow + \underset{\text{(硫酸钠)}}{Na_2SO_4}$$

$$Fe(OH)_2 + O_2 \longrightarrow \underset{\text{(氢氧化铁)}}{\alpha\text{-}FeOOH}$$

$$\alpha\text{-}FeOOH \longrightarrow \gamma\text{-}Fe_2O_3$$

其特点是：①颗粒均匀而致密，便于洗涤；②可以避免杂质的共沉淀。

(4) 金属醇盐水解法　醇盐水解法是一种新的合成超细颗粒的方法，它不需要添加碱就能进行加水分解，而且也没有有害阳离子和碱金属离子，其突出的优点是反应条件温和，操作简单，作为高纯度颗粒原料的制备，这是最为理想的方法之一，但成本昂贵是这一方法的缺点。

由于用醇盐法制备的微粉不仅是一种有很大表面的活性微粉，而且颗粒通常呈单分散球状体，在形成体中还表现出良好的充填性，所以具有良好的低温烧结性。

例如，1981年Bowen等研究了用醇盐合成$TiO_2$微粉的低温烧结性。

在钛浓度为0.1mol/L的稀水-酒精溶液中，控制一定的pH（pH ≈ 1），通过钛酸盐$Ti(OC_2H_5)_4$的加水分解，制成了单分散球状$TiO_2$微粉。此种微粉只要烧结温度为800℃，密度就可以达到99%以上，而通常的$TiO_2$粉末当烧结温度高达1300～1400℃时，其密度也只有97%。所以，用醇盐作为原料的超细粉体，在发展高功能陶瓷材料的低温烧结技术方面，提供了广阔前景。

醇盐水解制备超细颗粒的工艺由两部分组成，即加水分解沉淀（包括共沉淀）和溶胶-凝胶。图9-15描述了醇盐法的制造工艺流程。

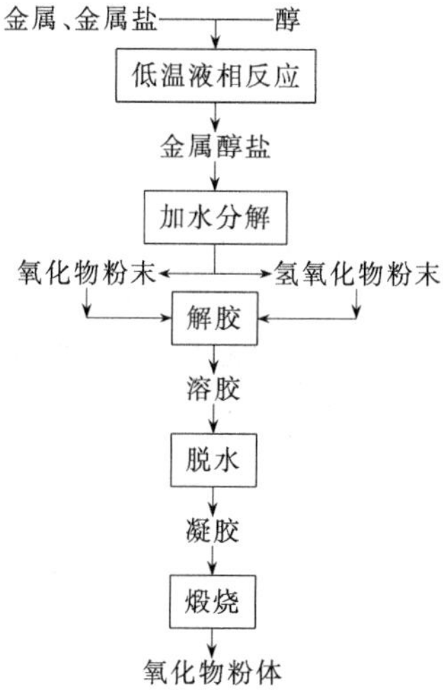

图9-15　醇盐水解法制备超微粉体材料的工艺流程

此种制备方法有以下特点：采用有机试剂作金属醇盐的溶剂，由于有机试剂纯度高，因此，氧化物粉体纯度高；化学纯度和结构的单一性更好，故宜作高性能、高强度和高韧性的电子材料和结构材料；可制备化学计量的复合金属氧化物粉末；金属有机醇盐一般价格昂贵，因而制造成本高；几乎为一次粒子，很少是凝聚的二次粒子（团粒）；粒子的大小和形状均一。

我国科学家最近发现，银纳米粒子的形状、颜色和光学性质都可以通过一种简易、廉价、省时的方法进行控制。只要调节纳米粒子沉浸溶液的pH值，银纳米棱柱（nanoprisms）就可以变成纳米圆盘（nanodiscs），同时提高粒子的光散射特性。

他们发现了酸性溶液如何减少银纳米粒子的吸收波长峰值，也就是改进了所谓的“表面增强拉曼散射”（SERS）。他们希望这一成果有助于生物传感纳米薄膜的制造。

该研究有助于理解周围环境变化时纳米形态结构的转变机制。研究人员发现，在原子力显微镜（AFM）下呈深蓝色的银纳米棱柱（颗粒边缘平均长度48nm），被浸入pH值为5.0的溶液中5min后，吸收峰值从800nm减到500nm，颜色变为深紫色。当浸入pH值为2.2的溶液中时，吸收峰值减到432nm，颜色变为黄色，如图9-16所示。

沉淀法有如下缺点：①沉淀为胶状物，水洗、过滤困难；②沉淀剂（NaOH、KOH）

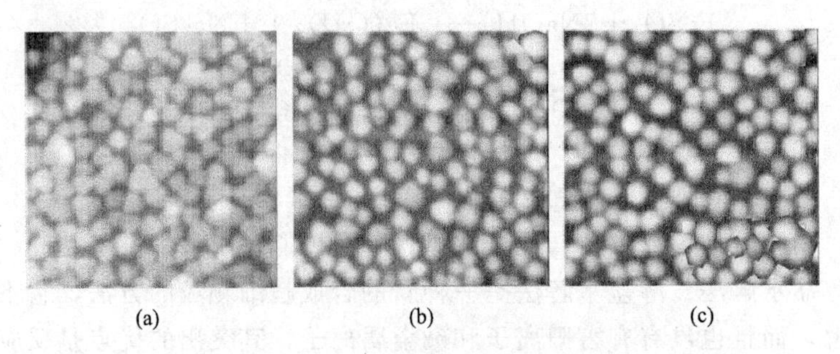


图 9-16 不同 pH 值时的纳米棱柱形状
(a) 初始状态；(b) pH 值为 4.0；(c) pH 值为 2.2

作为杂质混合；③如果使用能够分解除去的 $NH_4OH$、$(NH_4)_2CO_3$，则 $Cu^{2+}$ 和 $Ni^{2+}$ 形成可溶性络离子；④沉淀过程中各种成分的分离；⑤水洗时，部分沉淀物重新发生溶解。为此，发展了不用沉淀剂的溶剂蒸发法。

### 9.2.4.2 溶剂蒸发法

在溶剂蒸发过程中，为了保持溶剂蒸发过程中液体的均匀性，必须使溶液分散成小滴以使成分偏析的体积最小，因此，需用喷雾法，如果没有氧化物成分蒸发，则粒子内各成分的比例与原溶液相同；又因为不产生沉淀，故可合成复杂的多成分氧化物粉末。另外，采用喷雾法生产的氧化物粒子一般为球状，流动性好，易于处理。喷雾制备粉体的方法有很多，如图 9-17 所示。

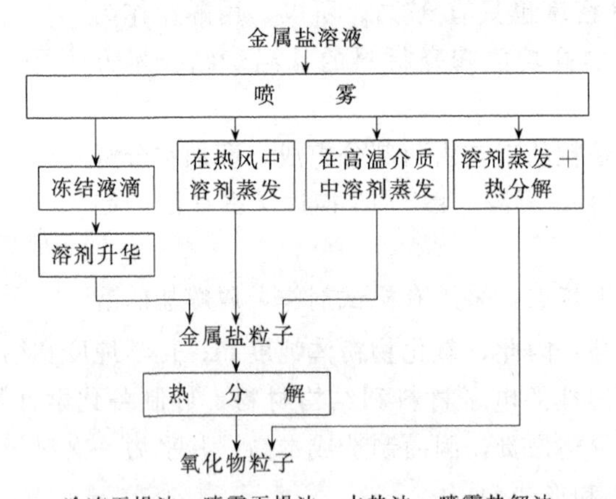


图 9-17 用金属盐溶液的溶剂蒸发法制备超微粉体材料

（1）喷雾干燥法 一种适合工业化大规模生产超细粉料的有效方法，采用本方法制造的 Ni-Zn 铁氧体粉料、$MgAl_2O_4$（铝酸镁）粉料，经等静压成型和烧结后可得到理论密度为 99.00%～99.9%的制品，用雾化喷嘴将盐溶液处理为雾状，随即进行干燥和捕集，捕集物可直接或经热处理后作为产物颗粒。

喷雾法是将溶液通过各种物理手段进行雾化获得超微粒子的一种化学与物理相结合的方法。它的基本过程包括溶液的制备、喷雾、干燥、收集和热处理，其特点是颗粒分布比较均匀，但颗粒尺寸为亚微米到微米级，具体的尺寸范围取决于制备工艺和喷雾的方法。喷雾法可根据雾化和凝聚过程分为三种方法。

① 喷雾干燥法。将金属盐水溶液或氢氧化物溶胶送入雾化器，由喷嘴高速喷入干燥室获得金属盐或氧化物的微粒，收集后再焙烧成所需要成分的超微粒子。

② 雾化水解法。此法是将一种盐的超微粒子，由惰性气体载入含有金属醇盐的蒸气室，金属醇盐蒸气附着在超微粒的表面，与水蒸气反应分解后形成氢氧化物微粒，经焙烧后获得氧化物的超细微粒。这种方法获得的微粒纯度高、分布窄、尺寸可控，具体尺寸大小主要取决于盐的微粒大小。

③ 雾化焙烧法。此法是将金属醇盐溶液经压缩空气由窄小的喷嘴喷出而雾化成小液滴，雾化室温度较高，使金属盐小液滴热解生成了超微粒子，例如，硝酸镁和硝酸铝的混合溶液经此法可合成镁铝尖晶石，溶剂是水与甲醇的混合溶液，粒径大小取决于盐的浓度和溶剂的组成，粒径为亚微米级，它们由几十纳米的一次颗粒组成。

（2）水热法（高温水解法）　水热反应是高温高压下在水（水溶液）或蒸汽等流体中进行有关化学反应的总称。1982年开始用水热反应制备超细微粉的水热法已引起国内外的重视。用水热法制备的超细粉末，最小粒径已达到数纳米水平。归结起来，可分成以下几种类型：水热氧化、水热沉淀、水热合成、水热还原、水热分解、水热结晶。

（3）冷冻干燥法　最早应用于生物医学制品和食品冷冻，后来有人用该法制备了粒径为1nm的金属超细粉末和陶瓷微粉。首先制备含有金属离子的盐溶液，然后将溶液雾化成微小液滴，同时进行急速冷冻使之固化，可得冻结液滴，经升华将水分完全汽化，成为溶质无水盐，最后在低温下煅烧，即可合成超微粉。

这种方法的主要特点是：生产批量大，适合于大型工厂制造超微粒子；设备简单，成本低；粒子成分均匀。

冻结干燥法是将金属盐的溶液雾化成微小液滴，并快速冻结成固体，然后加热时这种冻结的液滴中的水升华汽化，从而形成了溶质的无水盐，再经煅烧合成了超微粉体。煅烧干燥法分为冻结、干燥、煅烧三个过程。

① 液滴的冻结。使金属盐水溶液快速冻结用的冷却剂是不能与溶液混合的液体，例如，将干冰与丙酮混合作冷却剂将乙烷冷却，然后用惰性气体携带金属盐溶液由喷嘴中喷入乙烷（图9-18），结果乙烷中形成粒径为0.1～0.5nm的水滴。除了用乙烷作冷冻剂外，也可用液氮作冷冻剂（77K）。但是，用乙烷的效果较好，因为用液氮作冷冻剂时气相氮会环绕在液滴周围，使液滴的热量不易传出来，从而降低了液滴的冷冻速度，使液滴中的某个组分先离析出来，使成分变得不均匀。

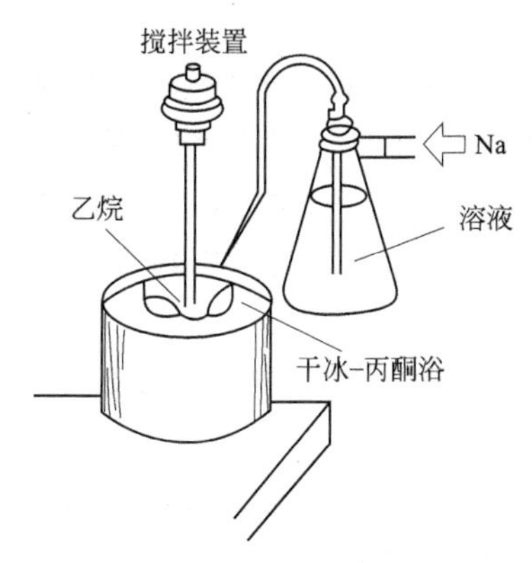


图9-18　液滴的冻结装置

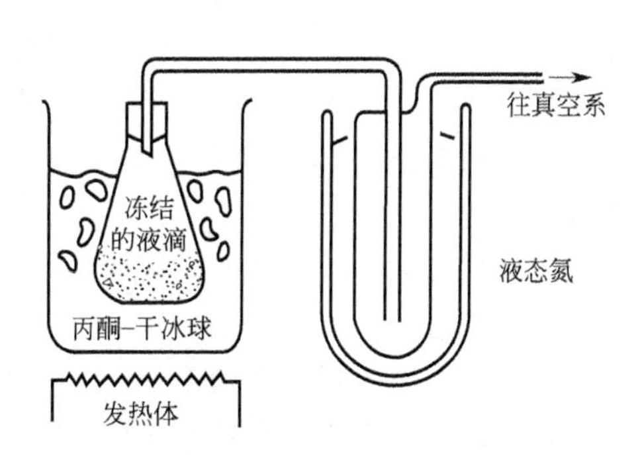


图9-19　冻结液滴的干燥装置

② 液滴的干燥。如图 9-19 所示，将冻结的液滴（水滴）加热，使水快速升华，同时采用冻结捕获升华的水，使装置中的水蒸气含量降低，达到提高干燥效率的目的。图中采用的凝结器为液氮捕集器。

为了提高冷冻干燥的效率，盐的浓度很重要。因为水滴的温度约为 263K 时，凝结器才能高效率地捕获升华的水，由于溶液浓度的增高会导致溶液凝固点降低致使干燥效率降低，此外，高浓度溶液形成过冷状态，使液滴成玻璃状态，发生盐的离析与粒子的团聚。为了避免高浓度溶液出现这些问题，常在盐溶液中加氢氧化铵。用冻结干燥法制备超微粒子时，应注意选择恰当的盐溶液浓度。

③ 液滴的煅烧。干燥后形成的无水盐粒子经高温煅烧合成超微粉体。

(4) 喷雾热解法　起源于喷雾干燥法，是制备超细颗粒的一种较为新颖的方法。

将溶液喷雾至加热的反应器中（或喷雾至高温火焰中）被雾化为细小的雾滴，溶剂通过液滴表面被蒸发，前躯体沉淀出来，并继续在反应器中经历分解、烧结，最终得到所需要的产物。

该方法首先出现于 20 世纪 60 年代初期，但其受到瞩目还是近十年的事，喷雾干燥法在干燥那些对热敏感、需要快速干燥的物料上已有广泛的工业应用。所用的装置类似于一个旋转塔板加一个压力喷嘴组成。其在无机物制备、催化剂及陶瓷材料制备等各个方面都得到了更加广泛的应用，成为一种重要的超微粒子化技术。

① 形态控制。研究发现在不同的条件下，前躯体的沉淀既可在整个体相中进行，也可以在液滴表面进行，甚至颗粒在后续过程中发生烧结变形等情形。

② 组成偏析　对于复合化合物粉末的制备，如制备由 A、B 两种组分构成的颗粒 C，在不适宜的条件下，极易形成 A、B 单独沉淀物，或 A、B 相互包裹等情况。解决这一问题也依赖于颗粒反应工程学的充分研究。

(5) 非水溶液反应合成　在非水溶液中合成陶瓷粉末，其非水溶液介质可以是惰性的或者是一种反应物，如氨常用来制备氮化硅。

#### 9.2.4.3 溶胶-凝胶法

溶胶-凝胶法是 20 世纪 60 年代发展起来的一种制备玻璃、陶瓷等无机材料的新工艺，近年来许多人用此法来制备纳米微粒。其基本原理是：将金属醇盐或无机盐经水解，然后使溶质聚合凝胶化，再将凝胶干燥、煅烧，最后得到无机材料。溶胶-凝胶法包括以下几个过程。

(1) 溶胶的制备　有两种方法制备溶胶：一种方法是先将部分或全部组分用适当沉淀剂沉淀出来，经解凝，使原来团聚的沉淀颗粒分散成原始颗粒，因这种原始颗粒的大小一般在溶胶体系中胶核的大小范围内，因而可制得溶胶；另一种方法是由同样的盐溶液出发，通过对沉淀过程的仔细控制，使首先形成的颗粒不致团聚为大颗粒而沉淀，从而直接得到溶胶。

(2) 溶胶-凝胶转化　溶胶中含大量的水，凝胶化过程中，使体系失去流动性，形成一种开放的骨架结构。

实现胶凝作用的途径有两个：一是化学法，通过控制溶液中的电解质浓度来实现胶凝化；二是物理法，迫使胶粒间相互靠近，克服斥力，实现胶凝化。

(3) 凝胶干燥　在一定条件下（如加热），使溶剂蒸发，得到粉料。干燥过程中凝胶结构变化很大。

通常溶胶-凝胶过程根据原料的种类可分为有机途径和无机途径两类。在有机途径中，通常是以金属有机醇盐为原料，通过水解与缩聚反应而制得溶胶，并进一步缩聚而得到凝胶。经加热去除有机溶液得到金属氧化物超微粒子。

在无机途径中原料一般为无机盐，由于原料的不同，制备方法不同，没有统一的工艺。但这一途径常用无机盐作原料，其价格便宜，比有机途径更有前途。在有机途径中，溶胶可以通过无机盐的水解来制得，即

$$M^{n+} + nH_2O \longrightarrow M(OH)_n + nH^+$$

通过向溶液中加入碱液（如氨水）使得这一水解反应不断地向正方向进行，并逐渐形成 $M(OR)_n$ 沉淀，然后将沉淀物充分水洗、过滤并分散于强酸溶液中便得到稳定的溶胶，经某种方式处理（如加热脱水）使溶胶变成凝胶，经干燥和煅烧后形成金属氧化物。

溶胶-凝胶法的优缺点是：①化学均匀性好，由于溶胶-凝胶过程中，溶胶由溶液制得，故胶粒内及胶粒间化学成分完全一致；②高纯度，粉料（特别是多组分粉料）制备过程中无须机械混合；③颗粒细，粉体颗粒尺寸小于 0.1μm；④该法可容纳不溶性组分或不沉淀组分，不溶性颗粒均匀地分散在含不产生沉淀的组分的溶液中，经凝胶化，不溶性组分可自然地固定在凝胶体系中，不溶性组分颗粒越细，体系化学均匀性越好；⑤烘干后容易形成硬团聚现象，在氧化物中多数是桥氧键的形式，再加上球形凝胶颗粒自身烧结温度低，但凝胶颗粒之间烧结性差，块体材料烧结性不好；⑥干燥时收缩大。

## 9.3 纳米微粒的应用

纳米材料中的最重要一类材料是纳米微粒。纳米微粒具有大的比表面积、表面原子数、表面能和表面张力，它们随粒径的下降急剧增加，从而表现出小尺寸效应、表面效应、量子尺寸效应及宏观量子隧道效应的特点。从而导致纳米微粒的力、热、光、磁、敏感特性和表面稳定性等不同于正常粒子，这就使得它具有广阔的应用前景，下面就几个重要领域的应用进行介绍。

### 9.3.1 纳米微粒在催化方面的应用

在 20 世纪 80 年代，纳米材料热刚刚涌现的时候，科学家们就预言，最先得到应用的将是纳米超微粒和薄膜。

催化是纳米超微粒子应用的重要领域之一，利用纳米超微粒子高比表面积与高活性可以显著地增进催化效率，国际上已作为第四代催化剂进行研究和开发，它在催化化学、燃烧化学中起着十分重要的作用。

纳米微粒由于尺寸小，表面所占的体积分数大，表面的键态和电子态与颗粒内部不同，表面原子配位不全等导致表面的活性位置增加，这就使它具备了作为催化剂的基本条件。最近，关于纳米微粒表面形态的研究指出，随着粒径的减小，表面光滑程度变差，形成了凹凸不平的原子台阶，这就增加了化学反应的接触面。

有人预计超微粒子催化剂在 21 世纪很可能成为催化反映的主要角色。尽管纳米级的催化剂还主要处于实验室阶段，尚未在工业上得到广泛的应用，但是它的应用前途方兴未艾。

### 9.3.2 纳米磁性材料的应用

磁性是物质的基本属性，磁性材料是古老而用途十分广泛的功能材料，纳米磁性材料20世纪70年代后初步产生、发展、壮大而成为最富有生命力与宽广应用前景的新型磁性材料。

磁性纳米材料的特性不同于常规的磁性材料，其原因是与磁相关的特征物理长度恰好处于纳米量级，例如：磁单畴尺寸、超顺磁性临界尺寸、交换作用长度以及电子平均自由路程等大致处于1～100nm量级，当磁性体的尺寸与这些特征物理长度相当时，就会呈现反常的磁学性质。

磁性材料与信息化、自动化、机电一体化、国防等国民经济的方方面面紧密相关，磁记录材料至今仍是信息工业的主体。

磁性液体最先用于宇航工业，后应用于民用工业，这是十分典型的纳米颗粒的应用，它是由超顺磁性的纳米微粒包覆了表面活性剂，然后弥散在基液中而构成的。目前美、英、日、俄等国都有磁性液体公司，磁性液体广泛地应用于旋转密封，如磁盘驱动器的防尘密封、高真空旋转密封等，以及扬声器、阻尼器件、磁印刷等。

磁性纳米颗粒作为靶向药物，细胞分离等医疗应用也是当前生物医学的一热门研究课题，有的已步入临床试验。

软磁材料的发展经历了晶态、非晶态、纳米微晶态的历程。纳米晶金属软磁材料具有十分优异的性能，高磁导率、低损耗、高饱和磁化强度，已应用于开关电源、变压器、传感器等，可实现器件小型化、轻型化、高频化以及多功能化，近年来发展十分迅速。

磁电子纳米结构器件是20世纪末最具有影响力的重大成果。除巨磁电阻效应读出磁头、MRAM、磁传感器外，全金属晶体管等新型器件的研究正方兴未艾。磁电子学已成为一门颇受青睐的新学科。

磁性纳米材料的应用可谓涉及各个领域。在机械、电子、光学、磁学、化学和生物学领域有着广泛的应用前景。

### 9.3.3 纳米微粒的光学特性及应用

纳米微粒由于小尺寸效应使它具有常规大块材料不具备的性质，光学非线性、光吸收、光反射、光传输过程中的能量损耗等都与纳米微粒的尺寸有很强的依赖关系。研究表明，利用纳米微粒的特殊光学特性制备成各种光学材料将在日常生活和高技术领域得到广泛的应用。

### 9.3.4 纳米颗粒在陶瓷领域的应用

纳米微粒颗粒小、比表面积大并有高的扩散速率，因而用纳米粉体进行烧结，致密化的速度快，还可以降低烧结温度，目前材料科学工作者都把发展高效陶瓷作为主要奋斗目标，在实验室已获得一些成果。

从应用的角度发展高性能纳米陶瓷最重要的是降低纳米粉体的成本，在制备纳米粉体的工艺上除了保证纳米粉体的质量，做到尺寸和分布可控、无团聚、能控制颗粒的外形外，还要求生产量大，这将为发展新型纳米陶瓷奠定良好的基础。

近两年来，科学工作者为了扩大纳米粉体在陶瓷改性中的应用，提出了添加纳米粉体使常规陶瓷综合性能得到改善的想法。1994 年 11 月至 1995 年 3 月，美国在加利福尼亚州先后召开了纳米材料应用的商业会议，在会上具体讨论了如何应用纳米粉体对现有的陶瓷进行改性。在这方面许多国家进行了比较系统的工作，取得了一些具有商业价值的研究成果，西欧、美国、日本正在做中间生产的转化工作。

例如把纳米 $Al_2O_3$ 粉体加入粗晶粉体中提高氧化铝的致密度和耐热疲劳性能。

英国把纳米氧化铝与二氧化锆进行混合在实验室已获得高韧性的陶瓷材料，烧结温度可降低 100℃。

日本正在实验用纳米氧化铝与亚微米的二氧化硅合成制成莫来石，这可能是一种非常好的电子封装材料，目的是提高致密度、韧性和导热性。

德国 Jillich 将纳米碳化硅（小于 20%）掺入粗晶 α-碳化硅粉体中，当掺入量为 20%时，这种粉体制成的块状体的断裂韧性提高了 25%。

我国的科技工作者已经成功地用多种方法制备了纳米陶瓷粉体材料，其中氧化锆、碳化硅、氧化铝、氧化铁、氧化硅、氮化硅都已完成了实验室的工作，制备工艺稳定，生产量大，已为规模生产提供了良好的条件。

近一两年来利用我国自己制备的纳米粉体材料添加到常规陶瓷中取得了引起企业界注意的科研成果。氧化铝的基板材料是微电子工业重要的材料之一，长期以来我国的基板材料基本靠国外进口。最近用流延法初步制备了添加纳米氧化铝的基板材料，光洁度大大提高，冷热疲劳、断裂韧性提高将近 1 倍，热导率比常规氧化铝的基板材料提高了 20%，显微组织均匀。纳米氧化铝粉体添加到常规 85 瓷、95 瓷中，观察到强度和韧性均提高 50%以上。

在高性能纳米陶瓷研究方面，我国科技工作者取得了很好的成果，例如，由纳米陶瓷研制结果观察到纳米级 $ZrO_2$ 陶瓷的烧结温度比常规的微米级 $ZrO_2$ 陶瓷烧结温度降低 400℃。

Korch 发现在 293K 纳米 $TiO_2$ 陶瓷由脆变成可塑的，而且具有大的塑性变形，延伸率达 100%，这使得为陶瓷增韧而奋斗一生的人们看到了希望，美国 Argonne 实验室用惰性气体蒸发，原位加压制备了纳米 $TiO_2$ 陶瓷，其致密度达到 95%，在同样的烧结温度下，纳米陶瓷的硬度比普通陶瓷高，而对应于相同的硬度，纳米陶瓷的烧结温度可降低几百摄氏度。

纳米陶瓷具有的这些优越性能在 20 世纪 80 年代一度引起人们极大的兴趣。有人预计纳米陶瓷很可能发展成为跨世纪的新材料，使陶瓷材料的研究出现一个新的飞跃，这是因为纳米陶瓷所表现出来的良好延展性，使人们为陶瓷增韧而奋斗 100 多年之久的孜孜不倦的探索和追求成为现实。

### 9.3.5 纳米颗粒在消防科技领域的应用

纳米粉末灭火剂就是将传统干粉灭火剂的固体粉末再加以微细化，使粉末尺寸达到纳米级而得到的一种高效灭火剂。

### 9.3.6 纳米颗粒在其他方面的应用

#### 9.3.6.1 抛光液

纳米材料在其他方面也有广阔的应用前景。美国、英国等国家已制备成功纳米抛光液，并有商品出售。常规的抛光液是将不同粒径的无机小颗粒放入基液制成抛光剂，用于金相抛光、高级照相镜头抛光、高级晶体抛光以及岩石抛光等。最细的颗粒尺寸一般在微米到亚微米级。随着高技术的飞快发展，要求晶体的表面有更高的光洁度，这就要求抛光剂中的无机小颗粒越来越细，分布越来越窄。纳米微粒为实现这个目标提供了基础。据报道，目前已成功制备出纳米 $Al_2O_3$、纳米 $Cr_2O_3$、纳米 $SiO_2$ 的悬浮液，并用于高级光学玻璃、石英晶体及各种宝石的抛光，纳米抛光液发展的前景方兴未艾。

#### 9.3.6.2 静电屏蔽材料

纳米静电屏蔽材料用于家用电器和其他电器的静电屏蔽具有良好的作用。一般的电器外壳都是由树脂加炭黑的涂料喷涂而形成的一个光滑表面，由于炭黑有导电作用，因而表面的涂层就有静电屏蔽作用，如果不能进行静电屏蔽，电器的信号就会受到外部静电的严重干扰。例如，人体接近屏蔽效果不好的电视机时，人体的静电就会对电视图像产生干扰。为了改善静电屏蔽涂料的性能，日本松下公司已研制成功具有良好静电屏蔽的纳米涂料，所应用的纳米微粒有 $Fe_2O_3$、$TiO_2$、$Cr_2O_3$、ZnO 等，这些具有半导体特性的纳米氧化物粒子在室温下具有比常规的氧化物高的导电特性，因而能起到静电屏蔽作用，同时氧化物纳米微粒的颜色不同，$TiO_2$、$SiO_2$ 纳米粒子为白色，$Cr_2O_3$ 为绿色，$Fe_2O_3$ 为褐色，这样就可以通过复合控制静电屏蔽涂料的颜色。这种纳米静电屏蔽涂料不但有很好的静电屏蔽特性，而且也克服了炭黑静电屏蔽涂料只有一种颜色的单调性，化纤衣服和化纤地毯由于静电效应在黑暗中摩擦产生的放电效应很容易被观察到，同时很容易吸引灰尘，给使用者带来很多不便，从安全的角度提高化纤制品的质量最重要的是要解决静电问题，金属纳米微粒为解决这一问题提供了一个新的途径，在化纤制品中加入少量金属纳米微粒，就会使静电效应大大降低。德国和日本都制备出了相应的产品。化纤制品和纺织品中添加纳米微粒还有除味杀菌的作用。把 Ag 纳米微粒加入到袜子中可以清除臭味，医用纱布中放入纳米 Ag 粒子有消毒杀菌作用。

#### 9.3.6.3 助燃剂、阻燃剂

（1）助燃剂　纳米微粒还是有效的助燃剂，例如，在火箭发射的固体燃料推进剂中添加约1%（质量分数）超细铝或镍微粒，每克燃料的燃烧热可增加1倍；超细硼粉-高铬酸钾粉可以作为炸药的有效助燃剂；纳米铁粉也可以作为固体燃料的助燃剂。

（2）阻燃剂　有些纳米材料具有阻止燃烧的功能，纳米氧化锑可以作为阻燃剂加入到易燃的建筑材料中，可以提高建筑材料的防火性，以纳米氧化锑（$Sb_2O_3$）为载体，经表面改性可制成高效的阻燃剂。这种阻燃剂是由纳米材料经表面处理而得，其氧指数是普通阻燃剂的数倍。因为纳米材料的粒径超细，经表面处理后其活性极大，当燃烧时其热分解速度可大大加快，吸热能力增强，降低材料表面温度，且超细的纳米材料颗粒能覆盖在 ABS（塑料）凝聚相的表面，能很好地促进碳化层的形成，在燃烧源和基材之间形成不燃屏障，从而起到隔离阻燃的作用。另外，纳米级 $Sb_2O_3$ 和 ABS 等塑料有很好的匹配性，它具有稳定性好、无毒、持久阻燃等优点。

### 9.3.7 纳米颗粒应用中存在的问题

#### 9.3.7.1 纳米粒子的团聚

在以上利用纳米材料进行加工整理的过程中，都存在一些比较棘手的问题，即纳米粒子

的团聚。

对固体颗粒的分散行为研究表明，超细颗粒的团聚在外力作用下被打开成为独立的原生粒子或较小的团聚体后，应当对颗粒表面进行处理，才可能使原生粒子或较小的团聚体稳定，防止再发生团聚，就像对新制备的金属纳米粒子必须进行缓慢的氧化处理，使颗粒表面覆盖几层氧化层而降低金属的表面反应性能一样。对纳米微粒金属表面处理的方法很多。

#### 9.3.7.2 纳米粒子的分散方法

包覆法：根据表面处理剂与颗粒之间有无化学反应，可以分为表面吸附包覆改性和表面化学改性。包覆改性一般指两组分之间除了范德华力、氢键、配位键作用之外，没有离子键或共价化学键的结合。

化学法：化学改性是指在纳米微粒的表面进行化学吸附或反应，从而使粒子表面覆盖一层改性剂，如利用改性剂的官能团在纳米微粒表面进行化学吸附或反应。

#### 9.3.7.3 制备、贮存、运输

尽管目前纳米材料的应用研究已经取得了一定的成果，但由于纳米微粒本身的高活性而引起的团聚问题，以及纳米微粒的制备、贮存、运输等环节之间的关系问题使其应用受到限制，如何均匀地把纳米微粒分散到目标物中仍然是目前纳米微粒应用研究的热点之一。

# 第10章 粉体包装

## 10.1 概述

当前，粉体产品越来越多，包括食品行业、建筑行业、化工行业、制药行业、材料行业、日常生活用品等，粉体产品的应用和使用也是多样化和频繁化。由于粉体产品的特性，粉体产品需要进行包装之后才方便投入市场，不仅方便市场的运营，更方便用户的购买使用，而且好的包装效果也能增加粉体产品的市场效应。

### 10.1.1 粉体包装特点

粉体物料包装通常会出现以下几个难点：

① 粉尘污染严重，尤其是超轻细粉体及含气量大的粉体散逸性强，易造成现场工人肺尘埃沉着病等职业病；

② 黏性粉体包装机出料口易挂料，造成掉料现象，严重污染包装现场环境；

③ 流动性过强的粉体包装时冲料，导致计量不准，污染现场；

④ 粉体物料易混合气体，尤其是超轻细粉体及含气量大的粉体物料包装体积大，包装袋容积率低，极大浪费了包装耗材，加大了运输成本；

⑤ 传统高低位机械式码垛机耗能高，占地大，使用、维护成本高。

目前，国内粉体包装技术发展缓慢，市场急需此领域包装设备的产业化生产。

粉体包装机就是针对粉体产品应运产生的，粉体包装机在粉体产品包装中的应用有奶粉、面粉、糖、盐、调味品等的包装，日常生活用品如洗衣粉等的包装，建筑材料如水泥等的包装。粉体包装机的产生不仅解决了粉体产品的包装问题，也为粉体产品更好地为人民服务提供了便利。

### 10.1.2 粉体包装行业在国内的发展现状

随着市场的需求及包装技术的发展，粉体行业采用的包装方式从最初的人工包装，发展到采用定量自动包装设备进行的半自动及自动包装。

目前，在工业发达国家，大多数粉体产品生产厂家都装备了以定量自动包装机和码垛机器人为主要部件的自动化包装生产线，代表着粉体包装技术的最高水平。其包装工艺实现了高度自动化，计量、计数、装袋、封口、打包等都形成了流水线作业，包装效率高，而且现场环境整洁。

由于目前国内劳动力成本的增加以及对工人劳动保护的重视，结合发达国家包装行业的发展轨迹，采用基于机器人进行码垛的全自动粉体包装生产线，成为国内粉体包装行业当前的发展趋势。

粉体包装的高难度，导致国内很多包装设备制造企业不愿意涉足该领域，而大力开发粮食、饲料等颗粒料全自动包装设备，致使行业发展不均衡。国内粉体包装行业，尤其是黏性粉体及超轻细粉体为代表的特殊粉体包装设备远不能满足市场需求。很多粉体生产企业在国内不能找到合适的包装设备，或使用人工包装，或使用普通包装机进行半自动粗放式包装，或花费大量资金从国外进口包装设备。

## 10.2 水泥包装

### 10.2.1 水泥粉体产品的包装技术和包装材料

#### 10.2.1.1 水泥粉体包装的意义

（1）保护功能　也是包装最基本的功能，即使商品不受各种外力的损坏。一件商品，要经多次流通，才能走进商场或其他场所，最终到消费者手中。这期间，需要经过装卸、运输、库存、陈列、销售等环节。在贮运过程中，很多外因，如撞击、污浊、光线、气体、细菌等因素，都会威胁到商品的安全。

（2）便利功能　也就是商品的包装是否便于使用、携带、存放等。一个好的包装作品，应该以人为本，站在消费者的角度考虑，这样会拉近商品与消费者之间的距离，提高消费者的购买欲、对商品的信任度，也促进消费者与企业之间沟通。

（3）销售功能　以前，人们常说只要产品质量好，就不愁卖不出去。在市场竞争日益激烈的今天，人们已感觉到如何让自己的产品得以畅销，如何让自己的产品从琳琅满目的货架中跳出，只靠产品自身的质量与媒体的轰炸，是远远不够的。

#### 10.2.1.2 水泥粉体包装技术及工艺

水泥包装设备一般由供料设备、筛分设备、包装设备、回灰输送设备、叠包机、码包机及装车机等设备组成。

（1）供料设备　由水泥库底将水泥送往包装系统的输送设备，常用空气输送斜槽或螺旋输送机。常用斗式提升机或空气输送泵将水泥提升到包装机上。空气输送泵适用于远距离输送，如果包装车间离水泥库近，则采用斗式提升机较经济。

（2）筛分设备　筛分设备用于清除水泥中可能混入的金属杂物，以防损坏包装机，通常安装在水泥入包装机之前。筛分设备一般采用回转筛。

（3）包装机　有回转式和固定式两种。回转式包装机的结构较复杂，投资较大，但自动化水平及劳动生产率较高。固定式包装机生产能力较低，中小型水泥厂用得较多。

（4）回灰输送设备　回灰输送设备将包装机和袋装水泥输送机等的漏灰及纸袋破损后的水泥回收，一般在包装机下面装设地下回灰螺旋机，以便将回灰送回包装系统中。为了防止纸袋碎片等杂物混入，各进灰斗口上应设有铁丝筛网。

(5) 叠包机　是指将包装好的袋装水泥叠包的仪器。可分为回转式和固定式两种：回转式叠包机设有四个叠包装置；固定式叠包机设有两个叠包装置，并排布置，交替使用。叠好8～10包水泥后可用电瓶叉车或手推车运至成品库堆存或直接装车。

(6) 码包机　由胶带输送机、移动式皮带机、大小行车及控制机构等组成。可将袋装水泥自动码垛，码好一垛，小车自动横向移动一个袋位，继续码下一垛。码好一排后，大车自动纵向移动一个袋位，再继续码垛。

(7) 装车机

① 活动胶带装车机由一般胶带机及升降机和摆动装置所组成。根据装车位置，活动胶带机可作110°的摆动和800mm的升降，将袋装水泥运入汽车内。

② 折叠胶带装车机由3～4段胶带输送机、大小行车、旋转和提升装置等组成，其可以伸入火车车厢内将袋装水泥直接送入车厢内。

#### 10.2.1.3　水泥包装所用材料

(1) 制袋材料

① 制袋材料（指制袋基材及黏合剂）对水泥强度无不良影响。

② 纸袋应由4层以上（含4层）符合GB/T 7968—1996或3层以上（含3层）符合QB/T 1460—1992中4.1的纸袋纸制成，允许增加再生纸，但不得加在最外层或最里层。

③ 各类编织材料必须复合成复合材料。

④ 覆膜塑编袋应有内衬纸，其编织布覆膜技术要求及物理性能应符合GB/T 8947—1998的要求。

⑤ 其他材料袋的材料应符合相应材料标准的要求。

⑥ 水泥包装袋如有内衬纸则必须使用纸袋纸。

(2) 牢固度　水泥包装袋的力学性能以牢固度表示，其数值以跌落试验不破次数表示。

(3) 外观　平整、无裂口、无脱胶、无黏膛、印刷清晰。

(4) 适用温度　包装袋适用温度指包装袋包装水泥时水泥的最高温度。包装袋适用温度依材料而定，除纸袋以外，其他材料袋均需通过试验确定，其适用温度要求不得低于60℃。

(5) 防潮性能　水泥包装袋防潮性能分A、B两级。

### 10.2.2　水泥包装机的分类与特点

目前，世界范围内的水泥包装机可分为两大类：一类是固定式，另一类是回转式。

我国20世纪50年代以前建厂的大中型企业，几乎全装备固定式包装机，大部分是2嘴和4嘴包装机，少部分是3嘴包装机。这类包装机劳动条件差、岗位粉尘浓度大、包装能力低。因此，大中型企业在20世纪60年代就不采用这种固定式包装机了，我国在60年代开始制造6嘴、14嘴回转式包装机，并把14嘴回转式包装机作为定型配套产品。与固定式相比，回转式包装机有以下优点。

① 劳动条件改善，粉尘易于控制。

② 插袋地点和卸包地点固定一处，每包间隔时间相等，水泥袋不会在皮带机上重叠。

③ 便于实现插袋自动化和装运摆包自动化。

④ 包装能力大，劳动生产率高。

固定式 4 嘴包装机每小时只能包 1200～1500 袋水泥，而现在的哈韦尔(Haver)12 嘴回转包装机可以达到每小时 4400 袋。在形式、构造上也有了很大的改变。

### 10.2.3 回转式包装机的种类

回转式包装机大致上可分为三种类型，见图 10-1。

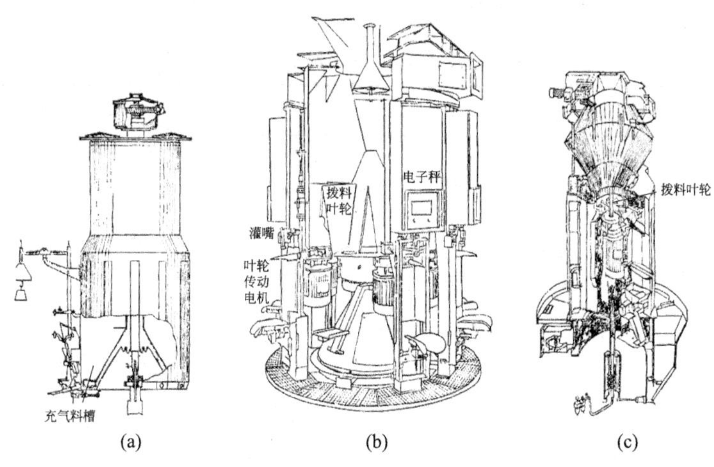


图 10-1 各类回转式包装机

(a) 充气流态化灌装；(b) Moellers 多叶轮回转式包装机；(c) 单叶轮回转式包装机

(1) 充气流态化灌装水泥的回转式包装机 丹麦史密斯生产的 FUXO 回转式包装机和我国 14 嘴回转式包装机都属于这种类型。这种包装机结构比较简单，单机容量较小。

在包装作业时，必须向包装机筒体底部充以压缩空气，使其中水泥流态化，在料位势能作用下，带气水泥灌入纸袋内。这种包装机有以下特点：由于水泥中带空气，因此工作粉尘大；纸袋内含气，要排放后才能灌满水泥；纸袋规格要稍大，而且最好是缝制袋，便于排气，包装效率低，不及同规格的叶轮式包装机。

史密斯的 RA-8、RA-12 是自动式 8 嘴和 12 嘴，RM-8 是人工插袋 8 嘴，捷克普雷洛夫的 8 嘴、10 嘴，以及我国的 14 嘴回转式包装机都属于此类。

(2) 多叶轮强迫灌装水泥的回转式包装机 这种包装机每个出灰嘴都带有一个叶轮，由一台单独电动机带动强迫水泥灌入纸袋。因为灌装时不需要充气，扬尘较小，纸袋规格无需扩大，也不用纸袋排气，所以包装速度较快，生产能力比充气流态化灌装的包装机大。

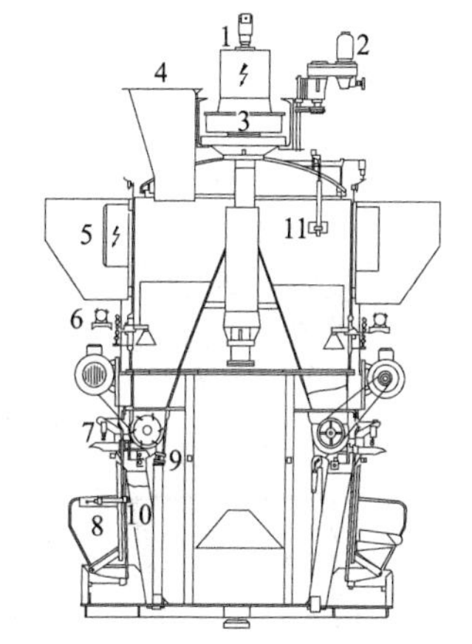


图 10-2 哈韦尔 RS 型 8 嘴包装机剖面图

1—空气和电源入口；2—回转电动机；3—主轴承；4—水泥入口；5—计量秤；6—压缩水泥体积系统；7—装袋灌嘴；8—水泥袋支承座；9—快速停装旁路；10—回收漏灰和收尘管；11—料位控制器

德国哈维尔和伯克利公司的 RS 型 6 嘴、8 嘴、10 嘴、12 嘴回转式包装机是这类包装机的典型代表。由于每个嘴连同传动、称量机构都自成一个独立单元，因此不仅可以整体拆卸，而且可以任意组装成 1～6 嘴的固定式包装机，不仅可用于水泥包装，也可用于石膏、石灰等粉体的包装。图 10-2 为哈韦尔回转式 RS 型 8 嘴包装机剖面图。

(3) 单叶轮强迫灌装水泥的回转式包装机　这种包装机虽然不需要充气并由叶轮强迫灌入，但是它只有一个叶轮。叶轮安装在包装机筒体底部呈水平状态，由一个电动机带动，结构简单。出灰嘴沿包装机筒体周围切向安装，在叶轮转动时便于向各出灰嘴管送水泥。

表 10-1 为三种类型包装机的优缺点比较。

**表 10-1　三种类型包装机的优缺点比较**

| 形式 | 缺　点 | 优　点 |
| --- | --- | --- |
| 充气流态化灌装式 | ① 要用压缩空气充气；<br>② 水泥中有空气，进入袋内要排气，因而装袋速度较慢；<br>③ 纸袋规格较大，耗费纸较多；<br>④ 作业粉尘较大，不仅要做罩抽吸，而且要有较大的除尘器 | ① 结构简单；<br>② 电动机少，电机容量小；<br>③ 磨损减少 |
| 多叶轮强迫灌装式 | ① 磨损件或备件较多；<br>② 电机容量较大 | ① 不需充气，外形尺寸较小、布置紧凑；<br>② 扬尘小，收尘器也小；<br>③ 每个嘴连同称量传动，独立自成单元，可以在有故障时，整体拆换；<br>④ 可以用每组单元，任意改装为各种规格和形式的包装机，通用性大，便于维修；<br>⑤ 单位能力设备重量和装机重量比国产充气式轻；<br>⑥ 装机容量虽大，但实际用电量比充气式多不了多少 |
| 单叶轮强迫灌装式 | ① 全部靠一个叶轮灌水泥，叶轮磨损较大；<br>② 可靠性不及多叶轮式；<br>③ 运转率相对较低 | ① 不需充气，外形尺寸最小，布置紧凑；<br>② 物尘少，收尘器也小；<br>③ 结构比多叶式简单，维修简单方便；<br>④ 相对比较，同样机体，能力最大 |

除了上述通用性的比较外，还有一些优点属于某些公司的包装机专有的。

① 国外回转式包装机的灌嘴开闭都已经有了改进，原来那种依靠滑轨控制，只要停在一定相位角，不论袋子插没插上，都向外喷水泥的情况已有改进。现在改成只有插上了袋子，经自动控制开启才能喷水泥。这种改进使包装机不需要用密封罩将全机罩起来。此外，为了迅速开闭，有的包装机设有水泥旁路，当要停止灌装时，联锁装置使叶轮流出的水泥不再进入灌嘴，而由旁路落入回灰系统。图 10-3 为哈韦尔(Haver)包装机灌装旁路系统。

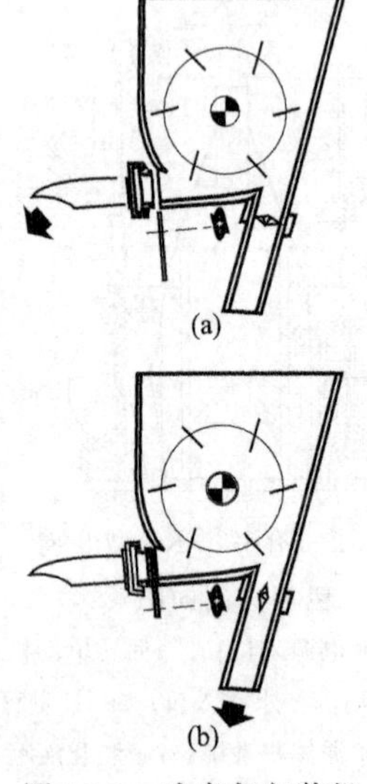

图 10-3　哈韦尔包装机灌装旁路系统
(a) 灌嘴开启；(b) 停止灌袋

② 国外新包装机对称量系统极为注意。丹麦和德国的机械秤的刀刃和支承都密封在盒内，受粉尘影响小，加上材质改进，磨损少，称量精度长期不变。精度一般可达到 50kg±0.2kg。

③ 哈韦尔公司的多叶轮上还设有衬套，衬套磨损后可以方便地更换，叶轮实际上可长期不更换。

④ 哈韦尔公司还发展了自动校正水泥袋重量的新系统。在包

装机上不必精确计量，而在距离包装机很近的皮带机中部设了一台电子计量秤，当检查重量有误差时，就指令包装机给以后的纸袋增减重量。这种系统能保持一小批量的纸袋重量合乎要求。个别纸袋重量超出规定之外，电子计量秤可以停机排出这袋水泥，如图 10-4 所示。

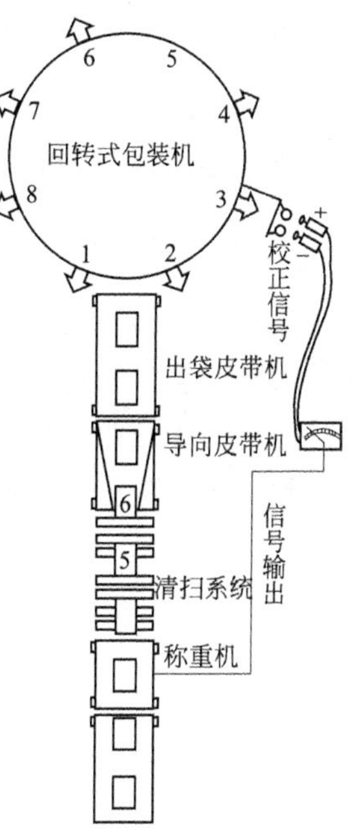


图 10-4　哈韦尔包装机重量校正系统

## 10.2.4　各种自动插袋包装机的特点

### 10.2.4.1　史密斯公司的 FLUXOMATIC 包装机

史密斯公司的 FLUXOMATIC 包装机有 8 嘴或 12 嘴。它的特点是每个插袋嘴在空载时都从辐射状转为切线状，以便插入固定在一点的空纸袋开口处。在相应的位置配备有水平式纸袋输送机。图 10-5 为 FLUXOMATIC 自动包装机和纸袋输送机平面布置。

纸袋输送机每行走 1m，装载三层纸袋 330 个，全部插袋工作均密封在收尘罩内。插袋和卸袋的步骤和方式见图10-6。

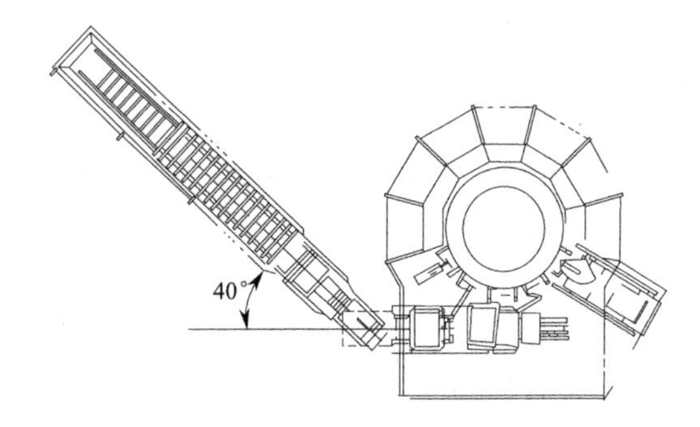


图 10-5　FLUXOMATIC 自动包装机和纸袋输送机平面布置

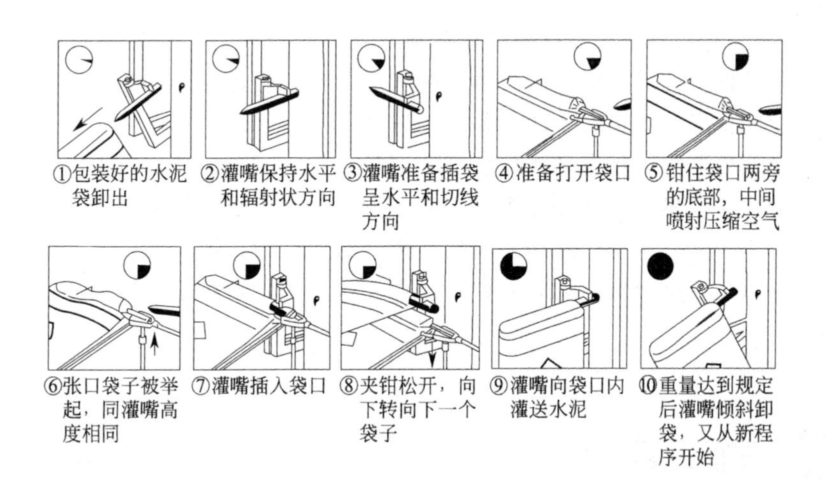


图 10-6　FLUXOMATIC 自动插袋和卸袋的程序和方法

#### 10.2.4.2 C/P 自动插袋包装机

C/P 自动插袋包装机的特点为每个灌嘴上部都设有机械手，插袋时与灌嘴相对静止。12 个嘴安装有 12 个机械手，比较繁杂而混乱。

#### 10.2.4.3 Mollers 公司自动包装机

Mollers 公司自动包装机的插袋工作原理如图 10-7 所示。侧放着的纸袋由真空吸盘吸起。由于纸袋是胶封的，两端各有一个平头，吸盘就吸住有插袋口一端的平头，将纸袋垂直悬挂起来。于是两侧的夹子将纸袋推入张口器，并由侧辊将袋口张开。然后由最前面的第一对侧辊送袋，最后这对侧辊再左右分开退回，纸袋随着包装机转离。

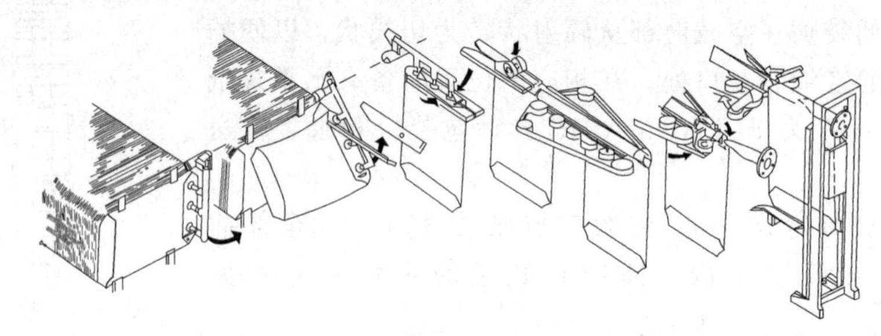

图 10-7 Mollers 公司自动包装机插袋程序

#### 10.2.4.4 RADIMAT 自动包装机

Haver 公司 RADIMAT 自动包装机的插袋工作原理与 Mollers 包装机相同。

#### 10.2.4.5 INFILROT 插袋机

瑞士 Ventnmatic 公司 INFILROT 插袋机，纸袋卷成卷筒或水平摞成一叠放入送袋机，首先插袋机将空袋由水平位置变为垂直，并张开插口袋，然后由机械手等候插袋机构和灌嘴的相对速度等于零的时候再插袋。

早在 20 世纪 60 年代国内就有好几家工厂和设计单位研制自动插袋包装机，70 年代末及 80 年代初，相继有天津水泥设计院和琉璃河水泥厂分别对自动包装进行了研究，取得了一定的进展，并都作了技术鉴定。由于国内的气动元器件质量未能达到先进水平，加上一些其他原因，这项工作未取得正常生产所要求的进展。

国内有些企业想购买国外自动化包装机，但除了技术问题之外，最大的障碍莫过于纸袋问题。国外自动化包装机都是按黏合纸袋规格进行设计的，线缝袋由于线头和缝制接头容易夹入灌嘴妨碍正常工作，即使勉强插入灌嘴，也会造成种种机械故障。因此要彻底解决自动插袋问题，还必须生产部分黏合袋，专供自动插袋机之用，当然也应研究和设计适用于线缝袋的自动插袋机。

## 10.3 热缩包装

20 世纪 70 年代末，欧洲一些国家开始研究用塑料薄膜包裹成袋的商品，使之混成一体，不仅便于机械搬运，也可以不设成品库，露天放置，不至于袋子破损，商品散失。发展至今，已成为一种既经济又实用的包装方法。这些商品包括化肥、农药、塑料粉粒等袋装商品，也有建筑材料如石灰、水泥，甚至某些如灰砂砖之类的墙体材料。热缩包装也称为“无托板包装”。水泥袋热缩包装时，先要由摞包机将水泥袋交错排列成一定层数，一般是9层，每层5包。先铺8层（即40袋），将成垛的水泥袋送入包装机，在水泥袋底部垫上一片塑料薄膜，这是第一层薄膜，在薄膜上，放上第9层水泥袋。这层纸袋只有4个，其目的是这一层是最底层，其两侧各留有250mm左右的空隙，供叉车的叉齿插入之用（参见图10-8），在这垛水泥的外面重新套上一个塑料膜筒，一直延伸至垛底，然后整个水泥垛被翻转180°，使敞开的口朝上，于是从上向下再套上第三层塑料膜筒。套好膜筒的水泥垛被送入红外热缩机，抽出空气，使薄膜紧贴水泥袋，热封袋口，并将全垛各处几层塑料薄膜都在热力下粘贴在一起，这样不仅强度增大，而且连成一个整体。图10-8是已经热缩包装好了的水泥垛，外形尺寸1200mm×1000mm×1080mm。

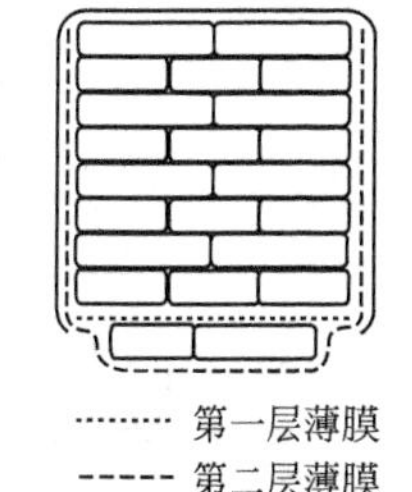

图10-8　热缩包装水泥垛外形

热缩包装有如下特点：

① 不需要木质或金属托板，就可以成垛运输水泥袋，节约托板及周转费用。

② 可以任意存放水泥垛，不怕风霜雨露浸渍，保证水泥质量在一定时期内不变。

③ 可以露天放置，垛上加垛，不需仓库，不要苫布，节约地存面积和资金。

④ 便于吊装或叉车装卸，水陆皆宜，特别是水路运输，船舱内吊装更为方便。

⑤ 破损损失大为减少，国内因纸袋破损，在运输中散失水泥量约为5%～10%，热缩包装几乎没有什么损失。

热缩包装也有相当多的缺点或问题，特别是在发展中国家，经济还不很发达，推行热缩包装有一定的困难，这些问题有：

① 每包一垛水泥2.2t，约需0.15～0.20mm厚塑料薄膜19m$^2$，约3.2kg，加上设备折旧费、工费、电费和管理费，每吨水泥要增加成本2～3元左右。尽管热缩包装可以减少因纸袋破损而损失的水泥达5%～10%，每吨约可少损失6元左右，但工程施工或建设单位是否愿意付这笔热缩包装费用，为运输过程减少较大损失，这还有待分析和实践。

② 每垛水泥包重2.2t，需由吊车或叉车装卸，一般小型工地或用户不一定具备装卸条件。在铁路和港口的装卸也必须如此。因此能否采用这种包装方式，要视具体条件而定。

③ 大型工地、永久性用户采用散装水泥更为经济，不必利用热缩包装。

总之，袋装水泥的装车（船）方式，虽然有摞包装车机、吊兜和热缩包装等方法，但是目前在国内，主要装车装船方法，仍然是皮带机装车、托板装船和人力装车装船。国外汽车运输很发达，水泥中短途运输也以汽车运输为主，因此带摞包机的装车机逐渐增多。热缩包装也在西欧较多地应用。从目前来看，国内大中型水泥厂依靠火车运输的情况似乎短期内不会改变。

## 10.4 散装

在我国散装水泥已经推行多年，其不宜大面积推广的原因很多，除了认识上的原因，主要还在于散装水泥的推广使用，牵涉面较广，环节多，遇到障碍，容易受阻。

散装水泥一般要通过装车（船）、运输、卸车（船）中间贮库（中转）和使用五个环节，有的环节在具体使用中可能会重复多次。图 10-9 所示是散装水泥使用过程中各环节的分解。

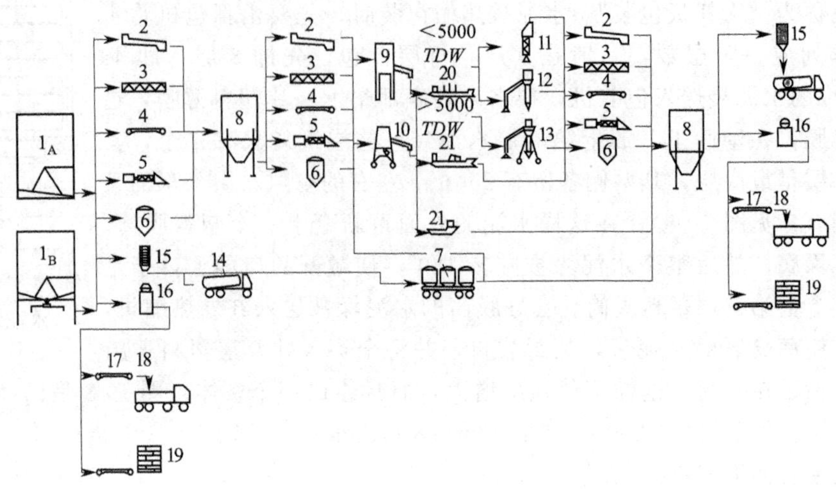


图 10-9 散装水泥使用过程中各环节的分解

$1_A$—水泥贮库、库侧卸料；$1_B$—水泥贮库库底，库侧卸料；2—空气输送斜槽，能力＜1300t/h，距离＜50m；3—螺旋输送机，能力＜300t/h，距离＜25m；4—槽形皮带机，能力＜600t/h，距离＜2000m；5—空气输送泵，能力＜500t/h，距离＜300m；6 仓—式泵，能力＜60t/h，距离＜500m；7—散装火车（三罐式），容量 60t；8—中转库或散装库，库底卸料较多；9—固定式装船机，能力＜250t/h；10—移动式装船机，能力＜1000t/h；11—移动抽吸式卸料机，能力＜150t/h；12—固定抽吸式卸料机，能力＜250t/h；13—行走抽吸式卸料机，能力＜500t/h；14—散装汽车，容量 3～12t；15—散装头装车，能力＜300t/h；16—回转式包装机，能力＜200t/h；17—平皮带输送机，能力＜200t/h；18—摞包式装车机，能力＜200t/h；19—热缩包装，能力＜120t/h；20—散装水泥船；21—自卸式散装水泥船及供应船

水泥厂的水泥库和中转库具备向火车或汽车散装水泥的条件是比较容易的。

小型水泥库或专门装散装水泥的散装库，都可以在库底安设库底卸料器，从卸料器出口可以直接向火车或汽车卸水泥，或者经过运输设备再运至中转库内。

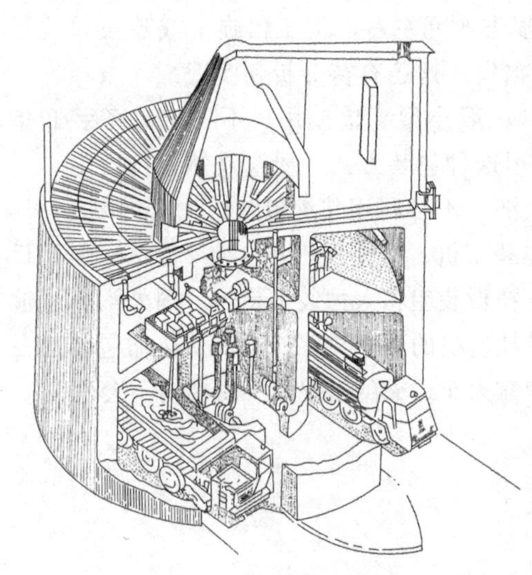

图 10-10 散装水泥库

容量在 1000t 以上的大中型水泥库，包括中转站的水泥库，往往采用库侧卸料器向火车或汽车散装水泥，与此同时，库底还设置了气力卸料器或其他形式的卸料器向包装机供应水泥。这种库一般库底的构造为四个库底卸料口，所有卸料口的锥体顶部形成了十字形的脊梁，在十字形脊梁部位选择两个向库两侧建成斜度 10％的斜面，在斜面上铺设多孔板，在库壁相应部位安设库侧卸料器，就可以实现散装装车。库侧卸料口的相对标高要比库底卸料口高出 3～4m，相对于地平面，要高出 5.5～6m，因此，可以满足向铁路车辆装载的高度，而不必将整个库抬高。

国外的水泥库也在不断改进，图 10-10 是德国 Claudiuo Petero 的一种水泥库，这种库不仅可以在库底和库侧卸料，卸料速度可以调节，而且可以起到连续均化水泥的作用，耗电量少。

## 10.5 包装机行业的绿色发展

目前包装机械发展如日中天，良好的发展前景必然为包装商家带来大量商机，但是也会带来负面影响，有些包装商家为了获得更多的利润，采用一些不能降解的塑料，形成永久性的垃圾；塑料垃圾燃烧产生大量有害气体，包括产生容易致癌的芳香烃类物质；包装大量采用木材，破坏了生态平衡等等，这样做不仅破坏大自然的全面发展，而且严重影响人类身体健康。这样做的商家最后肯定是赔了夫人又折兵，实在得不偿失。

包装机行业要想把现阶段的行情持续稳定地一路发展下去，必须要走可持续发展道路，而其核心就是绿色包装，因为绿色包装是促进包装行业可持续发展的唯一途径。绿色包装的意义在于，包装绿色化可以减轻环境污染，保持生态平衡，绿色包装能促进资源利用和环境的协调发展，而且绿色包装也顺应了国际环保发展趋势的需要。综上所述，绿色包装路线是所有包装商家的首要也是必要原则！

### 10.5.1 包装机械发展活跃，市场前景看好

虽说我国包装机械行业起步晚、发展快的发展模式，造成了我国包装机械发展基础薄弱，产品档次不高，质量、安全、技术、效率等方面都不够到位的局面。

据了解，美国当前前景看好的包装机械是：水平枕式微机控制并且配有伺服电机和薄膜张力电力控制装置的包装机械，今后微电子、电脑、工业机器人、智能型、图像传感技术和新材料等在包装机械中将会得到越来越广泛的应用，包装机械日益趋向自动化、高效率化、节能化方向发展。

发达国家已经把核能技术、微电子技术、激光技术、生物技术和系统工程融入了传统的机械制造技术中。新的合金材料、高分子材料、复合材料、无机非金属材料等新材料也得到了推广应用。

对于中国的包装机械行业来说，相对于欧洲等工业化革新进行较早的国家，起步较晚，随着中国包装机械的发展，短短十几年时间里，中国包装机械也已走出国门，走向世界。所以，中国包装工业要从实际出发，引进先进技术，同时加大自主创新力度，这样才能生产出适合国内市场需求的设备。

### 10.5.2 我国包装机械制造业存在的问题及技术缺点

我国包装机械起步较晚，经过 20 多年的发展，我国包装机械已成为机械工业中十大行业之一，为我国包装工业快速发展提供了有效的保障，有些包装机械填补了国内空白，已能基本满足国内市场的需求，部分产品还有出口。但在目前，我国包装机械出口额还不足总产值的 5%，进口额却与总产值大致相当，与发达国家相去甚远。

我国包装机械制造业存在的问题：一是缺乏宏观统筹规划；二是缺乏资金投入，企业用于研究和开发的投资占销售额平均水平不到 1%；三是缺乏专业技术人员。技术差距主要表现在以下几个方面。

与发达国家相比，我国包装机械行业的产品从产品结构看，只有 1300 多种，配套数量少，缺少高精度和大型化产品，不能满足市场需求；产品质量差距表现在产品性能低，稳定性和可靠性差，外观造型不美观，表面处理粗糙，许多元器件质量差，寿命短、可靠性低，

影响了整体产品的质量。

我国的包装生产已进入调整产品结构、提高开发能力的新时期。技术升级，产品换代、经营管理是行业发展的重要课题。

在产品结构上，应以市场为导向，改变目前以低技术含量为主、低水平竞争的状况，淘汰一批低效高耗、低档次低附加值、劳动密集型的产品，努力开发生产高效低耗，产销对路的大型成套设备和高新技术产品。

在包装功能上，工农业产品要趋向精致化与多元化，包装机械产品要朝着产品多功能与单一高速的两极化方向发展。

在技术性能上，要将其他领域的先进技术应用在包装机械上，如机电一体化技术、热管技术、远距离遥控技术、自动柔性补偿技术等，使产品技术性能大幅度提高。

在生产制造上，专业化生产已成为趋势。国际包装机械厂商都十分重视包装机械与整个包装系统的通用能力，一些通用标准件不再由包装机械公司生产，某些特殊的零部件则由高度专用化的生产厂家生产，而真正的包装机械公司在某种意义上是组装厂。

### 10.5.3 人工成本高涨，全自动包装机械行业潜力巨大

近年来，包装行业获得了快速的发展。

在传统制造企业里，产品包装是劳动密集型的工序，其中称重、下料、封口、分拣、装箱等操作不仅速度慢、效率低，而且由于近年来劳动力成本的逐年提高，我国制造产业中的包装工序已经越来越无法满足客户的要求，因此一些大中型制造企业逐步开始了包装自动化改造。

我国制造企业由于企业规模、资本积累、产品结构等种种原因，包装自动化的程度各有差距。有包装已经全部实现自动化的，有部分实现自动化的，也有部分小微型企业仍然停留在半自动包装的操作，少量家庭作坊型企业甚至还停留在全手工操作，但是近年来，自动化设备成为包装机械产业发展的必需品。

用工最密集的生产环节，也是机械代人工的“核心领域”。如何降低制造包装企业对劳动力数量的依赖？随着用工问题的日益突出以及市场竞争的加剧，越来越多的企业开始转变发展思路，对自动化设备及器材，特别是全自动包装设备投注了热切目光，希望靠投资自动化设备实现企业的升级、转型。目前国内包装设备的惊人购买力便是明证。全自动包装机等自动化装备技术的应用正在日渐扩展。

### 10.5.4 粉末包装机行业发展潜力巨大

市场上所见到的小剂量包装，均是由粉末包装机完成的，用户可以根据自己的需求设定包装的分量。当然要想成为用户首选的包装设备，这些功能还远远不够，我们需要对包装机的技术进行无限的提高，应用范围无限扩大，实现更高的飞跃。

透过市场我们可以了解到，现如今包装已经成为影响商品销量最关键的因素之一了，这足以表明当下包装机设备的地位有多高。地位的提升，加快了包装行业的发展进度，粉末包装机作为其中的一员也毫不示弱，借着行业发展的东风，努力提升自身的实力，将各项功能更加完善化。

科学技术的进步带领着一代代研究者不断向前发展，向着美好的生活憧憬着，为了能够过上幸福快乐的生活而努力着。包装机械行业也是向着这样的生活而努力发展着，尽自己的

本能服务全社会、全人类。粉末包装机凭借它出色的生产包装工艺在包装市场中屡创佳绩。

经过长期以来的发展，各个行业都是有条不紊地向前发展着，为了一切需求而创造着。其中的一个行业特别受到关注，也就是与我们息息相关的包装机械行业。现在的商品包装各种各样，形态多样化，种类多样化，在包装方面也就需要多种多样的包装设备来完成它们需要的每一个包装。

粉末包装机是为了粉状物体而研发的一种商品包装机械，它减轻了工作中的许多程序，将繁琐的包装简单化、自动化、智能化，也降低了大量的生产成本，为企业赢得更多的价值。粉末包装机的改进不仅能够提高自身的功能，推动行业技术水平的提高，还能得到更多用户的认可，扩大应用领域和发展空间。

粉末包装机在市场上的应用领域十分广阔，发展潜力更是不可限量。广大生产厂家使尽浑身解数，对设备进行持续的改进与创新，采用最新的生产工艺和材料，严格执行行业标准，力求缩短与国际标准之间的差别，促进包装行业的稳定发展，以期最终迈入国际大舞台。

## 参考文献


[1] 陆厚根．粉体技术导论［M］．上海：同济大学出版社，1998.

[2] 张庆今．硅酸盐工业机械及设备［M］．广州：华南理工大学出版社，1998：91-92.

[3] 卢寿慈．粉体加工技术［M］．北京：中国轻工业出版社，1999：333-361.

[4] 韩仲琦．粉体和粉体现象［J]．硅酸盐通报，1987：49-51.

[5] 陈全德，曹辰等．新型干法水泥生产技术［M］．北京：中国建材工业出版社，1987：353-358.

[6] 张志焜，崔作林．纳米技术与纳米材料［M］．北京：国防工业出版社，2000.

[7] 潘孝良．硅酸盐工业机械过程及设备［M］．武汉：武汉工业大学出版社，1993：91-92.

[8] 上海化工学院等．化学工程［M］．北京：化学工业出版社，1980：151-181.

[9] 张长森．粉体技术及设备［M］．上海：华东理工大学出版社，2007：15-16，145-148，345-361.

[10] 周永强等．无机非金属材料专业实验［M］．哈尔滨：哈尔滨工业大学出版社，2002：18-20.

[11] 陶珍东，郑少华．粉体工程与设备［M］．北京：化学工业出版社，2003：3-4，27-29，34-52.

[12] 张立德．纳米材料［M］．北京：化学工业出版社，2000：126-131.

[13] 郑水林．超细粉碎原理、工艺设备以及应用［M］．北京：中国建材工业出版社，1993.

[14] 盖国胜．超细粉碎分级技术［M］．北京：中国轻工业出版社，2000：125-128，347-372，431-454.

[15] 潘孝良．粉尘爆炸及其防止方法［J]．中国建材，1993：101-106.

[16] 华南工学院等．陶瓷工艺学［M］．北京：中国建筑工业出版社，1981：105-111.

[17] 卢寿慈．粉体技术手册［M］．北京：化学工业出版社，2004：663-665.

[18] 华南工学院等．陶瓷工业机械设备［M］．北京：中国建筑工业出版社，1981：182-198.

[19] 高濂，郑珊，张青红．纳米氧化钛光催化材料及应用［M］．北京：化学工业出版社，2002.

[20] 顾宁，付德刚，张海黔．纳米技术与应用［M］．北京：人民邮电出版社，2002.

[21] 任仁．淘汰哈龙的缘由和进展［J]．环境导报，1995（5）：40-41.

[22] 宗占兵．灭火剂发展现状与未来［J]．化学工业与工程技术，2001（3）：7-10.

[23] 郑水林等．超细粉碎工程［M］．北京：中国建筑工业出版社，2006：1-4.

[24] 武汉建筑材料工业学院等．建筑材料机械及设备［M］．北京：中国建筑工业出版社，1980.

[25] 张立德．超微粉体制备与应用技术［M］．北京：中国石化出版社，2001：1180-1230.

[26] 高濂，孙静，刘阳桥．纳米粉体的分散及表面改性［M］．北京：化学工业出版社，2003：126-131.

[27] 杨宗志．粉体粒度对涂料性能的影响［J]．现代涂料与涂装，2002（6）：27-32.

[28] 凌世海．粉体工程技术在农药固体制剂加工中的应用［J]．农药研究与应用，2008（5）：10-14.

[29] 刘伯元，刘英俊．塑料填充改性［M］．北京：中国轻工业出版社，1998.

[30] 刘英俊，王锡臣．改性塑料行业指向［M］．北京：中国轻工业出版社，2000.

[31] 刘伯元．粉体的表面改性［J］．塑料技术，2002，6-24.

[32] 郑水林．粉体表面改性［M］．北京：中国建材工业出版社，1998.

[33] 陈一鹏等．玻璃机械设备［M］．北京：中国轻工业出版社，1988.

[34] 吴其胜，张少明等．无机材料机械力研究进展［J]．材料科学与工程，2001（1）：137-142.